高等院校计算机任务驱动教改教材

Linux 操作系统（第2版）

（RHEL 8/CentOS 8）

主　编　张同光
副主编　张　涛　刘春红　陈　明　王晓兵　田乔梅

清华大学出版社
北京

内容简介

本书以 Red Hat 公司的 Linux 最新版本 Red Hat Enterprise Linux 8 为蓝本，坚持理论够用、侧重实用的原则，用案例/示例来讲解每个知识点，对 Linux 做了较为详尽的阐述。全书结构清晰，通俗易懂，力争做到使读者饶有兴趣地学习 Linux。本书是一本比较好的 Linux 入门教材，针对的是技术型读者。

本书共分 8 章，主要内容包括：Linux 简介与安装、Linux 的用户接口与文本编辑器、系统管理、磁盘与文件管理、软件包管理、Linux 中的 Shell 编程、网络服务与管理、高级系统管理。

本书适合作为高等院校计算机及相关专业学生的教材，也可供培养技能型紧缺人才的机构使用。

图书在版编目(CIP)数据

Linux 操作系统：RHEL 8/CentOS 8/张同光主编. —2 版. —北京：清华大学出版社，2020.1(2023.1重印)
高等院校计算机任务驱动教改教材
ISBN 978-7-302-53845-5

Ⅰ. ①L…　Ⅱ. ①张…　Ⅲ. ①Linux 操作系统－高等学校－教材　Ⅳ. ①TP316.85

中国版本图书馆 CIP 数据核字(2019)第 209024 号

责任编辑：张龙卿
封面设计：范春燕
责任校对：袁　芳
责任印制：刘海龙

出版发行：清华大学出版社
网　　址：http://www.tup.com.cn，http://www.wqbook.com
地　　址：北京清华大学学研大厦 A 座　　**邮　　编**：100084
社 总 机：010-83470000　　**邮　　购**：010-62786544
投稿与读者服务：010-62776969，c-service@tup.tsinghua.edu.cn
质量反馈：010-62772015，zhiliang@tup.tsinghua.edu.cn
课件下载：http://www.tup.com.cn，010-83470410
印 装 者：三河市人民印务有限公司
经　　销：全国新华书店
开　　本：185mm×260mm　　**印　张**：24.75　　**字　　数**：600 千字
版　　次：2014 年 11 月第 1 版　2020 年 1 月第 2 版　　**印　　次**：2023 年 1 月第 8 次印刷
定　　价：69.00 元

产品编号：081725-02

第 2 版前言

Linux 是一款免费的类 UNIX 操作系统，它继承了 UNIX 操作系统的强大功能和极高的稳定性。Linux 最初由芬兰赫尔辛基大学的学生 Linus Torvalds 创建，并于 1991 年首次公布于众。Linus 允许免费和自由地使用该系统的源代码，并鼓励其他人进一步对其进行开发。为了对 Linux 的发展有利，根据 GNU GPL(General Public License，GNU 通用公共许可证)对其内核进行发布，这样就赢得了许多专业人士的支持，将 GNU 项目的许多成果移植到了 Linux 操作系统上。在许多技术人员、研究人员和众多 Linux 爱好者的支持下，原 Linux 版本中的错误逐渐消除，并且不断添加新的功能。现在 Linux 已经成为一个功能强大、稳定可靠的操作系统。

Red Hat Enterprise Linux(以下简称 RHEL)是美国 Red Hat 公司开发的一种 Linux 发行版本，是当今世界上最流行的 Linux 发行版本之一，其版权遵循 GNU GPL。它给 PC 带来了 UNIX 工作站的强大功能和灵活性，并且提供了全套的互联网应用软件和功能齐全、简单易用的 GUI 桌面环境。

RHEL 7 于 2014 年 6 月发布，至今经过了 5 个年头，在这 5 年中 IT 领域出现了许多新技术，Red Hat 公司与时俱进，将多种理论与技术成果集成在 RHEL 8 中。为了满足 Linux 操作系统教学方面的需求，笔者编写了本书。本书在第 1 版的基础上删除了冗余陈旧的知识和技能，补充了新出现的理论与技术，介绍了在实际项目中常用的知识点和操作技巧，是广大读者步入 Linux 殿堂不可多得的一本指导书，可以为读者以后深入学习 Linux 打下坚实的基础。

一本好的入门教材可以让读者快速领悟 Linux 的操作方式和系统的基本使用。

目前 Linux 的入门教材主要针对两类读者：非技术型和技术型。

- 非技术型读者：对 Linux 不是真的感兴趣，只是用 Linux 上网、听音乐、编辑文档等。针对非技术型读者的入门教材以插图为主，讲的内容主要是在 GUI 下的操作(鼠标)，所以，这种使用 Linux 的方式还是 Windows 的思维方式。
- 技术型读者：对 Linux 很感兴趣，针对技术型读者的入门教材，一开始就从系统的基本命令开始讲解，脱离 Windows 的思维方式，这样会给读者以后进一步地学习带来很大的帮助，也能使读者逐步领悟 Linux 的精髓(命令行)所在。

本书针对的是技术型读者,主要是计算机专业或相关专业的学生。

本书共有8章,介绍了Red Hat Enterprise Linux 8的许多方面。第1章主要介绍了RHEL 8的详细安装过程、引导工具GRUB的使用、RHEL 8的启动流程。第2章主要介绍了Linux中的用户接口,特别是命令行,通过这部分的学习,读者可以真正成为Linux命令行的入门者。然后详细介绍了Vim编辑器的使用,当远程维护Linux服务器时,Vim是常用的工具。RHEL 8在系统和文件管理方面与标准的UNIX操作系统水平相当,这些功能在第3、4章中介绍。第5章主要介绍了如何使用RPM和YUM命令进行软件包的管理。第6章主要介绍了如何在Shell环境中进行编程,编写的Shell脚本程序可以被Shell(如bash)解释执行。一直以来,Linux的长处在于网络服务方面。第7章对RHEL 8中的常用网络服务进行了介绍,这些网络服务有DHCP、Samba服务器、WWW以及防火墙管理。第8章大概介绍了Linux系统管理的若干高级应用:逻辑卷管理、磁盘阵列、磁盘配额、虚拟化技术、cgroups、cgroups与systemd、namespace等。

本书的重点在前4章,只有学好前4章,读者才算在Linux方面真正入门。这样后面4章的学习才会比较轻松,甚至可以自学。随着读者学习、掌握越来越多的计算机主要课程的相关知识,就可以在Linux的世界里纵深发展了。因此,本书是一本比较好的入门教材。希望读者在学习的过程中重基础、重理论,切忌浮躁。

本书由高校教师、北京邮电大学计算机专业博士张同光担任主编,张涛、刘春红、陈明、王晓兵、田乔梅担任副主编,参加本书编写的还有张家平和张震。刘春红工作于河南师范大学,陈明工作于郑州轻工业大学,王晓兵工作于国家电投集团河南电力有限公司,其他编者工作于新乡学院。其中,张涛编写第8章,刘春红编写第7章的7.1~7.4节,陈明编写第4章的4.1节、4.2.1~4.2.7小节,王晓兵编写第1章,田乔梅编写第6章,张家平编写第5章,郑州大学的张震编写第4章的4.4~4.8节,张同光编写第2章、第3章、第4章的4.2.8~4.2.14小节、4.3节、第7章的7.5~7.10节、附录及其余部分。其他编写者还有田孝鑫、楚莉莉、王根运、王建超、宋丽丽、沈林、赵佩章等。全书最后由张同光(https://blog.csdn.net/ztguang)统稿和定稿。

由于编者水平有限,书中欠妥之处在所难免,敬请广大读者批评、指正。

编　者

2019年9月

目　录

第 1 章　Linux 简介与安装

本章学习目标

- 了解 Linux 的起源、特点、内核版本和发行版本的区别。
- 了解硬盘分区、MBR 和 GPT。
- 理解系统引导工具 GRUB/GRUB2。
- 理解 RHEL 8 的启动流程。
- 熟练掌握 RHEL 8 的安装。
- 熟练掌握系统引导工具 GRUB/GRUB2 的设置及使用。

Linux 是一种优秀的操作系统，被广泛应用在多种计算平台。本章简要介绍 Linux 的起源、特点、内核版本和发行版本的区别，详细介绍 Red Hat Enterprise Linux 8（以下简称 RHEL 8）的安装过程、系统引导工具 GRUB2 的使用方法、RHEL 8 的启动流程。

1.1　Linux 简介

Linux 是一款诞生于网络、成长于网络并且成熟于网络的操作系统，是一套免费使用和自由传播的类 UNIX 操作系统，它主要运行在基于 Intel x86 系列 CPU 的计算机上。Linux 是由世界各地的成千上万的程序员设计和实现的，其目的是建立一个不受任何商品化软件版权制约的、全世界都能自由使用的 UNIX 兼容产品。Linux 是一个自由的、遵循 GNU 通用公共许可证（GPL）的类 UNIX 操作系统。

Linux 最早由一位名叫 Linus Torvalds 的芬兰赫尔辛基大学计算机科学系的学生开发，他的目的是设计一个代替 Minix 的操作系统，这个操作系统可用于 386、486 或奔腾处理器的个人计算机上，并且具有 UNIX 操作系统的全部功能。

Linux 以它的高效性和灵活性著称，能够在个人计算机上实现全部的 UNIX 特性，具有多用户、多任务的能力。Linux 可在 GNU（GNU's Not UNIX）公共许可权限下免费获得，是一个符合 POSIX 标准的操作系统。

注意：Linux 读音及音标介绍如下。根据 Linus Torvalds 本人的发音应该是“哩呐克斯”，音标是['li:nəks]。目前，常见的读法有['linju:ks]、['li:nəks]、[li'n^ks]、['liniks]。哪种发音读的人多就作为标准吧，大家约定俗成即可。

Linux 之所以受到广大计算机爱好者的喜爱，主要原因：第一，由于 Linux 是一套自由软件，用户可以无偿地得到它及其源代码，可以无偿地获得大量的应用程序，而且可以任意修改和补充它们,这对用户学习、了解 UNIX 操作系统非常有益。第二,它具有 UNIX 的全部功能,任何使用 UNIX 操作系统或想要学习 UNIX 操作系统的人都可以从 Linux 中获益。

Linux 不仅为用户提供了强大的操作系统内核功能,还提供了丰富的应用软件。用户不但可以从 Internet 上下载 Linux 及其源代码,而且可以从 Internet 上下载许多 Linux 的应用程序。可以说,Linux 本身包含的应用程序以及移植到 Linux 上的应用程序包罗万象,任何一位用户都能从有关 Linux 的网站上找到符合自己特殊需要的应用程序及其源代码,这样,用户就可以根据自己的需要修改和扩充操作系统或应用程序的功能。

Linux 的开放性也给我国操作系统软件开发商带来一个良好的机会,开发具有自主知识产权的操作系统,打破国外厂商在计算机操作系统上的垄断。我国有多家软件公司致力于开发基于 Linux 内核的操作系统平台,并且有产品成功地应用在很多领域。

1.1.1 Linux 的起源

在 20 世纪 70 年代,UNIX 操作系统的源程序大多是可以任意传播的。互联网的基础协议 TCP/IP 就是产生于那个年代。在那个时期,人们在创作各自的程序中享受着从事科学探索、创新活动所特有的那种激情和成就感。那时的程序员,并不依靠软件的知识产权向用户收取版权费。

在 1979 年,AT&T 宣布了 UNIX 的商业化计划,随之出现了各种二进制的商业 UNIX 版本。于是就兴起了基于二进制机读代码的“版权产业”(Copyright Industry),使软件业成为一种版权专有式的产业,围绕程序开发的那种创新活动被局限在某些骨干企业的小圈子里,源程序被视为核心“商业机密”。这种做法,一方面,产生了大批的商业软件,极大地推动了软件业的发展,诞生了一批软件巨人;另一方面,由于封闭式的开发模式,也阻碍了软件业的进一步深化和提高。由此,人们为商业软件的 BUG 缺陷付出了巨大的代价。

在 1983 年,Richard Stallman 面对程序开发的封闭模式,发起了一项国际性的源代码开放的所谓“牛羚(GNU)”计划,力图重返 20 世纪 70 年代的基于源码开放来从事创作的美好时光。他为保护源代码开放的程序库不会再度受到商业性的封闭式利用,制定了一项 GPL 条款,称为 Copyleft 版权模式。Copyleft 带有标准的 Copyright 声明,确认作者的所有权和标志。但它放弃了标准 Copyright 中的某些限制。它声明:任何人不仅可以自由分发该成果,还可以自由修改它,但你不能声明你做了原始的工作,或声明是由他人做的。最终,所有派生的成果必须遵循这一条款(相当于继承关系)。GPL 有一个法定的版权声明,但附带(在技术上去除了某些限制)在该条款中,允许对某项成果以及由它派生的其余成果的重用,修改和复制对所有人都是自由的。

注意:GNU(GNU's Not UNIX)计划是由 Richard Stallman 在 1983 年 9 月 27 日公开发起的,由自由软件基金(Free Software Foundation,FSF)支持,目标是创建一套完全自由的操作系统。GPL 是指 GNU 通用公共许可证(General Public License,GPL)。大家常说的 Linux 准确来讲应该称为 GNU/Linux。Linux 这个词本身只表示 Linux 内核,但实际上人们已经习惯用 Linux 来表示整个基于 GNU/Linux 内核且使用 GPL 软件的操作系统。

在 1987 年 6 月,Richard Stallman 完成了 11 万行源代码开放的“编译器”(GNU gcc),获得了一项重大突破,做出了极大的贡献。

在1989年11月,M. Tiemann以6000美元开始创业,创造了专注于经营开放源代码CygnusSupport(天鹅座支持公司)源代码开放计划(注意,Cygnus中隐含着gnu三个字母)。Cygnus是世界上第一家也是最终获得成功的一家专营源代码程序的商业公司。Cygnus的"编译器"是最优秀的,它的客户有许多是一流的IT企业,包括世界上最大的微处理器公司。

在1991年9月,Linus Torvalds公布了Linux 0.0.1版内核,该版本的Linux内核被芬兰赫尔辛基大学FTP服务器管理员Ari Lemmke发布在Internet上,最初Torvalds将其命名为Freax,是自由(free)和奇异(freak)的结合,并且附上X字母,以配合所谓的UNIX-like(类UNIX)操作系统。但是FTP服务器管理员觉得Freax不好听,因此将其命名为Linux,这完全是一个偶然事件。但是,Linux刚一出现在互联网上,便受到广大的"牛羚"计划追随者们的喜欢,他们将Linux加工成了一个功能完备的操作系统,叫做GNU Linux。

在1995年1月,Bob Young创办了Red Hat公司,以GNU Linux为核心,集成了400多个源代码开放的程序模块,搞出了一种冠以品牌的Linux,即Red Hat Linux,称为Linux发行版本,在市场上出售。这在经营模式上是一种创举。Bob Young称:我们从不想拥有自己的"版权专有"技术,我们卖的是"方便"(给用户提供支持和服务),而不是自己的"专有技术"。源代码开放程序促进了各种品牌发行版本的出现,极大地推动了Linux的普及和应用。

在1998年2月,以Eric Raymond为首的一批年轻的"老牛羚骨干分子"终于认识到GNU Linux体系的产业化道路的本质并非是什么自由哲学,而是市场竞争的驱动,因此创办了Open Source Intiative(开放源代码促进会),在互联网世界里展开了一场历史性的Linux产业化运动。在IBM和Intel为首的一大批国际重量级IT企业对Linux产品及其经营模式的投资并提供全球性技术支持的大力推动下,催生了一个正在兴起的基于源代码开放模式的Linux产业,也有人称为开放源代码(OpenSource)现象。

在2001年1月,Linux 2.4发布,进一步地提升了SMP系统的扩展性,同时它也集成了很多用于支持桌面系统的特性:对USB、PC卡(PCMCIA)的支持,内置的即插即用等功能。

在2003年12月,Linux 2.6版内核发布。相对于2.4版内核,2.6版在对系统的支持上有很大的变化。这些变化包括:

(1) 更好地支持大型多处理器服务器,特别是采用NUMA设计的服务器。

(2) 更好地支持嵌入式设备,如手机、网络路由器或者视频录像机等。

(3) 对鼠标和键盘指令等用户行为反应更加迅速。

(4) 块设备驱动程序做了彻底更新,如与硬盘和CD光驱通信的软件模块。

Linux发展的重要里程碑如下。

1991年9月,Linus Torvalds公布了Linux 0.0.1版内核。

1994年3月,Linux 1.0版发行,Linux转向GPL版权协议。

1996年6月,Linux 2.0版内核发布。

1999年1月,Linux 2.2版内核发布;Linux的简体中文发行版本相继问世。

2001年1月,Linux 2.4版内核发布。

2003年12月,Linux 2.6版内核发布,与2.4内核版本相比,它在很多方面进行了改进,如支持多处理器配置和64位计算,它还支持实现高效率线和处理的本机POSIX线程库

(NPTL)。实际上,性能、安全性和驱动程序的改进是整个 2.6.x 内核的关键。

2009 年 12 月,Linux 2.6.32 版内核发布,长期(2009—2014)支持版,RHEL 6 使用该内核。

2011 年 5 月,Linux 2.6.39 版内核发布。

2011 年 7 月,Linux 3.0 版内核发布,长期(2011.7—2013.10)支持版(Linus Torvalds 坦言:Linux 内核 3.0 并没有巨大变化,只是在 Linux 诞生 20 周年之际将 2.6.40 提升为 3.0 而已)。

2012 年 1 月,Linux 3.2 版内核发布。

2013 年 6 月,Linux 3.10 版内核发布,长期(2013.6—2015.9)支持版,RHEL 7 使用该内核。

2014 年 8 月,Linux 3.16 版内核发布,长期(2014.8—2020.4)支持版。

2016 年 1 月,Linux 4.4 版内核发布,长期(2016.1—2022.2)支持版。

2018 年 8 月,Linux 4.18 版内核发布,RHEL 8 使用该内核。

2019 年 3 月,Linux 5.0 版内核发布。

提示:内核下载网址为 https://www.kernel.org/。

1.1.2 Linux 的特点

Linux 操作系统在短短的几年之内得到了非常迅猛的发展,这与 Linux 具有的良好特性是分不开的。Linux 包含了 UNIX 的全部功能和特性。简单地说,Linux 具有以下主要特性:遵循 GNU/GPL、开放性、多用户、多任务、良好的用户界面、设备独立性、丰富的网络功能、可靠的系统安全、良好的可移植性。

Linux 可以运行在多种硬件平台上,如 x86、x64、ARM、SPARC 和 Alpha 等处理器的平台。此外,Linux 还是一种嵌入式操作系统,可以运行在掌上电脑、机顶盒或游戏机上。2001 年 1 月发布的 Linux 2.4 版内核已经能够完全支持 Intel 64 位芯片架构。同时 Linux 也支持多处理器技术,多个处理器同时工作,使系统性能大大提高。

1.1.3 Linux 的版本

Linux 的版本号分为两部分:内核版本和发行版本。

1. Linux 的内核版本

对于 Linux 的初学者来说,最初会经常分不清内核版本与发行版本之间的关系。实际上,操作系统的内核版本是指在 Linus Torvalds 领导下的开发小组开发出的系统内核的版本号,通常由 3 个数字组成:x.y.z。

x:目前发布的内核主版本。

y:偶数表示是稳定的版本,如 2.6.39;奇数表示是开发中的版本,有一些新的东西加入,是不稳定的测试版本,如 2.5.6。

z:错误修补的次数。

注意:2.x 规则在 3.x 已经不适用了。比如,3.1 内核是稳定版本。

Linux 操作系统的核心就是它的内核,Linus Torvalds 和他的小组在不断地开发和推出新内核。内核的主要作用包括进程调度、内存管理、配置管理虚拟文件系统、提供网络接口以及支持进程间通信。像所有软件一样，Linux的内核也在不断升级。

另外，在发行版本中常见的内核版本号表示方式为major. minor. patch-build. desc，如2.6.32-220.2.1.el6。

- major：表示主版本号，有结构性变化时才变更。
- minor：表示次版本号，新增功能时才发生变化。一般奇数表示测试版本，偶数表示生产版本。
- patch：表示对次版本的修订次数或补丁包数。
- build：表示编译的次数，每次编译可能对少量程序做优化或修改，但一般没有大的功能变化。
- desc：用来描述当前的版本特殊信息。其信息由编译时指定，具有较大的随意性，但也有一些描述标识是常用的，举例如下。
    - rc（有时也用一个字母r）：表示候选版本（release candidate），rc后的数字表示该正式版本的第几个候选版本。多数情况下，各候选版本之间数字越大越接近正式版本。
    - smp：表示对称多处理器（Symmetrical Multi-Processing）。
    - pp：在Red Hat Linux中常用来表示测试版本（pre-patch）。
    - EL：在Red Hat Linux中用来表示企业版Linux（Enterprise Linux）。
    - mm：表示专门用来测试新的技术或新功能的版本。
    - fc：在Red Hat Linux中表示Fedora Core。

在服务器上，最好不要安装小版本号是奇数的内核。同样，pre-patch的内核版本也不建议安装在服务器上。

2. Linux的发行版本

一个完整的操作系统不仅只有内核，还包括一系列为用户提供各种服务的外围程序，所以，许多个人、组织和企业开发了基于GNU/Linux的Linux发行版本，他们将Linux操作系统的内核与外围应用软件和文档包装起来，并提供一些系统安装界面和系统设置与管理工具，这样就构成了一个发行版本（distribution）。实际上，Linux的发行版本就是Linux内核再加上外围实用程序组成的一个大软件包而已。相对于操作系统内核版本，发行版本的版本号是随发布者的不同而不同。与Linux操作系统内核的版本号是相对独立的，例如，Red Hat Enterprise Linux 8的内核是vmlinuz-4.18.0-32.el8.x86_64，采用的内核版本是kernel 4.18，该版本是长期支持版（Long Term Support，LTS），支持5级分页能力，处理器转换线性地址从48位提升到57位，从而使得物理内存限制从64TB提升到4PB，可管理的虚拟地址高达128PB。

Linux的发行版本大体可以分为两类，一类是商业公司维护的发行版本；另一类是社区组织维护的发行版本。前者以著名的Red Hat Linux为代表，后者以Debian为代表。

注意：Red Hat是全球最大的开源技术厂家，其产品Red Hat Linux也是全世界应用最广泛的Linux。红帽公司总部位于美国北卡罗来纳州。Red Hat的培训及认证被认为是Linux认证的标准。RHCE（Red Hat认证工程师）认证被公认为总体质量最高的国际IT认证。

另外，2018年10月，IBM以340亿美元收购Red Hat，Red Hat成为IBM混合云分部的一个部门。

下面简要介绍一些目前比较知名的 Linux 发行版本。

(1) Red Hat 系列。Red Hat Linux 是最成熟的一种 Linux 发行版本,无论在销售还是装机数量上都是市场上的第一。中国老一辈 Linux 爱好者中大多数都是 Red Hat Linux 的使用者。

目前 Red Hat 系列的 Linux 操作系统包括 RHEL、Fedora、CentOS、OEL 和 SL。

① RHEL(Red Hat Enterprise Linux,Red Hat 的企业版)。Red Hat Linux 9.0 是 Red Hat 公司于 2003 年发布的最后一个稳定版桌面 Linux,以后 Red Hat 公司就不再开发和发布桌面版 Linux,而是将桌面版 Linux 项目和 Fedora 开源社区合作,改名叫 Fedora Project。Fedora Project 将会由 Red Hat 公司赞助,新发行的桌面版 Linux 改名为 Fedora Core。以后 Red Hat 公司专门开发和维护 Red Hat Enterprise Linux。Red Hat 公司对 Red Hat Enterprise Linux 提供收费技术支持和更新。Red Hat 公司于 2019 年 5 月 7 日发布了 RHEL 8。

② Fedora。Fedora 的前身是 Red Hat Linux。2003 年 9 月,Red Hat 公司宣布不再推出桌面版 Linux,而是将桌面版 Linux 的开发计划和 Fedora 计划整合成一个新的 Fedora Project。Fedora Project 由 Red Hat 公司赞助,以 Red Hat Linux 9.0 为范本加以改进,原来的桌面版 Linux 开发团队将继续参与 Fedora 的开发计划,由 Fedora 社区开发和维护。Fedora 使用最新的内核,提供最新的软件包,是一个开放、创新、前瞻性的操作系统和平台。

③ CentOS(Community Enterprise Operating System,社区企业版)。CentOS 是 RHEL 的社区克隆版,国内外许多企业或网络公司选择 CentOS 作为服务器。2019 年 9 月 25 日 CentOS 8 正式发布。

④ OEL(Oracle Enterprise Linux)。OEL 基于 RHEL 并与之完全兼容。

⑤ SL(Scientific Linux)。这是重新编译的 Red Hat Enterprise Linux,由美国国家加速器实验室、欧洲核研究组织以及世界各地的大学和实验室共同开发。

(2) SUSE。SUSE 是德国最著名的 Linux 发行版本,在全世界范围内也享有较高的声誉。SUSE 自主开发的软件包管理系统 YaST 也大受好评。SUSE 于 2003 年年末被 Novell 收购。

(3) Debian。Debian 系列包括 Debian 和 Ubuntu。Debian 由 Ian Murdock 于 1993 年创建,是迄今为止最遵循 GNU 规范的 Linux 操作系统,是 100%非商业化的社区类 Linux 发行版本,由黑客自愿者开发和维护。多数用户喜欢 Debian 的一个原因在于 apt-get/dpkg 包管理方式。dpkg 是 Debian 系列特有的软件包管理工具,它被誉为是所有 Linux 软件包管理工具中最强大的,配合 apt-get,在 Debian 上安装、升级、删除和管理软件变得很容易。

(4) Ubuntu。Ubuntu(乌班图)由开源厂商 Canonical 公司开发和维护。Ubuntu 严格来说不能算一个独立的发行版本,Ubuntu 是基于 Debian 的不稳定版本并加强而来,拥有 Debian 所有的优点。

(5) RedFlag/Deepin/中标麒麟。RedFlag 是北京中科红旗软件技术有限公司开发,该公司于 2014 年 8 月被五甲万京信息产业集团收购,收购后的中科红旗公司保持原有的业务和发展模式。Deepin、中标麒麟也是由我国国内公司研制的 Linux 发行版本。

(6) Slackware。由 Patrick Volkerding 创建于 1992 年,是历史最悠久的 Linux 发行版本。

(7) Gentoo。Gentoo 最初由 Daniel Robbins 创建。2002 年发布首个稳定的版本,是

Linux 世界中最年轻的发行版本。Gentoo 的出名在于它高度的自定制性，Gentoo 适合比较有 Linux 使用经验的老手使用。

(8) Mandriva。Mandriva 的原名是 Mandrake，最早由 Gal Duval 创建并在 1998 年 7 月发布。早期的 Mandrake 是基于 Red Hat 进行开发的。

(9) Android。Android 是一种基于 Linux 的自由及开源的操作系统，主要用于移动设备，如智能手机和平板电脑，由 Google 公司和开放手机联盟(Open Handset Alliance)领导开发。

1.2　硬盘分区

Linux 的安装是一个比较复杂的过程，它和 Windows 操作系统的不同之处在于，它们的文件组织形式不同。安装 Linux 过程的重点和难点在于怎样进行硬盘分区。

在安装 RHEL 的过程中可以对硬盘进行分区操作，不过笔者建议读者在安装 RHEL 之前使用专门的分区工具(比如 Linux 中可以使用 gparted、gdisk、fdisk，Windows 中可以使用 DiskGenius、AOMEI 分区助手等)对硬盘进行分区。

硬盘有两种分区格式：MBR(Master Boot Record，主引导记录)和 GPT(Globally unique identifier Partition Table，全局唯一标识磁盘分区表)。

MBR 和 GPT 的区别：①MBR 分区表最多只能识别 2.2TB 大小的硬盘空间，大于 2.2TB 的硬盘空间将无法识别；GPT 分区表能够识别 2.2TB 以上的硬盘空间。②MBR 分区表最多支持 4 个主分区或 3 个主分区+1 个扩展分区(扩展分区中的逻辑分区个数不限)；默认情况 GPT 分区表最多支持 128 个主分区。③MBR 分区表的大小是固定的；在 GPT 分区表头中可自定义分区数量的最大值，也就是说 GPT 分区表的大小不是固定的。

1.2.1　MBR 分区

MBR 早在 1983 年 IBM PC DOS 2.0 中就已经提出。MBR 是硬盘的第一扇区，包含已安装操作系统的启动加载器和驱动器的逻辑分区信息。它由三部分组成：启动加载器(boot code)、DPT(Disk Partition Table，硬盘分区表)和硬盘有效标志(Magic number)。在总共 512 字节的 MBR 里启动加载器占 446 字节，偏移地址为 0000H～0088H，负责从活动分区中装载并运行系统引导程序；DPT 占 64 字节；硬盘有效标志占 2 字节(55AA)。采用 MBR 的硬盘分区如图 1-1 所示。

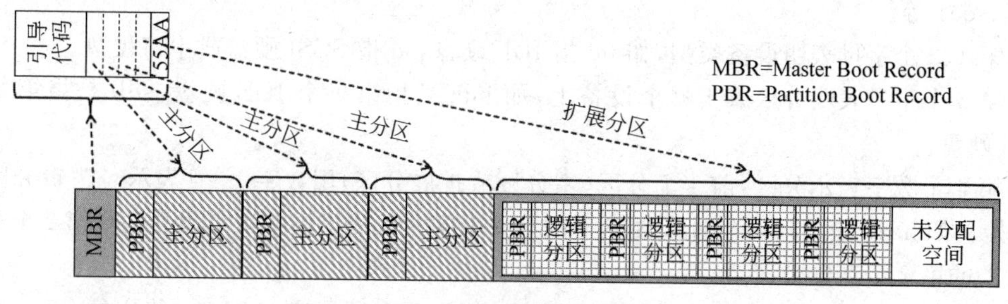

图 1-1　硬盘分区(MBR)

启动加载器是一小段代码，用于加载驱动器上其他分区上更大的加载器。如果安装了 Windows，Windows 启动加载器的初始信息就放在这个区域里——如果 MBR 的信息被覆盖导致 Windows 不能启动，需要使用 Windows 的 MBR 修复功能来使其恢复正常。如果安装了 Linux，则位于 MBR 里的通常会是 GRUB 加载器。

DPT 分区表偏移地址为 01BEH～01FDH，每个分区表项长 16 字节，共 64 字节为分区项 1、分区项 2、分区项 3、分区项 4，分别对应 MBR 的 4 个主分区。

Magic number 也就是结束标志字，偏移地址 01FE～01FF 的 2 字节固定为 55AA，如果该标志有错误，系统就不能启动。

1. 硬盘设备

在 Linux 操作系统中，所有的一切都是以文件的方式存放于系统中，包括硬盘，这是与其他操作系统的本质区别之一。按硬盘的接口技术不同，硬盘种类有三种。

(1) 并口硬盘(IDE)。在 Linux 操作系统中，它将接入 IDE 接口的硬盘文件命名为以 hd 开头的设备文件。

例如，第一块 IDE 硬盘命名为 hda，第二块 IDE 硬盘就被命名为 hdb，以此类推。

系统将这些设备文件放在/dev 目录中，如/dev/hda、/dev/hdb、/dev/hdc。

(2) 微型计算机系统接口硬盘(SCSI)。连接到 SCSI 接口的设备使用 ID 号进行区别，SCSI 设备 ID 号为 0～15，Linux 对连接到 SCSI 接口卡的硬盘使用/dev/sdx 的方式命名，x 的值可以是 a、b、c、d 等，即 ID 号为 0 的 SCSI 硬盘名为/dev/sda，ID 号为 1 的 SCSI 硬盘名为/dev/sdb，以此类推。

(3) 串口硬盘(SATA)。在 Linux 操作系统中，串口硬盘的命名的方式与 SCSI 硬盘的命名的方式相同，都是以 sd 开头。例如，第一块串口硬盘被命名为/dev/sda，第二块被命名为/dev/sdb。

注意：分区是一个难点，在分区之前，建议读者备份重要的数据。

2. 硬盘分区

硬盘可以划分为三种分区：主分区(Primary Partition)、扩展分区(Extension Partition)和逻辑分区(Logical Partition)。

一个硬盘最多有 4 个主分区，如果有扩展分区，那么扩展分区也算是一个主分区，只可以将一个主分区变成扩展分区，在扩展分区上，可以以链表方式建立逻辑分区。Red Hat Linux 对一块 IDE 硬盘最多支持到 63 个分区，SCSI 硬盘支持到 15 个分区。

(1) Linux 硬盘分区的命名。Linux 通过字母和数字的组合对硬盘分区命名，如 hda2、hdb6、sda1 等。

第 1、2 个字母表明设备类型，如 hd 指 IDE 硬盘，sd 指 SCSI 硬盘或串口硬盘。

第 3 个字母表明分区属于哪个设备上，如 hda 是指第 1 个 IDE 硬盘，sdb 是指第 2 个 SCSI 硬盘。

第 4 个数字表示分区，前 4 个分区(主分区或扩展分区)用数字 1～4 表示。逻辑分区从 5 开始。如 hda2 是指第 1 个 IDE 硬盘上的第 2 个主分区或扩展分区，hdb6 是指第 2 个 IDE 硬盘上的第 2 个逻辑分区。

(2) Linux 硬盘分区方案。安装 RHEL 8 时，需要在硬盘建立 Linux 使用的分区，在大多情况下，建议至少需要为 Linux 建立以下 3 个分区。

① /boot 分区。该分区用于引导系统，该分区占用的硬盘空间很少，包含 Linux 内核以及 GRUB 的相关文件，建议分区大小为 500MB 左右。

② /(根)分区。Linux 将大部分的系统文件和用户文件都保存在/(根)分区上，所以该分区一定要足够大，建议分区大小应大于 20GB。

③ swap 分区。该分区的作用是充当虚拟内存，原则上是物理内存的 1.5～2 倍(当物理内存大于 1GB 时，swap 分区为 1GB 即可)。

提示：如果架设服务器，建议如下分区方案。

/boot：用来存放与 Linux 操作系统启动有关的程序，比如启动引导装载程序等，建议大小为 500MB。

/：Linux 系统的根目录，所有的目录都挂在这个目录下面，建议大小为 20GB。

/usr：用来存放 Linux 操作系统中的应用程序，其相关数据较多，建议大于 15GB。

/var：用来存放 Linux 操作系统中经常变化的数据以及日志文件，建议大于 10GB。

/home：存放普通用户的数据，是普通用户的宿主目录，建议大小为剩下的磁盘空间。

swap：实现虚拟内存，建议大小是物理内存的 1～2 倍。

1.2.2 GPT 分区

GPT 是可扩展固件接口(UEFI)标准的一部分，用来替代 BIOS 所对应的 MBR 分区表。采用 GPT 的硬盘分区如图 1-2 所示。每个逻辑块(Logical Block Address，LBA)是 512 字节(一个扇区)，每个分区的记录为 128 字节。负数的 LBA 地址表示从最后的块开始倒数，-1 表示最后一个块。

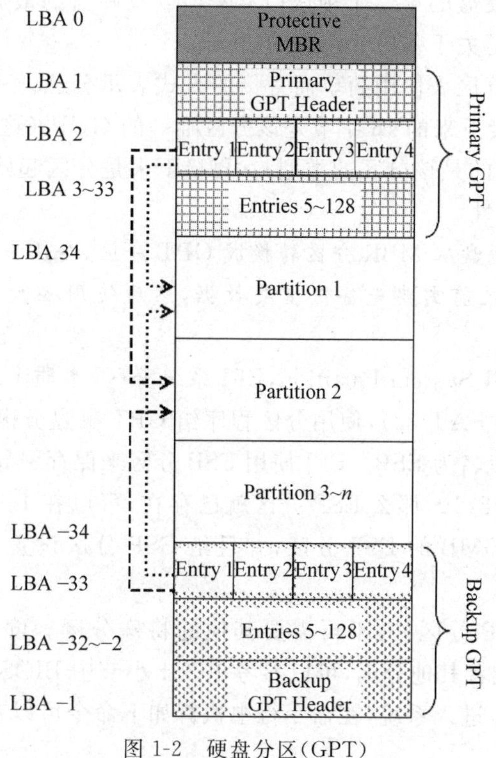

图 1-2　硬盘分区(GPT)

在 MBR 硬盘中，分区信息直接存储在 MBR 中。在 GPT 硬盘中，分区表的位置信息存储在 GPT 头中。但出于兼容性考虑，硬盘的第一个扇区仍然用作 MBR，之后才是 GPT 头。传统 MBR 信息存储在 LBA 0，GPT 头存储在 LBA 1；接下来是 GPT 分区表本身，占用 32 个扇区；接下来的 LBA 34 是硬盘上第一个分区的开始。GPT 会为每一个分区分配一个全局唯一标识符，理论上 GPT 支持无限个磁盘分区，默认情况下，最多支持 128 个磁盘分区，基本可以满足所有用户的存储需求。在每一个分区上，这个标识符是一个随机生成的字符串，可以保证为地球上的每一个 GPT 分区分配完全唯一的标识符。

LBA 0：为了兼容问题，GPT 分区表在磁盘的最开始部分仍然存储了一份传统的 MBR，叫做 Protective MBR。为了防止设备不支持 UEFI，并且可以防止不支持 GPT 的硬盘管理工具错误识别并破坏硬盘中的数据，在使用 MBR/GPT 混合分区表的硬盘中，这部分存储了 GPT 分区表的一部分分区（通常是前 4 个分区），可以使不支持从 GPT 启动的操作系统从这个 MBR 启动，启动后只能操作 MBR 分区表中的分区。

LBA 1：分区表头定义了硬盘的可用空间以及组成分区表的项的大小和数量。默认情况下，最多可以创建 128 个分区，即分区表中保留了 128 个项，其中每个都是 128 字节（EFI 标准要求分区表最小要有 16384 字节，即 128 个分区项的大小）。分区表头还记录了这块硬盘的 GUID，记录了分区表头本身的位置与大小（位置总是在 LBA 1）以及备份分区表头和分区表的位置与大小（在硬盘的最后）。它还存储着本身和分区表的 CRC32 校验。固件、引导程序和操作系统在启动时可以根据这个校验值来判断分区表是否出错，如果出错了，可以使用软件从硬盘最后的备份 GPT 中恢复整个分区表。如果备份 GPT 也校验错误，硬盘将不可使用。所以 GPT 硬盘的分区表不可以直接使用十六进制编辑器修改。主分区表和备份分区表的头分别位于硬盘的第二个扇区（LBA 1）以及硬盘的最后一个扇区（LBA −1）。备份分区表头中的信息是关于备份分区表的。

LBA 2～33：GPT 分区表使用简单而直接的方式表示分区。一个分区表项的前 16 字节是分区类型 GUID。接下来的 16 字节是该分区唯一的 GUID（这个 GUID 指的是该分区本身，而之前的 GUID 指的是该分区的类型）。再接下来是分区起始和末尾的 64 位 LBA 编号，以及分区的名字和属性。

注意：如果将一块硬盘从 MBR 分区转换成 GPT 分区，会丢失硬盘内的所有数据。所以在更改硬盘分区格式之前需要先备份重要数据，然后使用磁盘管理软件将硬盘转换成 GPT 格式。

ESP 分区：ESP（EFI System Partition，EFI 系统分区）本质上是一个 FAT 分区（FAT 32 或 FAT 16，建议使用 FAT 32），使用分区程序给 GPT 磁盘分区时会提醒建立一个指定大小的 ESP 分区，并且命名为 ESP。EFI 使用 ESP 分区来保存引导加载程序。如果计算机已经预装了 Windows 7/8/10，那么 ESP 分区就已存在，可以在 Linux 上直接使用。否则，建议创建一个大小为 500MB 的 ESP 分区，并且给 ESP 分区设置一个“启动标记”或名为 EF00 的类型码。

其他分区：除了 ESP 分区外，不再需要其他的特殊分区。读者可以设置根（/）分区、swap 分区、/opt 分区，或者其他分区，可以参考 1.2.1 小节中 BIOS 模式下分区。

安装好 RHEL 8 后，进入系统，在命令行中执行如下命令可以查看分区的相关信息。

```
#gdisk -l /dev/sda
#fdisk -l /dev/sda
#parted -l
#blkid
#[ -d /sys/firmware/efi ] && echo "Machine booted with UEFI" || echo "Machine
booted with BIOS"
```

示例如下：

```
#gdisk -l /dev/sda
Number Start (sector) End (sector) Size       Code
   1           2048       1050623 512.0 MiB EF00 #/dev/sda1, boot, EFI System
                                                   Partition
   2        1050624       5244927 2.0 GiB   8200 #/dev/sda2, Linux swap
   3        5244928       6293503 512.0 MiB 8300 #/dev/sda3, Linux filesystem, ext2
   4        6293504      72353791 31.5 GiB  8300 #/dev/sda4, Linux filesystem, ext4
   5       72353792     134215679 29.5 GiB  8300 #/dev/sda5, Linux filesystem, ext4
```

1.3　实例——用 U 盘安装 Red Hat Enterprise Linux 8

Linux 的安装方法主要有 U 盘安装、光盘安装、硬盘安装、网络安装。

U 盘安装：Linux 的安装镜像文件在 U 盘中，将其安装到硬盘中。

光盘安装：Linux 的安装镜像文件在光盘中，将其安装到硬盘中。

硬盘安装：将 Linux 的安装镜像文件（ISO 文件）放在硬盘的一个分区中，然后将 Linux 安装在硬盘的另一个分区中。

网络安装：将系统安装文件放在 Web、FTP 或 NFS 服务器上，通过网络方式安装。

本书介绍 U 盘安装 Red Hat Enterprise Linux 8 的详细过程。

第 1 步：硬盘分区。

Windows 中，笔者使用 DiskGenius 并按照下面的方案对硬盘进行分区。

```
C:7/8/10    100GB    NTFS     /dev/sda1
D:          200GB    NTFS     /dev/sda5
E:          160GB    NTFS     /dev/sda6
F:          200GB    NTFS     /dev/sda7
            500MB    FAT32    /dev/sda8        //EFI partition
/           100GB    ext4     /dev/sda9        //RHEL 根分区
/boot       600MB    ext2     /dev/sda10       //RHEL boot 分区
/opt        180GB    ext4     /dev/sda11       //RHEL opt 分区,存放 ISO 文件
swap        2GB      swap     /dev/sda12       //RHEL 交换分区
```

第 2 步：准备 8GB 以上的 U 盘。

假设 U 盘盘符是 U:，格式化为 exFAT 格式。

第 3 步：Windows 中下载、安装 GRUB2。

到 GRUB2 官网 ftp：//ftp. gnu. org/gnu/grub/下载 grub-2. 02-for-windows. zip，将其解压至任意路径，比如 D：\，这样 GRUB2 的路径是 D：\grub-2. 02-for-windows。

以管理员身份运行 CMD，输入命令 wmic diskdrive list brief，记录下 U 盘的 DeviceID（比如，\\. \PHYSICALDRIVE1）。

执行如下命令将当前路径切换至 GRUB2 的路径。

```
cd /d D: \grub-2.02-for-windows
```

① 为 BIOS(i386-pc)安装 GRUB2，用于传统 BIOS 启动，命令如下：

```
grub-install.exe --boot-directory=U: \ --target=i386-pc \\.\PHYSICALDRIVE1
```

目标 i386-pc 包含在 grub-pc 包中。如果系统使用 BIOS+MBR 安装，这个包默认是存在的。

② 为 UEFI 64-bit(x86_64-efi)安装 GRUB2，用于 UEFI 方式启动，命令如下：

```
grub-install.exe --boot-directory=U: \ --efi-directory=U: --target=x86_64-
efi --removable
```

目标 x86_64-efi 包含在 grub-efi 包中，只有系统使用 UEFI+GPT 方式安装时该包才会存在。

第 4 步：编辑 grub. cfg。

使用记事本生成 grub. cfg 文件，该文件的编码格式为 UTF-8(另存为可以设置编码格式)，将 grub. cfg 文件复制到 U：\grub\中。

注意：在 Windows 中，文件名不是 grub. cfg. txt，而是 grub. cfg。

具体内容如下：

```
menuentry 'Fedora-Workstation-Live-x86_64-29-1.2' {
    set root=(hd0,msdos1)
    set isofile="/iso/Fedora-Workstation-Live-x86_64-29-1.2.iso"
    loopback loop $isofile
#isoinfo -d -i Fedora-Workstation-Live-x86_64-29-1.2.iso
#aiming to get the CDLABEL of Fedora-Workstation-Live-x86_64-29-1.2.iso
    linux (loop)/isolinux/vmlinuz iso-scan/filename=$isofile root=live:
    CDLABEL=Fedora-WS-Live-29-1-2 rd.live.image
    initrd (loop)/isolinux/initrd.img
}

menuentry 'rhel-8.0-x86_64-dvd' {
    set root=(hd0,msdos1)
    set isofile="/iso/rhel-8.0-x86_64-dvd.iso"
    loopback loop $isofile
    linux (loop)/isolinux/vmlinuz noeject inst.stage2=hd:/dev/sdb1:$isofile
#对于 U 盘和移动硬盘，能使用(hd0,msdos1)和 hd:/dev/sdb1，不能使用(hd0,msdos1)和
 hd:/dev/sda1
    initrd (loop)/isolinux/initrd.img
}
```

第 5 步：存放光盘镜像文件。

将 rhel-8.0-x86_64-dvd.iso(6.5GB 左右)复制到 U 盘(exFAT 分区)中的 ISO 文件夹里，即 U：\iso。

第 6 步：重启计算机。

重启计算机并用 U 盘(安装盘)引导。启动界面如图 1-3 所示，此处选择 Install Red Hat Enterprise Linux 8.0，随后出现语言选择界面，依次选择"中文"→"简体中文"选项，设置安装过程中的语言。然后单击"继续"按钮，出现安装信息摘要界面，如图 1-4 所示。

注意：此处的语言不是安装的 Linux 操作系统所用语言，而是安装过程中安装界面上显示的语言。

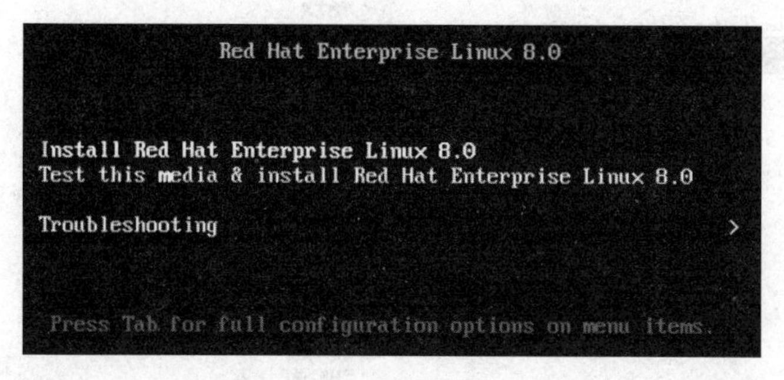

图 1-3 启动界面

图 1-4 安装信息摘要界面

第 7 步：本地化(系统时区、键盘、桌面语言选择)。

在图 1-4 中，单击"本地化"中的"时间和日期"按钮，修改系统时区。单击"本地化"中的"键盘"按钮，选择 English(US)键盘布局。单击"本地化"中的"语言支持"按钮，选择"简体中文(中国)"选项。

第 8 步：软件(安装源、软件选择)。

在图 1-4 中单击"软件"中的"安装源"按钮，可以选择安装介质。前面步骤设置好后，会自动检测到 ISO 文件，即 rhel-8.0-x86_64-dvd.iso。

在图 1-4 中单击“软件”中的“软件选择”，打开的界面如图 1-5 所示。

在图 1-5 中可选的软件组类型较多，而且默认安装的是一个非常小的甚至不完整的系统。可以根据自己的具体需求进行选择。对于初学者来说，建议选中 Workstation 单选按钮。

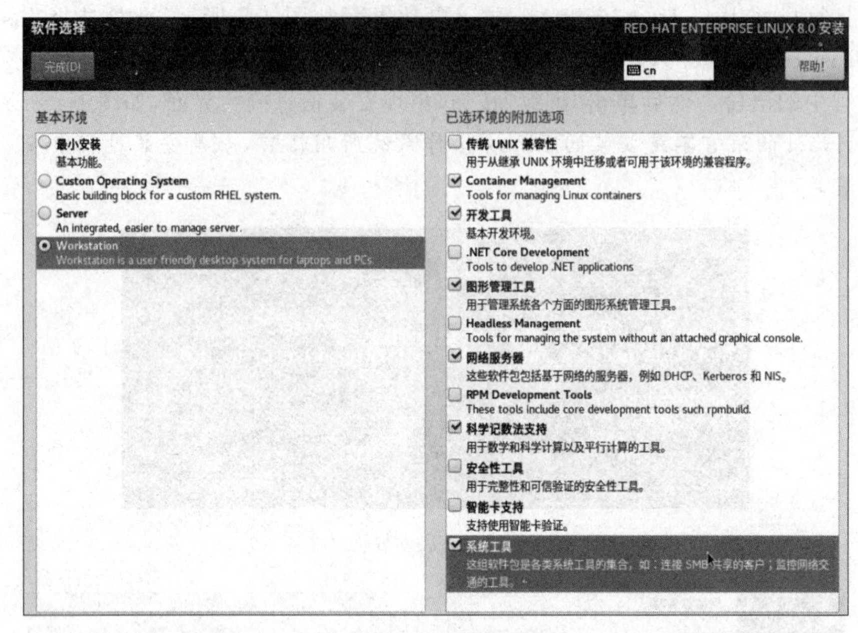

图 1-5 “软件选择”界面

第 9 步：存储(硬盘分区、交换分区、根分区、/boot 分区、/boot/efi 分区)。

在图 1-4 中单击“系统”中的“安装目的地”按钮，出现“安装目标位置”界面，如图 1-6 所示。

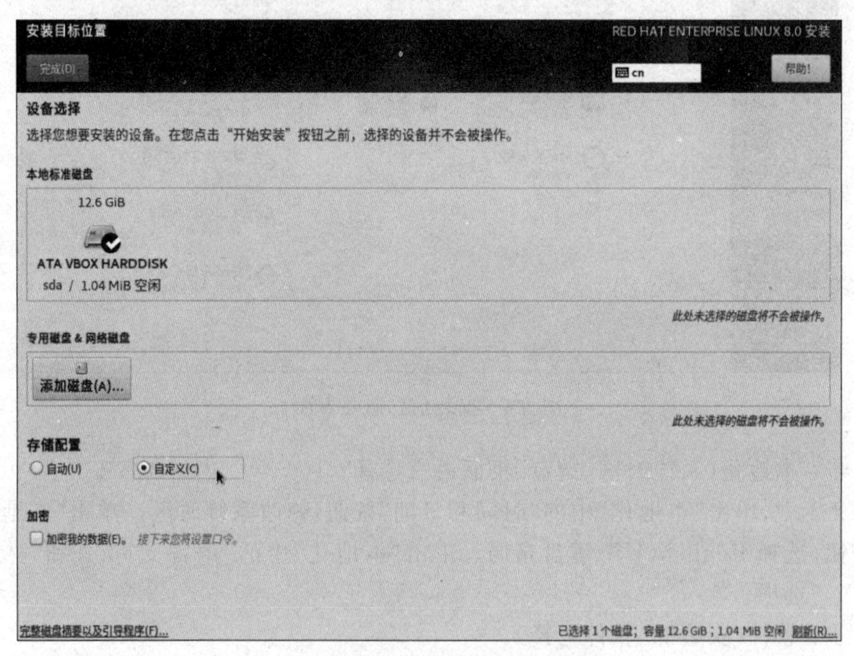

图 1-6 “安装目标位置”界面

选择“硬盘”，再选中“自定义”单选按钮。单击“完成”按钮，出现“手动分区”界面，如图 1-7 所示。

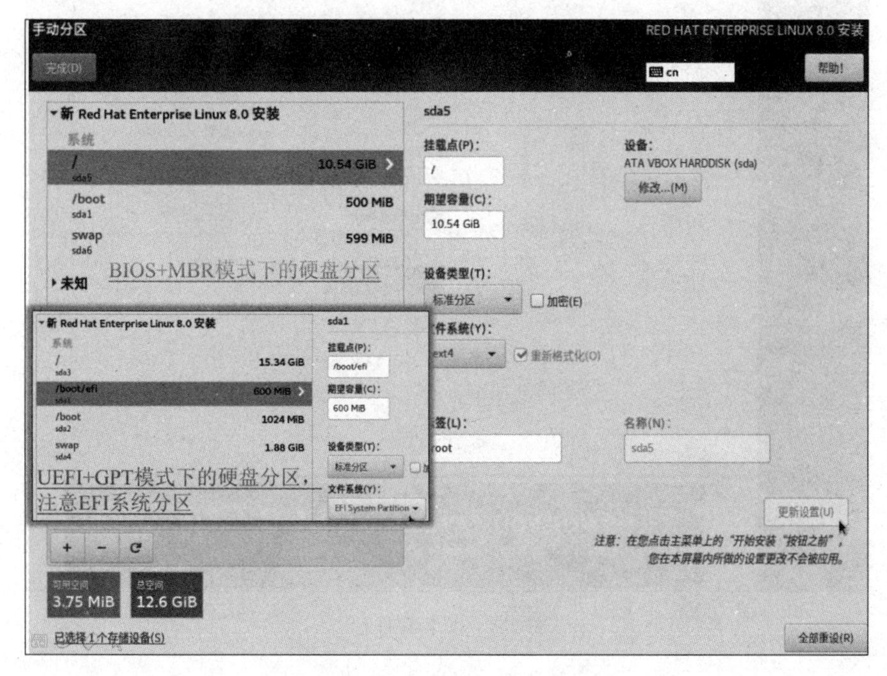

图 1-7　“手动分区”界面

在图 1-7 中以标准分区创建存储。创建根分区，“挂载点”文本框中输入/，“文件系统”选项中选择 ext4 或 xfs，指定“期望容量”大小为 10.54GiB。再创建 boot 分区，“挂载点”文本框中输入/boot，“文件系统”选项中选择 ext4，指定“期望容量”大小为 500MiB。最后创建 swap 分区，“挂载点”文本框中输入 swap，“文件系统”选项中选择 swap，指定“期望容量”大小为 599GiB。

完成创建分区后，单击“完成”按钮，在接下来弹出的窗口中单击“接受更改”按钮，对硬盘分区进行格式化操作。

第 10 步：安装软件包。

完成以上操作后，单击图 1-4 中的“开始安装”按钮，进入安装软件包过程，这需要一段时间，请耐心等待。界面如图 1-8 所示。

在图 1-8 中单击“根密码”按钮，为系统中的超级用户 root 设一个密码，root 账号具有最高权限，是 Linux 默认的系统管理员账号。注意，该口令很重要，至少要 6 字符以上，含有特殊符号，并要记好。

在图 1-8 中单击“创建用户”按钮，可以创建普通用户，建议创建一个。

安装过程完成后，单击“重启”按钮。

第 11 步：首次引导配置。

重新启动后，将进入 GRUB2 菜单模式，出现启动选择菜单，按 E 键进入菜单编辑模式，按 C 键进入命令行模式。选择某个菜单后，编辑该菜单，按 Ctrl+X 组合键启动该菜单指定的系统，按 Ctrl+C 组合键进入命令行模式，按 Esc 键取消当前的编辑操作，返回

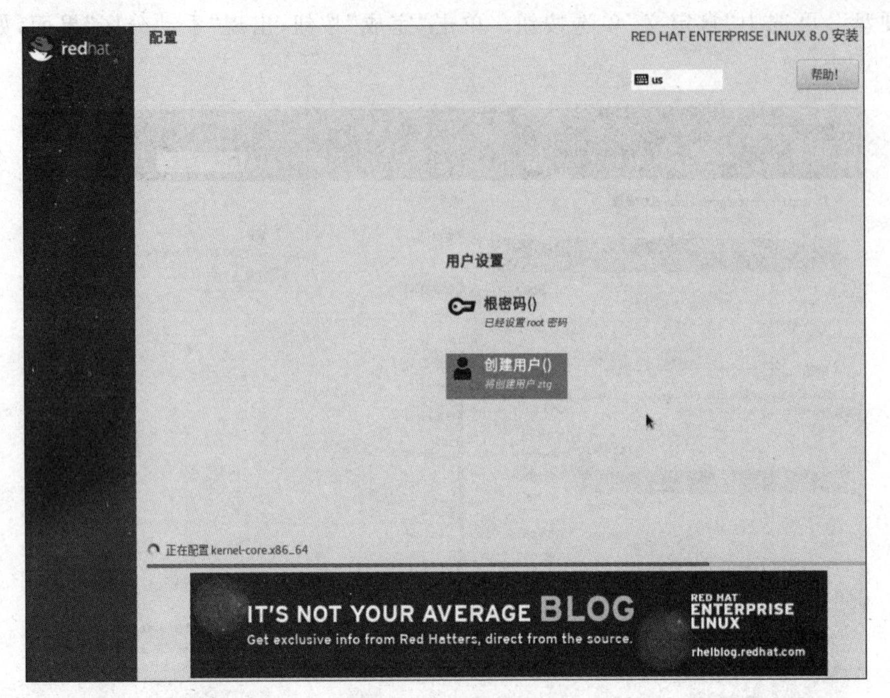

图 1-8　安装软件包

菜单模式。

选择 RHEL 8 菜单项,启动 RHEL 8 操作系统。随后,将进行首次引导配置(第一次启动进入 RHEL 8),读者可以根据提示进行相关的设置,多数是单击“前进”按钮。最后出现登录界面,安装后的初始化过程到此结束,登录后进入 GNOME 桌面环境。

注意:对于 Fedora 30,安装好系统之后,首次进入登录界面时要求创建普通用户,比如,笔者创建用户 ztg,然后用 ztg 账号登录系统,在命令行执行命令 sudo passwd root,为 root 用户设置密码。注销 ztg,然后就可以使用 root 账号登录 Fedora 30 操作系统了。

1.4　引导工具 GRUB Legacy 的设置与应用

引导程序是驻留在硬盘第 0 柱、第 0 面、第 1 扇区(MBR、主引导记录)的程序。在启动过程中,检测系统之后,若系统被设置为从 MBR 引导,BIOS 将控制权交给 MBR,而驻留在 MBR 中的程序就是引导程序,它负责载入操作系统内核(Kernel)并把控制权转交给 Kernel,然后 Kernel 再进一步初始化剩余的操作,直到 Linux 显示用户登录界面。有许多引导程序可以使用,包括 GNU GRUB(Grand Unified BootLoader)、Bootmanager、LILO(LInux LOader)、NTLDR(Windows NT 的引导程序)、bootmgr(Windows 7 的引导程序),本节主要介绍 GRUB。

注意:本节的内容适用于 RHEL 6,本书主要讲解 RHEL 8,而 RHEL 8 使用 GRUB2。所以,本节仅作为补充和参考内容。另外,GRUB 的三种模式(菜单模式、菜单编辑模式和命令行模式)适用于 GRUB2。

1.4.1 GRUB的设置

GRUB是一个功能强大的多系统引导程序，专门处理Linux与其他操作系统共存的问题。它可以引导的操作系统有Linux、OS/2、Windows系列、Solaris、FreeBSD和NetBSD等。它的优势在于能够支持大硬盘、支持开机画面、支持菜单式选择，并且分区位置改变后不必重新配置，使用非常方便。目前，大多Linux发行版本采用GRUB作为默认的引导程序。

注意：在进行GRUB操作之前，最好先将MBR备份，备份工具建议使用DiskGen。

1. GRUB的三种模式

GRUB的用户界面有三种：菜单模式、菜单编辑模式和命令行模式。

(1) 菜单模式。当存在/boot/grub/menu.lst文件时，系统启动后会自动进入该模式。菜单模式下用户只需用上下箭头来选择想启动的系统或者执行某个命令，菜单定义在menu.lst文件中，也可以从菜单模式按C键进入命令行模式，并且可以按Esc键从命令行模式返回菜单模式。菜单模式下按E键将进入菜单编辑模式。

(2) 菜单编辑模式。菜单编辑模式用来对菜单项进行编辑，其界面和菜单模式的界面十分类似，不同的是菜单中显示的是对应某个菜单项的命令列表。如果在菜单编辑模式下按Esc键，将取消所有当前对菜单的编辑，并回到菜单模式下。在菜单编辑模式下选中一个命令行，就可以对它进行修改，修改完毕后按Enter键，GRUB将会提示用户确认。

(3) 命令行模式。进入命令行模式后，GRUB会给出命令提示符"grub>"，此时就可以输入命令，并按Enter键执行。执行help命令，可以显示可用的命令。此模式下允许使用类似于Bash Shell的命令行编辑功能。

2. 设备名称

使用GRUB时，文件系统习惯上采用的命名方式为(,)。

在设备命名中，圆括号和逗号是很重要的。指出是一个硬盘(hd)还是一个软盘(fd)。依照系统BIOS而确定的设备号，从0开始。第1个IDE硬盘被标为0，第2个IDE硬盘被标为1。这个排序大体上等同于Linux内核用字母安排设备的顺序，只是在hda中的a变成了0，hdb中的b变为了1，以此类推。系统的第1个硬盘驱动器被GRUB称为(hd0)。在它上面的第1个分区被称为(hd0,0)，第2个硬盘驱动器上的第3个分区被称为(hd1,2)。

目前GRUB将SATA硬盘和SCSI硬盘都认成hd。

3. 文件名称

当在GRUB中输入包括文件的命令时，文件名称必须直接在设备和分区后指定。一个绝对文件名称的格式为(,)/path/to/file。

大多数的时候，用户可以通过在分区上的目录路径后加上文件名称来指定文件。另外，也可以将不在文件系统中出现的文件指定给GRUB，比如在一个分区最初几块扇区中的链式引导装载程序。为了指定这些文件，需要提供一个块列表，由它来逐块地告诉GRUB文件在分区中的位置。当一个文件是由几个不同的块组合在一起时，需要有一个特殊的方式来写块列表。每个文件片段的位置由一个块的偏移量以及从偏移点开始的块数来描述，这些片段以一个逗号分界的顺序组织在一起。

考虑后面的块列表：0+50、100+25、200+1，这个块列表告诉GRUB使用一个文件，这个文件起始于分区的第 0 块,使用了第 0～49 块、第 99～124 块,以及第 199 块。

当使用 GRUB 装载诸如 Windows 这样采用链式装载方式的操作系统时,知道如何写块列表是相当有用的。如果从第 0 块开始,那么可以省略块的偏移量。作为一个例子,当链式装载文件在第 1 块硬盘的第 1 个分区时,可以命名为(hd0,0) +1。注意,加号前面有空格。

下面给出一个带类似块列表名称的 chainloader 命令。它是在设置正确的设备和分区作为根后,在 GRUB 命令行中给出的: chainloader +1。注意,加号前面有空格。

4. GRUB 的根文件系统

GRUB 的根文件系统与 Linux 的根文件系统是没有关系的,GRUB 的根文件系统是用于一个特定设备的根分区。GRUB 使用这个信息来挂载这个设备并从它上面载入文件。在 Red Hat Linux 中,一旦 GRUB 载入它自己的包含 Linux 内核的根分区,那么 kernel 命令就可以将内核文件的位置作为一个选项来执行。一旦 Linux 内核开始引导,它就设定自己的根文件系统,此时的根文件系统就是用户用来与 Linux 联系的那个根文件系统。然而最初的 GRUB 根文件系统以及它的挂载都将被去掉。

下面对 GRUB 配置文件 menu.lst(grub.conf)中的一些命令进行说明。

- default=1: default 后加一个数字 n,表示第 $n+1$ 个指定的操作系统,0 表示第 1 个指定的操作系统,以此类推。default=1 表示在用户不选择时,将自动载入第 2 个操作系统(Windows XP)。
- timeout=5: timeout 表示默认的等待时间。如果超过 5s,用户还没有做出选择,那么系统将自动载入默认的操作系统(default=1)。
- splashimage=(hd0,3)/boot/grub/splash.xpm.gz: 指定 GRUB 引导时使用的屏幕图像文件存放的路径。
- #hiddenmenu: 隐藏菜单项。
- title Red Hat Enterprise Linux Server (2.6.32-220.2.1.el6.x86_64): title 定义启动菜单项的名称,title 后面的字符串就是在菜单项上显示的选项。
- root (hd0,3): 设置 GRUB 的根分区,是/boot 对应的分区或 boot 文件夹所在的分区。
- kernel /boot/vmlinuz-2.6.32-220.2.1.el6.x86_64 ro root=UUID=a58f1941-c571-4db7-b51d- baf6f99f35a8 rd_NO_LUKS rd_NO_LVM rd_NO_MD rd_NO_DM LANG=zh_CN.UTF-8 KEYBOARDTYPE=pc KEYTABLE=us crashkernel=auto rhgb quiet: 指定内核文件(vmlinuz-2.6.32-220.2.1.el6.x86_64)与要挂载的根设备(root=UUID= a58f1941-c571-4db7-b51d-baf6f99f35a8)。vmlinuz-2.6.32-220.2.1.el6.x86_64 后面的都是传递给内核的参数,ro 是 readonly 的意思。
- initrd /boot/initramfs-2.6.32-220.2.1.el6.x86_64.img: 指定初始化内存镜像盘。
- title Windows XP: 设置 GRUB 引导菜单项的标题为 Windows XP。
- rootnoverify (hd0,0): 做 root 命令同样的事情,只是不挂入分区。
- chainloader +1: 加载(hd0,0)第 1 扇区(PBR,分区引导记录)。
- title Win 7: 设置 GRUB 引导菜单项的标题为 Win 7。

- rootnoverify (hd0,2)：做 root 命令同样的事情，只是不挂入分区。
- makeactive：将(hd0,2)设置为活动分区，只对主分区有效。主要用于 Windows 操作系统。
- chainloader /bootmgr：加载(hd0,2)分区文件系统中的 bootmgr。

GRUB 使用了链式装入器(chainloader)。由于它创建了一个从引导装入器到另一个引导装入器的链，因此这种技术叫做链式装入技术。这种链式装入技术可用于引导任何版本的 DOS 或 Windows 操作系统。

root 与 rootnoverify 的区别：root 指定根分区并挂载，rootnoverify 指定根分区但不挂载。在系统安装好后，默认的是 rootnoverify (hdx, y) 这样的形式，但是有时候会出现 Windows 引导不起来的情况，这时，可以在 GRUB 中将引导 Windows 那段中的 rootnoverify 改为 root。

1.4.2　实例——GRUB 的应用

【实例 1-1】　修复 GRUB。

当硬盘上的 MBR 被修改过，Linux 不能被正常引导时，就应该考虑修复 GRUB 了。

要把 GRUB 引导装载程序重新安装到硬盘上的方法如下：

首先，需要指出哪个硬盘分区将成为 GRUB 根分区，在这个分区上的/boot/grub 目录中要有 stage1 和 stage2 文件。该任务由 root(hd0,7)命令完成。

其次，要决定将 GRUB 安装到哪里。如果安装到 MBR，则可以指定整个硬盘而不必指定分区，如 grub>setup (hd0)。如果要将 GRUB 安装到/dev/hda5 的 PBR(分区引导记录)，应输入 grub>setup (hd0,4)命令。

最后，执行 grub>quit 命令退出 GRUB 控制台。

到此，已经修复好 GRUB，现在可以用 GRUB 引导系统了。

修复 GRUB 的详细过程如下。

第 1 步：把第 1 张安装盘放到光驱中，然后重新启动机器，在 BIOS 中用光驱来引导系统。

第 2 步：等安装界面出来后，在 boot 后面输入 linux rescue，按 Enter 键。

第 3 步：接下来配置语言和键盘，按需求设置并继续。

第 4 步：接着会出现命令提示符：sh-3.2#。

第 5 步：执行#grub 命令，会出现 GRUB 命令提示符：grub>。此时就进入了功能强大的 GRUB 控制台。

下面就可以在 GRUB 控制台中执行命令。

注意：root 和(hd0,3)之间有一个空格，(hd0,3)是 Linux boot 分区。setup 和(hd0)之间有空格，setup (hd0)就是把 GRUB 写到第 1 块硬盘的 MBR 上。GRUB 控制台同 Shell 一样也具有命令行的自动补齐功能。

另外，如果硬盘上的 MBR 被修改过，通过其他方法还能够进入 Linux 命令行，则可以执行命令#/sbin/grub2-install /dev/hda 或 #/sbin/grub2-install /dev/sda 来修复 GRUB。

【实例 1-2】　重设 root 用户密码。

系统管理员有时候会忘记 root 用户的密码，下面给出解决办法。

第 1 步：重启系统，进入 GRUB 启动界面(菜单模式)。选择 Red Hat Enterprise Linux 菜单项，按 E 键，进入菜单编辑模式。

第 2 步：选择 kernel 菜单项，按 E 键对该项进行编辑，将光标移动到最后，输入字母 s 或数字 1，按 Enter 键，然后按 B 键启动系统。

注意：字母 s 和前面的单词之间有空格。如果不是输入字母 s 或数字 1，而是输入命令 rw init=/bin/sh，则进入超级终端模式，该模式一般用于"急救"情况，注意 rw 和前面的单词之间有空格。

第 3 步：在 Linux 的单用户模式下执行命令 # passwd -d root，至此，root 用户的密码已经被清除。

第 4 步：执行命令 # init 3(或 # init 5)。

第 5 步：进入 Linux 操作系统后，执行命令 passwd 为 root 用户重新设置密码。

1.5 引导工具 GRUB2 的设置与应用

GRUB2 是 GNU GRUB(GRand Unified Bootloader)的最新版本。GRUB2 已经取代之前的 GRUB(即 0.9x 版本，该版本目前被称为 GRUB Legacy)。

GRUB2 开头的命令如下：

```
grub2-bios-setup        grub2-menulst2cfg              grub2-mkrescue
grub2-set-default       grub2-editenv                  grub2-mkconfig
grub2-mkstandalone      grub2-set-password             grub2-file
grub2-mkfont            grub2-ofpathname               grub2-setpassword
grub2-fstest            grub2-mkimage                  grub2-probe
grub2-sparc64-setup     grub2-get-kernel-settings      grub2-mklayout
grub2-reboot            grub2-switch-to-blscfg         grub2-glue-efi
grub2-mknetdir          grub2-rpm-sort                 grub2-syslinux2cfg
grub2-install           grub2-mkpasswd-pbkdf2          grub2-script-check
grub2-kbdcomp           grub2-mkrelpath                grub2-set-bootflag
```

1.5.1 GRUB2 与 GRUB Legacy 的区别

(1) 支持多种文件系统格式，如 ext4、xfs、ntfs 等。

(2) GRUB2 可访问已经安装的设备上的数据，可以直接从 lvm 和 raid 上读取文件。

(3) GRUB 中的 stage1、stage1_5、stage2 在 GRUB2 中已经被取消。

(4) GRUB2 使用了模块机制，引入很多设备模块，通过动态加载需要的模块来扩展功能，这样允许 CORE 镜像文件更小。

(5) 支持自动解压。

(6) 支持脚本语言，包括简单的语法，例如，条件判断，循环、变量和函数。

(7) 国际化语言。包括支持非 ASCII 的字符集和类似 gettext 的消息分类，以及字体、图形控制台等。

(8) 支持 rescue(自救)模式,可用于系统无法引导的情况。

(9) 有一个灵活的命令行接口。如果没有配置文件存在,GRUB 会自动进入命令行模式。

(10) GRUB2 有更可靠的方法用于在磁盘上有多系统时发现文件和目标内核,可以用命令发现系统设备号或 UUID。

(11) GRUB 引导配置文件是/boot/grub/grub.conf(menu.lst)。GRUB2 引导配置文件是/boot/grub2/grub.cfg,加入许多新的命令。GRUB2 执行 grub2-mkconfig 命令会自动更新启动项列表,自动添加有效的操作系统项目。

(12) GRUB2 分区编号发生的变化:第 1 个分区现在是 1 而不是 0,但第 1 个设备仍然从 0 开始计数,如 hd0。GRUB2 同样以 fd 表示软盘,hd 表示硬盘(包含 IDE 和 SCSI 硬盘)。设备是从 0 开始编号,分区则是从 1 开始编号,主分区从 1～4 开始,逻辑分区从 5 开始。示例如下:

```
###GRUB 分区编号如下
(hd0,1):表示第 1 个硬盘的第 1 个分区
###分区中文件的绝对路径
(hd0,9)/boot/vmlinuz:表示第 1 个硬盘的第 5 个逻辑分区中的 boot 目录中的 vmlinuz 文件

###GRUB2 分区编号如下
(hd0,msdos2):表示第 1 个硬盘的第 2 个 mbr 分区。GRUB2 中分区从 1 开始编号,传统的 GRUB
是从 0 开始编号的
(hd0,msdos5):表示第 1 个硬盘的第 1 个逻辑分区
(hd0,gpt1):表示第 1 个硬盘的第 1 个 gpt 分区
###分区中文件的绝对路径与相对路径如下
(hd0,msdos1)/boot/vmlinuz:指绝对路径,表示第 1 个硬盘第 1 个分区的 boot 目录下的
vmlinuz 文件
/boot/vmlinuz:指相对路径,基于根目录,表示根目录下的 boot 目录下的 vmlinuz。如果设置
了根目录变量 root 为(hd0,msdos1),则表示(hd0,msdos1)/boot/vmlinuz
```

1.5.2　GRUB2 配置文件

GRUB2 配置文件为 grub.cfg,GRUB2 配置文件的关键字和 GRUB 不一样,比如,title 更改为 menuentry、insmod 可以加载所需要的模块,root 更改为 set root=、kernel 更改为 linux 等。BIOS+MBR 模式下,GRUB2 配置文件为/boot/grub2/grub.cfg。UEFI+GPT 模式下,GRUB2 配置文件为/boot/efi/EFI/redhat/grub.cfg。

为了便于阅读 grub.cfg 配置文件中的菜单项,首先编辑/etc/default/grub 文件,删除 GRUB_ENABLE_BLSCFG=true 这一行,然后执行如下命令重新生成 GRUB2 配置文件。

```
grub2-mkconfig -o /boot/grub2/grub.cfg              //BIOS+MBR 模式下
```

或

```
grub2-mkconfig -o /boot/efi/EFI/redhat/grub.cfg  //UEFI+GPT 模式下
```

BIOS+MBR 模式下,GRUB2 配置文件 grub.cfg 的部分内容如下:

```
#DO NOT EDIT THIS FILE
#It is automatically generated by grub2-mkconfig using templates
#from /etc/grub.d and settings from /etc/default/grub
###BEGIN /etc/grub.d/00_header ###
set pager=1
load_env                              #加载变量,如果在 grubenv 保存变量,则启动时装载
set default="${saved_entry}"          #设置默认引导项,默认值为 0
set timeout=5                         #倒计时 5s 后,按默认启动项启动
###END /etc/grub.d/00_header ###

###BEGIN /etc/grub.d/10_linux ###
menuentry 'Red Hat Enterprise Linux (4.18.0-32.el8.x86_64) 8.0 (Ootpa)' --
class red --class gnu-linux --class gnu --class os --unrestricted $menuentry_
id_option 'gnulinux-4.18.0-32.el8.x86_64-advanced-3972a63d-409b-42bd-9810-
1df14b2fc531' {
    load_video
    set gfxpayload=keep
    insmod gzio
    insmod part_msdos                 #UEFI+GPT 模式下为 insmod part_gpt
    insmod ext2
    set root='hd0,msdos1'             #UEFI+GPT 模式下为 set root='hd0,gpt1'
    if [ x$feature_platform_search_hint =xy ]; then
      search --no-floppy --fs-uuid --set=root --hint-bios=hd0,msdos1 --hint
      -efi=hd0,msdos1 --hint-baremetal=ahci0,msdos1 --hint='hd0,msdos1'
      96cbabe7-a2f6-410c-a23b-3bacf4d888c8
                                      #UEFI+GPT 模式下为如下一行
      search --no-floppy --fs-uuid --set=root --hint-bios=hd0,gpt1 --hint-
     efi=hd0,gpt1 --hint-baremetal=ahci0,gpt1  96cbabe7-a2f6-410c-a23b-
      3bacf4d888c8
    else
      search --no-floppy --fs-uuid --set=root 96cbabe7-a2f6-410c-a23b-
      3bacf4d888c8
    fi
    linux  /vmlinuz-4.18.0-32.el8.x86_64 root=UUID=3972a63d-409b-42bd-9810-
    1df14b2fc531 ro crashkernel=auto resume=UUID=b9b516bf-8ed4-440a-92fa-
    5731f2021849 rhgb quiet
    initrd /initramfs-4.18.0-32.el8.x86_64.img
}
###END /etc/grub.d/10_linux ###
```

root 变量指定根设备的名称,使得后续使用从"/"开始的相对路径引用文件时将从该 root 变量指定的路径开始。

注意:在 Linux 中,从根目录"/"开始的路径表示绝对路径,如/etc/fstab。但在 GRUB2 中,从"/"开始的路径表示相对路径,其相对的基准是 root 变量设置的值,而使用(dev_name)/开始的路径才表示绝对路径。

一般 root 变量都表示/boot 所在的分区,但这不是绝对的,如果设置为根文件系统所在分区,如 root=(hd0,gpt2),则后续可以使用/etc/fstab 来引用(hd0,gpt2)/etc/fstab 文件。

另外，root 变量还应该与 linux 或 linux16 命令所指定的内核启动参数 root＝区分开来，内核启动参数中的 root＝的意义是固定的，是指根文件系统所在分区。

一般情况下，/boot 都会单独分区，所以 root 变量指定的根设备和 root 启动参数所指定的根分区不是同一个分区，除非/boot 不是单独的分区，而是在根分区下的一个目录。

1.5.3 GRUB2 脚本的修改

GRUB2 配置文件 grub. cfg 只有 root 权限才能修改。如果修改了 grub. cfg 文件，系统内核或 GRUB 升级时会自动执行 grub2-mkconfig 命令，grub. cfg 文件之前的配置会消失。为了保证修改后的配置信息能一直保留，不必直接修改 grub. cfg 文件，只要把个性化配置写入/etc/default/grub 文件和/etc/grub. d/目录下的脚本文件，以后不管升级内核或者执行 grub2-mkconfig 命令，都会按要求创建个性化的 grub. cfg。

1. /etc/default/grub 文件的内容

grub2-mkconfig 是根据/etc/default/grub 文件来创建配置文件 grub. cfg 的，该文件中定义的是 GRUB 的全局宏，修改内置的宏可以快速生成 GRUB 配置文件。

在/etc/default/grub 中，使用键值对格式：key＝value。key 全部为大写字母，如果 value 部分包含了空格或其他特殊字符，则需要使用引号引起来。

/etc/default/grub 文件的内容如下：

```
#设置进入默认启动项的等候时间,默认值为 5s,可以按自己需要修改
GRUB_TIMEOUT=5
#获得发行版本名称
GRUB_DISTRIBUTOR="$(sed 's, release .*$,,g' /etc/system-release)"
#设置默认启动菜单项,值可以是数字,默认从 0 开始。如果默认要从第 3 个菜单项启动,数字改为
 2;值也可以是 title 后面的字符串,当值为 saved 时有特殊含义,表示默认的选择菜单项会被
 保存在 GRUB_SAVEDEFAULT 中,下次启动时会从这个值启动。当值为 saved 时可以用 grub2-
 set-default 和 grub2-reboot 来设置默认启动项,grub2-set-default 直到下次修改前都
 有效,grub2-reboot 下次启动时生效
 GRUB_DEFAULT=saved
#禁用子菜单
GRUB_DISABLE_SUBMENU=true
#取消注释以允许图形终端(只适用于传统 BIOS 启动时)
GRUB_TERMINAL_OUTPUT="console"
#手动添加内核启动参数,比如 acpi=off noapic 等可在这里添加,加 text 参数后,系统启动时
 会进入字符模式
GRUB_CMDLINE_LINUX="crashkernel=auto resume=UUID=b9b516bf-8ed4-440a-92fa-
5731f2021849 rhgb quiet"
#设定是否创建恢复模式菜单项
GRUB_DISABLE_RECOVERY="true"
#如下设置,GRUB2 在启动时,会根据/boot/loader/entries/中的文件内容动态生成 GRUB2 启
 动菜单项。在 Fedora 29 中,执行 grub2-switch-to-blscfg 命令会启用 BLS(Boot Loader
 Specification)。在 RHEL 8 和 Fedora 30 中,默认启用 BLS。为了便于阅读配置文件 grub.
 cfg 中的菜单项,首先编辑该文件,删除下面一行,然后执行 grub2-mkconfig 命令重新生成
 GRUB2 的配置文件
GRUB_ENABLE_BLSCFG=true
```

注意：GRUB_DEFAULT 将使用 grub2-set-default 和 grub2-reboot 命令来配置默认启动菜单项。

首先在/etc/default/grub 中设置 grub_default=saved，然后运行如下命令。

```
#grub2-mkconfig -o /boot/grub2/grub.cfg
```

或

```
#grub2-mkconfig -o /boot/efi/EFI/redhat/grub.cfg
```

接着执行如下命令。

```
#grub2-set-default 0                    //将会持续有效，直到下一次修改
#grub2-reboot 0                         //在下一次启动时生效
#grub2-editenv list                     //查看默认项
#grep menuentry /boot/grub2/grub.cfg    //菜单项列表
```

2. /etc/grub.d 目录下的脚本文件

在/etc/grub.d/目录下还有一些 GRUB 配置脚本，这些 Shell 脚本读取一些脚本配置文件(如/etc/default/grub)，根据指定的逻辑生成 GRUB 配置文件。/etc/grub.d/目录下有 00_header、10_linux、20_linux_xen、20_ppc_terminfo、30_os-prober、40_custom、41_custom 等脚本文件，这些脚本文件对应/boot/grub2/grub.cfg 的各个部分，不同 Linux 发行版本会有不同。

00_header：配置初始的显示项目，如默认选项、时间限制等，由/etc/default/grub 导入，一般不需要配置。

10_linux：定位当前操作系统使用的 root 设备内核的位置。

30_os-prober：用来搜索 Linux 和其他系统，此脚本中的变量用来指定在/boot/grub2/grub.cfg 和 GRUB2 菜单中的名称显示方式。

40_custom：用户自定义的配置文件模板，用来加入用户自定义的菜单模板，将会在执行 grub2-mkconfig 命令时更新至 grub.cfg 文件中。

41_custom：判断 custom.cfg 配置文件是否存在，如果存在就加载它。

为了保证修改这些脚本文件后不会破坏 grub2-mkconfig 文件的运行，又能让生成的/boot/grub2/grub.cfg 符合自己的要求，操作方法是在脚本文件中找到如下内容。

```
cat <<EOF
    ********
    ********
    ********
EOF
```

EOF 中间的文本会直接写入/boot/grub2/grub.cfg 文件中相应的位置，所以个性化的语句添加在这里。

3. 重新生成 grub.cfg 文件

修改前述相关脚本文件并且保存后执行 grub2-mkconfig 命令，重新生成 grub.cfg 文

件，默认它会自动尝试探测有效的操作系统内核，并生成对应的操作系统菜单项。

4. 改变系统的排列顺序

在/etc/grub.d目录中的脚本文件的文件名都是以数字开头，这确定了在执行grub2-mkconfig命令时各文件内容被执行的顺序，只要把30_os-prober这个文件名的数字30改为05～10的数字即可，比如改为06_os-prober，这样创建出来的就是grub.cfg文件内的菜单项，Windows的顺序就会自动排在RHEL之前。

1.5.4 删除GRUB2中多余的引导菜单项

GRUB2中没有menu.lst，并且不允许直接编辑grub.cfg文件。删除多余引导菜单项的方法是：删除/boot下的相关内核文件，以及与之相关的模块文件。命令如下：

```
#cd /boot
#rm -rf *4.18.16-300.fc29*
#cd /lib/modules/
#rm -rf 4.18.16-300.fc29
#grub2-mkconfig -o /boot/grub2/grub.cfg 或 #grub2-mkconfig -o /boot/efi/EFI/
 redhat/grub.cfg
#reboot
```

Fedora中删除不用的多余内核，执行如下命令。

(1) 查询安装的所有内核

```
#rpm -qa | grep kernel
```

(2) 查询当前正在使用的内核

```
#uname -r
```

(3) 删除多余的内核

```
#dnf remove kernel-core-4.19.9*
#dnf remove kernel-devel-4.19.9*
#dnf remove kernel-debug-core-4.19.9*
#dnf remove kernel-debug-devel-4.19.9*
```

(4) 重启计算机

```
#reboot
```

1.5.5 GRUB2命令行环境下的常用命令

在传统的GRUB上，可以直接在bash中输入GRUB命令进入命令交互模式，但GRUB2只能在系统启动前进入GRUB2交互命令行。GRUB2支持很多命令，有些命令只能在交互式命令行下使用，有些命令可用在配置文件中。不必掌握所有命令。下面列出一些GRUB2命令行环境或脚本文件中常用的命令。

1. boot

用于启动已加载的操作系统,只能在交互式命令行下使用。其实在 menuentry 命令的结尾隐含了 boot 命令。

2. set/unset

这两个命令的格式分别如下:

```
set [envvar=value]
unset envvar
```

前者设置环境变量 envvar 的值,如果不给定参数,则列出当前的环境变量;后者释放环境变量 envvar。

set root=(hd0,msdos1)用于设置变量值,需要调用变量 root 的值时使用 $root。

3. default

定义默认引导的操作系统。0 表示第 1 个操作系统,1 表示第 2 个,以此类推。

4. timeout

定义在限定时间内用户没有按下键盘上的某个按键,则自动引导默认指定的操作系统。

5. root

指定用于启动系统的分区。

6. lsmod/insmod/rmmod

这些命令的作用分别是列出已加载的模块、加载某模块、移除某模块。

7. ls

命令格式如下:

```
ls [args]
```

如果不给定任何参数,则列出 GRUB 可见的设备。

如果给定的参数是一个分区,则显示该分区的文件系统信息。

如果给定的参数是一个绝对路径表示的目录,则显示该目录下的所有文件。

8. search

命令格式如下:

```
search [--file|--label|--fs-uuid] [--set [var]] [--no-floppy] [--hint
args] name
```

通过文件[--file]、卷标[--label]、文件系统 UUID[--fs-uuid]来搜索设备。

如果使用了--set 选项,则会将第一个找到的设备设置为环境变量 var 的值,默认的变量 var 为'root'。

搜索时可使用--no-floppy 选项来禁止搜索软盘,因为软盘速度非常慢,已经被淘汰了。

有时候还会指定--hint=×××,表示优先选择满足提示条件的设备。若指定了多个 hint 条件,则优先匹配第一个 hint,然后匹配第二个,以此类推。

search -f /ntldr:列出根目录里包含 ntldr 文件的分区,返回分区号。

search -ldata:搜索 label 是 data 的分区。

search --set -f /ntldr：搜索根目录包含ntldr文件的分区并设为root。注意如果多个分区含有ntldr文件，则set会失去作用。

例如：

```
search --no-floppy --fs-uuid --set=root --hint-bios=hd0,msdos1 --hint-efi=
hd0,msdos1 --hint-baremetal=ahci0,msdos1 --hint='hd0,msdos1'367d6a77-033b-
4037-bbcb-416705ead095
```

search中搜索UUID为367d6a77-033b-4037-bbcb-416705ead095的设备，但使用了多个hint选项，表示先匹配BIOS平台下/boot分区为(hd0,msdos1)的设备，之后还指定了几个hint，但因为search使用的是UUID搜索方式，所以这些hint选项是多余的，因为磁盘分区的UUID是唯一的。

9. loopback

命令格式如下：

```
loopback [-d] device file
```

loopback命令可用于将file映射为环回设备。使用-d选项则删除映射。

例如：

```
loopback loop0 /path/to/image
ls (loop0)/
loopback -d loop0
```

10. linux/linux16

用linux命令取代GRUB中的kernel命令。

```
linux file [kernel_args]
linux16 file [kernel_args]
```

都表示装载指定的内核文件，并传递内核启动参数。linux16表示以传统的16位启动协议启动内核，linux表示以32位启动协议启动内核。linux命令比linux16命令有一些限制，不过绝大多数时候它们是可以通用的。

在GRUB阶段可以传递内核的启动参数。内核参数包括3类：编译内核时参数、启动时参数和运行时参数，下面列出几个常用的内核参数。

- init=：指定Linux启动的第一个进程systemd的替代程序。
- root=：指定根文件系统所在分区。在GRUB中，该选项必须给定。root启动参数有多种定义方式，可以使用UUID的方式指定；也可以直接指定根文件系统所在分区，如root=/dev/sda9。
- ro、rw：启动时，根分区以只读或可读/写方式挂载。不指定时默认为ro。
- initrd：指定init ramdisk的路径。在GRUB中因为使用了initrd或initrd16命令，所以不需要指定该启动参数。
- rhgb：以图形界面方式启动系统。

- quiet：禁止输出大多数的启动信息。

11. initrd/initrd16

在 linux 或 linux16 命令之后，必须紧跟着 initrd 或 initrd16 命令，用于装载 init ramdisk 文件。

12. chainloader

调用另一个启动器。例如，chainloader(hd0,1)+1 表示调用第一个硬盘第一个分区引导扇区内的启动器，可以是 Windows 或 Linux 的启动器。

13. cat

读取文件的内容，借此可以判断哪个是 boot 分区，哪个是根分区。交互式命令行下使用。

14. configfile

可以立即装载一个指定的文件作为 GRUB 的配置文件。在 grub.cfg 文件丢失时该命令将派上用场。

注意：导入的文件中的环境变量不在当前环境下生效。

15. export

用于导出环境变量。

16. halt 和 reboot

关机或重启计算机。

17. save_env 和 list_env

将环境变量保存到环境变量块中，并列出当前环境变量块中的变量。

1.5.6 实例——GRUB2 的应用

【实例 1-3】 修复 GRUB2(MBR 被修改)。

计算机先安装 Windows 7/10，然后安装 RHEL 8，之后 Windows 7/10 出问题，又重新安装 Windows 7/10，此时 GRUB2 菜单消失，主要是因为 MBR 被微软的引导代码覆盖。

解决方法：在 Windows 7/10 中安装、运行 easyBCD，选择“添加新条目”选项，右边窗口中选择 NeoGrub，之后单击“安装”按钮。重启系统进入 GRUB，在命令行执行如下命令。

```
grub>find --set-root /boot/grub/core.img   //  /boot 如果是单独分区，则去掉/boot
grub>kernel /boot/grub/core.img            //  /boot 如果是单独分区，则去掉/boot
grub>boot
```

进入 GRUB2 菜单，进入 RHEL 8 系统后，再执行如下命令。

```
#grub2-install /dev/sda                //把 boot.img 写入 MBR,core.img 写入保留扇区
```

注意：在标准的 MBR 分区表上，第一个分区的起始位置是第 63 扇区，而 MBR 是第 0 扇区，中间有 62 个扇区的空间既不属于任何分区，也不属于 MBR，这 62 个扇区就是保留扇区。

【实例 1-4】 重设 root 用户密码。

有时候会忘记 root 用户的密码,下面给出解决办法。

重启计算机,再次登录到 GRUB2 菜单模式,按 E 键进入菜单编辑模式,找到以 linux 开头的行,在末尾加“ rw init=/bin/bash”,按 Ctrl+X 组合键启动系统。执行命令(vim /etc/passwd),编辑/etc/passwd 文件的第 1 行:**root:x:0:0:root:/root:/bin/bash**,删除字母 x,然后保存/etc/passwd 文件。重启计算机即可进入 RHEL,然后重新设置 root 用户的密码。

【实例 1-5】 为 GRUB2 设置密码。

在系统启动时,用户可以随意修改系统内核的启动参数,这样就显得不安全了。因此为 GRUB2 设置密码,可以防止恶意用户非法修改内核参数而登录系统。

在 RHEL 8 终端中执行命令 # grub2-mkpasswd-pbkdf2,然后输入密码,得到加密后的字符串,假如是“×××××”。

然后,向/etc/grub.d/00_ header 末尾追加如下内容。

```
cat <<EOF
set superusers="ztg"
password_pbkdf2 ztg  ×××××
EOF
```

接着,执行命令 # grub2-mkconfig -o /boot/grub2/grub.cfg。重启计算机,再次登录到 GRUB2 菜单模式,此时如果按 E 键编辑菜单,则会要求输入正确的用户名(ztg)和密码。

1.6 RHEL 8 的启动流程

目前,常见的计算机主板固件是 BIOS 和 UEFI。

在 IBM PC 兼容系统上,BIOS(Basic Input Output System,基本输入/输出系统)是一种业界标准的固件接口,是个人计算机启动时加载的第一个软件。BIOS 是一组固化到计算机内主板上一个 ROM 芯片上的程序,它保存着计算机最重要的基本输入/输出的程序、开机后自检程序和系统自启动程序,它可从 CMOS 中读/写系统设置的具体信息。其主要功能是为计算机提供最底层的、最直接的硬件设置和控制。此外,BIOS 还向操作系统提供一些系统参数。

EFI(Extensible Firmware Interface,可扩展固件接口)是 Intel 为 PC 固件的体系结构、接口和服务提出的建议标准,其主要目的是为了提供一组在操作系统加载之前(启动前)在所有平台上一致的、正确指定的启动服务,被看作 BIOS 的继任者。

UEFI(Unified Extensible Firmware Interface,统一的可扩展固件接口)是一种详细描述类型接口的标准,是由 EFI 1.10 为基础发展起来的,它的所有者已不再是 Intel,而是一个称作 Unified EFI Form 的国际组织。

目前,PC 启动类型可划分为四种:BIOS+MBR、BIOS+GPT、UEFI+MBR、UEFI+GPT。其中,BIOS+MBR 和 UEFI+GPT 是标准引导类型,BIOS+GPT 和 UEFI+MBR

是兼容性引导类型。下面介绍 BIOS+MBR 和 UEFI+GPT 模式下,RHEL 8 的启动流程。

1.6.1 RHEL 8 的启动流程——BIOS+MBR

打开计算机并加载操作系统的过程称为引导。当计算机启动后,BIOS(基本输入/输出系统)将做一些测试,保证一切正常,然后开始真正的引导。例如,当一台 x86 机器启动后,系统 BIOS 开始检测系统参数,如内存的大小、日期和时间、硬盘设备以及这些硬盘设备用于引导的顺序等。通常情况下,BIOS 都是被配置成首先检查光驱,然后再尝试从硬盘引导。如果在这些可移动设备(U 盘或光盘)中没有找到可引导的介质,那么 BIOS 通常是转向硬盘的第 0 柱、第 0 面、第 1 扇区查找用于装载操作系统的指令,这个扇区叫做 MBR(Master Boot Record,主引导记录)。因为硬盘可以包含多个分区,每个分区都有自己的引导扇区 PBR(Partition Boot Record,分区引导记录)。引导扇区包含一段小程序,该程序可以存入一个扇区,它的责任是从硬盘读入真正的操作系统并启动它。

BIOS+MBR 模式下,RHEL 8 的大概启动流程如下。

1. BIOS 初始化

如图 1-9 所示,BIOS 初始化是首先加载 BIOS,再通过 BIOS 程序去加载 CMOS 的信息,并且根据 CMOS 内的设定值取得主机的各项硬件配置信息,如 CPU 与接口设备的沟通频率、启动设备(硬盘、光盘、网络)的搜寻顺序、硬盘的大小与类型、系统时间、各周边总线是否启动 Plug and Play(PnP,即插即用设备)、各接口设备的 I/O 地址以及与 CPU 沟通的 IRQ(Interrupt ReQuest,中断请求)中断等。在取得这些信息后,BIOS 还会进行自检,即进行所谓的 POST(Power-on Self Test,通电后自检),然后依据 BIOS 内设置的引导顺序从硬盘、USB 或 CD-ROM 中读入"引导块"。如果 BIOS 中将硬盘设为第一引导设备,那么就把

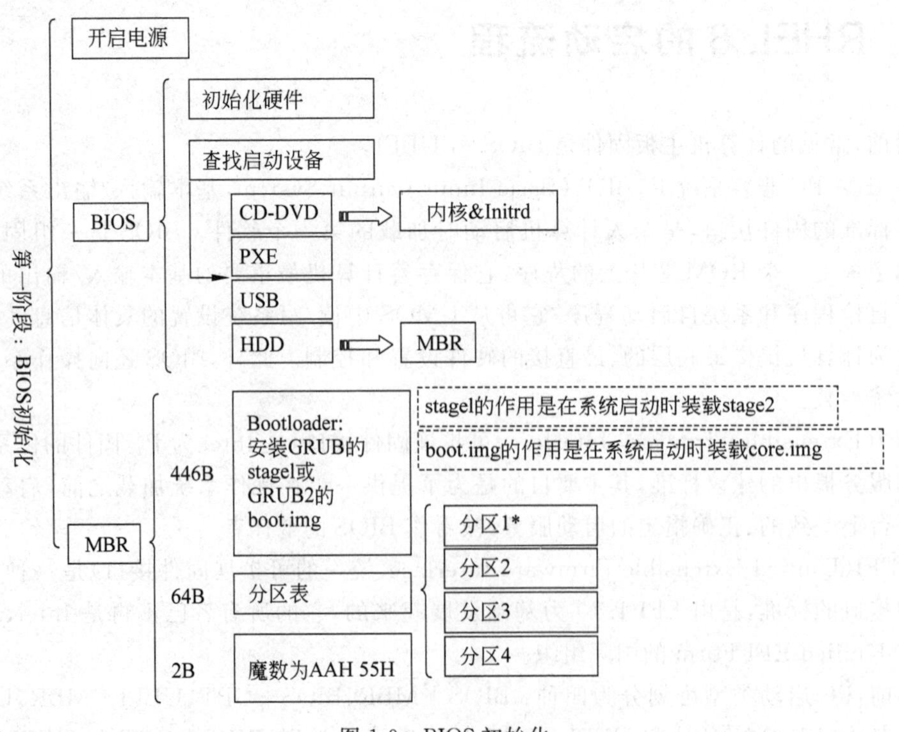

图 1-9 BIOS 初始化

第一个 IDE 硬盘的 MBR 读入内存，然后跳到那里开始执行。

2. GRUB/GRUB2 启动引导

由于不同的操作系统的文件格式不相同，因此需要一个开机管理程序来处理内核文件的加载问题。这个开机管理程序被称为 BootLoader，安装在 MBR 中。在使用 Windows 时，这里面放的代码就把分区表里标记为 Active 的分区的第一个扇区（一般存放着操作系统的引导代码）读入内存并跳转到那里开始执行。而在用 GRUB 引导 Linux 时，有以下两种选择。

- 把 GRUB 安装在 MBR：这时由 BIOS 直接把 GRUB 代码调入内存，然后执行 GRUB 命令，即 BIOS→GRUB(在 MBR 中)→kernel。
- 把 GRUB 安装在 Linux 分区：把 GRUB 安装在 Linux 分区的 PBR(Partition Boot Record)中，并把 Linux 分区设为 Active。这时，BIOS 调入的是 Windows 下的 MBR 代码，然后由这段代码来调入 GRUB 的代码（位于活动分区的第一个扇区）。即 BIOS→MBR→GRUB(在活动分区的第一个扇区)→kernel。

MBR 分为广义和狭义两种：广义的 MBR 包含整个扇区；狭义的 MBR 仅指引导程序。

MBR 由三部分组成：主引导程序、硬盘分区表 DPT(Disk Partition Table)和硬盘有效标志(55AA)。在总共 512 字节的 MBR 里，主引导程序(BootLoader)占 446 字节，硬盘分区表占 64 字节，硬盘有效标志占 2 字节。

注意：MBR 的大小虽然只有 512B，但其中包含了十分重要的操作系统引导程序和硬盘分区表。MBR 损坏将会造成无法引导操作系统的严重后果。

BootLoader 最主要的功能是认识操作系统的文件格式，并加载内核到主存储器中执行。

因为 MBR 的空间太小，所以启动引导工具往往还需要从其他地方进一步读入数据，即所谓第二阶段。这通常是一个可以做选择的交互界面。

(1) GRUB。传统 GRUB 将 stage1 的内容安装到 MBR 中的 BootLoader 部分，将 stage1_5 的内容安装到紧跟在 MBR 后的连续扇区中，将 stage2 安装在/boot 分区中。

如图 1-10 所示，GRUB 进行第二阶段引导，读取/boot/grub/grub.conf 配置文件，根据配置文件中的定义加载相应的内核，内核再加载相应的硬件驱动并进行必要的硬件初始化。

如图 1-11 所示，GRUB2 取消了 GRUB legacy 中 stage1、stage1_5 和 stage2 的概念。

stage1：是 grub-legacy 写入 MBR 的那部分（对应 GRUB2 的 boot.img）。作用是装入 stage1_5（对应 GRUB2 的 core.img）的第一个扇区，为后续的引导过程做准备。

stage1_5：也就是写入保留扇区的那部分（对应 GRUB2 的 core.img）。

注意：由于在标准的 MBR 分区表上，第一个分区的起始位置为第 63 扇区，而 MBR 写入的是第 1 扇区，中间有 61 个扇区的空间(30.5KB)既不属于任何分区，也不属于 MBR，这 61 个扇区就是保留扇区。现在的磁盘设备，一般都会有分区边界对齐的性能优化，第一个分区可能会自动从第 1MB 处开始创建。由于 MBR 部分(stage1 或 boot.img)不能直接识别 boot 分区的文件系统，因此要借助 stage1_5(或 core.img)进行识别。此阶段后，grub-legacy 会加载自身的配置文件，及其他必要的文件系统模块。

stage2：也就是 grub-legacy 的最终阶段。直接呈现给用户的就是一个引导菜单，其中提供操作系统名称、内核参数、引导分区等。从这时开始，才真正进行 Linux 的启动过程，之

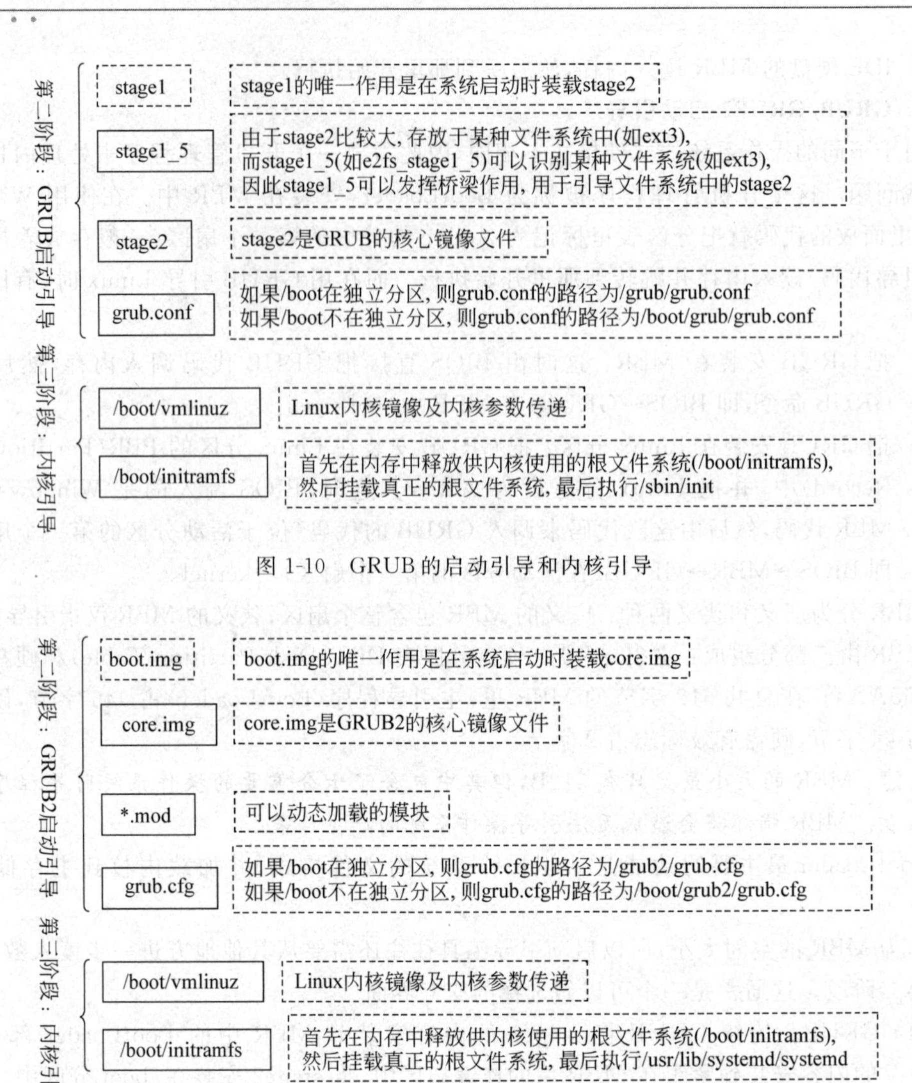

图 1-10　GRUB 的启动引导和内核引导

图 1-11　GRUB2 的启动引导和内核引导

前的阶段都只是准备工作。

(2) GRUB2。GRUB2 将 boot. img 安装到 MBR 的 BootLoader 部分或启动分区中，将 diskboot. img 和 kernel. img 结合成为 core. img，同时还会嵌入一些模块代码到 core. img 中，然后将 core. img 安装到磁盘的指定位置处。boot. img 将读取 core. img 的第一个扇区以用来读取 core. img 后面的部分，一旦完成读取，core. img 会读取默认的配置文件和其他需要的模块。*. mod、*. lst、*. img 文件位于/boot/grub2/i386-pc/目录中，这些文件是执行 grub2-install 命令(或安装 RHEL 8 的最后阶段执行该命令)时，从/usr/lib/grub/i386-pc/目录复制到/boot/grub2/i386-pc/目录中，并且会覆盖已有文件。

① boot. img。在 BIOS 平台下，boot. img 是 GRUB 启动的第一个 img 文件，它被写入 MBR 中或分区的 boot sector 中，因为 boot sector 的大小是 512 字节，所以该 img 文件的大小也是 512 字节。

boot. img 唯一的作用是读取属于 core. img 的第一个扇区并跳转到它身上，将控制权交给该扇区的 img。由于体积大小的限制，boot. img 无法理解文件系统的结构，因此 grub2-install 将会把 core. img 的位置硬编码到 boot. img 中，这样就一定能找到 core. img 的位置。

② core. img。grub2-mkimage 程序根据 diskboot. img、kernel. img 和一系列的模块创建 core. img。core. img 中嵌入了足够多的功能模块以保证 GRUB 能访问/boot/grub2，并且可以加载相关的模块实现相关的功能，例如，加载启动菜单项、加载目标操作系统的信息等，由于 GRUB2 大量使用了动态功能模块，使得 core. img 体积变得足够小。

core. img 的安装位置随 MBR 磁盘和 GPT 磁盘而不同。

③ diskboot. img。如果启动设备是硬盘，即从硬盘启动时，core. img 中的第一个扇区的内容就是 diskboot. img。diskboot. img 的作用是读取 core. img 中剩余的部分到内存中，并将控制权交给 kernel. img，由于此时还不识别文件系统，所以将 core. img 的全部位置以 block 列表的方式编码，使得 diskboot. img 能够找到剩余的内容。

该 img 文件因为占用一个扇区，所以体积为 512 字节。

④ cdboot. img。如果启动设备是光驱(CD-ROM)，即从光驱启动时，core. img 中的第一个扇区的内容就是 cdboot. img。它的作用和 diskboot. img 是一样的。

⑤ pxeboot. img。如果是从网络的 PXE 环境启动，core. img 中的第一个扇区的内容就是 pxeboot. img。

⑥ kernel. img。kernel. img 文件包含了 GRUB 的基本运行时环境：设备框架、文件句柄、环境变量、救援模式下的命令行解析器等。很少直接使用它，因为它们已经整个嵌入 core. img 中了。注意，kernel. img 是 GRUB 的 kernel，和操作系统的内核无关。kernel. img 被压缩过后嵌入 core. img 中。

⑦ lnxboot. img。该 img 文件放在 core. img 的最前部位，使得 GRUB 像是 Linux 的内核一样，这样 core. img 就可以被 LILO 的"image="识别。当然，这是配合 LILO 来使用的，但现在谁还适用 LILO 呢？

⑧ *. mod。各种功能模块中的部分模块已经嵌入 core. img 中，或者会被 GRUB 自动加载，但有时也需要使用 insmod 命令手动加载。

安装 GRUB2 的过程大体分两步：一是根据/usr/lib/grub/i386-pc/目录下的文件生成 core. img，并复制 boot. img 和 core. img 涉及的某些模块文件到/boot/grub2/i386-pc/目录下；二是根据/boot/grub2/i386-pc 目录下的文件向磁盘上写 BootLoader(引导加载程序)。

img 文件之间的关系如图 1-12 所示。core. img 和 boot. img 在/boot/grub2/i386-pc/目录下，其他 img 存在于/usr/lib/grub/i386-pc/目录下。

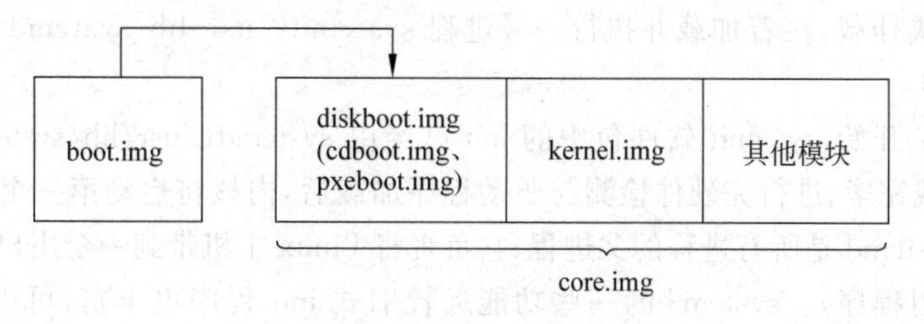

图 1-12 img 文件之间的关系

3. 内核引导(vmlinuz、initramfs)

/boot 文件夹中文件的说明见表 1-1。

表 1-1　/boot 文件夹中文件的说明

文　件	说　明
config-4.18.0-32.el8.x86_64	Linux 内核的配置文件
grub2	引导加载程序 GURB2 的目录
initramfs-4.18.0-32.el8.x86_64.img	初始化内存文件系统镜像文件，是 Linux 操作系统启动时所需模块的主要来源
system.map-4.18.0-32.el8.x86_64	该文件用于存放内核符号映射表。符号映射表是所有内核符号及其对应地址的一个列表，每次编译内核就会产生一个新的 system.map 文件。当内核运行出错时，通过 system.map 文件中的符号映射表解析，就可以查到一个地址值对应的变量名，或反之。利用该文件，一些程序(如 lsof、ps)可根据内存地址查出对应的内核变量名称，便于对内核的调试
vmlinuz-4.18.0-32.el8.x86_64	vmlinuz 是可引导的、压缩的 Linux 内核镜像文件，vm 代表 Virtual Memory

(1) vmlinuz。Linux 内核镜像文件(vmlinuz)是可引导的、压缩的内核。Linux 能够使用硬盘空间作为虚拟内存，因此得名 vm(Virtual Memory)。vmlinuz 是可执行的 Linux 内核，它的解压程序也在内核当中。内核镜像文件一般存放在/boot 目录中。

(2) initramfs。initramfs(初始化内存文件系统)又称为初始化内存盘，为系统提供了内核镜像文件(vmlinuz)无法提供的模块，这些模块对正确引导系统非常重要，通常和存储设备及文件系统有关，但也可支持其他特性和外设。initramfs 镜像文件使用 mkinitrd 命令创建。

```
#mkinitrd [--with=模块] initramfs-版本号.img 版本号
#mkinitrd [--with=模块] initramfs-$(uname -r).img $(uname -r)
```

BootLoader 将 initramfs 文件加载到内存，然后 initramfs 文件被解压到内存并仿真成一个根目录(虚拟文件系统)，此内存文件系统提供一个可执行程序来加载开机过程中所需的内核模块，通常这些模块是 USB、RAID、LVM、SCSI 等文件系统与磁盘接口的驱动程序。

(3) 内核初始化。由 BootLoader 读取 Linux 内核文件后，将内核解压到内存中，此时 Linux 内核重新检测一次硬件，而不一定使用 BIOS 检测的硬件信息，利用内核功能检测硬件与加载驱动程序，测试并驱动各个周边设备(CPU、储存设备、网卡、声卡等)。然后将根分区以只读方式挂载，接着加载并执行一号进程 systemd(/usr/lib/systemd/systemd)。

4. systemd

从 RHEL 7 开始，sysvinit 软件包中的 init 已经由 systemd(/usr/lib/systemd/systemd)替换。在内核加载完毕、进行完硬件检测与驱动程序加载后，内核将启动第一个进程，即一号进程 systemd。systemd 是所有进程的父进程，它负责将 Linux 主机带到一个用户可操作状态(可以执行各种应用程序)。systemd 的一些功能远较旧式 init 程序更丰富，可以管理运行中的 Linux 操作系统的许多方面，包括挂载文件系统、开启和管理 Linux 系统服务等。

RHEL 7/8 系统上，/etc/inittab 文件不再使用，该文件只有一些注释信息，内容如下：

```
#inittab is no longer used when using systemd.
#ADDING CONFIGURATION HERE WILL HAVE NO EFFECT ON YOUR SYSTEM.
#Ctrl-Alt-Delete is handled by /etc/systemd/system/ctrl-alt-del.target
#systemd uses 'targets' instead of runlevels. By default, there are two main
targets:
#multi-user.target: analogous to runlevel 3
#graphical.target: analogous to runlevel 5
#To set a default target, run:
#ln -sf /lib/systemd/system/<target name>.target /etc/systemd/system/
default.target
```

1.6.2 RHEL 8 的启动流程——UEFI+GPT

除了图形化界面外，UEFI 相比传统 BIOS 还提供了对文件系统的支持，能够直接读取 FAT、FAT32 分区中的文件。UEFI 还有一个重要特性就是在 UEFI 下运行应用程序，这类程序文件通常以 efi 结尾。UEFI 控制系统的启动过程，同时为操作系统和系统固件提供接口，与 BIOS 不同的是 UEFI 独立于 CPU 并有自己的架构，同时它拥有自己的驱动。x86 架构的计算机以 UEFI 模式启动的时候，UEFI 接口在系统的存储空间搜索 EFI 系统分区(ESP)。该分区包含了一些编译好的应用，这些应用满足 EFI 架构，包含操作系统的 BootLoader 以及相关的工具。UEFI 系统包含了 EFI 启动管理器，该管理器能够按照默认配置启动系统，或者提示使用者选择需要的系统来进行启动。但一个 BootLoader 被选中之后，UEFI 将其读取到内存中，然后将控制权交给 BootLoader。

UEFI+GPT 模式的启动过程大致分为 5 个阶段，如图 1-13 所示。①计算机加电。②UEFI 从硬盘读取分区表(GPT)，挂载 ESP 分区，挂载目录为/boot/efi/，ESP 存放了操作系统启动相关的信息，如操作系统所在的磁盘位置等，以及其他可以使用 EFI 应用。③执行 EFI 应用。RHEL 8 的 EFI 应用保存在/boot/efi/EFI/redhat 中，包含了 grubx64.efi、mmx64.efi、shimx64.efi、shimx64-redhat.efi 等应用，并且还包含了 GRUB2 的配置文件 grub.cfg，grubx64.efi 可读取 grub.cfg。④假如用户选择 RHEL 8 菜单项，加载 BOOT 分区中的 vmlinuz 和 initramfs，启动 RHEL 8 内核。⑤以只读方式挂载 ROOT 分区中的根文件系统，接着启动一号进程 systemd(/usr/lib/systemd/systemd)。

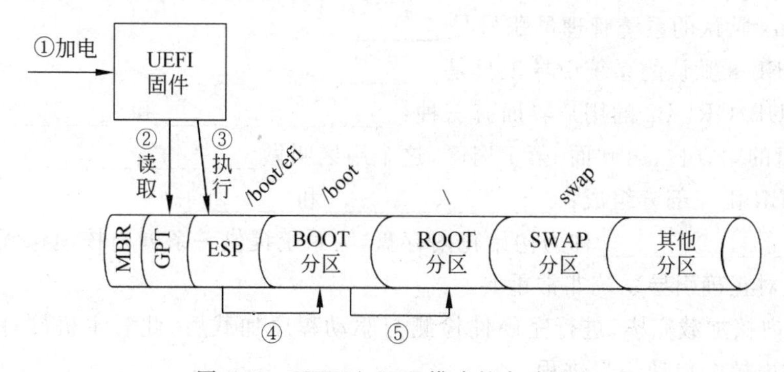

图 1-13　UEFI+GPT 模式的启动过程

注意：grubx64.efi 功能等价于 1.6.1 小节介绍的 boot.img 和 core.img。grubx64.efi

包含常用的 GRUB2 模块,如 normal.mod、boot.mod、linux.mod 等。

另外,许多 UEFI 固件实现了某种 BIOS 兼容模式,可以像 BIOS 固件一样启动系统,它们可以查找磁盘上的 MBR,最后从 MBR 中执行 BootLoader,最后将控制权交给 BootLoader。

1.7 本章小结

Linux 是一种发展很快的操作系统,本章介绍了 Linux 的起源以及它所具有的一系列的特点,比如,开放性、多用户、多任务、良好的用户界面、设备独立性以及提供了丰富的网络功能。另外,还介绍了 Linux 的内核版本与发行版本的含义以及它们的区别。

安装 Linux 操作系统是使用它的前期任务。它有多种安装方法,比如,从硬盘、网络驱动器或 CD-ROM 安装。本章详细介绍了硬盘安装 RHEL 8 的方法。在安装过程中对硬盘的分区操作是特别需要注意的。

在 Red Hat 系列的操作系统中,GRUB/GRUB2 是默认的系统引导工具。本章通过实例介绍了 GRUB/GRUB2 的使用方法。

最后介绍了 RHEL 8 的启动流程。熟悉启动流程非常重要,对系统的排错有很大帮助。

1.8 习题

1. 填空题

(1) GNU 的含义是________________。

(2) Linux 的版本号分为________和________。

(3) 目前 Red Hat 系列的 Linux 操作系统包括________、________和________。

(4) 硬盘有两种分区格式:________和________。

(5) 安装 Linux 时建议至少建立 3 个分区,分别是________、________和________。

(6) Linux 默认的系统管理员账号是________。

(7) RHEL 8 默认的系统引导工具是________。

(8) GRUB/GRUB2 的用户界面有三种:________、________和________。

(9) 硬盘的第 0 柱、第 0 面、第 1 扇区,这个扇区叫做________________。

(10) MBR 由三部分组成:________、________和________。

(11) ________________称为初始化内存盘,为系统提供一系列内核镜像无法提供的模块,这些模块对正确引导系统非常重要。

(12) 在内核加载完毕、进行完硬件检测与驱动程序加载后,此时主机硬件已经准备就绪了,这时候内核会启动一号进程________。

2. 选择题

(1) Linux 最早是由一位名叫________的计算机爱好者开发。

A. Robert Koretsky　　B. Linus Torvalds
C. Bill Ball　　D. Linus Duff

(2) 下列________是自由软件。

A. Windows 10　　B. AIX　　C. Linux　　D. Solaris

(3) Linux根分区的文件系统类型是________。

A. FAT16　　B. FAT32　　C. ext3/ext4/xfs　　D. NTFS

(4) GRUB/GRUB2的命令行模式的命令提示符是________。

A. C:\>　　B. #　　C. $　　D. grub>

(5) GRUB2的菜单定义在________文件中。

A. lilo.conf　　B. grub.cfg　　C. httpd.conf　　D. vsftpd.conf

3. 简答题

(1) Linux有哪些主要特性?

(2) 较知名的Linux发行版本有哪些?

(3) swap分区的作用是什么?

(4) 简述Linux的引导过程。

(5) GRUB/GRUB2是什么?有什么作用?

(6) RHEL 8的详细启动流程包含几个阶段?每个阶段的任务是什么?

4. 上机题

(1) 在一台已装有Windows操作系统的机器上用U盘安装Linux。

(2) 一台计算机中安装了Windows 10和RHEL 8两个操作系统,如果默认启动的是Windows 10,将默认启动的系统改为RHEL 8,并且将启动菜单项中的RHEL 8改为Red Hat Enterprise Linux 8。

(3) 假如忘记root用户密码,重设root用户密码。

第2章　Linux的用户接口与文本编辑器

本章学习目标

- 了解 GNOME 的相关概念。
- 熟悉 GNOME 桌面环境。
- 熟练掌握 GNOME 配置工具。
- 了解 Shell 的相关概念。
- 熟练掌握 Tab 键的使用。
- 熟练掌握历史命令、通配符的使用。
- 熟练掌握输入/输出重定向与管道。
- 熟练掌握 Vim 文本编辑器的使用。

操作系统为用户提供了两种用户接口,一种是命令接口,用户利用这些命令来组织和控制作业的执行,或者对计算机系统进行管理;另一种是程序接口,编程人员使用它们来请求操作系统服务。随着计算机技术的发展,命令接口演化为两种主要形式,对于 Linux 操作系统来说,分别为 CLI(Command Line Interface,命令行界面)和 GUI(Graphical User Interface,图形用户界面)。另外,还有一种界面称为 TUI(Text-based User Interface,文本用户界面),比如 Vim。

文本编辑器常用来修改配置文件、编辑源代码文件或 Shell 脚本文件等。

2.1　GNOME 及其配置工具

2.1.1　GNOME

GNOME 在大部分 Linux 发行版本上都是默认的桌面环境。GNOME 这个名称最初是 GNU Network Object Model Environment 的缩写,以反映最初为了开发类似微软对象链接与嵌入的框架,但这个缩写最后被放弃,因为它不再反映 GNOME 项目的远景。

GNOME 是一个功能强大的图形桌面环境,由图标、菜单、对话框、任务条、视窗和其他一些具有可视特征的组件组成,它允许用户方便地访问和使用应用程序、文件和系统资源。

早期的 GNOME 运行在 X11 之上,在 Linux Kernel 3.10 版本以后,GNOME 可在 Wayland 上运行。GNOME 3 桌面设计的目的是简单、易于访问和可靠。

X Window 系统(X Window System,也常称为X11或X)是一种以位图方式显示的窗口系统。X Window 系统形成了开放源码桌面环境的基础,它提供一个通用的工具包,包含像素、明暗、颜色、直线、多边形和文本等,它与硬件无关,而且单独的客户和服务器可以运行在不同的操作系统上。对于普通用户来说,操作系统最重要的功能,就是能让用户方便地使用计算机提供的各种资源完成日常工作。X Window 系统于1984年在麻省理工学院(MIT)计算机科学研究室开始开发,当时 Bob Scheifler 正在开发分布式系统,与此同时,DEC公司的 Jim Gettys 正在麻省理工学院做 Athena 计划的一部分。两个计划都需要一个相同的东西,即一套在 UNIX 机器上运行优良的视窗系统,因此开始了合作关系,他们从斯坦福(Stanford)大学得到了一套叫做 W 的实验性视窗系统。因为是在 W 视窗系统的基础上开发的,所以当发展到足以和原系统有明显区别时,他们把这个新系统叫做 X。严格地说,X Window 系统并不是一个软件,而是一种协议,这种协议定义一个系统所必须具备的功能。任何系统只要满足此协议及符合 X 协议的其他规范,便可称为 X。由于 X 只是工具包及架构规范,本身并无实际参与运行的实体,所以必须有人依据此标准进行开发,如此才有真正可用、可运行的实体。依据 X 规范所开发的实体中,以 X. Org 最为普遍且最受欢迎。X. Org 所用的协议版本是 X11,是在1987年9月发布的。

Wayland 只是一种协议,就像 X 一样,与 X 属于同一级别的事物,它只定义了如何与内核通信、如何与 Client 通信,具体的策略,依然是交给开发者自己。Wayland 要完全取代 X,Wayland 没有传统的 Client/Server 模式,取而代之的是 Client/Compositor 模式。

RHEL 8 的默认界面是 GNOME 3.28,Wayland 作为默认的显示服务器。X. Org 显示服务器仍然可用,不过在 RHEL 8 的某个后续版本之后一定会弃用 X. Org。

2.1.2 GNOME Shell 和 GNOME Classic

启动计算机,进入 RHEL 8 时需要输入用户名和密码,在输入密码的界面中有 GDM 登录界面的会话列表,从中可以选择的会话类型有:①GNOME(GNOME Shell);②GNOME 经典模式(GNOME Classic);③运行于 X. Org 的 GNOME。对所有 RHEL 8 中新创建的用户,GNOME 是默认会话(Session=gnome),可以修改/var/lib/AccountsService/users/username 文件将某个用户(username)的会话设置为 GNOME 经典模式(Session=gnome-classic)。

1. GNOME Shell

GNOME Shell 是 GNOME 3 的关键技术,它引进了创新的用户界面概念,提供了高质量的用户体验。为了让用户专注于手头的工作,GNOME Shell 采用极简的桌面环境,只能看到顶部栏,其他都被隐藏,直到需要时才显示。GNOME Shell 用户界面的一些主要组件说明如下:

(1) 顶部栏。屏幕顶部的水平导航栏提供对一些 GNOME Shell 基本功能的访问路径,比如,活动概览、时钟和日历、系统状态图标等。顶部栏总是开始的地方,可以启动应用程序、启动或停止网络、注销、关机等。除了当前应用程序之外,顶部栏是桌面上唯一的对象。

(2) 活动概览。单击顶部栏的"活动"按钮,会出现活动概览窗口,主要包括顶部的检索入口、左侧的 dash、右侧的工作区。

(3) 检索入口。顶部的检索入口允许用户搜索可用的项目,包括应用程序、文件和配置工具等。

(4) dash。左侧的垂直条被称为 dash,包含了收藏的和正在运行中的应用程序列表。在使用一个应用程序时,会将它添加到 dash 中,以便在其中显示最常用的应用程序。

(5) 工作区。右侧的工作区列表允许用户在多个工作区间进行切换,或者将应用程序和视窗从一个工作区转移到另一个工作区。在使用下一个工作区的时候将自动创建新的工作区,意味着总有一个空的工作区在需要时可以使用。

(6) 应用程序浏览器。dash 底部的 9 个点是应用程序浏览器图标,应用程序浏览器是一个由已安装的应用程序的图标组成的矩阵,矩阵下方有一对互斥按钮,即"常用"和"全部"。单击"常用"按钮,只显示最常用的应用程序。

(7) 应用程序显示。单击"活动"按钮,在桌面上的矩阵中显示所有正在运行的应用程序。单击所需的应用程序使其成为前台程序,前台程序显示在顶部栏中,其他正在运行的应用程序不会显示在顶部栏中。

(8) 通知。按 Super+M 组合键,会显示通知窗口,提供对搁置通知的访问。Super 键就是键盘上的 Win 键。

2. GNOME Classic

GNOME Classic 是 GNOME Shell 的一个传统模式,提供给那些喜欢传统桌面体验的用户。GNOME Classic 以 GNOME 3 的技术为基础,改变了 GNOME Shell 某些方面的行为以及 GNOME Shell 的外观。其中,包括底部栏的窗口列表和顶部栏中的两个菜单:应用程序、位置。

(1) 应用程序。"应用程序"菜单准许用户使用按类别分组的应用程序,用户也可以在此菜单上打开"活动概览"。

(2) 位置。"位置"菜单允许用户快速访问重要的文件夹。

(3) 任务栏。任务栏显示在屏幕的底部,有窗口列表、四个可用的工作区。

(4) 窗口切换。按组合键 Super+Tab 或 Alt+Tab 可在窗口之间进行切换。

3. GNOME Classic 与 GNOME 的相互转换

用户可以通过退出系统,然后在登录界面中的会话列表中选择 GNOME,从而将 GNOME Classic 切换到 GNOME。在 GNOME Classic 与 GNOME 之间相互转换的更简单方法是执行如下命令。

```
$gnome-shell --mode=user -r &          //在同一个用户会话中切换到 GNOME
$gnome-shell --mode=classic -r &       //在同一个用户会话中切换到 GNOME Classic
```

4. 屏幕录像

GNOME 和 GNOME Classic 有一个内置的屏幕录像记录器,因此用户可以录制应用程序的执行情况,并将录制结果保存为 webm 格式的高分辨率视频文件。按组合键 Ctrl+Alt+Shift+R 开始录制,屏幕右上角会显示一个红色的点;再按组合键 Ctrl+Alt+Shift+R 停止录制,屏幕右上角的红色点消失。webm 文件保存在用户主目录的视频文件夹中(顶部栏:"位置"→"视频")。

5. 截图

在 GNOME 和 GNOME Classic 中,按 PrintScreen 键将对整个屏幕截图,按组合键

Alt+PrintScreen将对当前窗口截图,按组合键Shift+PrintScreen将对所选区域截图。

2.1.3　GNOME配置工具:dconf、gsettings、dconf-editor

RHEL 7/8的主要改变之一是将GConf(作为储存用户偏好用)转变为gsettings高级设置系统和dconf后端的相结合。除了作为后端外,dconf同时也是将系统硬件和软件配置信息以二进制格式储存起来的程序。

1. GConf、gconftool-2和gconf-editor

GConf配置系统由以下两个系统代替:gsettings API和低级别配置系统dconf后端。

gsettings命令行工具和dconf实用工具两者都用来查看与变更用户设置。dconf实用工具使用dconf-editor GUI来编辑配置数据库,而gsettings实用工具则会直接作用在终端。gconftool-2工具已经由gsettings和dconf替代。同样,gconf-editor也已由dconf-editor替代。

2. dconf

dconf是一种基于键值的配置存储系统,有点类似于Windows的注册表,用来管理用户设置。dconf是RHEL 7/8使用的gsettings的后端。dconf管理了一系列不同的设置,包括GDM、应用程序以及代理设置。dconf命令行实用程序用来从dconf数据库中读取单个值或整个目录,以及将单个值或整个目录写入dconf数据库。

dconf给予系统管理员和用户几个控制配置的级别:管理员可以定义适用于所有用户的默认设置,用户可以用他们自己的设置覆盖默认值,管理员可以选择性地锁定设置以防止用户重写设置。

3. 配置dconf系统

配置dconf系统可以达到如下目的:①直接在终端使用dconf命令;②使用图形界面编辑器dconf-editor;③使用gsettings命令。

例如,Linux对于高分辨率显示器的自适应不是很好,在使用过程中由于屏幕分辨率较高,系统调整缩放级别系数偏大,直接导致显示窗口过大。

dconf-editor图形界面中,按照路径/org/gnome/desktop/gnome/interface进入,下拉滚动条找到scaling-factor选项,修改为1。

或者使用gsettings命令,用如下命令查看scale值。

```
$gsettings get org.gnome.desktop.interface scaling-factor
unit32 2
```

2表示当前缩放级别是2,可使用如下命令将其调整为1。

```
$gsettings set org.gnome.desktop.interface scaling-factor 1
```

例如,设置gedit文本编辑器的"最近文件的最大数量",指定在"最近文件"子菜单中显示的文件数的最大值。

使用dconf命令。

```
dconf read /org/gnome/gedit/preferences/ui/max-recents
dconf write /org/gnome/gedit/preferences/ui/max-recents 'uint32 19'
```

使用 gsettings 命令。

```
gsettings get org.gnome.gedit.preferences.ui max-recents
gsettings set org.gnome.gedit.preferences.ui max-recents 20
```

4. dconf 配置文件

dconf 系统将它的配置信息存储在文本文件中。启动时,dconf 将访问环境变量 $DCONF_PROFILE,如果该环境变量未被设定,dconf 会尝试打开名为 user 的配置文件;如果这一步失败,dconf 将会使用默认配置。

存储在配置文件/etc/dconf/profile/user 中的内容如下:

```
user-db:user
system-db:local
system-db:site
system-db:distro
```

这个配置文件指定了 4 个数据库:user 是可以在~/.config/dconf /中找到的用户数据库的名称,local、site 和 distro 是位于/etc/dconf/db/中的三个系统数据库。

5. gsettings 键值属性

在每一个 dconf 系统数据库中,每个键值只能有一个值。注意:对于键值而言,值是以数组存在的。拥有数组类型的键值有多个值,如下所示,以逗号隔开。

```
key=['option1', 'option2']
```

gsettings 是应用程序设置的高级 API,是 dconf 的前端。可以使用两个工具(dconf-editor GUI 工具、gsettings 命令行实用程序)来查看和编辑 gsettings 键值。

dconf-editor 以树视图的形式展现了设置的不同等级,并且显示了每一个设置的附加信息,包括简介、类型和默认值。gsettings 可以用来显示以及设置 dconf 值,可以用于 Shell 脚本的自动化配置。

如果系统中没有安装 dconf-editor,可运行如下命令。

```
#yum install dconf-editor
```

6. 锁定特定设置

dconf 中的锁定模式是非常有用的工具,用来防止用户更改特定设置。如果要锁定一个 gsettings 键值,需要创建一个 locks 子目录(例如/etc/dconf/db/local.d/locks/)。这个目录中的文件包含了一列需锁定的键值,可以在此目录中添加多个文件。下面演示了如何锁定默认墙纸的设置。可以按照如下步骤锁定任何需要锁定的设置。

例如,锁定默认墙纸的方法如下:

(1) 设定一张默认墙纸。

(2) 创建一个名为/etc/dconf/db/local.d/locks/的目录。

(3) 编辑 /etc/dconf/db/local.d/locks/00-default-wallpaper,并在每行列出一个键值,这样可以阻止用户更改这些键的值。

```
/org/gnome/desktop/background/picture-uri
/org/gnome/desktop/background/picture-options
/org/gnome/desktop/background/primary-color
/org/gnome/desktop/background/secondary-color
```

（4）更新系统数据库。

```
#dconf update
```

7. gnome-control-center 和 gnome-tweak-tool

gnome-control-center（默认安装）允许用户对桌面环境进行各方面的配置修改。

gnome-tweak-tool 是 GNOME 3 的优化配置工具，可以定制字体、主题、标题栏和其他一些实用的设置。

2.1.4 GDM

GDM（GNOME Display Manager，GNOME 显示管理器）是一个在后台运行的图形登录程序。GDM 代替 XDM（X Display Manager，X 显示管理器）。GDM 不支持图形配置工具，因此要更改 GDM 设置，需要编辑/etc/gdm/custom.conf 配置文件。在 GNOME 2 向 GNOME 3 过渡之后，GNOME 3 不再支持其他初始化系统，只有通过 systemd 才可以设置 GDM。GDM 现在使用 logind 追踪用户。系统管理员可以在 GDM 的自定义配置文件/etc/gdm/custom.conf 中手动设置自动登录。

在更改系统配置（例如设置登录界面标题消息、登录界面标识或登录界面背景）后需要重启 GDM，以便更改生效。可以运行如下命令重启 GDM 服务。

```
#systemctl restart gdm.service
```

注意：强制重启 GDM 服务会使所有已登录桌面用户正在运行的 GNOME 会话中断，可能导致用户丢失还未保存的数据。

2.1.5 gnome-session

在 GDM 的帮助下，gnome-session 程序负责运行 GNOME 桌面环境。为用户安排的默认会话在安装系统时由系统管理员设定。一般情况下 gnome-session 会加载上一次系统成功运行的会话。默认会话从一个名为 AccountService 的程序中检索得到，账户服务（AccountService）将此信息存储在/var/lib/AccountService/users/目录下。

1. 默认会话

确保已经安装了 gnome-session-xsession 软件包（yum install gnome-session-xsession）。

在/usr/share/xsessions/目录中有 3 个可用会话的.desktop 文件：gnome-classic.desktop、gnome.desktop、gnome-xorg.desktop。可以查看.desktop 文件的内容，来确定想要使用的会话。如需为用户设置一个默认会话，需要修改/var/lib/AccountService/users/username 文件中的条目。

```
XSession=gnome
```

为用户规定了默认会话之后，除非用户从登录界面选择不同的会话，否则在用户下次登录时会使用该默认会话。

2. 自定义会话

创建自定义会话的步骤如下。

创建一个 .desktop 文件/usr/share/xsessions/new-session.desktop，文件内容如下：

```
[Desktop Entry]
Encoding=UTF-8
Type=Application
Name=Custom Session
Comment=This is our custom session
Exec=gnome-session --session=new-session
```

Exec 项通过参数规定了要执行的命令，比如可以通过 gnome-session --session＝new-session 命令运行自定义会话。

创建一个自定义会话文件/usr/share/gnome-session/sessions/new-session.session，在其中设置会话的名字和所需组件。

```
[GNOME Session]
Name=Custom Session
RequiredComponents=org.gnome.Shell.Classic;org.gnome.SettingsDaemon;
```

注意：在 RequiredComponents 中设置的所有项目需要在/usr/share/applications/中有其对应的 .desktop 文件。

配置自定义会话文件之后，可以在 GDM 登录界面的会话列表中找到该新的会话。

2.1.6 输入法

RHEL 7/8 中 GNOME 桌面默认输入法框架是 IBus(智能输入总线)，已取代 im-chooser。由于 IBus 现在已与 GNOME 桌面相结合，im-chooser 仅在使用非 IBus 输入法时才可用。可以使用 GNOME 设置(gnome-control-center)中的 Region & Language 来配置输入法。转换输入源的默认快捷键是 Super＋Space 或 Shift，可以使用 ibus-setup 工具修改。

2.2 Shell

Shell 是一个用 C 语言编写的功能异常强大的命令行解释器，是用户与 Linux 内核沟通时的接口。Shell 为用户提供了输入命令和参数，并且可得到命令执行结果的环境。Shell 作为操作系统的外壳，为用户提供使用操作系统的接口，是命令语言、命令解释程序及程序设计语言(将在第 6 章中介绍)的统称。

作为命令语言解释器，它拥有自己内建的 Shell 命令集，它交互式地解释和执行用户输入的命令，即遵循一定的语法将输入的命令加以解释并传给 Linux 内核。Shell 是使用 Linux 操作系统的主要环境，Shell 的学习和使用是学习 Linux 不可或缺的一部分。

作为程序设计语言，它定义了各种变量和参数，并提供了许多在高级语言中才具有的控制结构，包括循环和分支。它虽然不是Linux内核的一部分，但它调用了Linux内核的大部分功能来执行程序、创建文档，并且以并行的方式协调各个程序的运行。因此，对于用户来说，Shell是最重要的实用程序，深入了解和熟练掌握Shell的特性及其使用方法，是用好Linux操作系统的关键。

在RHEL 8中可用的Shell有Bourne Shell(/bin/sh)、Bourne again Shell(/bin/bash)、Z Shell(/bin/zsh)、terminal multiplexer(/bin/tmux)。RHEL采用bash作为默认Shell。要查看系统中存在哪些Shell，可以查看/etc/shells文件。RHEL将Shell独立于Linux内核，使得Shell如同一般的应用程序，可以在不影响操作系统本身的情况下进行修改、更新版本或是添加新的功能。这些Shell在交互(interactive)模式下的表现类似，但作为程序设计语言时，在语法和执行效率上有些不同。

不论是哪一种Shell，最主要的功能都是解释命令行提示符下输入的命令。Shell分析命令时，将它分解成以空白符分开的符号，空白符包括空格、换行符和制表符＜Tab＞。

用户登录RHEL后，可以在GNOME Classic桌面环境中依次选择"应用程序"/"系统工具"/"终端"命令来运行终端仿真程序，在命令行提示符后面输入命令及参数。

Shell在执行命令时，处理命令的顺序如下：①别名；②关键字；③函数；④内部命令；⑤外部命令或外部脚本($PATH)。

提示：关于部分常用的内部命令，请见6.1.7小节。

环境变量$PATH(命令可搜索路径)：这是一个能找到可执行程序的目录列表，可以执行命令echo $PATH查看。如果用户输入的命令不是一个内部命令，并且在搜索路径里没有找到这个可执行文件，将会显示一条错误信息。如果命令被成功找到，那么Shell的内部命令或应用程序将被分解为一系列的系统调用，进而传递给Linux内核。

2.2.1 控制台与终端

控制台是直接和计算机相连接的原生设备。终端是软件的概念，用计算机软件模拟以前的硬件。Linux控制台是提供给用户输入命令的地方，在RHEL 8工作站中，默认启动6个虚拟控制台tty1～tty6(F1～F6键)，F1(tty1)对应于登录界面，F2(tty2)对应于用户的第一个GNOME桌面环境。如果F1～F6(tty1～tty6)都有对应的虚拟控制台或GNOME桌面环境，则新登录的用户会启动F7(tty7)对应的虚拟控制台，其他以此类推。

如果在GNOME桌面环境下，则进入虚拟控制台的方法是按组合键Ctrl+Alt+F*n*，其中F*n*表示F3～F6。按组合键Ctrl+Alt+F1可进入登录界面。

如果在命令行界面，按组合键Alt+F1可进入登录界面，按组合键Alt+F2可进入GNOME桌面环境，按组合键Alt+F3可进入虚拟控制台的命令行环境。

注意：对于Fedora 30，登录界面对应于F1(tty1)，F7(tty7)对应于用户的第一个GNOME桌面环境。所以，对于不同版本的RHEL/CentOS/Fedora，组合键Ctrl+Alt+F*n*与登录界面/GNOME桌面环境/虚拟控制台的对应关系，以实际操作结果为准。

相关的设备文件有/dev/console、/dev/tty*、/dev/pts/。

现在，控制台(纯命令行界面)和终端(GNOME桌面环境中的命令行窗口)的概念也慢慢淡化。普通用户可以简单地把终端和控制台理解为：可以输入命令并显示程序运行过程中的信息以及程序运行结果的窗口。不必严格区分这两者的差别。

2.2.2 Shell 命令行

Linux 操作系统中常用的命令行格式如下：

```
command [subcommand] [flags] [argument1] [argument2]  ...
```

命令、子命令、选项(flags)和参数之间必须由空格隔开，其中 flags 以“-”开始，多个 flags 可用一个“-”连起来，如 ls -l -a 与 ls -la 相同。

命令行的参数提供命令运行的信息，或者是命令执行过程中所使用的文件名。通常参数是一些文件名，告诉命令从哪里可以得到输入，以及把输出送到什么地方。

如果命令行中没有提供参数，命令将从标准输入(键盘)接收数据，输出结果显示在标准输出(显示器)上，而错误信息则显示在标准错误输出(显示器)上。可使用重定向功能对这些输入/输出进行重定向。

Linux 操作系统中有成百上千个命令或配置文件。当遇到一个陌生的命令或配置文件，可以调出它的帮助文档。有以下几种方法。

(1) 命令 --help

(2) man [1-9] ＜命令＞/＜配置文件名＞或 man -k keyword

(3) pinfo ＜命令＞

(4) /usr/share/doc/   //在此目录中存放了大多数软件的说明文档

在 bash 中超级用户的命令行提示符是 #，普通用户的命令行提示符是 $。

2.2.3 命令、子命令、选项和参数的自动补全功能

Linux 中的命令行有许多实用的功能，比如自动补全功能。在 Linux 命令行输入命令时，按一次 Tab 键会补全命令，连按两次 Tab 键会列出所有以输入字符开头的可用命令，按 Tab 键也可以对子命令、选项和参数进行自动补全，该功能被称为 Linux 命令行自动补全功能。如果用 cd 命令最快地从当前的 home 目录跳到/usr/src/kernels/，进行的操作为：

cd/u＜Tab＞sr＜Tab＞k＜Tab＞

下面详细分析这个例子。

cd /u＜Tab＞ 扩展成了 cd /usr/。

cd /u＜Tab＞sr＜Tab＞ 扩展为 cd /usr/src/。

如果内容为 cd /u＜Tab＞s＜Tab＞，则/usr 下匹配的三个子目录/usr/sbin、/usr/share 和/usr/src 将被列出来，以供选择。

假设要安装一个名为 itisaexample-5.6.7-8-i686.rpm 的 RPM 包，输入 rpm -i itis＜Tab＞后，如果目录下没有其他文件能够匹配，那 Shell 就会自动帮忙补全。

上面介绍的是对参数(文件)的补全功能，这种补全对命令、子命令和选项也有效，例如：

```
[root@localhost ~]#net<Tab>                 //列出 net 开头的命令
netkey-tool netreport netstat networkctl
[root@localhost ~]#systemctl <Tab>          //列出 systemctl 的所有子命令
[root@localhost ~]#systemctl i<Tab>         //列出 systemctl 的所有以 i 开头的子命令
[root@localhost ~]#systemctl -<Tab>         //列出 systemctl 的所有选项
[root@localhost ~]#systemctl --s<Tab>       //列出 systemctl 的所有以--s 开头的选项
```

提示：命令行自动补全功能是经常使用的。在命令行上操作时，一定要勤用 Tab 键。

2.2.4 历史命令：history

bash 通过历史命令文件保存了一定数目的已经在 Shell 里输入过的命令，这个数目取决于环境变量 HISTSIZE(默认保存 1000 条命令，可以更改这个值)。不过 bash 执行命令时，不会立刻将命令写入历史命令文件，而是先存放在内存的缓冲区中，该缓冲区被称为历史命令列表，等 bash 退出时再将历史命令列表写入历史命令文件。也可以执行 history -w 命令要求 bash 立刻将历史命令列表写入历史命令文件。

提示：这部分内容一定要清楚两个概念，即历史命令文件、历史命令列表。

当用某账号登录系统后，历史命令列表将根据历史命令文件来初始化。历史命令文件的文件名由环境变量 HISTFILE 指定。历史命令文件的默认名字是.bash_history(点开头的文件是隐藏文件)，这个文件通常在用户主目录中(root 用户是/root/.bash_history，普通用户是/home/*/.bash_history)。

可以使用 bash 的内部命令 history 来显示和编辑历史命令。

语法 1 如下：

```
history  [n]
```

功能：当 history 命令没有参数，将显示整个历史命令列表的内容。如果使用 *n* 参数，将显示最后 *n* 条历史命令。

语法 2 如下：

```
history  [-a|-c|-n|-r|-w] [filename]
```

history 命令各选项及其功能说明见表 2-1。

表 2-1 history 命令各选项及其功能说明

选　项	功　　能
-a	把当前的历史命令记录追加到历史命令文件中
-c	清空历史命令列表
-n	将历史命令文件中的内容加入当前历史命令列表中
-r	将历史命令文件中的内容更新(替换)当前历史命令列表
-w	把当前历史命令列表的内容写入历史命令文件，并且覆盖历史命令文件原来的内容
filename	如果 filename 选项没有被指定，history 命令将使用环境变量 HISTFILE 指定的文件名

【实例 2-1】 自定义历史命令列表。

自定义历史命令列表的步骤如下。

第 1 步：新建一个文件(如/root/history.txt)，用来存储自己常用的命令，每条命令占一行。

第 2 步：执行命令 history -c。

第 3 步：执行命令 history -r /root/history.txt。

【实例 2-2】 执行历史命令。

执行历史命令最简单的方法是使用小键盘上的方向键，按向上箭头向后翻阅历史命令，按向下箭头向前翻阅历史命令，直到找到所需的命令为止，然后按 Enter 键执行该命令。

执行历史命令最便捷的方法是使用 history 命令显示历史命令列表，也可以在 history 命令后跟一个整数表示希望显示最后的多少条命令，每条命令前都有一个序号，可以按照表 2-2 列出的方法执行历史命令。

表 2-2　快速执行历史命令

格　式	功　能
!*n*	*n* 表示序号(执行 history 命令可以看到)，重新执行第 *n* 条命令
!-*n*	重复执行前第 *n* 条命令
!!	重新执行上一条命令
!string	执行最近用到的以 string 开始的历史命令
!?string[?]	执行最近用到的包含 string 的历史命令
! $	表示获得前面命令行中的最后一项内容。这个比较有用，比如先执行命令 # cat /etc/sysconfig/network-scripts/ifconfig-eth0，然后想用 gedit 编辑，则为 # gedit ! $
按 Ctrl+R 组合键	在 history 表中查询某条历史命令

2.2.5　命令别名：alias

用户可以为某个复杂命令创建一个简单的别名，当用户使用这个别名时，系统会自动找到并执行该别名对应的真实命令，从而提高了工作效率。

可以输入 alias 命令查询当前已经定义的 alias 列表。使用 alias 命令可以创建别名，用 unalias 命令可以取消一条别名记录。

语法如下：

```
alias [别名]=[命令名称]
```

功能：设置命令的别名，如果不加任何参数，仅输入 alias 命令，将列出目前所有的别名设置。alias 命令仅对该次登录系统有效。如果希望每次登录系统都能够使用该命令别名，可以编辑~/. bashrc 文件(root 用户是/root/. bashrc，普通用户是/home/ * /. bashrc)，按照如下格式添加一行命令。

```
alias 别名="要替换的命令"
```

保存. bashrc 文件，注销后再次登录系统，就可以使用命令别名了。

注意：在定义别名时等号两边不能有空格。等号右边的命令一般都会包含空格或特殊字符，此时需要用引号。

【实例 2-3】　设置命令别名。

执行不加任何参数的 alias 命令，将列出目前所有的别名设置，如下所示。

```
[root@localhost ~]#alias
alias cp='cp -i'
alias egrep='egrep --color=auto'
```

```
alias fgrep='fgrep --color=auto'
alias grep='grep --color=auto'
alias l.='ls -d .* --color=auto'
alias ll='ls -l --color=auto'
alias ls='ls --color=auto'
alias mv='mv -i'
alias rm='rm -i'
alias which='alias | /usr/bin/which --tty-only --read-alias --show-dot --
show-tilde'
```

如图 2-1 所示，为 ls -l /home 命令设置别名 showhome，然后就可以使用 showhome 命令了。再执行 unalias showhome 命令取消别名设置，此时 showhome 已经不是命令了。

```
[root@localhost ~]# alias showhome='ls -l /home'
[root@localhost ~]# showhome
总计 32
drwx------ 4 user1    user1    4096 05-28 15:57 user1
drwx--x--x 5 ztg      ztg      4096 05-28 15:58 ztg
drwx------ 4 ztg1     ztg1     4096 05-28 15:57 ztg1
drwx------ 4 ztguang  ztguang  4096 05-28 15:59 ztguang
[root@localhost ~]# unalias showhome
[root@localhost ~]# showhome
bash: showhome: command not found
[root@localhost ~]#
```

图 2-1　设置命令的别名

2.2.6　通配符与文件名

文件名是命令中最常用的参数。用户很多时候只知道文件名的一部分，或者用户想同时对具有相同扩展名或以相同字符开始的多个文件进行操作。Shell 提供了一组称为通配符的特殊符号，用于模式匹配，如文件名匹配、路径名搜索、字符串查找等。常用的通配符见表 2-3。用户可以在作为命令参数的文件名中包含这些通配符，构成一个所谓的“模式串”，以便在执行命令过程中进行模式匹配。

表 2-3　通配符及其说明

通　配　符	说　　明
*	匹配任何字符和任何数目的字符组合
?	匹配任何单个字符
[ ]	匹配任何包含在括号里的单个字符

【实例 2-4】　使用通配符“*”。

在/root/temp/目录中创建 ztg1.txt、ztg2.txt、ztg3.txt、ztg4.txt、ztg5.txt、ztg11.txt、ztg22.txt、ztg33.txt 文件，内容分别如下：

```
ztg1.txt 内容为:“这是文件 ztg1.txt 中的内容。”
ztg2.txt 内容为:“这是文件 ztg2.txt 中的内容。”
```

```
ztg3.txt 内容为:"这是文件 ztg3.txt 中的内容。"
ztg4.txt 内容为:"这是文件 ztg4.txt 中的内容。"
ztg5.txt 内容为:"这是文件 ztg5.txt 中的内容。"
ztg11.txt 内容为:"这是文件 ztg11.txt 中的内容。"
ztg22.txt 内容为:"这是文件 ztg22.txt 中的内容。"
ztg33.txt 内容为:"这是文件 ztg33.txt 中的内容。"
```

如图 2-2 所示,执行第 1 条命令显示 temp 目录中以 ztg 开头的文件名;执行第 2 条命令显示 temp 目录中所有包含 2 的文件名。

注意:文件名前的圆点(.)和路径名中的斜线(/)必须显式匹配。例如,"*"不能匹配".file",而".*"才可以匹配".file"。

【实例 2-5】 使用通配符"?"。

如图 2-3 所示,第 1、2 条命令使用了通配符"?"进行文件名的模式匹配。通配符"?"只能匹配单个字符。

```
[root@localhost temp]# dir ztg*
ztg11.txt  ztg2.txt   ztg4.txt
ztg1.txt   ztg33.txt  ztg5.txt
ztg22.txt  ztg3.txt
[root@localhost temp]# dir *2*
ztg22.txt  ztg2.txt
[root@localhost temp]# █
```

图 2-2 使用通配符"*"

```
[root@localhost temp]# dir ztg?.txt
ztg1.txt  ztg3.txt  ztg5.txt
ztg2.txt  ztg4.txt
[root@localhost temp]# dir ztg??.txt
ztg11.txt  ztg22.txt  ztg33.txt
[root@localhost temp]# █
```

图 2-3 使用通配符"?"

【实例 2-6】 使用通配符"[ ]"。

通配符"[ ]"能匹配给出的字符或字符范围。同样以前面的目录为例,结果如图 2-4 所示。请读者自行分析。

```
[root@localhost temp]# dir ztg[2-4]*
ztg22.txt  ztg33.txt  ztg4.txt
ztg2.txt   ztg3.txt
[root@localhost temp]# dir ztg[2-4].txt
ztg2.txt  ztg3.txt  ztg4.txt
[root@localhost temp]# █
```

图 2-4 使用通配符"[ ]"

"[ ]"代表指定的一个字符范围,只要文件名中"[ ]"位置处的字符在"[ ]"中指定的范围之内,那么这个文件名就与这个模式串匹配。"[ ]"中的字符范围可以由直接给出的字符组成,也可以由表示限定范围的起始字符、终止字符及中间的连字符组成。例如,zt[a-d]与 zt[abcd]的作用相同。Shell 将把与命令行中指定的模式串相匹配的所有文件名都作为命令的参数,形成最终的命令,然后再执行这个命令。

注意:连字符"-"仅在方括号内有效,表示字符范围,如在方括号外就是普通字符。而"*"和"?"只在方括号外是通配符,若在方括号内,它们也失去通配符的能力,成为普通字符了。

由于"*""?"和"[ ]"对于 Shell 来说具有比较特殊的意义,因此在正常的文件名中不应出现这些字符。特别是在目录名中不要出现它们,否则 Shell 匹配起来可能会无穷递归下去。

如果目录中没有与指定的模式串相匹配的文件名,那么 Shell 将使用此模式串本身作为参数传给有关命令。这可能就是命令中出现特殊字符的原因所在。

2.2.7 输入/输出重定向与管道

从终端输入信息时,用户输入的信息只能用一次。下次再想用这些信息时就得重新输入。并且在终端上输入时,若输入有误,修改起来不是很方便。输出到终端屏幕(显示器)上的信息只能看不能动,无法对此输出做更多处理。为了解决上述问题,Linux 操作系统为输入和输出的传送引入了另外两种机制:输入/输出重定向与管道。

Linux 下使用标准输入 stdin(用 0 表示,默认是键盘)和标准输出 stdout(用 1 表示,默认是显示器)来表示每个命令的输入和输出,还使用一个标准错误输出 stderr(用 2 表示,默认是显示器)来输出错误信息。这三个标准输入/输出默认与控制终端联系在一起。因此,在标准情况下,每个命令通常从它的控制终端中获取输入,将输出打印到控制终端的屏幕(显示器)上。

但是也可以重新定义程序的标准输入、标准输出、标准错误输出,将它们重定向,可以用特定符号改变数据来源或去向。最基本的用法是将它们重新定向到一个文件,从一个文件获取输入,或者输出到另一个文件中。

1. 输入重定向

有一些命令需要用户从标准输入(键盘)来输入数据,但某些时候如果让用户手动输入数据将会相当麻烦,此时可以使用输入重定向操作符“<”来重定向输入源。

输入重定向是指把命令或可执行程序的标准输入重定向到指定的文件。也就是说,输入可以不来自键盘,而来自一个指定的文件。所以说,输入重定向主要用于改变一个命令的输入源,特别是改变那些需要大量输入的输入源。

例如:

```
#wc </etc/httpd/conf/httpd.conf     //返回该文件所包含的行数、单词数和字符数
#mail -s "hello" jsjoscpu@163.com <file
```

2. 输出重定向

多数命令在正确执行后,执行结果会显示在标准输出(终端屏幕)上。用户可以使用输出重定向操作符“>”改变数据输出的目标,一般是另存到一个文件中供以后分析。

输出重定向能把一个命令的输出重定向到一个文件里,而不是显示在屏幕上。很多情况下都可以使用这种功能。例如,如果某个命令的输出很多,在屏幕上不能完全显示,可以把它重定向到一个文件中,稍后再用文本编辑器来打开这个文件;当要保存一个命令的输出时也可以使用这种方法。还有,输出重定向可以把一个命令的输出作为另一个命令的输入。还有一种更简单的方法是可以把一个命令的输出作为另一个命令的输入,就是使用管道,管道的使用方法将在后面介绍。

注意:若“>”后边指定的文件已存在,则该文件会被删除,然后重新创建,即原内容被覆盖。

为避免输出重定向中指定的文件被重写,Shell 提供了输出重定向的追加手段。追加重定向与输出重定向的功能非常相似,区别仅在于追加重定向的功能是把命令(或可执行程

序)的输出结果追加到指定文件的最后,而该文件原有内容不被破坏。如果要将一条命令的输出结果追加到指定文件的后面,可以使用追加重定向操作符“>>”,其格式为:命令 >> 文件名。

【实例 2-7】 使用输出重定向和追加重定向。

如图 2-5 所示,第 1 条命令会在/root/temp 目录下创建 ztg.txt 文件。注意区分两种重定向的异同。

```
[root@localhost temp]# cat ztg[1-4].txt > ztg.txt
[root@localhost temp]# cat ztg.txt
这是文件ztg1.txt中的内容
这是文件ztg2.txt中的内容
这是文件ztg3.txt中的内容
这是文件ztg4.txt中的内容
[root@localhost temp]# cat ztg11.txt ztg22.txt >> ztg.txt
[root@localhost temp]# cat ztg.txt
这是文件ztg1.txt中的内容
这是文件ztg2.txt中的内容
这是文件ztg3.txt中的内容
这是文件ztg4.txt中的内容
这是文件ztg11.txt中的内容
这是文件ztg22.txt中的内容
[root@localhost temp]# █
```

图 2-5 输出重定向与追加重定向

【实例 2-8】 使用错误输出重定向。

若一条命令执行时发生错误,会在屏幕上显示错误信息。虽然与标准输出一样都会将结果显示在屏幕上,但它们占用的 I/O 通道不同。错误输出也可以重新定向,使用符号“2>”(或追加符号“2>>”)表示对错误输出设备的重定向。该功能的使用方法如图 2-6 所示。

```
[root@localhost temp]# dir ztg???.txt
dir: ztg???.txt: 没有那个文件或目录
[root@localhost temp]# dir ztg???.txt 2> error.txt
[root@localhost temp]# cat error.txt
dir: ztg???.txt: 没有那个文件或目录
[root@localhost temp]# █
```

图 2-6 错误输出重定向

Linux 中的文件描述符及其说明见表 2-4。

表 2-4 Linux 中的文件描述符及其说明

名　称	代码	操 作 符	文件描述符
标准输入(stdin)	0	<、<<	/dev/stdin -> /proc/self/fd/0(前者是后者的符号链接)
标准输出(stdout)	1	>、>>、1>、1>>	/dev/stdout -> /proc/self/fd/1
标准错误输出(stderr)	2	2>、2>>	/dev/stderr -> /proc/self/fd/2

注意:在 GNOME 桌面中的终端窗口执行命令 ll /proc/self/fd/0,会发现/proc/self/

fd/{0,1,2}是/dev/pts/0的符号链接;在控制台执行命令ll /proc/self/fd/0,会发现/proc/self/fd/{0,1,2}是/dev/tty的符号链接。

【实例2-9】 使用双重输出重定向。

若想将正确的输出结果与错误输出结果一次性单独输送到不同的地方,则可使用下面的双重输出重定向。例如:

```
ls -l 2>error.txt >results.txt
ls -a 2>>error.txt >>results.txt
```

不管是正确输出还是错误输出,如果都要送到同一个指定的地方,则可使用&>或&>>。例如:

```
ls -l 2>error.txt >results.txt
LS -l 2>>error.txt >>results.txt
ls -l &>result.txt
LS -l &>>error.txt
```

示例:Linux Shell中的“2>&1”对应的命令如下所示。

```
ls -l >/dev/null 2>&1
```

实例2-9中,2>&1将标准错误输出“2”重定向到标准输出“1”,这里的标准输出“1”已经重定向到了/dev/null,因此,标准错误输出“2”也会输出到/dev/null。

【实例2-10】 使用输入结束符。

可以通过cat>file来创建文件并为文件输入内容,输入结束后按Ctrl+D组合键结束输入。例如:

```
#cat>file
hello every one
this is a test
Ctrl+D
#cat file
hello every one
this is a test
```

使用<<让系统将键盘的全部输入先送入虚拟的“当前文档”,然后一次性输入。可以选择任意符号作为终结标识符。

```
#cat>file <<quit
>hello
>quit
#cat file
hello
```

3. 管道

将一个程序或命令的输出作为另一个程序或命令的输入,有两种方法,一种是通过一个

暂存文件将两个命令或程序结合在一起;另一种是 Linux 提供的管道功能,这种方法比前一种方法更好、更常用。常说的管道一般是指无名管道(例如"|"),无名管道只能用于具有"亲缘"关系进程之间的通信。

管道可以把一系列命令连接起来。这意味着第 1 条命令的输出会通过管道传给第 2 条命令,作为第 2 条命令的输入;第 2 条命令的输出又会作为第 3 条命令的输入,以此类推。而管道行中最后一个命令的输出才会显示在屏幕上。如果命令行里使用了输出重定向,将会放进一个文件里。

可以使用管道符"|"来建立一个管道行,下面的示例就是一个管道行。

```
cat ztg.txt | grep ztg | wc -l
```

这个管道将 cat 命令的输出作为 grep 命令的输入,grep 命令的输出则是所有包含单词 ztg 的行,这个输出又被送给 wc 命令。

4. tee 命令

语法如下:

```
tee [-ai][--help][--version][文件...]
```

功能:tee 命令会从标准输入设备读取数据,将其内容输出到标准输出设备,同时保存成文件。tee 命令各选项及其功能说明如下。

-a 或--append:内容追加到给定的文件而非覆盖。

-i 或--ignore-interrupts:忽略中断信号。

示例如下:

```
#who | tee who.out
root     :0          2019-04-11 15:50 (:0)
ztg      tty3        2019-04-12 19:53 (tty3)
#cat who.out
root     :0          2019-04-11 15:50 (:0)
ztg      tty3        2019-04-12 19:53 (tty3)
```

2.2.8 Linux 快捷键

Linux 控制台、虚拟终端下的快捷键及其功能说明见表 2-5。

表 2-5 Linux 控制台、虚拟终端下的快捷键及其功能说明

快 捷 键	功 能
Ctrl+C 或 Ctrl+\	键盘中断请求,杀死当前任务
Ctrl+Z	这个指中断一下当前执行的进程,但又不杀死它,而是把它放到后台,想继续执行时,用 fg 唤醒它。不过,由 Ctrl+Z 转入后台运行的进程在当前用户退出后就会终止,所以用这个不如用"nohup 命令 &",因为 nohup 命令的作用就是用户退出之后进程仍然继续运行,现在许多脚本和命令都要求在 root 退出时仍然有效

续表

快 捷 键	功 能
Ctrl+D	作用是到达文件末尾(End Of File,EOF)。如果光标处在一个空白的命令行上，按快捷键 Ctrl+D 将会退出 bash,比用 exit 命令退出要快得多
Ctrl+S	暂停屏幕输出
Ctrl+Q	恢复屏幕输出
Ctrl+L	清屏,类似于 clear 命令
Tab	命令行自动补全。双击 Tab 键可以列出所有可能匹配的选择
Ctrl+U	剪切并删除光标前的所有字符
Ctrl+K	剪切并删除光标后的所有字符
Ctrl+W	剪切并删除光标前的字段
Alt+D	向后删一个词
Ctrl+Y	粘贴被 Ctrl+U、Ctrl+K 或 Ctrl+W 组合键剪切并删除的内容
Ctrl+A	把光标移动到命令行开始
Ctrl+E	把光标移动到命令行末尾
Alt+F	光标向前移动一个词的距离
Alt+B	光标向后移动一个词的距离
Alt+. 或 Esc+.	插入最后一个参数
ScrollLock	锁定终端的输入/输出。当屏幕输出滚动过快的时候,可以用这个键给屏幕定格,再按一次 ScrollLock 键可解除锁定。也可以用另外一种方法实现这个功能,使用 Ctrl+S 组合键锁定屏幕,使用 Ctrl+Q 组合键解除锁定。如果控制台突然出现了不明原因的无响应,可以尝试一下后面的这个解锁快捷键,也许是因为无意中触发了 Ctrl+S 组合键导致屏幕假死
Shift+PageUp Shift+PageDown	上、下滚动控制台或终端缓存(屏幕)
Ctrl+R	在历史命令中查找,输入关键字就调出以前的命令
Ctrl+Shift+C Ctrl+Shift+V	在桌面环境(gnome)的终端窗口中使用 Ctrl+Shift+C 组合键复制鼠标选中的内容,使用 Ctrl+Shift+V 组合键将之前复制的内容粘贴到光标所在位置

Linux 桌面环境(GNOME)的快捷键及其功能说明见表 2-6。

表 2-6 Linux 桌面环境(GNOME)的快捷键及其功能说明

快 捷 键	功 能
Alt+F1	在 GNOME 中打开“应用程序”主菜单,类似 Windows 下的 Win 键
Alt+F2	在 GNOME 中运行应用程序,类似 Windows 下的 Win+R 组合键
Alt+F4	关闭窗口
Alt+F5	取消最大化窗口(恢复窗口原来的大小)
Alt+F6	聚焦桌面上当前的窗口
Alt+F7	移动窗口(注：在窗口最大化的状态下无效)
Alt+F8	改变窗口大小(注：在窗口最大化的状态下无效)
Alt+F9	最小化窗口
Alt+F10	最大化窗口

续表

快 捷 键	功 能
Alt+Space	打开窗口的控制菜单(单击窗口左上角图标出现的菜单)
Alt+Esc	切换已打开的窗口
Alt+Tab	在不同程序的窗口之间切换
PrintScreen	对当前屏幕截图
Alt+PrintScreen	对当前窗口截图
Shift+PrintScreen	对所选区域截图
Super+L	锁定桌面并启动屏幕保护程序,Super 键就相当于 Win 键
Ctrl+Alt+↓(或↑)	在工作区之间切换
Ctrl+Alt+Shift+↓(或↑)	移动当前窗口到不同工作区
Ctrl+Alt+F*n*	图形界面切换到控制台(*n* 为数字 1~6)
Ctrl+Alt+F1/F2	控制台切换到图形界面
Alt+F*n*	当前控制台切换到另一个控制台(*n* 为数字 3~6)

2.3 Linux 中的文本编辑器简介

Linux 发行版本包括许多文本编辑器,其范围从记事用的简单编辑器到具备能够拼写检查、缓冲及模式匹配等复杂功能的编辑器。这些编辑器都能够生成、编辑任何 Linux 文本文件。文本编辑器常用来修改配置文件,也可以用来编辑任何语言的源程序文件或 Shell 脚本文件。

常见的文本编辑器有 Vi、Vim、Emacs、gEdit、Nano。

传统的 Linux 发行版本中,都会有基于光标的 Vim 和 Emacs 编辑器,这种模式下的光标操作没有窗口模式下容易使用。GNOME 桌面环境包括具有菜单、滚动条和鼠标操作等特征的 GUI 文本编辑器。

2.3.1 GNOME 中的文本编辑器

所有的 GNOME 编辑器也提供了全面的鼠标支持,并实现了标准的 GUI 操作,在此简要介绍一个常用的文本编辑器——gEdit。

gEdit 是一个简单的文本编辑器,用户可以用它完成大多数的文本编辑任务,如修改配置文件等。在 GNOME Classic 桌面环境中,依次选择“应用程序”/“附件”/“文本编辑器”命令来打开 gEdit 编辑器。

在 Linux 中,还有一个功能强大的字处理软件,即 OpenOffice. org Writer,它提供了许多功能十分强大的工具来帮助用户方便地建立各种文档。LibreOffice 是 OpenOffice. org 办公套件衍生版,同样免费开源,但相比 OpenOffice 增加了很多特色功能。另外,大家还可以选择两款字处理软件:永中 Office 和 WPS Office。

2.3.2　Vi、Vim 与 Emacs 文本编辑器

1. Vi、Vim

Vi 是 Visual interface 的简称，它为用户提供了一个全屏幕的窗口编辑器，窗口中一次可以显示一屏的编辑内容，并可以上下屏滚动。Vi 是 Linux 和 UNIX 操作系统中标准的文本编辑器，可以说几乎每一台 Linux 或 UNIX 机器都会提供这套软件。Vi 可以工作在字符模式下。由于不需要图形界面，使它成了效率很高的文本编辑器。尽管在 Linux 上也有很多图形界面的编辑器可用，但 Vi 在系统和服务器管理中的能力，是那些图形编辑器所无法比拟的。

Vim 是 Vi 的增强版，即 Vi Improved。在后面的实例中将介绍 Vim 的使用。

2. Emacs

Emacs 其实是一个带有编辑器、邮件发送、新闻阅读和 Lisp 解释等功能的工作环境，其含义是宏编辑器(macro editor)。Emacs 功能强大，使用它几乎可以解决用户与操作系统交互中的所有问题。Emacs 通过巧妙的控制工作缓冲区来实现强大、灵活的功能，被称为面向缓冲区的编辑器。被编辑的文件都被复制到工作缓冲区，所有的编辑操作都在工作缓冲区中进行。

Emacs 与 Vim 的一个区别是：Emacs 只有一个模式，即输入模式。键盘上的普通键用来输入字符，而用一些特殊键(Ctrl 或 Alt 等)来执行命令。用户可以在任何时候输入文本。

2.4　Vim 的 5 种编辑模式

在命令行中执行命令 vim filename，如果 filename 已存在，则 filename 被打开且显示其内容；如果 filename 不存在，则 Vim 在第一次存盘时自动在硬盘上新建 filename 文件。

Vim 拥有 5 种编辑模式：命令模式、输入模式、末行模式、可视化模式、查询模式。

1. 命令模式(其他模式：Esc 键)

命令模式是用户进入 Vim 后的初始状态，在此模式中，可输入 Vim 命令，让 Vim 完成不同的工作，如光标移动、删除字符和单词、段落复制等，也可对选定内容进行复制。从命令模式可切换到其他四种模式，也可从其他四种模式返回命令模式。在输入模式下按 Esc 键，或在末行模式中输入了错误命令，都会回到命令模式，常用的操作及其说明见表 2-7～表 2-10。

表 2-7　Vim 命令模式的光标移动命令

操　作	说　明	操　作	说　明
h(←)	将光标向左移动一格	H	将光标移至该屏幕的顶端
l(→)	将光标向右移动一格	M	将光标移至该屏幕的中间
j(↓)	将光标向下移动一格	L	将光标移至该屏幕的底端
k(↑)	将光标向上移动一格	w 或 W	将光标移至下一单词
0(Home)	数字 0，将光标移至行首	gg	将光标移至文章的首行
$(End)	将光标移至行尾	G	将光标移至文章的尾行
PageUp/PageDown	(快捷键为 Ctrl＋B 或 Ctrl＋F)上下翻屏		

表 2-8　Vim 命令模式的复制和粘贴命令

操　作	说　明
yy 或大写 Y	复制光标所在的整行
2yy 或 y2y	复制两行。可以举一反三,如 5yy
y^或 y0	复制至行首,或 y0。不含光标所在处的字符
y$	复制至行尾。含光标所在处的字符
yw	复制一个单词
y2w	复制两个字
yG	复制至文件尾
y1G	复制至文件首
p 小写	粘贴到光标的后(下)面。如果复制的是整行,则粘贴到光标所在行的下一行
P 大写	粘贴到光标的前(上)面。如果复制的是整行,则粘贴到光标所在行的上一行

表 2-9　Vim 命令模式的删除操作命令

操　作	说　明	操　作	说　明
x/<del>	删除一个字符	d0	删至行首,或用 d^(不含光标所在处的字符)
*n*x	删除下 *n* 个字符	*n*dd	删除后 *n* 行(从光标所在行开始算起)
X	删除光标前的字符	d+方向键	删除文字
dd	删除当前行	dw	删除至词尾
dG	删除至文件尾	*n*dw	删除后 *n* 个词
d1G	删除至文件首	*n*d$	删除后 *n* 行(从光标当前处开始算起)
D/d$	删除至行尾	u	可以撤销误删除操作

表 2-10　Vim 命令模式的撤销操作命令

操　作	说　明
u	取消上一个更动
U	取消一行内的所有更动

2. 输入模式(命令模式:a、i、o、A、I、O 键)

在输入模式下,可对编辑的文件添加新的内容及修改,这是该模式的唯一功能,即文本输入。进入该模式,可按 a/A、i/I 或 o/O 键,常用的功能及其说明见表 2-11。

表 2-11　Vim 输入模式命令

输　入	说　明	输　入	说　明
a	在光标之后插入内容	o	在光标所在行的下面新增一行
A	在光标当前行的末尾插入内容	O	在光标所在行的上面新增一行
i	在光标之前插入内容		
I	在光标当前行的开始部分插入内容		

3. 末行模式(在命令模式下按冒号键“:”)

主要用来进行一些文字编辑辅助功能,如字符串查找、替代和保存文件等,在命令模式中输入“:”字符,就可进入末行模式,在该模式下,若完成了输入的命令或命令出错,就会退出 Vim 或返回命令模式。常用的命令及其说明见表 2-12。按 Esc 键可返回命令模式。

表 2-12　Vim 末行模式命令

输　入	说　明
:w [文件路径]	保存当前文件
:q	结束 Vim 程序。如果文件有过修改,则必须先存储文件
:q!	强制结束 Vim 程序,修改后的文件不会存储
:wq 或:x	保存当前文件并退出
:e 文件名	将在原窗口中打开新的文件。若旧文件编辑过,则会要求保存
:e!	放弃所有更改,重新编辑
:r 文件名	在当前光标的下一行插入文件的内容
:r! 命令	在当前光标位置插入命令的执行结果
:set nu 或:set nonu	显示行号/不显示行号
:number	将光标定位到 number 行
:[range]s/<match>/<string>/[g,c,i]	替换一个字符串

在末行模式下,替换命令的格式如下:

```
[range]s/pattern/string/[c,e,g,i]
```

命令各选项及其功能说明如下。

range: 指的是范围,“1,8”指从第 1 行至第 8 行;“1,$”指从第 1 行至最后一行,也就是整篇文章。也可以用%,%代表的是目前编辑的文件。

s(search): 表示搜索。

pattern: 要被替换的字符串。

string: 将替换 pattern 指定的字符串。

c(confirm): 每次替换前会询问。

e(error): 不显示错误信息。

g(globe): 不询问,将做整行替换。

i(ignore): 不区分大小写。

g 一般都要用,否则只会替换每一行的第一个符合条件的字符串。多个选项可以合起来用,如 cgi 表示不区分大小写,整行替换,替换前要询问。

4. 可视化模式(命令模式: v)

在命令模式下输入 v,则进入可视化模式。在该模式下,移动光标以选定要操作的字符串,输入 c 剪切选定块的字符串,输入 y 复制选定块的字符串。

在命令模式中输入 p,可将复制或剪切的内容粘贴在光标所在位置的右边。

5. 查询模式(命令模式: ?、/)

在命令模式中输入“/”“?”等字符则进入查询模式(可以看成一种末行模式),在该模式下可以向下或向上查询文件中的某个关键字。在查找到相应的关键字后，可以用 n/N 键继续寻找下一个/上一个关键字。常用的命令及其说明见表 2-13。

表 2-13 Vim 命令模式的查询操作

操作	说 明
/	在命令模式，按"/"键就会出现一个"/"，然后输入要查询的字符串，按 Enter 键就会开始查询
?	和"/"键作用相似，只是"/"键是向前(下)查找，"?"键则是向后(上)查询
n	继续查询
N	继续查询(反向)

Vim 的用法非常丰富，也非常复杂，所以以上仅介绍一些常用的初级操作命令，还有一些操作命令将在后面的实例中给出说明。其他未介绍到的操作命令，可以在末行模式下输入 h，或者直接按 F1 键查询在线说明文件。

2.5 实例——使用 Vim 编辑文件

1. 使用 Vim 编辑一个文件

第 1 步：执行命令 vim ztg. txt。

在终端窗口中执行命令 # vim ztg. txt，用 Vim 编辑器来编辑 ztg. txt 文件。

刚进入 Vim 之后，即进入命令模式，此时输入的每一个字符皆被视为一条命令，有效的命令会被接收；若是无效的命令则会产生响声，以示警告。如果想输入新的内容，按 a/A 键、i/I 键或 o/O 键切换到输入模式。

第 2 步：在输入模式下操作。

在输入模式下就可以输入文件内容了。编辑好文件后，按 Esc 键返回命令模式。

第 3 步：在命令模式下操作。

在命令模式下可以删除文件的内容，可以使用复制和粘贴命令。然后按 Shift 和":"键，进入末行模式。

第 4 步：在末行模式下操作。

在末行模式下，可以执行替换命令。

第 5 步：保存并退出。

在命令模式下，按 Shift 键和":"键进入末行模式，执行 wq 命令，即保存文件并退出。

如果没有保存该文件而强行关闭 Vim 编辑器，下次再用 Vim 打开此文件时会出现"异常情况"界面。读者可以阅读提示信息，然后选择一种操作即可。

2. 使用 Vim 编辑多个文件

第 1 步：在 Vim 中打开另一个文件。

命令格式如下：

```
:edit foo.txt
```

Vim 会关闭当前文件并打开另一个。如果当前文件被修改过而没有存盘，Vim 会显示错误信息而不会打开这个新文件。

```
E37: No write since last change (use ! to override)
```

在中文状态下显示:"E37:已修改但尚未保存(可用!强制执行)。"

提示:Vim在每个错误信息的前面都放了一个错误号。如果不明白错误信息的意思,可从帮助系统中获得详细的说明,对本例而言为":help E37"。

出现上面的情况,有多个解决方案。首先可以通过如下命令保存当前文件。

```
:write
```

或者可以强制Vim放弃当前修改并编辑新的文件。这时应该使用强制修饰符"!"。

```
:edit! foo.txt
```

如果想编辑另一个文件,但又不想马上保存当前文件,可以隐藏它。

```
:hide edit foo.txt
```

原来的文件还在那里,只不过看不见。

第2步:文件列表。

可以在启动Vim的时候指定一堆文件。例如:

```
#vim one.c two.c three.c
```

这个命令启动Vim,并告诉它要编辑3个文件,Vim只显示第1个。等编辑完第1个以后,用如下命令可以编辑第2个。

```
:next
```

如果在当前文件中有未保存的修改,会得到一个错误信息而无法编辑下一个文件。这个问题与前一节执行:edit命令的问题相同。要放弃当前修改。

```
:next!
```

但大多数情况下,需要保存当前文件后再进入下一个,这里有一个特殊的命令如下:

```
:wnext
```

这相当于执行了下面的两个命令。

```
:write
:next
```

要知道当前文件在文件列表中的位置,可以注意一下文件的标题。那里应该显示类似"(2 of 3)"的内容。这表示正在编辑3个文件中的第2个。

第 3 步：查看文件列表。

如果要查看整个文件列表，使用如下命令。

```
:args
```

这是 arguments 的缩写。其输出应该像下面的内容。

```
one.c [two.c] three.c
```

这里列出所有启动 Vim 时指定的文件。正在编辑的那一个，如 two.c，可用中括号括起来。

要回到前一个文件，可用如下命令。

```
:previous
```

这个命令与：next 相似，只不过它是向相反的方向移动。同样，这个命令有一个快捷版本用于“保存文件后再移动”。

```
:wprevious
```

要移至列表中的最后一个文件可用以下命令。

```
:last
```

而要移至列表中的第一个文件可用以下命令。

```
:first
```

可以在：next 和：previous 前面加计数前缀。例如，要向后跳 2 个文件，可用以下命令。

```
:2next
```

第 4 步：自动保存文件。

当在多个文件间跳来跳去进行修改时，要记着用：write 保存文件，否则就会得到一个错误信息。如果能确定每次都会将修改内容存盘，可以让 Vim 自动保存文件。

```
:set autowrite
```

如果编辑一个不想自动保存的文件，可以把该功能关闭。

```
:set noautowrite
```

第 5 步：编辑另一个文件列表。

可以编辑另一个文件列表，而不需要退出 Vim。用如下命令编辑另外 3 个文件。

```
:args five.c six.c seven.h
```

或者使用通配符，就像在控制台上一样。

```
:args *.txt
```

Vim 会跳转到列表中的第一个文件。同样，如果当前文件没有保存，需要保存它，可以使用:args!(加了一个“!”)命令放弃修改。

当使用了文件列表，并用 Vim 编辑全部文件时，就不能提前退出。假设还没有编辑过最后一个文件，当退出的时候，Vim 会给出如下错误提示信息。

```
E173: 46 more files to edit
```

如果确实不想编辑剩余的文件而直接退出，再执行一次这个命令就可以了。但如果在两个命令之间又执行了其他命令，则不能直接退出。

第 6 步：从一个文件跳到另一个文件。

要在两个文件之间快速跳转，可以按 Ctrl+^组合键。例如：

```
:args one.c two.c three.c
```

假设现在在 one.c 文件中，则执行以下命令。

```
:next
```

现在在 two.c 文件中。又按 Ctrl+^组合键则回到 one.c 文件中，再按一下 Ctrl+^组合键则回到 two.c 文件中，又按一下 Ctrl+^组合键再回到 one.c 文件中。如果现在执行以下命令：

```
:next
```

则到了 three.c 文件中。注意，Ctrl+^组合键不会改变光标在文件列表中的位置，只有用:next 和:previous 命令才能改变位置。

编辑的前一个文件称为轮换文件。如果启动 Vim 而 Ctrl+^组合键不起作用，那可能是因为没有轮换文件。

第 7 步：预定义标记。

当跳转到另一个文件后，有两个预定义的标记非常有用。

`"：这个标记使光标跳转到上次离开这个文件时的位置。

`.：这个标记记住最后一次修改文件的位置。

假设在编辑 one.txt 文件，在文件中间某个地方用 x 命令删除了一个字符，接着用 G 命令移到文件末尾，再用 w 命令存盘。然后又编辑了其他几个文件。现在用:edit one.txt 命令回到 one.txt 文件中。如果现在用“`"”，Vim 会跳转到文件的最后一行；而用“`.”则跳转到删除字符的地方。即使在文件中移动过，但在修改或者离开文件前，这两个标记都不会改变。

第 8 步：多文件的编辑。

在一个 Vim 程序中可以同时打开很多文件进行编辑。下面介绍相关的命令。

:sp(:vsp)文件名：该命令使 Vim 将分割出一个横(纵)向窗口，并在该窗口中打开新文件。

提示：从 Vim 6.0 开始，文件名可以是一个目录的名称，这样 Vim 会把该目录打开并显示文件列表，在选中的文件名上按 Enter 键，则在本窗口中打开该文件；若输入 O 命令，则在新窗口打开该文件，输入“?”可以看到帮助信息。

:e 文件名：Vim 将在原窗口中打开新的文件。若旧文件编辑过，会要求保存文件。

c-w-w：Vim 分割了多个窗口后，输入此命令可以将光标循环定位到各个窗口中。

:ls：此命令查看本 Vim 程序已经打开了多少个文件，在屏幕的最下方会显示出如下数据。

```
1 %a "test1.txt" 行 2
2 #"test2.txt" 行 0
```

:ls 命令相关选项及其功能说明如下。

- 1：表示打开的文件序号，这个序号很有用处。
- %a：表示文件代号，%表示当前编辑的文件。
- #：表示上次编辑的文件。
- "test1.txt"及"test2.txt"：表示文件名。
- 行 2：表示光标的位置。

:b 序号(代号)：此命令将指定序号(代号)的文件在本窗口打开，其中的序号(代号)就是用:ls 命令看到的数字。

:set diff：此命令用于比较两个文件，可以用:vsp filename 命令打开另一个文件，然后在每个文件窗口中输入此命令，就能看到比较的效果了。

2.6 本章小结

本章介绍了 Linux 操作系统的命令接口和 GUI。GUI 的特点是简单易用。要想很好地使用 Linux 操作系统，必须熟悉 Shell 环境。本章对 Shell 的一些基本操作做了详细介绍，然后非常简要地介绍了 Linux 中的默认桌面环境——GNOME。

Linux 发行版本中包含了许多文本编辑器，从简单的编辑器到复杂的能够进行拼写检查、缓冲以及模式匹配的编辑器。本章还详细介绍了 Vim 编辑器，因为在日常的系统管理工作中会经常用到。

2.7 习题

1. 填空题

(1) 操作系统为用户提供了两种用户接口，分别是________和________。

(2) 命令接口演化为两种主要形式，分别是________和________。

(3) 大部分 Linux 发行版本上默认的桌面环境是________。

(4) 在 Linux Kernel 3.10 版本以后,GNOME 可在________上运行。

(5) RHEL 8 的 GDM 登录界面的会话列表中可以选择的会话类型有________、________和________。

(6) GNOME 中进行屏幕录像的组合键是________。

(7) GNOME 中对所选区域截图的组合键是________。

(8) ________是一种基于键值的配置存储系统,有点类似于 Windows 的注册表,用来管理用户设置。

(9) ________允许用户对桌面环境进行各方面的配置修改。

(10) ________是一个在后台运行的图形登录程序。

(11) 在 GDM 的帮助下,________程序负责运行 GNOME 桌面环境。

(12) RHEL 7/8 中 GNOME 桌面默认输入法框架是________,已取代________。

(13) ________是一个用 C 语言编写的功能异常强大的命令行解释器,是用户与 Linux 内核沟通时的接口。

(14) 在 GNOME 桌面环境下进入虚拟控制台的方法是按________组合键。

(15) 在命令行上操作时,一定要勤用________键。

(16) 常用的通配符有________、________和________。

(17) 输入重定向符是________。

(18) 输出重定向符是________和________。

(19) 错误输出重定向符是________和________。

(20) 管道符是________。

(21) Vim 拥有的 5 种编辑模式为:________、________、________、________和________。

(22) 在 Vim 的输入模式下按________键会回到命令模式。

(23) 在 Vim 的命令模式中要进入输入模式,可以按________键、________键或________键。

2. 选择题

(1) 在 bash 中超级用户的提示符是________。

A. #　　B. $　　C. grub>　　D. C:\>

(2) 命令行的自动补全功能要用到________键。

A. Tab　　B. Delete　　C. Alt　　D. Shift

(3) 下面的________不是通配符。

A. *　　B. !　　C. ?　　D. []

(4) 在 Vim 的命令模式中,输入________不能进入末行模式。

A. :　　B. /　　C. i　　D. ?

3. 简答题

(1) 什么是 Shell? 它的功能是什么?

(2) Shell 在执行命令时,处理命令的顺序是什么?

(3) Linux 操作系统中常用的命令行格式是什么?

(4) Linux 命令行自动补全功能是什么?

(5) 管道的作用是什么?

(6) 在 Vim 末行模式下,替换命令的格式是什么?各部分的含义是什么?

4. 上机题

(1) 熟悉 GNOME 桌面环境。

(2) 练习使用历史命令和命令别名。

(3) 分别使用 3 种通配符进行文件的操作。

(4) 使用输出重定向功能创建一个文件或向一个文件追加内容。

(5) 使用管道显示某一进程的运行结果。

(6) 使用 Vim 编辑一个文件。

第3章　系统管理

本章学习目标

- 了解用户管理相关命令的语法。
- 了解进程管理相关命令的语法。
- 了解系统和服务管理相关命令的语法。
- 了解其他系统管理和系统监视相关命令的语法。
- 熟练掌握用户管理相关命令的使用。
- 熟练掌握进程管理相关命令的使用。
- 熟练掌握系统和服务管理相关命令的使用。
- 熟练掌握其他系统管理相关命令的使用。

Linux 操作系统的设计目标就是为许多用户同时提供服务。为了给用户提供更好的服务，需要进行合适的系统管理。在本章将会介绍用户管理、进程管理、系统和服务管理以及其他系统管理的内容。

3.1　用户管理

Linux 是一个多用户、多任务的操作系统，可以让多个用户同时使用系统。为了保证用户之间的独立性，允许用户保护自己的资源不受非法访问。为了使用户之间共享信息和文件，允许用户分组工作。

当安装好 RHEL/CentOS 后，系统默认的账号为 root，该账号是系统管理员账号，对系统有完全的控制权，可对系统进行任何设置和修改。下面介绍用户管理与组管理的相关命令的使用方法。

3.1.1　用户管理：useradd、passwd、userdel、usermod、chage

Linux 操作系统中存在三种用户：root 用户、系统用户和普通用户。

系统中的每一个用户都有一个 ID(UID)，UID 是区分用户的唯一标志。①root 用户的 UID 是 0；②系统用户的 UID 范围是 1～999，大多数是不能登录的，因为他们的登录 Shell 为/sbin/nologin；③普通用户的 UID 范围是 1000～60000。

用户默认的配置信息是从/etc/login.defs 文件中读取的。用户基本信息保存在/etc/passwd 文件中，用户密码等安全信息保存在/etc/shadow 文件中。

1. useradd 命令

语法如下：

```
useradd [选项] [用户账号]
```

功能：建立用户账号。账号建好之后，再用 passwd 命令设定账号的密码。可以用 userdel 命令删除账号。使用 useradd 命令建立的账号被保存在/etc/passwd 文本文件中。useradd 命令各选项及其功能说明见表 3-1。

表 3-1 useradd 命令各选项及其功能说明

选项	功 能	选项	功 能
-c	加上备注文字。备注文字保存在 passwd 的备注栏中	-m	自动建立用户的主目录
-d	指定用户登录时的起始目录	-M	不要自动建立用户的主目录
-D	变更默认值	-n	取消建立以用户名称为名的群组
-e	指定账号的有效期限	-r	建立系统账号
-f	指定在密码过期后多少天关闭该账号	-s	指定用户登录后所使用的 Shell
-g	指定用户所属的群组	-u	指定用户 ID
-G	指定用户所属的附加群组		

注意：用 useradd username 命令可以添加一个名为 username 的用户。useradd 命令会自动把/etc/skel 目录中的文件复制到用户的主目录，并设置适当的权限(除非添加用户时用-m 选项，比如 useradd -m ×××)。

另外，一个人能否使用 Linux 操作系统，取决于该用户在系统中有没有账号。

2. passwd 命令

语法如下：

```
passwd [选项] 用户账号
```

功能：passwd 命令可以更改自己的密码(或口令)，也可以更改别人的密码。如果后面没有跟用户账号，就是更改自己的密码；如果跟着一个用户账号，就是为这个用户设置或更改密码。当然，这个用户账号必须是已经用 useradd 命令添加的账号才可以。只有超级用户可以修改其他用户的口令，普通用户只能用不带参数的 passwd 命令修改自己的口令。在早期的 Linux 版本中，经过加密程序处理过的用户口令存放在 passwd 文件的第 2 个字段中。但是为了防范有人对这些加密过的密码进行破解，Linux 把这些加密过的密码转移到/etc/shadow 文件中，而原来的/etc/passwd 文件放置密码的地方只保留一个 x 字符。而对/etc/shadow 文件只有超级用户才有读取的权限，这就叫做最新的 shadow passwd 功能。

出于系统安全的考虑，Linux 操作系统中的每一个用户除了有其用户名外，还有其对应的用户口令。因此使用 useradd 命令后，还要使用 passwd 命令为每一位新增加的用户设置口令。用户以后还可以随时用 passwd 命令改变自己的口令。

passwd 命令各选项及其功能说明见表 3-2。

表 3-2 passwd 命令各选项及其功能说明

选　项	功　能
-d	删除账号的密码，只有具备超级用户权限的用户才可使用
-l	锁定已经命名的账号名称，只有具备超级用户权限的用户才可使用
-n，--minimum＝DAYS	最小密码使用时间(天)，只有具备超级用户权限的用户才可使用
-S	检查指定使用者的密码认证种类，只有具备超级用户权限的用户才可使用
-u	解开账号锁定状态，只有具备超级用户权限的用户才可使用
-x，--maximum＝DAYS	最大密码使用时间(天)，只有具备超级用户权限的用户才可使用

【实例 3-1】 添加用户。

第 1 步：添加用户账号 ztguang。

如图 3-1 所示，添加用户账号 ztguang，会自动在/home 处产生一个目录 ztguang 来放置该用户的文件，这个目录叫做用户主目录(Home Directory)。该用户的用户主目录是/home/ztguang，创建其他用户时也是如此。但是，超级用户(root)的主目录不一样，是/root。

```
[root@localhost ~]# useradd ztguang
[root@localhost ~]# passwd ztguang
更改用户ztguang 的密码 。
新的密码:
重新输入新的密码:
passwd: 所有的身份验证令牌已经成功更新。
[root@localhost ~]# 
```

图 3-1 使用 useradd 与 passwd 命令

第 2 步：为 ztguang 用户设置口令。

如图 3-1 所示的内容是为 ztguang 用户设置口令。在“New UNIX password:”后面输入新的口令(在屏幕上看不到这个口令)，如果口令很简单，将会给出提示信息。系统提示再次输入这个新口令。输入正确后，这个新口令被加密并放入/etc/shadow 文件中。选取一个不易被破译的口令是很重要的。选取口令应遵守如下规则。

- 口令应该至少有六位(最好是八位)字符。
- 口令应该是大小写字母、标点符号和数字混合的。

第 3 步：观看 passwd 文件的变化。

口令设置好后，观看 passwd 文件的变化，如图 3-2 和图 3-3 所示。

```
…
46      ztg:x:1000:1000:ztg:/home/ztg:/bin/bash
```

图 3-2 添加用户 ztguang 前/etc/passwd 文件的内容

```
…
46      ztg:x:1000:1000:ztg:/home/ztg:/bin/bash
59      ztguang:x:1001:1001::/home/ztguang:/bin/bash
```

图 3-3 添加用户 ztguang 后/etc/passwd 文件的内容

/etc/passwd 文件中字段安排如下(6 个冒号,7 个字段)。

```
用户名:密码:UID:GID:用户描述:用户主目录:用户登录 Shell
```

/etc/shadow 文件中字段安排如下(8 个冒号,9 个字段)。

```
账号名称:密码:上次更动密码的日期:密码不可被更动的天数:密码需要重新变更的天数:密码需要变更期限前的警告期限:账号失效期限:账号取消日期:保留
```

注意:用户标识码 UID 和组标识码 GID 的编号从 1000 开始。如果创建用户账号或群组时未指定标识码,那么系统会自动指定从编号 1000 开始且尚未使用的号码。

3. userdel 命令

语法如下:

```
userdel [-r] [用户账号]
```

功能:删除用户账号及其相关的文件。如果不加参数,那么只删除用户账号,而不删除该账号的相关文件。

-r 参数表示删除用户主目录以及目录中的所有文件。

【实例 3-2】 删除用户。

第 1 步:执行第 1 条命令,查看有哪些用户主目录。

第 2 步:执行带-r 选项的 userdel 命令,如图 3-4 所示。

```
[root@localhost ~]# ls /home
ztg  ztguang
[root@localhost ~]# userdel -r ztguang
[root@localhost ~]# ls /home
ztg
[root@localhost ~]#
```

图 3-4 使用 userdel 命令

第 3 步:执行第 3 条命令,查看用户主目录的变化。

如果只是临时禁止用户登录系统,那么不用删除用户账号,可以采取临时查封用户账号的办法。编辑口令文件/etc/passwd,如图 3-5 所示。最后一行将一个“*”号放在要被查封用户的加密口令域,这样该用户就不能登录系统了。但是他的用户主目录、文件以及组信息仍被保留。如果以后要使该账号成为有效用户,只需将“*”换为“x”即可。

```
46      ztg:x:1000:1000:ztg:/home/ztg:/bin/bash
59      ztguang:*:1001:1001::/home/ztguang:/bin/bash
```

图 3-5 编辑/etc/passwd 文件

注意:用“find / -user ztg -exec rm {} \;”命令可以删除用户 ztg 的所有文件。find 命令的用法请见 4.2.7 小节。

4. usermod 命令

语法如下：

```
usermod [选项] 用户账号
```

功能：修改用户信息。usermod 命令各选项及其功能说明见表 3-3。

表 3-3 usermod 命令各选项及其功能说明

选项	功能
-c	改变用户的描述信息
-d	改变用户的主目录，如果加上-m 则会将旧主目录移到新的目中去（-m 应加在新目录之后）
-e	设置用户账户的过期时间（××××年××月××日）
-g	改变用户的主属组
-G	设置用户属于哪些组
-l	改变用户的登录用名
-s	改变用户的默认 Shell
-u	改变用户的 UID
-L	锁住密码，使密码不可用
-U	为用户密码解锁

在 GNOME 桌面环境的终端窗口中执行命令 system-config-users，出现“用户管理者”窗口，可以进行用户及组的管理。

5. chage 命令

语法如下：

```
chage [-l] [-m mindays] [-M maxdays] [-I inactive] [-E expiredate] [-W
warndays] [-d lastdays] username
```

功能：更改用户密码过期信息。chage 命令各选项及其功能说明见表 3-4。

表 3-4 chage 命令各选项及其功能说明

选项	功能
-l	列出用户及密码的有效期限
-m	密码可更改的最小天数。为 0 时代表任何时候都可以更改密码
-M	密码保持有效的最大天数
-I	停滞时期。如果一个密码已过期，那么此账号将不可用
-d	指定密码最后修改的日期
-E	账号到期的日期，过了这一天，此账号将不可用。0 表示立即过期，−1 表示永不过期
-W	用户密码到期前提前收到警告信息的天数

3.1.2 组管理：groupadd、groupdel、groupmod、gpasswd、newgrp

Linux 中每个用户都要属于一个或多个组，有了用户组，就可以将用户添加到组中，这样会方便管理员对用户的集中管理。Linux 操作系统中组也分为 root 组、系统组、普通用户组三类。当一个用户属于多个组时，这些组中只能有一个作为该用户的主属组，其他组就被称为此用户的次属组。组基本信息在/etc/group 文件中，组密码信息在/etc/gshadow 文件中。

root 用户可以直接修改/etc/group 文件达到管理组的目的，也可以使用以下命令。

- groupadd：添加一个组。
- groupdel：删除一个已存在组(注：不能为主属组)。
- groupmod -n <新组名> <原组名> ：为一个组更改名字。
- gpasswd -a <用户名> <用户组>：将一个用户添加到一个组中。
- gpasswd -d <用户名> <用户组>：将一个用户从一个组中删除。
- newgrp <新组名>：用户可用此命令临时改变用户的主属组(注意：被改变的新主属组中应该包括此用户)。

1. groupadd 命令

语法如下：

```
groupadd [选项] GROUP
```

功能：创建一个新群组。groupadd 命令用来在 Linux 操作系统中创建用户组。这样只要为不同的用户组赋予不同权限，再将不同的用户按需要加入不同组中，用户就能获得所在组拥有的权限。这种方法在 Linux 中有许多用户时是非常方便的。添加组命令的效果如图 3-6 所示。

```
[root@localhost ~]# ls /home/
ztg  ztguang
[root@localhost ~]# groupadd workgroup
[root@localhost ~]# useradd -u 1002 -g workgroup ztg1
[root@localhost ~]# ls /home/
ztg  ztg1  ztguang
[root@localhost ~]# 
```

图 3-6 添加群组

添加组命令的相关文件有/etc/group 和/etc/gshadow。

/etc/group 文件中字段安排如下(3 个冒号，4 个字段)，示例如图 3-7 所示。

```
71    ztg:x:1000:
94    ztguang:x:1001:
95    workgroup:x:1002:
```

图 3-7 /etc/group 文件的内容

```
群组名称:群组密码:群组 ID:组里面的用户成员
```

/etc/gshadow 文件中字段安排如下(3 个冒号，4 个字段)。

```
用户组名:用户组密码:用户组管理员的名称:成员列表
```

2. groupdel 命令

语法如下：

```
groupdel [选项] GROUP
```

功能：删除群组。

说明：需要从系统上删除群组时，可用 groupdel 命令来完成这项工作。如果该群组中仍包括某些用户，则必须先使用 userdel 命令删除这些用户后，才能使用 groupdel 命令删除群组。如果有任何一个群组的使用者在线上，就不能删除该群组。

3. groupmod 命令

语法如下：

```
groupmod [选项] GROUP
```

功能：更改群组识别码或名称。groupmod 命令各选项及其功能说明见表 3-5。

表 3-5 groupmod 命令各选项及其功能说明

选 项	功 能
-g ＜群组识别码＞	设置要使用的群组识别码
-n ＜新群组名称＞	设置要使用的群组名称
-o	重复使用群组识别码

4. gpasswd 命令

语法如下：

```
gpasswd [选项] group
```

功能：管理组。gpasswd 命令各选项及其功能说明见表 3-6。

表 3-6 gpasswd 命令各选项及其功能说明

选项	功 能
-a	添加用户到组
-d	从组删除用户
-A	指定管理员
-M	设置组成员列表
-r	删除密码
-R	限制用户登入组，只有组中的成员才可以用 newgrp 加入该组

示例如下：

```
#gpasswd -A ztg mygroup      //将 ztg 设为 mygroup 群组的管理员
$gpasswd -a aaa mygroup      //ztg 可以向 mygroup 群组添加用户 aaa
```

给组账号设置完密码以后，用户登录系统，使用 newgrp 命令并输入给组账号设置的密码，就可以将账号临时添加到指定组，可以管理组用户，具有组的相关权限。

5. newgrp 命令

语法如下：

```
newgrp [-] [group]
```

功能：如果一个用户同时隶属于两个或两个以上分组，需要切换到其他用户组来执行一些操作，就用到了 newgrp 命令切换当前所在的组。

示例如下：

```
[root@localhost 桌面]#useradd -G test ztgg  //添加新用户 ztgg,并且添加 ztgg 到组
                                             test 里
[root@localhost 桌面]#id ztgg
uid=1003(ztgg) gid=1004(ztgg) 组=1004(ztgg),1003(test)
                                            //属于两个组 ztgg 和 test
[root@localhost 桌面]#su -ztgg
[ztgg@localhost ~]$id
uid=1003(ztgg) gid=1004(ztgg) 组=1004(ztgg),1003(test) 环境=unconfined_u:
unconfined_r: unconfined_t:s0-s0:c0.c1023  //当前组 gid=1004(ztgg)
[ztgg@localhost ~]$newgrp test
[ztgg@localhost ~]$id
uid=1003(ztgg) gid=1003(test) 组=1004(ztgg),1003(test) 环境=unconfined_u:
unconfined_r: unconfined_t:s0-s0:c0.c1023  //切换后为 gid=1003(test),此时拥有
                                              test 群组的权限
[ztgg@localhost ~]$
```

如果系统有个账户，比如为 ztg，ztg 不是 test 群组的成员，使用 newgrp 命令切换到该组，则需要输入该组的密码，即可让 ztg 账户暂时加入 test 群组并成为该组成员，之后 ztg 建立的文件 group 也会是 test。所以该方式可以暂时让 ztg 建立文件时使用其他的组，而不是 ztg 本身所在的组。

使用 gpasswd test 命令设定密码，就是要让知道该群组密码的人可以暂时具备 test 群组的功能。示例如下：

```
[root@localhost 桌面]#gpasswd test
正在修改 test 群组的密码
新密码：
请重新输入新密码：
[root@localhost 桌面]#su -ztg
上一次登录:五 4 月 19 19:03:39 CST 2019pts/0 上
[ztg@localhost ~]$id
uid=1000(ztg) gid=1000(ztg) 组=1000(ztg),10(wheel) 环境=unconfined_u:
unconfined_r: unconfined_t:s0-s0:c0.c1023
[ztg@localhost ~]$newgrp test
密码：
[ztg@localhost ~]$id
uid=1000(ztg) gid=1003(test) 组=1000(ztg),10(wheel),1003(test) 环境=
unconfined_u:unconfined_r: unconfined_t:s0-s0:c0.c1023
[ztg@localhost ~]$
```

3.1.3 用户查询：who、w、id、whoami、last、lastlog

/var/run/utmp 文件中保存的是当前正在本系统中的用户的信息。

/var/log/wtmp 文件中保存的是登录过本系统的用户的信息。

wtmp 和 utmp 文件都是二进制文件，它们不能被诸如 tail 命令剪贴或合并(使用 cat 命令)。用户需要使用 who、w、users、last 和 ac 命令来使用这两个文件包含的信息。

可以使用下列命令了解用户的身份。

- who：查询 utmp 文件并报告当前登录的每个用户。
- w：查询 utmp 文件并显示当前系统中每个用户和它所运行的进程信息。
- id：显示用户 ID 的信息。
- whoami：显示当前终端(或控制台)上的用户名。
- last：往回搜索 wtmp 来显示自从文件第一次创建以来登录过的用户。
- lastlog：显示上次登录的系统用户数。
- users：用单独的一行打印出当前登录的用户，每个显示的用户名对应一个登录会话。如果一个用户有不止一个登录会话，那么他的用户名将显示相同的次数。
- groups：查询用户所属的组。
- finger：查询用户信息、登录时间等。
- ac：根据当前的 wtmp 文件中的登录进入和退出来报告用户连接的时间(h)。
- wted：wtmp/utmp 日志编辑程序。可以使用这个工具编辑所有 wtmp 或者 utmp 类型的文件。

1. who 命令

语法如下：

```
who [选项]
```

功能：执行 who 命令可以得知目前有哪些用户登录系统，单独执行 who 命令会列出登录账号、使用的终端、登录时间以及从何处登录等信息。

2. w 命令

语法如下：

```
w [选项] [user]
```

功能：该命令也用于显示登录到系统的用户情况，但是与 who 不同的是，w 命令的功能更加强大，不仅可以显示有谁登录到系统，还可以显示出这些用户当前正在进行的工作，并且统计数据相对 who 命令来说更加详细和科学。w 命令各选项及其功能说明见表 3-7。

表 3-7 w 命令各选项及其功能说明

选项	功　能
-h	不显示标题
-u	当列出当前进程和 CPU 时间时忽略用户名。这主要是用于执行 su 命令后的情况

续表

选项	功　能
-s	使用短模式。不显示登录时间、JCPU 和 PCPU 时间
-f	切换显示 FROM 项,也就是远程主机名对应的项。默认值是不显示远程主机名,当然系统管理员可以对源文件做一些修改使得显示该项成为默认值

【实例 3-3】 查看登录系统的用户。

执行 w 命令,效果如图 3-8 所示。

```
[root@localhost ~]# w
 10:12:26 up 2 days, 18:24,  6 users,  load average: 2.16, 1.96, 1.23
USER     TTY       LOGIN@   IDLE   JCPU   PCPU WHAT
root     :0        四15    ?xdm?  15:41m  0.02s /usr/libexec/gdm-x-session --run-script
ztg      tty3      五19     2days  1:36   0.17s /usr/libexec/tracker-miner-fs
root     tty4      10:12   16.00s  0.04s  0.04s -bash
root     tty5      10:12    9.00s  0.04s  0.04s -bash
ztguang  tty7      10:08    2days 13.27s  0.13s /usr/libexec/tracker-miner-fs
ztgg     tty8      10:10    2days 17.25s  0.16s /usr/libexec/tracker-miner-fs
[root@localhost ~]# 
```

图 3-8　执行 w 命令

w 命令的显示项目按以下顺序排列：当前时间,系统启动到现在的时间,登录用户的数目,系统在最近 1s、5s 和 15s 的平均负载。

然后是每个用户的各项数据,项目显示顺序如下：登录账号、终端名称、远程主机名、登录时间、空闲时间、JCPU、PCPU、当前正在运行进程的命令行。其中,JCPU 时间是指和该终端(tty)连接的所有进程占用的时间。这个时间里并不包括过去的后台作业时间,但却包括当前正在运行的后台作业所占用的时间。而 PCPU 时间则是指当前进程(即在 WHAT 项中显示的进程)所占用的时间。

3. id 命令

语法如下：

```
id [选项] [用户名]
```

功能：显示用户的 ID,及其所属群组的 ID。

【实例 3-4】 查看用户的账号信息。

如图 3-9 所示,使用 id 命令查看 ztg、ztguang 和 root 三个用户的相关信息。

```
[root@localhost ~]# id ztg
uid=1000(ztg) gid=1000(ztg) 组=1000(ztg),10(wheel)
[root@localhost ~]# id ztguang
uid=1001(ztguang) gid=1001(ztguang) 组=1001(ztguang)
[root@localhost ~]# id root
uid=0(root) gid=0(root) 组=0(root)
[root@localhost ~]# 
```

图 3-9　使用 id 命令

4. whoami 命令

语法如下：

```
whoami [选项]
```

功能：显示当前终端(或控制台)上的用户名。

由于 Linux 是多用户的操作系统，可能有多个用户同时进入系统工作，要是有些用户忘记注销就离开了，系统管理员就可以使用 whoami 命令来查看，到底是哪个用户这么大意，然后会通知该用户以后一定要记得注销。另外，该命令在 Shell 脚本里很常用。

注意：如果某用户未注销就离开，会给其他人进入系统的机会，这样就给系统带来了安全隐患。

5. last 命令

语法如下：

```
last [选项] [账号名称...] [终端机编号...]
```

功能：列出目前与过去登录系统用户的相关信息(主要有登录时间和登录终端)。单独执行 last 命令，它会读取/var/log/wtmp 文件，并把该文件记录的登录系统的用户名单全部显示出来。last 命令各选项及其功能说明见表 3-8。

表 3-8 last 命令各选项及其功能说明

选项	功能
-a	把从何处登录系统的主机名称或 IP 地址显示在最后一行
-d	将 IP 地址转换成主机名称
-f	指定记录文件，而不是/var/log/wtmp
-n	设置显示的行数
-R	不显示登录系统的主机名称或 IP 地址

【实例 3-5】 使用 last 命令。

如图 3-10 所示，执行 last 命令，显示各用户的登录情况。请读者自行分析。

```
[root@localhost ~]# last
root     tty5                        Sun Apr 14 10:12   still logged in
root     tty4                        Sun Apr 14 10:12   still logged in
ztgg     tty8         tty8           Sun Apr 14 10:10   still logged in
ztguang  tty7         tty7           Sun Apr 14 10:08   still logged in
ztg      tty3         tty3           Fri Apr 12 19:53   still logged in
ztgg     tty4         tty4           Fri Apr 12 19:28 - 19:31  (00:03)
ztg      tty3         tty3           Fri Apr 12 18:21 - 19:51  (01:29)
root     :0           :0             Thu Apr 11 15:50   still logged in
```

图 3-10 使用 last 命令

6. lastlog 命令

语法如下：

```
lastlog [选项]
```

功能：lastlog 命令报告所有用户的最近登录情况，或者指定用户的最近登录情况。lastlog 命令用来显示上次登录的系统用户数。登录信息是从/var/log/lastlog 读取。列出用户最后登录的时间和登录终端的地址,如果此用户从来没有登录,则显示"**从未登录过**"。lastlog 命令各选项及其功能说明见表 3-9。

表 3-9 lastlog 命令各选项及其功能说明

选 项	功 能
-b, - -before DAYS	只显示早于 DAYS 的最近登录记录
-t, - -time DAYS	只显示新于 DAYS 的最近登录记录
-u username	只显示指定用户的最近登录记录

示例如下:

```
#lastlog -b 5          //显示 5 天前的登录信息
#lastlog -t 5          //显示 5 天后的登录信息
#lastlog -u ztg        //显示指定用户的登录信息
```

3.1.4 su 和 sudo 命令

1. su 命令

语法如下:

```
su [选项] [用户账号]
```

功能:su(substitude user)命令可用于在不注销的情况下切换到系统中的另一个用户。su 命令可以让一个普通用户拥有超级用户或其他用户的权限,也可以让超级用户以普通用户的身份做一些事情。若没有指定的使用者账号,则系统默认值为超级用户 root。普通用户使用这个命令时,必须有超级用户或其他用户的口令,超级用户 root 向普通用户切换不需要密码。如要要离开当前用户的身份,可以执行 exit 命令。

主要用途:如果以普通用户 ztguang 登录,此时需要执行 useradd 命令添加用户,但是 ztguang 用户没有这个权限,而 root 用户有这个权限。解决的办法有两个,一是退出 ztguang 用户,重新以 root 用户登录;二是用 su 命令来切换到 root 用户执行添加用户的任务,等任务完成后再退出 root 用户,返回 ztguang 用户。第 2 种办法较好。su 命令各选项及其功能说明见表 3-10。

表 3-10 su 命令各选项及其功能说明

选 项	功 能
-	"su - 用户名"命令可完全切换成另一个用户
-c,--commmand=COMMAND	执行一条命令,然后退出所切换到的用户环境
-f 或--fast	适用于 csh 与 tsch,使 Shell 不用去读取启动文件
-l 或--login	改变身份时,也同时变更工作目录,以及 HOME、SHELL、USER、LOGNAME。此外,也会变更 PATH 变量
-m, -p	变更身份时,保留环境变量不变
-s 或--shell=	指定要执行的 Shell

【实例 3-6】 使用 su 命令进行用户切换。

```
#su -ztguang          //变更为 ztguang 账号,改变为 ztguang 的用户环境
$su -c ls root        //变更为 root 账号,执行 ls 命令后再返回到原用户
$su -root             //和"$su -"命令的功能一样
```

su 命令的优缺点：只要把 root 用户的密码交给普通用户，普通用户就可以通过 su 命令切换到 root 用户，来完成相应的管理任务，但是这种方法存在安全隐患，比如系统有 6 个用户需要执行管理任务，就意味着要把 root 密码告诉这 6 个用户，这在一定程度上对系统安全构成了威胁(root 密码应该被极少数用户知道)，因此 su 命令在多人参与的系统管理中不是最好的选择，为了解决该问题，可以使用 sudo 命令。

注意：系统管理员的命令行提示符默认为"#"，普通用户的命令行提示符默认为"$"。

2. sudo 命令

语法如下：

```
sudo [-bhHpV] [-s ] [-u 用户] command
```

或

```
sudo [-klv]
```

功能：sudo 命令可让用户以其他身份来执行指定的命令，默认的身份为 root。在/etc/sudoers 中设置了可执行 sudo 命令的用户。若其未经授权的用户企图使用 sudo 命令，则会发出警告的邮件给管理员。用户使用 sudo 命令时，必须先输入密码，之后有 5min 的有效期限，超过期限则必须重新输入密码。sudo 可以提供日志，忠实地记录每个用户使用 sudo 命令做了些什么，并且能将日志传到中心主机或者日志服务器。

通过 sudo 命令，能把某些超级权限有针对性地下放，并且不需要普通用户知道 root 密码，所以 sudo 命令相对于权限无限制性的 su 命令来说还是比较安全的，所以 sudo 命令也被称为受限制的 su 命令。另外，sudo 命令是需要授权许可的，所以也被称为授权许可的 su 命令。

sudo 执行命令的流程：当前用户切换到 root(或其他指定切换到的用户)，然后以 root(或其他指定的切换到的用户)身份执行命令，完成后直接退回到当前用户。前提是要通过 sudo 的配置文件/etc/sudoers 进行授权。

sudo 命令各选项及其功能说明见表 3-11。

表 3-11 sudo 命令各选项及其功能说明

选 项	功 能
-b	在后台执行命令
-H	将 HOME 环境变量设为新身份的 HOME 环境变量
-k	结束密码的有效期限，下次再执行 sudo 命令时需要输入密码
-l	列出目前用户可执行与无法执行的命令。一般配置好/etc/sudoers 后，要用这个命令来查看和测试配置是否正确

续表

选　项	功　　能
-p	改变询问密码的提示符号
-s	执行指定的 Shell
-u 用户	以指定的用户作为新的身份。若不加上此参数,则默认以 root 作为新的身份
-v	显示用户的时间戳。如果用户运行 sudo 命令,输入用户密码后,在短时间内可以不用输入口令就可以直接进行 sudo 操作,用-v 可以跟踪最新的时间戳

【实例 3-7】 使用 sudo 命令为不同用户分配相应的权限。

第 1 步:认识 sudo 配置文件/etc/sudoers。

如图 3-11 所示,显示出 sudo 默认配置文件/etc/sudoers 中的部分内容。

```
# Host_Alias     FILESERVERS = fs1, fs2
# Host_Alias     MAILSERVERS = smtp, smtp2
# User_Alias ADMINS = jsmith, mikem
## Networking
Cmnd_Alias NETWORKING = /sbin/route, /sbin/ifconfig, /bin/ping, /sbin/iptables, /usr/bin/net
## Installation and management of software
Cmnd_Alias SOFTWARE = /bin/rpm, /usr/bin/up2date, /usr/bin/yum
## Services
Cmnd_Alias SERVICES = /sbin/service, /sbin/chkconfig
## Processes
Cmnd_Alias PROCESSES = /bin/nice, /bin/kill, /usr/bin/kill, /usr/bin/killall
## Allow root to run any commands anywhere
root    ALL=(ALL)       ALL
# %sys ALL = NETWORKING, SOFTWARE, SERVICES, STORAGE, DELEGATING, PROCESSES, LOCATE, DRIVERS
## Allows people in group wheel to run all commands
# %wheel        ALL=(ALL)       ALL
## Same thing without a password
# %wheel        ALL=(ALL)       NOPASSWD: ALL
## Allows members of the users group to mount and unmount the
## cdrom as root
# %users  ALL=/sbin/mount /mnt/cdrom, /sbin/umount /mnt/cdrom
## Allows members of the users group to shutdown this system
# %users  localhost=/sbin/shutdown -h now
```

图 3-11　sudo 配置文件/etc/sudoers

/etc/sudoers 文件中每行是一条规则,开头带"#"号的行是注释。如果规则很长,可以用"\"号来续行,这样可以用多行表示一条规则。前面加"%"号的是用户组中间不能有空格。规则有两类:别名规则和授权规则。别名规则不是必需的,而授权规则是必需的。

(1) 别名规则。别名规则的定义格式如下:

```
Alias_Type NAME =item1, item2, ...
```

或

```
Alias_Type NAME =item1, item2, item3 : NAME =item4, item5
```

各选项的作用说明如下:

Alias_Type 指别名类型，包括 Host_Alias、User_Alias、Runas_Alias 和 Cmnd_Alias 四种。

NAME 指别名。NMAE 的命名可以包含大写字母、下画线以及数字，但必须以一个大写字母开头，比如 ADMIN、SYS1 和 NETWORKING 都是合法的，而 sYS 和 6ADMIN 是非法的。

item 指成员。如果一个别名下有多个成员，那么成员之间通过“,”(半角)分隔。注意，成员必须是有效的，比如，用户名在/etc/passwd 文件中必须存在，主机名可以通过 w 或 hostname 命令查看，命令别名的成员(命令)必须在系统中存在。item 成员受别名类型的制约，定义什么类型的别名，就要有什么类型的成员相配。同一类型的别名一次可以定义多个，别名之间用“:”号分隔。

① Host_Alias。用于定义主机别名。

定义主机别名的方法示例如下：

```
Host_Alias HT1=localhost,ztg,192.168.0.0/24
```

以上命令表示主机别名是 HT1，“=”号右边是成员。

```
Host_Alias HT1=localhost,ztguang,192.168.10.0/24:HT2=ztg2,ztg3
```

以上命令定义了两个主机别名 HT1 和 HT2，别名之间用“:”号隔开。

注意：通过 Host_Alias 定义主机别名时，项目可以是主机名、IP 地址(或者网段)、网络掩码。设置主机别名时，如果某个项目是主机名，可以通过 hostname 命令来查看本地主机的主机名，通过 w 命令来查看登录主机的来源，进而知道客户机的主机名或 IP 地址。如果对于 Host_Alias 不很明白，可以不用设置主机别名，在定义授权规则时通过 ALL 选项来匹配所有可能出现的主机情况。

② User_Alias。用于定义用户别名。别名成员可以是用户或用户组(前面要加“%”号)。

```
User_Alias ADMIN=ztg,ztguang
```

以上命令定义用户别名 ADMIN，有两个成员 ztg 和 ztguang，这两个成员要在系统中确实存在。

```
User_Alias PROCESSES=ztg1
```

以上命令定义用户别名 PROCESSES，有一个成员 ztg1，这个成员要在系统中确实存在。

③ Runas_Alias。用于定义 runas 别名，这个别名是指 sudo 命令允许切换到的用户。

```
Runas_Alias RUN_AS =root
```

以上命令定义 runas 别名 RUN_AS，有一个成员 root。

④ Cmnd_Alias。用于定义命令的别名，这些命令必须是系统中存在的文件，要用绝对

路径,文件名可以用通配符表示。

```
Cmnd_Alias SERVICES =/sbin/service, /sbin/chkconfig
Cmnd_Alias PROCESSES =/bin/nice, /bin/kill, /usr/bin/kill, /usr/bin/killall
```

注意:命令别名下的成员必须是文件或目录的绝对路径。

(2) 授权规则。授权规则是分配权限的执行规则。前面所讲的别名规则的定义主要是为了方便授权规则中引用别名。如果系统中只有几个用户,那么可以不用定义别名,对系统用户直接进行授权,所以在授权规则中别名不是必需的。

授权规则的定义格式如下:

```
授权用户   主机=命令动作
```

或

```
授权用户 主机=[(切换到哪些用户或用户组)] [是否需要密码验证] 命令 1,[(切换到哪些用户或用户组)] [是否需要密码验证] [命令 2],[(切换到哪些用户或用户组)] [是否需要密码验证] [命令 3] …
```

其中,授权用户、主机和命令动作这三个要素缺一不可,但在动作之前也可以指定切换到的目的用户。在这里指定切换的用户要用小括号括起来,比如(ALL)、(ztg),如果不需要密码直接运行命令时,应该加“NOPASSWD.”参数。“[ ]”中的内容是可以省略的,命令之间用“,”号分隔。如果省略“[(切换到哪些用户或用户组)]”,那么默认为 root 用户;如果是 ALL,那么能切换到所有用户。

第 2 步:sudo 命令的配置。

编辑/etc/sudoers 文件,只有 root 用户才可以修改它。

执行#sudoedit /etc/sudoers 命令,在/etc/sudoers 文件最后添加的 6 条规则如图 3-12 所示。

```
1 User_Alias ADMIN=ztg1
2 Runas_Alias OP=root
3 Cmnd_Alias ADMCMD=/usr/sbin/userdel
4 ztg ALL=/usr/sbin/useradd,/usr/bin/passwd
5 ztguang ALL=(root) NOPASSWD: /usr/sbin/useradd,/usr/bin/passwd
6 ADMIN ALL=(OP) ADMCMD
```

图 3-12 添加 6 条规则

以上 6 条规则的作用说明如下。

第 1 行定义用户别名 ADMIN,有一个成员 ztg1。

第 2 行定义 Runas 用户,即目标用户的别名是 OP,有一个成员 root。

第 3 行定义命令/usr/sbin/userdel 的别名 ADMCMD。

第 4 行表示 ztg 可以在任何可能出现的主机名的系统中切换到 root 用户并执行/usr/sbin/useradd 和/usr/bin/passwd 命令,需要密码且成员之间用“,”号分隔。

第 5 行授权 ztguang 用户能够以 root 身份运行/usr/sbin/useradd 和/usr/bin/passwd 命令,不需要密码。

第 6 行授权 ADMIN 下所有成员能够以 OP 的身份运行 ADMCMD。

第 3 步：sudo 命令的客户端应用。

- sudo -l：列出当前用户可以执行的命令。只有在 sudoers 里的用户才能使用该选项。
- sudo -u 用户名 命令：以指定用户的身份执行命令。后面的用户是除 root 以外的，可以是用户名，也可以是 UID。
- sudo -k：清除存活期时间，下次再使用 sudo 命令时要重新输入密码。
- sudo -b 命令：在后台执行指定的命令。
- sudo -p 提示语 ＜操作选项＞：可以更改询问密码的提示语，其中%u 会替换为使用者的账号名称，%h 会显示主机名称。

如图 3-13 所示，用 ztg 账号(普通用户)登录系统，使用 useradd 命令添加用户 user1，需要输入 ztg 的密码。

```
[ztg@localhost ~]$ sudo /usr/sbin/useradd user1
Password:
[ztg@localhost ~]$ sudo /usr/bin/passwd user1
Changing password for user user1.
New UNIX password:
Retype new UNIX password:
passwd: all authentication tokens updated successfully.
[ztg@localhost ~]$ dir /home/
user1  ztg  ztg1  ztguang
[ztg@localhost ~]$ █
```

图 3-13　用 ztg 账号登录系统

如图 3-14 所示，用 ztguang 账号(普通用户)登录系统，使用 useradd 命令添加用户 user2，不需要输入 ztguang 的密码。但是，要使用 userdel 命令时，要求输入 ztguang 的密码。

```
[ztguang@localhost ~]$ sudo /usr/sbin/useradd user2
[ztguang@localhost ~]$ sudo /usr/bin/passwd user2
Changing password for user user2.
New UNIX password:
Retype new UNIX password:
passwd: all authentication tokens updated successfully.
[ztguang@localhost ~]$ sudo /usr/sbin/userdel user2
Password:
Sorry, user ztguang is not allowed to execute '/usr/sbin/userdel user2' as root
on localhost.localdomain.
[ztguang@localhost ~]$ dir /home/
user1  user2  ztg  ztg1  ztguang
[ztguang@localhost ~]$ █
```

图 3-14　用 ztguang 账号登录系统

如图 3-15 所示，用 ztg1 账号(普通用户)登录系统，使用 userdel 命令删除用户 user2，需要输入 ztg1 的密码。

如图 3-16 所示，三个用户 ztg1、ztguang 和 ztg 分别执行$ sudo -l 命令，查看自己通过 sudo 命令能够执行的命令。

在授权规则中，还有其他的用法，读者可以执行# man sudoers 命令了解。

```
[ztgl@localhost ~]$ dir /home/
user1  user2  ztg  ztgl  ztguang
[ztgl@localhost ~]$ sudo /usr/sbin/userdel -r user2

We trust you have received the usual lecture from the local System
Administrator. It usually boils down to these three things:

    #1) Respect the privacy of others.
    #2) Think before you type.
    #3) With great power comes great responsibility.

Password:
[ztgl@localhost ~]$ dir /home/
user1  ztg  ztgl  ztguang
[ztgl@localhost ~]$ ▌
```

图 3-15　用 ztgl 账号登录系统

```
[ztg@localhost ~]$ sudo -l
Password:
User ztg may run the following commands on this host:
    (root) /usr/sbin/useradd
    (root) /usr/bin/passwd
[ztg@localhost ~]$ su - ztguang
口令:
[ztguang@localhost ~]$ sudo -l
User ztguang may run the following commands on this host:
    (root) NOPASSWD: /usr/sbin/useradd
    (root) NOPASSWD: /usr/bin/passwd
[ztguang@localhost ~]$ su - ztgl
口令:
[ztgl@localhost ~]$ sudo -l
Password:
User ztgl may run the following commands on this host:
    (root) /usr/sbin/userdel
[ztgl@localhost ~]$ ▌
```

图 3-16　执行 $ sudo -l 命令

3.2　进程管理

进程是程序在一个数据集合上的一次具体执行过程。每一个进程都有一个独立的进程号(Process ID,PID),系统通过进程号来调度操控进程。

Linux 操作系统的原始进程是 init。init 的 PID 总是 1。一个进程可以产生另一个进程。除了 init 以外,所有的进程都有父进程。Linux 是一个多用户、多任务的操作系统,可以同时高效地执行多个进程。为了更好地协调这些进程的执行,需要对进程进行相应的管理。下面介绍几个用于进程管理的命令及其使用方法。

3.2.1　监视进程:ps、pstree、top

1. ps 命令

语法如下:

```
ps [选项]
```

功能：ps 命令显示系统中进程的信息，包括进程 ID、控制进程终端、执行时间和命令。根据选项不同，可列出所有或部分进程。无选项时只列出从当前终端上启动的进程或当前用户的进程。ps 命令各选项及其功能说明见表 3-12。

表 3-12　ps 命令各选项及其功能说明

选　项	功　能
a	显示包括终端的进程
u	显示进程所有者的信息
x	显示所有包括了不连接终端的进程(如守护进程)
p	显示指定进程 ID 的信息
-a	显示当前终端下执行的进程
-u	此参数的效果和指定-U 参数相同
-U	列出属于该用户的进程的状况，也可使用用户名称来指定
-e	显示所有进程
-f	显示进程的父进程
-l	以长列表的方式显示信息
-o format	显示指定字段的信息，其中 format 是空格或逗号分隔的字段列表。示例如下： ps -o "pid comm %cpu %mem state tty" ps -o pid,comm,%cpu,%mem,state,tty

注意：ps 命令列出的是当前相关进程的快照，就是执行 ps 命令时刻的那些在运行的进程，如果想要动态地显示进程信息，就可以使用 top 命令。

要对进程进行监测和控制，首先必须了解当前进程的情况。使用 ps 命令可以确定有哪些进程正在运行和运行的状态，进程是否结束，进程有没有僵死，哪些进程占用了过多的资源等。Linux 上的进程有 5 种状态。

(1) 运行(正在运行或在就绪队列中等待)。

(2) 中断(休眠中，在等待某个条件的发生或接收某个信号)。

(3) 不可中断(收到信号不唤醒和不可运行，进程必须等待，直到有中断发生)。

(4) 僵死(进程已终止，但 PCB 仍存在，直到父进程用 wait4()函数进行系统调用并将其释放)。

(5) 停止(进程收到 SIGSTOP、SIGSTP、SIGTIN、SIGTOU 信号后停止运行)。

【实例 3-8】 使用 ps 命令。

使用 ps 命令的过程如图 3-17 所示。步骤如下。

第 1 步：执行带选项 a 的 ps 命令。

第 2 步：执行带选项-a 的 ps 命令。

第 3 步：先执行带选项 aux 的 ps 命令，然后通过管道将 ps 命令的输出作为 grep 命令的输入。

```
[root@localhost ~]# ps a
  PID TTY      STAT   TIME COMMAND
  683 tty1     Rs+    4:42 /usr/bin/Xorg :0 -background none -verbose -auth /run/gdm/auth-for-
11920 pts/0    Ss     0:00 /bin/bash
11960 pts/0    Sl     0:00 /usr/local/share/applications/opt/libreoffice4.2/program/oosplash -
11976 pts/0    Sl     3:15 /usr/local/share/applications/opt/libreoffice4.2/program/soffice.bi
13570 pts/1    Ss     0:01 bash
30003 pts/0    S+     0:00 man ps
30014 pts/0    S+     0:00 less -s
30072 tty2     Ss+    0:00 /sbin/agetty --noclear tty2
30075 tty3     Ss+    0:00 /sbin/agetty --noclear tty3
30129 pts/1    R+     0:00 ps a
[root@localhost ~]# ps -a
  PID TTY          TIME CMD
11960 pts/0    00:00:00 oosplash
11976 pts/0    00:03:15 soffice.bin
30003 pts/0    00:00:00 man
30014 pts/0    00:00:00 less
30133 pts/1    00:00:00 ps
[root@localhost ~]# ps aux| grep bash
root       624  0.0  0.0 115216   908 ?        S    15:16   0:00 /bin/bash /usr/sbin/ksmtuned
root      8546  0.0  0.0  53320   568 ?        Ss   15:17   0:00 /usr/bin/ssh-agent /bin/sh -c
 exec -l /bin/bash -c "env GNOME_SHELL_SESSION_MODE=classic gnome-session --session gnome-clas
sic"
root     11920  0.0  0.1 116772  3364 pts/0    Ss   15:19   0:00 /bin/bash
root     13570  0.0  0.1 116860  3400 pts/1    Ss   15:37   0:01 bash
root     30138  0.0  0.0 112660   948 pts/1    S+   18:06   0:00 grep --color=auto bash
[root@localhost ~]# ps aux
USER       PID %CPU %MEM    VSZ   RSS TTY      STAT START   TIME COMMAND
root         1  0.0  0.3  53816  7160 ?        Ss   15:16   0:05 /usr/lib/systemd/systemd --sw
root         2  0.0  0.0      0     0 ?        S    15:16   0:00 [kthreadd]
```

图 3-17　使用 ps 命令

#ps aux 命令的输出格式如下：

```
USER PID %CPU %MEM VSZ RSS TTY STAT START TIME COMMAND
```

以上各选项的功能见表 3-13。

表 3-13　#ps aux 命令的输出格式中各选项的功能

选　项	功　能	选　项	功　能
USER	进程拥有者	STAT	可表示的进程的状态如下。 D：不可中断的静止状态 R：正在执行中 S：静止状态 T：暂停执行 Z：僵尸状态 W：没有足够的内存分页可分配 <：高优先级的进程 N：低优先级的进程 L：有内存分页分配并锁在内存中
PID	pid		
%CPU	CPU 使用率		
%MEM	内存使用率		
VSZ	占用的虚拟内存大小		
RSS	占用的内存大小		
TTY	终端的次设备号		
STAT	提示：见右侧的说明		
START	进程开始的时间		
TIME	执行的时间		
COMMAND	所执行的命令		

ps 命令的其他示例如下：

```
#ps -A                          //显示所有的进程信息
#ps -u root                     //显示指定的用户信息
#ps -ef                         //显示所有的进程信息,连同命令行
#ps -ef|grep ssh                //ps 命令与 grep 命令常组合使用,可查找特定进程
#ps -l                          //将目前属于你自己这次登录系统时的 PID 与相关信息列出来
#ps aux                         //列出目前所有的正在内存当中的程序
#ps -axjf                       //以类似程序树的形式显示程序
#ps aux | egrep '(cron|syslog)'        //找出与 cron 与 syslog 这两个服务有关的 PID
#ps -o pid,ppid,pgrp,session,tpgid,comm      //输出指定的字段
#ps -eo pid,stat,pri,uid -sort uid          //当前系统进程的 pid、stat、pri、uid,
                                              以 uid 排序
#ps -eo user,pid,stat,rss,args -sort rss     //当前系统进程的 user、pid、stat、
                                              rss、args,以 rss 排序
```

2. pstree 命令

语法如下:

```
pstree [选项]
```

功能:以树状方式表现进程的父子关系。用 ASCII 字符显示树状结构,可以清楚地表达进程间的相互关系。如果不指定进程识别码或用户名称,则会把系统启动时的第一个进程(init)视为根,并显示之后的所有进程。若指定用户名称,会把隶属该用户的第一个进程当作根,然后显示该用户的所有进程。pstree 命令各选项及其功能说明见表 3-14。

表 3-14 pstree 命令各选项及其功能说明

选项	功能
-a	显示每个进程的完整命令,包含路径、参数或是常驻服务的标识
-c	不使用精简标识法
-h	列出树状图时,特别标明现在执行的进程
-H	此参数的效果和指定-h 参数类似,但特别标明指定的进程
-l	采用长列格式显示树状图
-n	按进程识别码排序。默认是按进程名称来排序
-p	显示进程号
-u	显示用户名称
-U	使用 UTF-8 列绘制字符

【实例 3-9】 使用 pstree 命令。

如图 3-18 所示,执行带-cp 选项的 pstree 命令,查看 PID 是 2714 的进程及其子进程。

3. top 命令

语法如下:

```
top [选项]
```

功能:top 命令提供当前系统中进程的动态视图,显示正在执行进程的相关信息,包括进程 ID、内存占用率、CPU 占用率等。top 命令提供了对系统处理器实时的状态监视,显示

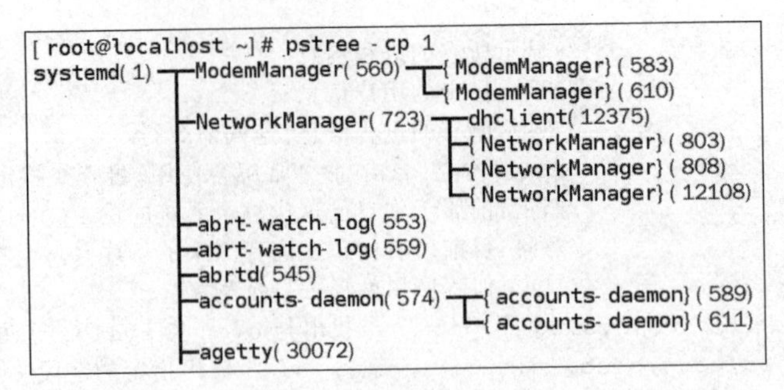

图 3-18　使用 pstree 命令

系统中活跃的进程列表,可以按 CPU、内存以及进程的执行时间对进程进行排序,通常会全屏显示,而且会随着进程状态的变化而不断更新。可以通过按键来不断刷新当前状态。如果在前台执行该命令,它将独占前台,直到用户终止该程序为止。另外,可以通过交互式的命令进行相应的操作。top 命令各选项及其功能说明见表 3-15。

表 3-15　top 命令各选项及其功能说明

选项	功　能
-b	批处理
-c	显示整个命令行而不只是显示命令名
-d	指定每两次屏幕信息刷新之间的时间间隔。用户可以使用 s 交互命令来改变时间间隔
-i	使 top 命令不显示任何闲置或者僵死进程
-p	通过指定监控进程 ID 来仅仅监控某个进程的状态
-q	该选项将使 top 命令没有任何延迟地进行刷新。如果调用程序有超级用户权限,那么 top 命令将以尽可能高的优先级运行
-s	使 top 命令在安全模式中运行,这将去除交互命令所带来的潜在危险
-S	指定累计模式

注意:top 命令是 Linux 下常用的系统性能分析工具,能实时显示系统中各进程的资源占用情况,类似于 Windows 的任务管理器。

【实例 3-10】　使用 top 命令。

第 1 步:在终端窗口执行 top 命令。

执行 top 命令的效果如图 3-19 所示。

```
top - 10:38:45 up 2 days, 18:51,  1 user,  load average: 0.54, 0.70, 0.85
Tasks: 233 total,   2 running, 231 sleeping,   0 stopped,   0 zombie
%Cpu(s):  0.5 us,  4.8 sy,  0.6 ni, 92.2 id,  0.7 wa,  0.7 hi,  0.6 si,  0.0 st
MiB Mem :  11925.4 total,   3556.8 free,   5414.5 used,   2954.1 buff/cache
MiB Swap:   1960.0 total,   1946.5 free,     13.5 used.   5837.9 avail Mem

  PID USER      PR  NI    VIRT    RES    SHR S  %CPU  %MEM     TIME+ COMMAND
 7697 root      20   0 6032540   3.3g   3.2g S  24.6  28.5 910:38.87 VirtualBoxVM
 7846 root      20   0 3138384 851668 310408 S   1.0   7.0 470:36.24 wps
15841 root      20   0  228884   5056   4196 R   0.7   0.0   0:00.25 top
  838 root      20   0   80012   3164   2880 S   0.3   0.0   0:11.59 irqbalance
 6500 root      20   0 1133524 214144  98944 S   0.3   1.8  26:11.33 Xorg
 6801 root      20   0 3573548 500164 151204 S   0.3   4.1  24:18.63 gnome-shell
 7601 root      20   0  326156  12312   9984 S   0.3   0.1   3:25.95 VBoxXPCOMIPCD
 7610 root      20   0 1087672  32816  18068 S   0.3   0.3   9:26.60 VBoxSVC
 7855 root      20   0  790960  57752  39032 S   0.3   0.5   0:53.09 gnome-terminal-
```

图 3-19　执行 top 命令

前5行是统计信息区，显示了系统整体的统计信息。

第1行：显示任务队列信息，类似 uptime 命令的执行结果，具体信息说明见表 3-16。

表 3-16 第1行的任务队列信息

信息	说明
10:38:45	当前的时间
up 2 days, 18:51	系统运行的时间
1 user	当前登录的用户数
load average: 0.54, 0.70, 0.85	系统负载，即任务队列的平均长度，三个数值分别为 1min、5min、15min 前到现在的平均值。load average 数据是每隔 5s 检查一次活跃的进程数，然后按特定算法计算出的数值。如果这个数除以逻辑 CPU 的数量后的结果高于 5，就表明系统在超负荷运转了

第2行：显示任务（进程）统计信息，具体信息说明见表 3-17。

表 3-17 第2行的任务（进程）统计信息

信息	说明	信息	说明
Tasks: 233 total	进程总数	0 stopped	停止的进程数
2 running	正在运行的进程数	0 zombie	僵尸进程数
231 sleeping	睡眠的进程数		

第3行：显示 CPU 状态信息，具体信息说明见表 3-18。

第4行：显示内存的状态，具体信息说明见表 3-19。

第5行：显示交换分区信息，具体信息说明见表 3-19。

第6行：显示空行。

第7行以下：对各进程（任务）的状态进行监控，项目列（包括图 3-19 中已列出和未列出的列）具体信息说明见表 3-20。

表 3-18 第3行的 CPU 状态信息

信息	说明	信息	说明
0.5 us	用户空间占用 CPU 的百分比	0.7 hi	硬中断（Hardware IRQ）占用 CPU 的百分比
4.8 sy	内核空间占用 CPU 的百分比	0.6 si	软中断（Software Interrupts）占用 CPU 的百分比
0.6 ni	用户进程空间内改变过优先级的进程占用 CPU 的百分比	0.0 st	steal time（虚拟服务占用的 CPU 的时间百分比），是 Xen Hypervisor 分配给运行在其他虚拟机上的任务的实际 CPU 时间。对一般的应用机器来讲都会一直是 0
92.2 id	空闲 CPU 的百分比		
0.7 wa	等待 I/O 的 CPU 的时间百分比		

表 3-19 第4、5行的内存、交换分区信息

内存信息	说明	swap 信息	说明
11925.4 total	物理内存总量	1960.0 total	交换区总量
3556.8 free	空闲内存总量	1946.5 free	空闲交换区总量
5414.5 used	使用的物理内存总量	13.5 used	使用的交换区总量
2954.1 buff/cache	用作内核缓存的内存量	5837.9 avail Mem	缓冲的交换区总量

表 3-20　第 7 行的进程详细信息

是否已列出	列	含　义
已列出	PID	进程 ID
	USER	进程所有者
	PR	进程优先级
	NI	nice 值,负值表示高优先级,正值表示低优先级
	VIRT	进程使用的虚拟内存总量,默认单位是 KB。VIRT＝SWAP＋RES
	RES	进程使用的、未被换出的物理内存大小,默认单位是 KB。RES＝CODE＋DATA
	SHR	共享内存大小,默认单位是 KB
	S	进程状态,D 表示不可中断的睡眠状态,R 表示运行,S 表示睡眠,T 表示跟踪/停止,Z 表示僵尸进程
	%CPU	上次更新到现在的 CPU 时间占用百分比
	%MEM	进程使用的物理内存百分比
	TIME＋	进程使用的 CPU 时间总计,单位为 1/100s
	COMMAND	进程名称(命令名/命令行)
未列出	PPID	父进程 ID
	UID	进程所有者的用户 ID
	GROUP	进程所有者的组名
	TTY	启动进程的终端名(tty 或 pts)。不是从终端启动的进程则显示为问号(?)
	P	最后使用的 CPU,仅在多 CPU 环境下有意义
未列出	TIME	进程使用的 CPU 时间总计,单位是 s
	SWAP	进程使用的虚拟内存中被换出数据的大小,默认单位是 KB
	CODE	可执行代码占用的物理内存大小,默认单位是 KB
	DATA	可执行代码以外的部分(数据段＋栈)占用的物理内存大小,默认单位是 KB
	*n*FLT	页面错误的次数
	*n*DRT	最后一次写入现在被修改过的内存页面数
	WCHAN	若该进程在睡眠,则显示睡眠中的系统函数名
	Flags	任务标志

第 2 步:学习 top 的交互命令。

在 top 命令执行过程中可以使用的一些交互命令及其功能说明见表 3-21。

表 3-21　top 的交互命令及其功能说明

命　令	功　能
c	切换显示命令名称和完整命令行
Ctrl＋L	擦除并且重写屏幕
f 或 F	从当前显示中添加或者删除列
h 或?	显示帮助信息
i	忽略闲置和僵死的进程

续表

命令	功能
k	终止一个进程,系统将提示用户输入需要终止的PID,以及需要发送给该进程的信号。一般终止进程可使用信号15。如果不能正常结束,就使用信号9强制结束该进程,默认值是信号15
l	切换显示平均负载和启动时间信息
m	切换显示内存信息
M	根据驻留内存的大小进行排序
o或O	改变显示列的顺序
P	根据CPU使用百分比的大小进行排序
q	退出程序
r	重新安排一个进程的优先级。系统提示用户输入需要改变的PID,以及需要设置的进程优先级值。输入一个正值将使优先级降低;反之,则可以使该进程拥有更高的优先权,默认值是10
s	改变两次刷新之间的延迟时间。系统将提示用户输入新的时间,单位为s。如果有小数,就换算成ms。输入0值则系统将不断刷新,默认值是5s
S	切换到累计模式
t	切换显示进程和CPU的状态信息
T	根据时间/累计时间进行排序
W	将当前设置写入~/.toprc文件中,这是写top配置文件的推荐方法

top命令的应用示例如下:

```
#top -c            //显示完整的命令
#top -b            //以批处理模式显示程序信息
#top -S            //以累积模式显示程序信息
#top -n 2          //设置信息更新的次数,表示更新两次后终止更新显示
#top -d 3          //设置信息更新的时间,表示更新周期为3s
#top -p 574        //显示指定的进程信息
```

3.2.2 搜索进程:pgrep、pidof、ps|grep

1. pgrep命令

语法如下:

```
pgrep [options] pattern
```

功能:通过程序的名字或其他属性查找进程,一般是用来判断程序是否正在运行。在服务器的配置和管理中这个工具常被应用,用法简单明了。pgrep程序检查系统中活动的进程,报告进程属性,匹配命令行上指定条件的进程ID。每一个进程ID以一个十进制数表示,通过一个分割字符串和下一个ID分开,默认的分割字符串是一个新行。对于每个属性选项,用户可以在命令行上指定一个以逗号分隔的可能值的集合。pgrep命令选项的具体含义可使用man命令查询。pgrep命令的应用示例如下:

```
#pgrep -lo httpd
#pgrep -ln httpd
#pgrep -l httpd
#pgrep -G other,daemon                    //匹配真实组 ID 是 other 或者是 daemon 的进程
#pgrep -G other,daemon -U root,daemon
                                          //多个条件被指派,这些条件按逻辑与规则运算
#pgrep -u root                            //显示指定用户进程
#pgrep -v -P 1                            //列出父进程不为 1(init 进程)的进程
#pgrep -P 1                               //列出父进程为 1(init 进程)的所有进程
#pgrep at                                 //列出 at 字符串相关的程序
```

2. pidof 命令

语法如下：

```
pidof [-s] [-x] [-o omitpid] [-o omitpid..] program [program..]
```

功能：根据确切的程序名称,找出一个正在运行的程序的 PID。

相关命令选项及其功能说明如下。

-s：只返回 1 个 pid。

-x：同时返回运行给定程序的 Shell 的 pid。

-o：告诉 pidof 命令表示忽略后面给定的 pid,可以使用多个-o。可以用%PPID 表示忽略 pidof 程序的父进程的 PID,也就是调用 pidof 的 Shell 或者脚本的 pid。

pidof 命令的应用示例如下：

```
#pidof bash
```

3. ps|grep 命令

功能：通过管道来搜索。

ps|grep 命令的应用示例如下：

```
#ps aux | grep ×××
```

3.2.3 终止进程：kill、killall、pkill、xkill

1. kill 命令

语法如下：

```
kill [信号代码] PID
```

功能：kill 命令用来终止一个进程。向指定的进程发送信号,是 Linux 下进程管理的常用命令。通常,终止一个前台进程可以使用 Ctrl+C 组合键,但是,对于一个后台进程就须用 kill 命令来终止,要先使用 ps/pidof/pstree/top 等工具获取进程 PID,然后使用 kill 命令来杀掉该该进程。kill 命令是通过向进程发送指定的信号来结束相应进程的。默认信号为 SIGTERM(15),可终止指定的进程。如果仍无法终止该进程,可以使用 SIGKILL(9)信号

强制终止该进程。kill 命令的各信号代码及其功能说明见表 3-22。

kill 命令通常和 ps 或 pgrep 命令结合在一起使用。用# man 7 signal 命令可以显示信号的详细列表。

表 3-22 kill 命令的各选项/信号代码及其功能说明

选项/信号代码	功 能
-0	给所有在当前进程组中的进程发送信号
-1	给所有进程号大于 1 的进程发送信号
-9	强行终止进程
-15(默认)	终止进程
-17	将进程挂起
-19	将挂起的进程激活
-a	终止所有进程
-l	kill -l [signal]表示指定信号的名称列表。若不加选项，则-l 参数会列出全部信号名称
-p 进程名字	打印进程名字对应的 PID，不向该进程发送任何信号。示例：/usr/bin/kill -p systemd。注意，执行 kill -p systemd 命令会提示出错，因为在 Shell 里面调用 kill，默认调用的是 Shell 的内置函数 kill，内置函数不包含-p 选项
-s	指明发送给进程的信号，例如-9(强行终止)，默认发送 TERM 信号
-u	指定用户

【实例 3-11】 使用 kill 命令。

第 1 步：在一个终端窗口中执行命令# find / -name asdfg，从根目录开始查找一个文件名是 asdfg 的文件。注意，这是一条费时很多的命令。

第 2 步：在另一个终端窗口中先执行命令# ps aux | grep find，如果第 1 步 find 命令对应的 PID 是×××，则执行# kill ×××命令，终止 find 命令的执行。再执行# ps aux | grep find 命令观看结果。另外，可以执行# ps aux | grep find | grep -v grep 命令看看结果有何不同。

kill 命令的其他示例如下：

```
#kill -l                                   //列出所有信号名称
#kill -l KILL                              //得到指定信号的数值
#kill -l SIGKILL                           //得到指定信号的数值
#kill -l TERM                              //得到指定信号的数值
#kill -l SIGTERM                           //得到指定信号的数值
#kill -9 $(ps -ef | grep ztguang)          //杀死指定用户的所有进程，过滤出 ztguang 用
                                             户进程并杀死
#kill -u ztguang                           //杀死指定用户的所有进程
```

注意：systemd 进程是一个由内核启动的用户级进程。内核自行启动(被载入内存，开始运行，初始化所有的设备驱动程序和数据结构等)之后，通过启动一个用户级进程 systemd 的方式完成引导过程。所以 systemd 进程是第一个进程(其 PID 为 1)。其他所有进程都是 systemd 进程的子孙。systemd 进程是不能被 kill 命令杀死的。

2. killall 命令

语法如下：

```
killall [-signal] <进程名>
```

功能：killall 命令用于杀死指定名字的进程。可以使用 kill 命令杀死指定进程 PID 的进程。之前使用 ps 等命令并配合 grep 命令来查找进程，而目前用 killall 命令可达到相同的目的。

示例如下：

```
#killall httpd          //杀死所有同名进程
#killall -TERM httpd    //向进程发送指定信号
#killall -9 bash        //把所有的登录后的 Shell 给杀掉,需要重新建立连接并登录系统
```

3. pkill 命令

语法如下：

```
pkill [options] pattern
```

功能：pkill 命令通过进程名称或进程的其他属性来直接杀死所有进程。

示例如下：

```
#pkill httpd
```

4. xkill 命令

xkill 是在桌面环境下用来杀死进程的命令。当 xkill 命令运行时会显示"黑叉"图标，比如当 firefox 出现崩溃而不能退出时，在 firefox 窗口单击"黑叉"图标就能杀死 firefox 进程。如果想终止 xkill 命令，右击即可。

示例如下：

```
#xkill
```

3.2.4 进程的优先级：nice、renice

1. nice 命令

语法如下：

```
nice [-n ADJUST] [--adjustment= ADJUST] [--help] [--version] [command [arg...]]
```

功能：进程的优先级用 nice 值来表示。nice 命令可以调整程序运行的优先级，让使用者在执进程序时指定一个优先级，称为 nice 值(ADJUST)，范围从－20(最高优先级)～19(最低优先级)共 40 个等级，数值越小优先级越高，数值越大优先级越低，ADJUST 默认值是 10。只有 root 用户有权使用负值。一般使用者只能往低优先级调整。如果 nice 命令没加上 command 参数，那么会显示目前的执行等级。如果调整后的程序运行优先级高于－20，那么就以优先级－20 来运行命令。如果调整后的程序运行优先级低于 19，那么就以

优先级 19 来运行命令。如果 nice 命令没有指定优先级的调整值,那么就以默认值 10 来调整程序运行的优先级,即在当前程序运行优先级基础之上增加 10。

选项 -n ADJUST 或 --adjustment=ADJUST 的功能是在原优先级基础上增加 ADJUST。

【实例 3-12】 使用 nice 命令。

第 1 步:执行一条到多条 nice 命令。

执行命令的效果如图 3-20 所示。

```
[root@localhost ~]# nice
0
[root@localhost ~]# nice nice
10
[root@localhost ~]# nice nice nice
19
[root@localhost ~]# nice nice nice nice
19
[root@localhost ~]# █
```

图 3-20 执行#nice nice nice 命令

执行#nice 命令显示出当前程序运行的优先级是 0。

执行#nice nice 命令,第 1 条 nice 命令以默认值(10)来调整第 2 条 nice 命令(优先级是 0)运行的优先级,得到程序新的运行优先级是 10;然后以优先级 10 来运行第 2 条 nice 命令。

执行#nice nice nice 命令,第 1 条 nice 命令以默认值(10)来调整第 2 条 nice 命令(优先级是 0)运行的优先级,得到程序新的运行优先级是 10;然后以优先级 10 来运行第 2 条 nice 命令。第 2 条 nice 命令又以默认值(10)来调整第 3 条 nice 命令(优先级是 10)运行的优先级,得到程序新的运行优先级是 20,可是 20 大于最低优先级 19,所以第 3 条 nice 命令新的运行优先级是 19。

第 2 步:执行#nice -n 命令。

执行命令的效果如图 3-21 所示,请读者自行分析。

```
[root@localhost ~]# nice -n 20 nice
19
[root@localhost ~]# nice --adjustment 25 nice
19
[root@localhost ~]# nice -n -5 nice
-5
[root@localhost ~]# nice --adjustment 18 -5 -n 6 nice
6
[root@localhost ~]# ▯
```

图 3-21 执行#nice -n 命令

第 3 步:普通用户使用 nice 命令。

执行命令的效果如图 3-22 所示。

2. renice 命令

语法如下:

```
[root@localhost /]# nice -n 5 ls
bin   dev  home  lost+found  misc  net  proc  sbin     srv  tmp  var
boot  etc  lib   media       mnt   opt  root  selinux  sys  usr
[root@localhost /]# su ztg
[ztg@localhost /]$ nice -n 2 ls
bin   dev  home  lost+found  misc  net  proc  sbin     srv  tmp  var
boot  etc  lib   media       mnt   opt  root  selinux  sys  usr
[ztg@localhost /]$ nice -n -2 ls
nice: cannot set niceness: 权限不够
[ztg@localhost /]$ ▌
```

图 3-22　权限不够的普通用户使用 nice 命令

```
renice priority [ [ -p ] pids ] [ [ -g ] pgrps ] [ [ -u ] users ]
```

功能：renice 命令允许用户修改一个正在运行的进程的优先级。

示例如下：将进程 PID 为 456 及 123 的进程与进程拥有者为 ztg 及 root 的优先级分别加 1。

```
#renice +1 456 -u ztg root -p 123
```

3.2.5　前台进程与后台进程：command &、Ctrl+Z、jobs、fg、bg

1. 前台进程和后台进程

默认情况下，一条命令执行后，此命令将独占 Shell，并拒绝其他输入，称为前台进程。反之，则称为后台进程。

对于每一个终端，都允许有多个后台进程存在。

对前台进程/后台进程的控制与调度，称为任务控制。

2. 将一个前台进程放入后台

```
① #command &        //将一个进程直接放入后台
② Ctrl +Z           //将一个正在运行的前台进程暂时停止，并放入后台
```

3. 控制后台进程

示例如下：

```
#jobs                        //列出系统作业号和名称
#fg [%作业号]                 //前台恢复运行
#bg [%作业号]                 //后台恢复运行
#kill [%作业号]               //给对应的作业发送终止信号
```

3.2.6　周期性/定时执行任务：crontab、at、batch、watch

有时希望系统能够周期性执行或者在指定时间执行一些程序，此时可以使用 crontab 和 at 命令。crontab 命令可以周期性执行一些程序，at 命令可以在指定时间执行一些程序。

1. crontab 命令(周期性执行)

cron 计划任务通过 crontab 命令管理，通过 crond 服务执行。当成功安装 RHEL 后，默

认会安装并自动启动crond服务。crond服务是RHEL中用来周期性地执行某种任务或等待处理某些事件的一个守护进程，且修改任务或控制文件后不必重启。crond服务每分钟会定期检查是否有要执行的任务。

RHEL中有两类任务调度：系统任务调度和用户任务调度。①系统任务调度。系统周期性地要执行的任务，系统任务调度的配置文件是/etc/crontab；②用户任务调度。用户周期性地要执行的任务，通过crontab命令设置，所有用户任务调度的配置文件，即用户定义的crontab文件（文件名与用户名一致）都保存在/var/spool/cron目录中。用户任务调度是指用户定期要执行的工作，比如，用户数据备份、定时邮件提醒等。crontab命令的语法及其功能说明如下。

语法如下：

```
crontab [crontabfile] [-u user] {-l|-r|-e}
```

功能：crontab命令是用来让使用者在固定时间执行指定的程序，[-u user]是指定某个用户（比如root），前提是必须有该用户的权限（比如root）。如果不使用[-u user]就表示设置自己的crontab。crontab命令各选项及其功能说明见表3-23。

表3-23 crontab命令各选项及其功能说明

选 项	功 能
crontabfile	用指定的文件crontabfile替代目前的crontab
-u user	用来指定某个用户的crontab任务。如果省略，默认是当前用户
-l	列出某个用户的crontab
-r	删除某个用户的crontab
-e	编辑某个用户的crontab

【实例3-13】 使用crontab命令。

问题描述：某单位防火墙的要求是，周一到周五8:00—12:00及14:30—17:30对工作人员的上网进行限制，其他时间不受限制。对此，使用了两个防火墙规则文件iptables_work.sh和iptables_rest.sh。上班时间执行iptables_work.sh中的规则，其他时间执行iptables_rest.sh中的规则。为了使防火墙自动切换这两套防火墙规则，使用了crond服务。

第1步：启动crond服务。

crond服务是Linux操作系统中的定时执行工具，可以自动运行程序。手动启动crond服务的相关命令如下：

```
[root@localhost ~]#systemctl status crond.service     //查看crond服务的状态
● crond.service -Command Scheduler
    Loaded: loaded (/usr/lib/systemd/system/crond.service; enabled; vendor
preset: enabled)
   Active: active (running) since Thu 2018-06-16 17:08:50 CST; 1 weeks 0
days ago
  Main PID: 965 (crond)
    Tasks: 1 (limit: 4915)
   Memory: 8.7M
```

```
   CGroup: /system.slice/crond.service
           └─965 /usr/sbin/crond -n

[root@localhost ~]#systemctl stop crond.service       //关闭 crond 服务
[root@localhost ~]#systemctl start crond.service      //启动 crond 服务
[root@localhost ~]#systemctl restart crond.service    //重启 crond 服务
```

注意：老式的命令为# service crond start/stop/restart，实际上由/bin/systemctl 具体执行。

第 2 步：编辑 iptables.cron 文件。

编辑 iptables.cron 文件，其内容如图 3-23 所示。

```
# service crond start
# crontab /root/Desktop/iptables.cron
#minute hour day-of-month month-of-year day-of-week commands

00 8 * * 1,2,3,4,5 service iptables restart;sh /root/iptables_work.sh
30 14 * * 1,2,3,4,5 service iptables restart;sh /root/iptables_work.sh
00 12 * * 1,2,3,4,5 service iptables restart;sh /root/iptables_rest.sh
30 17,19,21,23 * * 1,2,3,4,5 service iptables restart;sh /root/iptables_rest.sh
20 8,11,14,17,20,23 * * 0,6 service iptables restart;sh /root/iptables_rest.sh
```

图 3-23 iptables.cron 文件

在图 3-23 中，后 5 行要求 crond 服务在不同时间执行对应的命令，每一行都有 6 个字段的内容，前 5 个字段指时间，第 6 个字段指要执行的命令。比如，"00 8 * * 1,2,3,4,5 service iptables restart;sh /root/iptables_work.sh"这一行，各字段及其含义见表 3-24。另外 4 行请读者自行分析。

表 3-24 选定行中的各字段及其含义

字 段	含 义
00	minute(0～59)
8	hour(0～23)
*	day-of-month(1～31)
*	month-of-year(1～12)
1,2,3,4,5	day-of-week(0～6)，0 代表星期日
service iptables restart;sh /root/iptables_work.sh	要执行由分号隔开的两条命令

前 5 个字段中，除了数字外还可以使用几个特殊的符号：即"*""/""-"和","，"*"代表所有取值范围内的数字；"/"代表每的意思，如果第一个字段是"*/10"，那么表示每 10min；"-"代表从某个数字到另一个数字，如果第 3 个字段是"5-10"，那么表示一个月的 5—10 日；","用于分隔几个离散的数字，第 4 个字段是"1,2,3,4,5"，那么表示周一到周五，此时也可以写成"1-5"。

第 3 步：创建 crontab。

可以执行#crontab crontabfile 或#crontab -e 命令来创建 crontab，每次创建完某个用户的 crontab 后，cron 服务会自动在/var/spool/cron 目录下生成一个与该用户同名的文件，该用户的 cron 服务信息都记录在这个文件中，不过这个文件不可以直接编辑，只能用# crontab -e 命令来编辑。cron 服务启动后每分钟读一次该文件，检查是否有需要执行的命令，所以修改该文件后不需要重新启动 cron 服务。

如图 3-24 所示，第 1 条命令用来查看 root 用户（默认）的 crontab，此时没有 crontab；第 2 条命令用第 2 步的 iptables. cron 文件创建 crontab（存储在/var/spool/cron/root 中）；第 3 条命令再次查看 root 用户（默认）的 crontab，表明 root 用户（默认）的 crontab 创建成功。

```
[root@localhost /]# crontab -l                                    ①
no crontab for root
[root@localhost /]# crontab /root/Desktop/iptables.cron           ②
[root@localhost /]# crontab -l                                    ③
# service crond start
# crontab /root/Desktop/iptables.cron
#minute hour day-of-month month-of-year day-of-week commands

00 8 * * 1,2,3,4,5 service iptables restart;sh /root/iptables_work.sh
30 14 * * 1,2,3,4,5 service iptables restart;sh /root/iptables_work.sh
00 12 * * 1,2,3,4,5 service iptables restart;sh /root/iptables_rest.sh
30 17,19,21,23 * * 1,2,3,4,5 service iptables restart;sh /root/iptables_rest.sh
20 8,11,14,17,20,23 * * 0,6 service iptables restart;sh /root/iptables_rest.sh
[root@localhost /]#
```

图 3-24 创建 crontab

注意：在 Linux 操作系统中，系统本身的 crontab 和用户（比如 root）的 crontab 是有区别的。若要修改系统本身的 crontab，可直接编辑/etc/cron. */目录下面的文件；若要修改用户（比如 root）的 crontab，可执行 # crontab crontabfile 或 # crontab -e 命令，且创建的用户 crontab 自动保存在/var/spool/cron 目录下。

cron 服务每分钟不仅要读一次/var/spool/cron/目录内的所有文件，而且还要读一次/etc/cron. d/目录内的所有文件。/etc/cron. d/0hourly 文件的内容如下：

```
SHELL=/bin/bash
PATH=/sbin:/bin:/usr/sbin:/usr/bin
MAILTO=root
01 * * * * root run-parts /etc/cron.hourly
```

run-parts 命令执行/etc/cron. hourly、/etc/cron. daily 等目录中的脚本文件。前 3 行是用来配置 crond 任务运行的环境变量，第 1 行的 SHELL 变量指定了系统要使用哪个 Shell，这里是 bash；第 2 行的 PATH 变量指定了系统执行命令的路径；第 3 行的 MAILTO 变量指定了 crond 的任务执行信息将通过电子邮件发送给 root 用户，如果 MAILTO 变量的值为空，则表示不发送任务执行信息给用户；第 4 行表示每小时执行/etc/cron. hourly/目录内的脚本文件，其中，run-parts 命令的作用是执行目录中的脚本文件。

anacron 作为 cron 服务的补充机制，用于防止因系统关机等原因导致任务未能执行。cron 服务作为守护进程运行，anacron 作为普通进程运行。anacron 不能指定何时执行某项任务，而是以天为单位或者是开机时立刻进行 anacron 的操作，当系统启动后 anacron 将会去检测在停机期间应该执行但没有执行的任务，将该任务执行一次，然后 anacron 自动停止。一般以一天、七天和一个月为周期。调度 anacron 计划任务的主配置文件是/etc/anacrontab。

/etc/cron. allow 文件和/etc/cron. deny 文件用来限制 cron 服务的使用。这两个文件

的格式是每行一个用户(不允许有空格),但是 root 用户不受这两个文件的限制。①/etc/cron.deny 表示该文件中所列用户不允许使用 crontab 命令。②/etc/cron.allow 表示该文件中所列用户允许使用 crontab 命令。

注意:如果/etc/cron.allow 文件存在,那么只有在 cron.allow 中列出的非 root 用户才能使用 cron 服务。如果 cron.allow 不存在,但是/etc/cron.deny 文件存在,那么在 cron.deny 中列出的非 root 用户不能使用 cron 服务,如果 cron.deny 文件为空,那么所有用户都能使用 cron 服务。如果这两个文件都不存在,那么只允许 root 用户使用 cron 服务。root 用户可以编辑这两个文件来允许或限制某个普通用户使用 cron 计划任务。下面介绍的 at 命令(/etc/at.allow、/etc/at.deny)与此类似。

在 RHEL 8 中,/etc/crontab 文件中默认没有指定固定时间需要执行的程序。建议使用 systemd 定时器来执行周期性任务(见 3.3.6 小节)。

另外,cron 守护进程(crond)每分钟检查一次/etc/anacrontab 文件、/etc/crontab 文件、/etc/cron.d/中的文件、/var/spool/cron/中的文件,如果这些文件被修改过,则会将修改的文件重新加载到内存。因此,修改 anacrontab 或 crontab 文件之后,不必重新启动 crond 守护进程。

2. at 命令(定时执行)

语法如下:

```
at [-f file] [-mldv] TIME
```

功能:at 命令被用来在指定时间内调度一次性的任务,可以让用户在指定时间执行某个程序或命令。TIME 的格式是 HH:MM [MM/DD/YY],其中 HH 是小时,MM 是分钟。如果要指定超过一天内的时间,那么可以用 MM/DD/YY,其中 MM 是月,DD 是日,YY 是年。at 命令各选项及其功能说明见表 3-25。

表 3-25 at 命令各选项及其功能说明

选 项	功 能
-d	删除指定的定时命令
-f file	读入预先写好的命令文件,用户可以不使用交互模式(不带-f 选项)来输入命令,而是将所有的命令先写入 file 文件后再一次读入
-l	列出所有的定时命令
-m	定时命令执行完后将输出结果发给用户(以电子邮件的形式)
-v	列出所有已经完成但尚未删除的定时命令

```
#atq                                  //查询当前用户正在等待的计划任务
#atrm <任务号>                         //删除一个正在等待的计划任务
```

使用 at 命令前需要启动 atd 守护进程,相关命令如下:

```
#systemctl status atd.service         //查询 atd 状态
#systemctl start atd.service          //启动 atd 服务
```

【实例 3-14】 使用 at 命令。

如下所示,执行第 1 条命令(指定任务将要执行的时间),然后进入 at 命令的交互模式,输入在指定时间要执行的命令 touch /root/at_example.txt 后再按 Enter 键,然后按下 Ctrl+D 组合键退出 at 命令的交互模式。执行第 2 条命令,查看指定时间执行命令的结果。

```
[root@localhost ~]#at 21:33 4/26/2019   //指定任务将要执行的时间,然后进入 at 命令的
                                          交互模式
warning: commands will be executed using /bin/sh
at>touch /root/at_example.txt
at>
job 1 at Fri Apr 26 21:33:00 2019
[root@localhost ~]#ll at_example.txt      //查看指定时间执行命令的结果
-rw-r--r--. 1 root root 0 4月  26 21:33 at_example.txt
[root@localhost ~]#
```

3. batch 命令(定时执行)

语法如下:

```
batch [-q 队列] [-f 文件]
```

功能:跟 at 命令一样也是定期执行的命令,使用方法也跟 at 命令相同,但不同的是 batch 命令不需要指定时间,因为它会自动在系统负载比较低(平均负载小于 0.8)的时候执行指定的任务。batch 命令各选项及其功能说明见表 3-26。

表 3-26 batch 命令各选项及其功能说明

选项	功 能
-f	从文件中读取命令或 Shell 脚本,而非在提示后指定它们
-m	执行完作业后发送电子邮件给用户
-q	选用 q 参数则可选队列名称,队列名称可以是 a～z 和 A～Z 的任意字母。队列字母顺序越高则队列优先级别越低

要在系统平均负载降到 0.8 以下时执行某项一次性的任务时,使用 batch 命令。输入 batch 命令后,“at>”提示就会出现。输入要执行的命令,按 Enter 键,然后按 Ctrl+D 组合键,可以指定多条命令。方法是输入每一条命令后按 Enter 键。输入所有命令后,按 Enter 键,在空行的开头按 Ctrl+D 组合键。

注意:通过/etc/at.allow 和/etc/at.deny 文件可以限制对 at 和 batch 命令的使用。这两个控制文件的用法都是每行一个用户。两个文件都不允许使用空白字符。如果控制文件被修改了,atd 守护进程不必被重启。每次用户试图执行 at 或 batch 命令时,使用控制文件都会被读取。不论控制文件如何规定,超级用户总是可以执行 at 和 batch 命令。如果 at.allow 文件存在,只有其中列出的用户才能使用 at 或 batch 命令,at.deny 文件会被忽略。如果 at.allow 文件不存在,所有在 at.deny 文件中列出的用户都将被禁止使用 at 和 batch 命令。

4. watch 命令(周期性执行)

语法如下:

```
watch [选项] [命令]
```

功能：可以将命令的输出结果输出到标准输出设备，多用于周期性执行命令/定时执行命令。watch 命令各选项及其功能说明见表 3-27。

表 3-27　watch 命令各选项及其功能说明

选项	功　能
-d	用-d 或--differences 选项 watch 会高亮显示变化的区域
-n	watch 默认每 2s 运行一下程序，可以用-n 或--interval 来指定间隔的时间
-t	-t 或-no-title 会关闭 watch 命令在顶部的时间间隔

示例如下：

```
#watch -n 2 -d netstat -ant          //每隔 2s 高亮显示网络链接数的变化情况
#watch -n 1 -d 'pstree | grep http' //每隔 1s 高亮显示 http 链接数的变化情况
#watch -d 'ls -l | grep scf'        //监测当前目录中 * scf * 文件的变化
#watch -n 5 'cat /proc/loadavg'     //每隔 5s 输出系统平均负载
```

提示：用 Ctrl+X 组合键可以切换终端，用 Ctrl+G 组合键可以退出 watch 命令。

3.2.7　以守护进程方式执行任务：nohup

语法如下：

```
nohup Command [ Arg ... ] [&]
```

功能：nohup(no hang up)命令运行由 command 和任何相关 arg 参数指定的命令，忽略所有挂起(SIGHUP)信号。使用 nohup 命令运行的程序在注销后仍可在后台运行。要运行后台中的 nohup 命令，可添加 & 到命令尾部。

无论是否将 nohup 命令的输出重定向到终端，输出都将附加到当前目录的 nohup. out 文件中。如果当前目录的 nohup. out 文件不可写，输出重定向到 $ HOME/nohup. out 文件中。如果没有文件能创建或打开以用于追加，那么 command 指定的命令不可调用。

示例如下：

```
#nohup /root/firewall.sh &
```

注意：当提示 nohup 成功后，还需要按任意键退回到命令窗口，然后输入 exit 退出终端。

3.2.8　终端复用：tmux

在使用 SSH 连接远程服务器时，会遇到一些长时间运行的任务，例如，备份公司数据库(数据量巨大，需要备份三天)，因为该任务的执行时间很长，必须等待它执行完毕，在此期间不能关闭窗口或断开链接，否则这个任务就会被终止，前功尽弃，此时可以使用 tmux 执行该任务。

tmux是一款优秀的终端复用软件，来自OpenBSD，采用BSD授权。用户通过终端登录远程主机并运行tmux后，在其中可以开启多个控制台而无须再通过其他终端来连接这台远程主机。更重要的是，使用tmux，可以执行一个长时间运行的任务，用户可以断开与远程服务器的链接而保持任务在服务器的后台运行。

3.3 系统和服务管理

3.3.1 系统和服务管理器：systemd

1. SysV init、Upstart init、systemd

(1) SysV init守护进程(sysvinit软件包)。这是一个基于运行级别的系统，它使用运行级别(单用户、多用户以及其他更多级别)和链接(位于/etc/rc?.d目录中，分别链接到/etc/init.d目录中的init脚本)来启动和关闭系统服务。

(2) Upstart init守护进程(upstart软件包)。这是基于事件的系统，它使用事件来启动和关闭系统服务。RHEL 6使用新的Upstart启动服务替换先前的SysV init，Upstart是事件驱动型的，因此，它只包含按需启动的脚本，这将使启动过程变得更加迅速。经过良好调优并使用Upstart启动方式的Linux服务器的启动速度要明显快于原有的使用SysV init的系统。RHEL 6对启动过程的改变相对较少，兼容SysV，所以依然可以处理那些在/etc/init.d目录中包含服务脚本的服务，runlevel的概念也是存在于RHEL 6中。

(3) systemd。这是Linux下的一种init软件，由Lennart Poettering带头开发并在LGPL 2.1及后续版本许可证下开源发布。其开发目标是提供更优秀的框架以表示系统服务之间的依赖关系，并以此实现系统初始化时服务的并行启动，同时达到降低Shell的系统开销的效果，最终代替SysV与BSD风格的init程序。

systemd是Linux下的一款系统和服务管理器，兼容SysV和LSB的启动脚本。systemd的特性有支持并行化任务，同时采用socket方式与D-Bus总线方式激活服务，按需启动守护进程(daemon)，利用Linux的cgroups监视进程，支持快照和系统恢复，维护挂载点和自动挂载点，各服务间基于依赖关系进行精密控制，拥有前卫的并行性能。

systemd可以用来管理启动的服务、调整运行级别、管理日志等。一般的初级使用者可以简单地把它看作是SysV init和syslog的替代品。当然它的功能远不止这些。

RHEL 7/8采用systemd作为默认的init程序，所以runlevel的概念基本上也就不存在了。

2. unit

systemd开启和监督整个系统是基于unit的概念。unit是由一个与配置文件对应的名字和类型组成的，例如，dbus.service unit有一个具有相同名字的配置文件，是守护进程dbus的一个封装单元。

3. systemd提供以下主要特性

(1) 使用socket的并行能力。为了加速整个系统启动和并行启动更多的进程，systemd在实际启动守护进程之前创建监听socket，然后传递socket给守护进程。在系统初始化时，首先为所有守护进程创建socket，然后再启动所有的守护进程。如果一个服务因为需要另一个服务的支持而没有完全启动，而这个连接可能正在提供服务的队列中排队，那么这个客户端进程在这次请求中就处于阻塞状态。不过只会有这一个客户端进程被阻塞，而且仅是在这次请求中被阻塞。服务间的依赖关系也不再需要通过配置来实现真正的并行启动，因为一次开启了所有的 socket，如果一个服务需要其他的服务，它显然可以连接到相应的 socket。

(2) D-Bus 激活策略启动服务。通过使用总线激活策略，服务可以在接入时马上启动。同时，总线激活策略使得系统可以用微小的资源消耗实现 D-Bus 服务的提供者与消费者的同步开启请求，也就是同时开启多个服务。如果一个服务比总线激活策略中其他服务快，就在 D-Bus 中排队请求。

(3) 提供守护进程的按需启动策略。

(4) 保留了使用 Linux cgroups 进程的追踪功能。

(5) 支持快照和系统状态恢复。快照可以用来保存/恢复系统初始化时所有的服务和 unit 的状态。

(6) 维护挂载点和自动挂载点。systemd 监视所有挂载点的情况，也可以用来挂载或卸载挂载点。/etc/fstab 也可以作为这些挂载点的一个附加配置源。通过使用 comment=fstab 选项或标记/etc/fstab 条目，使其成为由 systemd 控制的自动挂载点。

(7) 实现了各服务间基于依赖关系的一个精细的逻辑控制。systemd 支持服务或 unit 间的多种依赖关系。在 unit 配置文件中使用 After/Before、Requires 和 Wants 选项可以固定 unit 激活的顺序。如果一个 unit 需要启动或关闭，systemd 就把它和它的依赖关系添加到临时执行列表，然后确认它们的相互关系是否一致或所有 unit 的先后顺序是否含有循环。如果不一致或含有循环，systemd 会尝试修复它。

4. systemd 的主要工具

(1) systemctl 命令。查询和控制 systemd 系统和系统服务管理器的状态。

(2) journalctl 命令。查询系统的 journal(日志)。

(3) systemd-cgls 命令。以树形列出正在运行的进程，可以递归显示 Linux 控制组的内容。

3.3.2 监视和控制 systemd 的命令：systemctl

监视和控制 systemd 的主要命令是 systemctl。它融合了 RHEL 6 及其以前版本中 service 和 chkconfig 的功能于一体。该命令可用于查看系统状态和管理系统及服务。详见 man 1 systemctl。

1. 分析系统状态

```
$systemctl                          //输出激活的单元,即列出所有正在运行的服务
$systemctl list-units               //输出激活的单元
$systemctl --failed                 //输出运行失败的单元
$systemctl list-unit-files          //查看所有已安装服务
```

所有可用的单元文件存放在/usr/lib/systemd/system/和/etc/systemd/system/目录中(后者优先级更高)。

2. 使用单元

一个单元配置文件可以描述如下内容之一：系统服务(.service)、挂载点(.mount)、sockets(.sockets)、系统设备、交换分区/文件、启动目标(target)、文件系统路径、由systemd管理的计时器。详见man 5 systemd.unit。

使用systemctl命令控制单元时，通常需要使用单元文件的全名，包括扩展名(如sshd.service)。但是有些单元可以在systemctl中使用简写方式。

(1) 若无扩展名，systemctl默认把扩展名当作.service。例如，sshd和sshd.service是等价的。

(2) 挂载点会自动转化为相应的.mount单元。例如，/home等价于home.mount。

(3) 设备会自动转化为相应的.device单元。例如，/dev/sda2等价于dev-sda2.device。

示例如下：

```
#systemctl                                    //列出所有正在运行的服务
#systemctl enable httpd.service               //将 httpd服务设为开机自动启动
#systemctl disable httpd.service              //禁止 httpd服务开机自动启动
#systemctl status httpd.service               //查看 httpd服务的运行状态
#systemctl is-active httpd.service            //检查 httpd服务是否处于活动状态
#systemctl start httpd.service                //启动 httpd服务
#systemctl stop httpd.service                 //停止 httpd服务
#systemctl restart httpd.service              //重新启动 httpd服务
#systemctl list-units --type=service          //显示所有已启动的服务
#systemctl list-dependencies httpd            //列出 httpd服务的依赖关系
```

注意：如果服务没有Install段落，一般意味着应该通过其他服务自动调用它们。如果真的需要手动安装，可以直接连接服务如下(将test替换为真实的服务名)：

```
# ln -s /usr/lib/systemd/system/test.service /etc/systemd/system/graphical.
target.wants
```

3. 电源管理

安装polkit后才可使用电源管理。如果正登录在一个本地的systemd-logind用户会话，且当前没有其他活动的会话，那么以下命令无须root权限即可执行。否则(例如，当前有另一个用户登录在某个tty)，systemd将会自动请求输入root密码。

```
$systemctl reboot           //重启
$systemctl poweroff         //退出系统并停止电源
$systemctl suspend          //待机
$systemctl hibernate        //休眠
$systemctl hybrid-sleep     //混合休眠模式(同时休眠到硬盘并待机)
```

3.3.3 系统资源：Unit

systemd可以管理所有系统资源。不同的资源统称为Unit(单元)。Unit是systemd的最小功能单位，是单个进程的描述。多个单元互相调用和依赖，构成一个庞大的任务管理系统,这就是 systemd 的基本思想。systemd 要做的事情很多,因此 Unit 分成 12 个不同的种类,见表 3-28。systemctl list-units 命令可以查看当前系统的所有 Unit,见表 3-29。

表 3-28　12 种 Unit

Unit	描　述	Unit	描　述
Automount Unit	自动挂载点	Slice Unit	进程组
Device Unit	硬件设备	Snapshot Unit	systemd 快照,可切回某个快照
Mount Unit	文件系统的挂载点	Socket Unit	进程间通信的 Socket
Path Unit	文件或路径	Swap Unit	Swap 文件
Scope Unit	不是由 systemd 启动的外部进程	Target Unit	多个 Unit 构成的一个组
Service Unit	系统服务	Timer Unit	定时器

表 3-29　systemctl list-units 命令

命　令	功　能
systemctl list-units	列出正在运行的单元
systemctl list-units --all	列出所有单元,包括没有找到配置文件的或者启动失败的单元
systemctl list-units --all --state=inactive	列出所有没有运行的单元
systemctl list-units --failed	列出所有加载失败的单元
systemctl list-units --type=service	列出所有正在运行的、类型为 service 的单元
systemctl list-unit-files	列出所有单元
systemctl list-unit-files --type service	列出所有 service 单元
systemctl list-unit-files --type timer	列出所有 timer 单元

对于用户来说,常用的单元管理命令见表 3-30,用于启动和停止 Unit(主要是 service)。

表 3-30　常用的单元管理命令

命　令	功　能
systemctl start [UnitName]	立即启动单元
systemctl stop [UnitName]	立即停止单元
systemctl restart [UnitName]	重启单元
systemctl kill [UnitName]	有时 systemctl stop 命令可能没有响应,服务停不下来,这时候必须向正在运行的进程发出 kill 信号来杀死进程及其所有子进程
systemctl status	显示系统状态
systemctl status [UnitName]	查看单元运行状态
systemctl enable [UnitName]	开机自动启动该单元
systemctl is-enable [UnitName]	检查某个单元是否配置为自动启动
systemctl is-active [UnitName]	检查某个单元是否正在运行
systemctl is-failed [UnitName]	检查某个单元是否处于启动失败状态
systemctl disable [UnitName]	取消开机自动启动该单元
systemctl cat [UnitName]	查看配置文件

续表

命　令	功　能
systemctl reload [UnitName]	重新加载一个服务的配置文件
systemctl daemon-reload	重载所有修改过的配置文件
systemctl help [UnitName]	显示单元的手册页
systemctl show [UnitName]	显示所有底层参数，如 systemctl show httpd. service 显示指定属性的值，如 systemctl show -p CPUShares httpd. service
systemctl set-property [UnitName]	设置某个 Unit 的指定属性，如 systemctl set-property httpd. service CPUShares＝500

在 systemctl 参数中添加“-H ＜用户名＞@＜主机名＞”可以使用 SSH 链接实现对其他机器的远程控制。例如，systemctl -H root@rhel8. example. com status httpd. service 用于显示远程主机的 httpd 服务的状态。

Unit 之间存在依赖关系：A 依赖于 B，就意味着 systemd 在启动 A 的时候，同时会去启动 B。

```
#systemctl list-dependencies firewalld.service
```

上面的命令列出一个 Unit(firewalld. service)的所有依赖，输出结果之中，有些依赖是 Target 类型，默认不会展开显示。如果要展开 Target，需要使用--all 参数。

```
#systemctl list-dependencies --all firewalld.service
```

3.3.4 Unit 的配置文件

1. 符号链接

每个 Unit 都有一个配置文件，告诉 Systemd 怎么启动这个 Unit。Systemd 默认从/etc/systemd/system/目录中读取配置文件，这里存放的大部分文件都是符号链接，指向/usr/lib/systemd/system/目录，真正的配置文件存放在这个目录中。systemctl enable 命令用于在上面两个目录之间建立符号链接关系。

systemctl enable firewalld. service 等同于 ln -s '/usr/lib/systemd/system/firewalld. service' '/etc/systemd/system/multi-user. target. wants/firewalld. service'。

systemctl disable 命令用于撤销两个目录之间的符号链接关系。

2. 后缀名

配置文件的后缀名，就是该 Unit 的种类，比如 firewalld. socket。如果省略，systemd 默认的后缀名为. service，所以 firewalld 会被理解成 firewalld. service。

3. 状态

可以使用 systemctl list-unit-files 命令列出所有配置文件并且查看其状态，systemctl list-unit-files --type=service 命令可以列出指定类型的配置文件。配置文件的状态有如下四种。

enabled：已建立启动链接。

disabled：未建立启动链接。

static：该配置文件没有“[Install]”部分(无法执行)，只能作为其他配置文件的依赖。

masked：该配置文件被禁止建立启动链接。

注意：从配置文件的状态无法看出该 Unit 是否正在运行，必须执行 systemctl status ×××. service 命令。

4. 重启

一旦修改配置文件，就要让 systemd 重新加载配置文件，然后重启，否则修改不会生效。

```
#systemctl daemon-reload
#systemctl restart firewalld.service
```

5. 格式

配置文件就是普通的文本文件，可以用文本编辑器打开。

systemctl cat firewalld. service 命令可以查看配置文件的内容，如下所示。

```
#/usr/lib/systemd/system/firewalld.service
[Unit]
Description=firewalld -dynamic firewall daemon
Before=network-pre.target
Wants=network-pre.target
After=dbus.service
After=polkit.service
Conflicts=iptables.service ip6tables.service ebtables.service ipset.service
Documentation=man:firewalld(1)

[Service]
EnvironmentFile=-/etc/sysconfig/firewalld
ExecStart=/usr/sbin/firewalld --nofork --nopid $FIREWALLD_ARGS
ExecReload=/bin/kill -HUP $MAINPID
#supress to log debug and error output also to /var/log/messages
StandardOutput=null
StandardError=null
Type=dbus
BusName=org.fedoraproject.FirewallD1
KillMode=mixed

[Install]
WantedBy=multi-user.target
Alias=dbus-org.fedoraproject.FirewallD1.service
```

从上面的输出可以看到，配置文件分成几个区块。每个区块的第一行是用方括号表示的区块名。配置文件的区块名和字段名都对大小写敏感的。每个区块内部是一些等号链接的键值对，等号两侧不能有空格。

“[Unit]”区块通常是配置文件的第一个区块，用来定义 Unit 的元数据，以及配置与其他 Unit 的关系，它的主要字段见表 3-31。“[Install]”区块通常是配置文件的最后一个区块，用来定义如何启动，以及是否开机启动。它的主要字段见表 3-32。“[Service]”区块用来配置 Service，只有 Service 类型的 Unit 才有这个区块，它的主要字段见表 3-33。

表 3-31 “[Unit]”区块的主要字段

字 段	描 述
Description	简短描述
Documentation	文档地址
Requires	与当前 Unit 依赖的其他 Unit，如果它们没有运行，当前 Unit 会启动失败
Wants	与当前 Unit 配合的其他 Unit，如果它们没有运行，当前 Unit 不会启动失败
BindsTo	与 Requires 类似，它指定的 Unit 如果退出，会导致当前 Unit 停止运行
Before	如果该字段指定的 Unit 也要启动，那么必须在当前 Unit 之后启动
After	如果该字段指定的 Unit 也要启动，那么必须在当前 Unit 之前启动
Conflicts	这里指定的 Unit 不能与当前 Unit 同时运行
Condition...	当前 Unit 运行必须满足的条件，否则不会运行
Assert...	当前 Unit 运行必须满足的条件，否则会报告启动失败

表 3-32 “[Install]”区块的主要字段

字 段	描 述
WantedBy	它的值是一个或多个 Target。当前 Unit 激活时(enable)，符号链接会放入/etc/systemd/system 目录下面以 Target 名+.wants 后缀构成的子目录中
RequiredBy	它的值是一个或多个 Target。当前 Unit 激活时，符号链接会放入/etc/systemd/system 目录下面以 Target 名+.required 后缀构成的子目录中
Alias	当前 Unit 可用于启动的别名
Also	当前 Unit 激活时，会同时激活其他的 Unit

表 3-33 “[Service]”区块的主要字段

字 段	描 述	
Type	定义启动时的进程行为。它有以下几种值	
	Type=simple	默认值，执行 ExecStart 指定的命令，启动主进程
	Type=forking	以 fork 方式从父进程创建子进程，创建后父进程会立即退出
	Type=oneshot	一次性进程，systemd 会等当前服务退出后再继续往下执行
	Type=dbus	当前服务通过 D-Bus 启动
	Type=notify	当前服务启动完毕，会通知 systemd，再继续往下执行
	Type=idle	若有其他任务执行完毕，当前服务才会运行
ExecStart	启动当前服务的命令	
ExecStartPre	启动当前服务之前执行的命令	
ExecStartPost	启动当前服务之后执行的命令	
ExecReload	重启当前服务时执行的命令	
ExecStop	停止当前服务时执行的命令	
ExecStopPost	停止当其服务之后执行的命令	
RestartSec	自动重启当前服务间隔的秒数	
Restart	定义何种情况下 systemd 会自动重启当前服务，可能的值包括 always(总是重启)、on-success、on-failure、on-abnormal、on-abort、on-watchdog	

续表

字　段	描　述
TimeoutSec	定义 systemd 停止当前服务之前等待的秒数
Environment	指定环境变量

3.3.5 目标(target)、运行级别(runlevel)

传统的 init(SysV init)启动模式里面,有 runlevel(运行级别)的概念,不过 runlevel 是一个旧概念,现在 systemd 引入了一个和 runlevel 作用类似的概念——target(目标),不同的是,runlevel 是互斥的,不可能同时启动多个 runlevel,但是多个 target 可以同时启动。不像数字表示的 runlevel,每个 target 都有名字和独特的功能。一些 target 继承其他 target 的服务,并启动新服务。

启动计算机的时候,需要启动大量的 Unit。如果每一次启动都要一一写明本次启动需要哪些 Unit,显然非常不方便。systemd 的解决方案就是 target。简单地说,target 就是一个 Unit 组,包含许多相关的 Unit。启动某个 target 的时候,systemd 就会启动里面所有的 Unit。

runlevel3. target 和 runlevel5. target 分别是指向 multi-user. target 和 graphical. target 的符号链接。

注意:runlevel 还是可以使用,但是 systemd 不使用/etc/inittab 文件,修改/etc/inittab 文件不会更改默认的运行级别。所以严格来说不再有运行级别了。所谓默认的运行级别指的就是/etc/systemd/system/default. target 文件,而读者查看这个文件会发现它是一个符号链接,内容如下:

```
/etc/systemd/system/default.target ->/lib/systemd/system/graphical.target
```

所以在修改默认运行级别的时候,不能再使用修改/etc/inittab 文件的方法了,而是使用创建符号链接的方法。/lib/systemd/system/目录下的内容(target 与 runlevel 的对应关系)如下:

```
#ll /lib/systemd/system/runlevel?.target
lrwxrwxrwx. 1 root root 15 10 月 29 08:59 /lib/systemd/system/runlevel0.target
->poweroff.target
lrwxrwxrwx. 1 root root 13 10 月 29 08:59 /lib/systemd/system/runlevel1.target
->rescue.target
lrwxrwxrwx. 1 root root 17 10 月 29 08:59 /lib/systemd/system/runlevel2.target
->multi-user.target
lrwxrwxrwx. 1 root root 17 10 月 29 08:59 /lib/systemd/system/runlevel3.target
->multi-user.target
lrwxrwxrwx. 1 root root 17 10 月 29 08:59 /lib/systemd/system/runlevel4.target
->multi-user.target
lrwxrwxrwx. 1 root root 16 10 月 29 08:59 /lib/systemd/system/runlevel5.target
->graphical.target
lrwxrwxrwx. 1 root root 13 10 月 29 08:59 /lib/systemd/system/runlevel6.target
->reboot.target
```

虽然还可以看到 runlevel5 这样的字样，但实际上是指向 graphical.target 的符号链接。

1. 获取当前的 target

```
[root@localhost ~]#systemctl list-units --type=target
UNIT                      LOAD     ACTIVE   SUB      DESCRIPTION
basic.target              loaded   active   active   Basic System
bluetooth.target          loaded   active   active   Bluetooth
cryptsetup.target         loaded   active   active   Local Encrypted Volumes
getty.target              loaded   active   active   Login Prompts
graphical.target          loaded   active   active   Graphical Interface
local-fs-pre.target       loaded   active   active   Local File Systems (Pre)
local-fs.target           loaded   active   active   Local File Systems
multi-user.target         loaded   active   active   Multi-User System
network-online.target     loaded   active   active   Network is Online
network-pre.target        loaded   active   active   Network (Pre)
network.target            loaded   active   active   Network
nfs-client.target         loaded   active   active   NFS client services
nss-user-lookup.target    loaded   active   active   User and Group Name Lookups
paths.target              loaded   active   active   Paths
remote-fs-pre.target      loaded   active   active   Remote File Systems (Pre)
remote-fs.target          loaded   active   active   Remote File Systems
rpc_pipefs.target         loaded   active   active   rpc_pipefs.target
slices.target             loaded   active   active   Slices
sockets.target            loaded   active   active   Sockets
sound.target              loaded   active   active   Sound Card
swap.target               loaded   active   active   Swap
sysinit.target            loaded   active   active   System Initialization
timers.target             loaded   active   active   Timers

LOAD   =Reflects whether the unit definition was properly loaded.
ACTIVE =The high-level unit activation state, i.e. generalization of SUB.
SUB    =The low-level unit activation state, values depend on unit type.

23 loaded units listed. Pass --all to see loaded but inactive units, too.
To show all installed unit files use 'systemctl list-unit-files'.

[root@localhost ~]#runlevel
N 5
[root@localhost ~]#systemctl get-default
graphical.target
[root@localhost ~]#
```

2. 创建新的 target

可以以原有的 target 为基础，创建一个新的目标/etc/systemd/system/＜新目标＞(可以参考/usr/lib/systemd/system/graphical.target)，创建/etc/systemd/system/＜新目标＞.wants 目录，向其中加入额外服务的链接(指向/usr/lib/systemd/system/中的单元文件)。

3. target 和 runlevel 的关系

systemd 启动的 target 和 SysV init 启动的 runlevel 的关系见表 3-34。这些 target 是

为了 systemd 向前兼容 SysV init 而提供的，允许系统管理员用 systemV 命令(例如 init 3)改变运行级别。实际上，systemV 命令是被 systemd 进行解释和执行的。

表 3-34 target 和 runlevel 的关系及其含义

SysV runlevel	systemd target	含 义
0	runlevel0. target，poweroff. target	停止系统运行并切断电源
1，s，single	runlevel1. target，rescue. target	单用户模式，挂载了文件系统，仅运行了最基本的服务进程的基本系统，并在主控制台启动了一个 Shell 访问入口用于诊断
2，3，4	runlevel2. target，runlevel4. target，runlevel3. target，multi-user. target	多用户，无图形界面。用户可以通过终端或网络登录
5	runlevel5. target，graphical. target	多用户，图形界面。继承级别 3 的服务，并启动图形界面服务
6	runlevel6. target，reboot. target	重启
emergency	emergency. target	急救模式(Emergency Shell)

4. 使用命令切换 runlevel/target

```
#systemctl isolate multi-user.target     //切换到运行级别 3,该命令对下次启动无影响
#systemctl isolate runlevel3.target      //切换到运行级别 3,该命令对下次启动无影响
#systemctl isolate graphical.target      //切换到运行级别 5,该命令对下次启动无影响
#systemctl isolate runlevel5.target      //切换到运行级别 5,该命令对下次启动无影响
```

5. 修改默认 runlevel/target

可以执行下面的命令，设置启动时默认进入文本模式或图形模式。

```
#systemctl set-default multi-user.target      //启动时默认进入文本模式
#systemctl set-default graphical.target       //启动时默认进入图形模式
//上面两条命令分别等价于如下命令
# ln - sf /lib/systemd/system/multi - user. target  /etc/systemd/system/default.
target                                        //文本模式
# ln - sf /lib/systemd/system/graphical. target  /etc/systemd/system/default.
target                                        //图形模式
```

开机启动的目标是 default. target，该目标总是为 multi-user. target 或 graphical. target 的一个符号链接。systemd 总是通过 default. target 启动系统。default. target 绝不应该指向 halt. target、poweroff. target 或 reboot. target。安装 RHEL 工作站后，default. target 默认链接到 graphical. target。

也可以执行 systemctl 命令，设置启动时默认进入文本模式或图形模式。

```
#systemctl -f enable multi-user.target      //文本模式
#systemctl -f enable graphical.target       //图形模式
```

命令执行情况由 systemctl 显示：链接/etc/systemd/system/default. target 被创建，指向新的默认运行级别。

target(systemd)与 runlevel(init)的主要差别如下：

(1) runlevel 在/etc/inittab 文件中设置，现在被默认 target(/etc/systemd/system/default.target)取代，通常符号链接到 graphical.target(图形界面)或者 multi-user.target(多用户命令行)。

(2) init 启动脚本的位置是/etc/init.d 目录，符号链接到不同的 runlevel 目录(比如/etc/rc3.d、/etc/rc5.d 等)，现在则存放在/lib/systemd/system 和/etc/systemd/system 目录中。

(3) init 进程的配置文件是/etc/inittab，各种服务的配置文件存放在/etc/sysconfig 目录中。systemd 的配置文件主要存放在/lib/systemd 和/etc/systemd 目录中。

(4) systemd 为了加速系统启动，执行服务采用了并行模式，所以对于没有依赖关系的服务，执行先后顺序是不可预知的。init 是按照串行模式执行服务的。

3.3.6　systemd 定时器

定时任务是在未来某个或多个时间点预定要执行的任务，比如，每个小时收一次邮件、每天半夜一点备份数据库等。Linux 操作系统通常都使用 cron 服务设置定时任务，但是 systemd 也有这个功能，而且优点显著：①自动生成日志，配合 systemd 的日志工具，很方便除错；②可以设置内存和 CPU 的使用额度，比如最多使用 50%的 CPU；③任务可以拆分，依赖其他 systemd 单元，完成非常复杂的任务。

下面演示一个 systemd 定时任务：每小时发送一封电子邮件。

1. 发邮件的脚本

先写一个发邮件的脚本 mail.sh。

```
#!/usr/bin/env bash
echo "This is the body" | /usr/bin/mail -s "Subject" someone@example.com
```

然后，执行这个脚本。

```
bash mail.sh
```

执行后，应该就会收到一封邮件。若不能发送邮件，可尝试执行命令 hostname localhost 修改主机名，然后再次执行命令 bash mail.sh。

2. Service 单元

Service 单元就是所要执行的任务，比如发送邮件就是一种 Service。新建 Service 非常简单，就是在/usr/lib/systemd/system 目录中新建一个文件，比如 mytimer.service 文件，内容如下：

```
[Unit]
Description=MyTimer
[Service]
ExecStart=/bin/bash /path/to/mail.sh
```

可以看到，这个 Service 单元文件分成两个部分。"[Unit]"部分介绍本单元的基本信息(即元数据)，Description 字段给出这个单元的简单介绍。"[Service]"部分用来定制行为，

systemd 提供许多字段,它们的含义如下。

ExecStart：systemctl start 所要执行的命令。

ExecStop：systemctl stop 所要执行的命令。

ExecReload：systemctl reload 所要执行的命令。

ExecStartPre：ExecStart 之前自动执行的命令。

ExecStartPost：ExecStart 之后自动执行的命令。

ExecStopPost：ExecStop 之后自动执行的命令。

注意：定义的时候,所有路径都要写成绝对路径,比如 bash 要写成/bin/bash,否则 systemd 会找不到。

现在,启动这个 Service。

```
#systemctl start mytimer.service
```

如果一切正常,应该就会收到一封邮件。

3. Timer 单元

Service 单元只是定义了如何执行任务,要定时执行这个 Service,还必须定义 Timer 单元。

在/usr/lib/systemd/system 目录中,新建一个 mytimer. timer 文件,内容如下：

```
[Unit]
Description=Runs mytimer every hour
[Timer]
OnUnitActiveSec=1h
Unit=mytimer.service
[Install]
WantedBy=multi-user.target
```

这个 Timer 单元文件分成几个部分。“[Unit]”部分定义元数据;“[Timer]”部分定制定时器。systemd 提供如下一些字段。

OnActiveSec：定时器生效后多长时间开始执行任务。

OnBootSec：系统启动后多长时间开始执行任务。

OnStartupSec：systemd 进程启动后多长时间开始执行任务。

OnUnitActiveSec：该单元上次执行后等多长时间再次执行。

OnUnitInactiveSec：定时器上次关闭后多长时间再次执行。

OnCalendar：基于绝对时间,而不是相对时间执行。

AccuracySec：如果因为各种原因任务必须推迟执行,推迟的最大秒数默认为 60s。

Unit：真正要执行的任务,默认是同名的带有. service 后缀的单元。

Persistent：如果设置了该字段,即使定时器到时没有启动,也会自动执行相应的单元。

WakeSystem：如果系统休眠,是否自动唤醒系统。

上面的脚本里面,OnUnitActiveSec=1h 表示一小时执行一次任务。其他的写法还有以下几种。

OnUnitActiveSec=*-*-* 02:00:00：表示每天深夜两点执行。

OnUnitActiveSec=Mon *-*-* 02:00:00：表示每周一深夜两点执行。

"[Install]"部分定义开机自动启动(systemctl enable)和关闭开机自动启动(systemctl disable)这个单元时所要执行的命令。"[Install]"部分只写了一个字段，即 WantedBy=multi-user.target，意思是如果执行了 systemctl enable mytimer.timer(只要开机，定时器自动生效)，那么该定时器归属于 multi-user.target。multi-user.target 是一个最常用的 target，意为多用户模式。当系统以多用户模式启动时，就会启动 mytimer.timer。

4. 定时器的相关命令

以 mytimer.timer 为例，定时器的相关命令如下：

```
systemctl start mytimer.timer              //启动刚刚新建的这个定时器
systemctl status mytimer.timer             //查看这个定时器的状态
systemctl list-timers                      //查看所有正在运行的定时器
systemctl stop myscript.timer              //关闭这个定时器
systemctl enable myscript.timer            //下次开机,自动运行这个定时器
systemctl disable myscript.timer           //关闭定时器的开机自启动
```

3.3.7　开机启动：systemd

如 3.3.6 小节所述，"[Install]"部分定义开机自动启动一个单元时所要执行的命令。其中，WantedBy 字段表示该服务所在的 target，例如，WantedBy=multi-user.target。这个设置非常重要，以 sshd 服务为例，执行 systemctl enable sshd.service 命令时，会将 sshd.service 的符号链接放在/etc/systemd/system 目录下面的 multi-user.target.wants 子目录中。

systemd 有默认的启动 target。

```
#systemctl get-default
multi-user.target
```

上面的结果表示，默认的启动 target 是 multi-user.target。在这个组里的所有服务，都将开机启动。这就是为什么 systemctl enable 命令能设置开机启动的原因。设置开机启动以后，软件并不会立即启动，必须等到下一次开机。如果想现在就运行该软件，要执行 systemctl start 命令，比如# systemctl start httpd。

对于那些支持 systemd 的软件，安装的时候会自动在/usr/lib/systemd/system 目录中添加一个配置文件。如果想让该软件开机启动，需要执行如下命令(以 httpd.service 为例)。

```
#systemctl enable httpd
```

该命令在/etc/systemd/system/multi-user.target.wants/目录中添加一个符号链接，指向/usr/lib/systemd/system/httpd.service 文件。因为开机时，systemd 只执行/etc/systemd/system 目录中的配置文件。

3.3.8　开机启动：rc.local

在早期的操作系统中，系统管理员很喜欢把一些操作系统启动时最后需要运行的脚本

写在/etc/rc.d/rc.local 中，这个执行脚本(需要具有可执行属性)是操作系统启动时最后执行的启动脚本。切换到 RHEL 7/8 之后，systemd 接管了 init 模式的启动脚本，实际上已经不再适合使用 rc.local 启动脚本。但是为了兼容以往 RHEL 5/6 的启动脚本/etc/rc.d/rc.local，保留了一个称为 rc-local.service 的服务来引用/etc/rc.d/rc.local。

前面几小节讲的都是一些系统服务，RHEL 7/8 允许用户安装其他软件来提供服务。如果安装的服务要在开机时启动，可以由/etc/rc.d/rc.local 文件来实现。只要把想启动的脚本写到该文件中，开机就能启动了。

系统默认已经生成/lib/systemd/system/rc-local.service 文件的，该文件的内容如下：

```
#This file is part of systemd.
#systemd is free software; you can redistribute it and/or modify it
#under the terms of the GNU Lesser General Public License as published by
#the Free Software Foundation; either version 2.1 of the License, or
#(at your option) any later version.
#This unit gets pulled automatically into multi-user.target by
#systemd-rc-local-generator if /etc/rc.d/rc.local is executable.
[Unit]
Description=/etc/rc.d/rc.local Compatibility
ConditionFileIsExecutable=/etc/rc.d/rc.local
After=network.target

[Service]
Type=forking
ExecStart=/etc/rc.d/rc.local start
TimeoutSec=0
RemainAfterExit=yes
SysVStartPriority=99
```

注意：rc-local.service 文件中所有路径都要写成绝对路径，否则 systemd 会找不到。

如果读者希望在系统启动时自动启动一些脚本或命令，可以修改/etc/rc.d/rc.local 文件。

然后添加执行权限：

```
chmod +x /etc/rc.d/rc.local
```

接着启动脚本：

```
systemctl enable rc-local.service && reboot
```

3.3.9 systemd 系统管理

systemd 涉及系统管理的方方面面，相关命令见表 3-35。

表 3-35 systemd 相关命令

命 令	功 能	举 例	
systemctl	这是 systemd 的主命令,用于管理系统	systemctl reboot	重启系统
		systemctl poweroff	关闭系统,切断电源
		systemctl halt	CPU 停止工作
		systemctl suspend	暂停系统
		systemctl hibernate	让系统进入冬眠状态
		systemctl hybrid-sleep	让系统进入交互式休眠状态
		systemctl rescue	启动进入救援状态(单用户状态)
systemd-analyze	systemd-analyze 命令用于查看启动耗时	systemd-analyze	查看启动耗时
		systemd-analyze blame	查看每个服务的启动耗时
		systemd-analyze critical-chain	显示瀑布状的启动过程流
		systemd-analyze critical-chain atd. service	显示指定服务的启动流
hostnamectl	hostnamectl 命令用于查看当前主机的信息	hostnamectl	显示当前主机的信息
		hostnamectl set-hostname rhel8	设置主机名
localectl	localectl 命令用于查看本地化设置	localectl	查看本地化设置
		localectl set-locale LANG = en_GB. utf8 localectl set-keymap en_GB	设置本地化参数
timedatectl	timedatectl 命令用于查看当前时区的设置	timedatectl	查看当前时区的设置
		timedatectl list-timezones	显示所有可用的时区
		timedatectl set-timezone America/New_York	设置当前的时区
		timedatectl set-time YYYY-MM-DD	设置年、月、日
		timedatectl set-time HH：MM：SS	设置时间
loginctl	loginctl 命令用于查看当前登录的用户	loginctl list-sessions	列出当前的 session
		loginctl list-users	列出当前的登录用户
		loginctl show-user ruanyf	列出显示指定用户的信息

3.3.10 日志管理：journalctl

systemd 提供了自己的日志系统,称为 systemd-journald,统一管理所有 Unit 的启动日志。好处是可以只用 journalctl 一个命令查看所有日志(内核日志和应用日志)。日志的配置文件是/etc/systemd/journald. conf。默认情况下(当 Storage=在文件/etc/systemd/journald. conf 中被设置为 auto),日志将被写入/var/log/journal/目录中。该目录是 systemd 软件包的一部分。若被删除,systemd 不会自动创建它,直到下次升级软件包时重建该目录。如果该目录缺失,systemd 会将日志记录写入/run/systemd/journal 目录中。这意味着,系统重启后日志将丢失。默认日志最大限制为所在文件系统容量的 10%,如果/var/log/journal 储存在 50GB 的根分区中,则日志限制为5GB。可通过/etc/systemd/journald.conf中的SystemMaxUse修改最大限制。如SystemMaxUse=2G。详见man journald.conf。journalctl命令的相关用法见表3-36。

表3-36　journalctl命令的相关用法

命　　令	功　　能
journalctl	显示所有日志(默认情况下,只保存本次启动的日志)
journalctl -k	显示内核日志(不显示应用日志)
journalctl -b journalctl -b -0	显示本次启动后的所有日志
journalctl -b -1	显示上一次启动的日志(需更改设置)
journalctl --since	显示指定时间的日志 journalctl --since="2019-01-01 12:01:01" journalctl --since "30 min ago" journalctl --since yesterday journalctl --since "2019-01-01" --until "2019-03-01 12:00" journalctl --since 12:00 --until "1 hour ago"
journalctl -n	显示尾部的最新10行日志
journalctl -n 20	显示尾部指定行数的日志
journalctl -f	实时滚动显示最新日志
journalctl -o verbose	显示所有日志的详细信息
journalctl /usr/lib/systemd/systemd	显示指定服务的所有日志
journalctl _PID=1	显示指定进程的所有日志
journalctl /usr/bin/bash	显示某条路径的脚本的日志
journalctl _UID=33 --since today	显示指定用户的日志
journalctl -u firewalld.service journalctl -u firewalld.service --since today	显示某个Unit的日志
journalctl -u firewalld.service -f	实时滚动显示某个Unit的最新日志
journalctl -u firewalld.service -u php-fpm.service	合并显示多个Unit的日志
journalctl -p ××× -b	显示指定优先级(及其以上级别)的日志,共有8级:0(emerg,紧急)、1(alert,警报)、2(crit,严重)、3(err,错误)、4(warning,警告)、5(notice,提示)、6(info,信息)、7(debug,调试)。例如,journalctl -p err -b
journalctl --no-pager	日志默认分页输出,用--no-pager选项可改为正常的标准输出
journalctl -b -u nginx.service -o json	以JSON格式(单行)输出
journalctl -b -u nginx.serviceqq -o json-pretty	以JSON格式(多行)输出,可读性更好
journalctl --disk-usage	显示日志占据的硬盘空间
journalctl --vacuum-size=1G	指定日志文件占据的最大空间
journalctl --vacuum-time=1years	指定日志文件保存多久

3.4 其他系统管理

3.4.1 查询系统信息：uname、hostname、free、uptime、dmidecode、lscpu、lsmem、lspci、lsusb

1. uname 命令

语法如下：

```
uname [选项]
```

功能：uname 命令可以显示计算机硬件平台及操作系统版本等相关信息。uname 命令各选项及其功能说明见表 3-37。

表 3-37 uname 命令各选项及其功能说明

选 项	功 能
-a 或--all	显示全部的信息
-i，--hardware-platform	显示硬件平台信息
-m，--machine	显示计算机硬件类型
-n，--nodename	显示系统的网络节点名称
-o，--operating-system	显示系统名称
-p，--processor	显示 CPU 类型
-r，--kernel-releasee	显示内核的发行版本
-s，--kernel-name	显示内核名称

2. hostname 命令(hostnamectl)

语法如下：

```
hostname [选项]
```

功能：hostname 命令用来显示或设置当前系统的主机名，主机名被许多网络程序使用，用来标识主机。hostname 命令各选项及其功能说明见表 3-38。

表 3-38 hostname 命令各选项及其功能说明

选 项	功 能	选 项	功 能
-a	别名	-s	短主机名
-d	DNS 域名	-v	运行时显示详细的处理过程
-f	长主机名	-y	NIS/YP 域名
-i	IP 地址	-F ＜文件＞	读取指定文件

3. free 命令

语法如下：

```
free [选项]
```

功能：free 命令列出内存的使用情况，包括物理内存、swap 和内核缓冲区等。free 命令各选项及其功能说明见表 3-39。

RHEL 8 支持最多 4PB 的物理内存(RHEL 7 为 64TB)。

表 3-39　free 命令各选项及其功能说明

选　项	功　能	选　项	功　能
-b	以 B 为单位显示内存使用情况	-h	便于人们阅读的格式
-k	以 KB 为单位显示内存使用情况	-s ＜间隔秒数＞	周期性观察内存使用情况
-m	以 MB 为单位显示内存使用情况	-t	显示内存总和
-g	以 GB 为单位显示内存使用情况	-V	显示版本信息

【实例 3-15】 使用 free 命令。

执行带不同选项的 free 命令的情况如图 3-25 所示。

```
[root@localhost ~]# free
              total        used        free      shared  buff/cache   available
Mem:       12211632     5846436     3214324      329876     3150872     5649872
Swap:       2007036       13836     1993200
[root@localhost ~]# free -V
free from procps-ng 3.3.15
[root@localhost ~]# free -h
              total        used        free      shared  buff/cache   available
Mem:           11Gi       5.6Gi       3.1Gi       322Mi       3.0Gi       5.4Gi
Swap:         1.9Gi        13Mi       1.9Gi
[root@localhost ~]# 
```

图 3-25　使用 free 命令

图 3-25 中命令显示信息的说明如下。

total：总计物理内存的大小。

used：已使用的内存有多大。

free：可用的内存有多少。

shared：多个进程共享的内存总额。

buff/cache：磁盘缓存的大小。

Swap 开始的行显示的是交换分区 swap(通常所说的虚拟内存)的使用情况。

提示：如果 swap 空间经常被使用，就要考虑添加物理内存了，这是 Linux 操作系统中看内存是否够用的标准。如果少量地使用了 swap 空间，是不会影响系统性能的。

4. uptime 命令

语法如下：

```
uptime [-V]
```

功能：uptime 命令用于获取主机运行时间和查询 Linux 操作系统负载等信息。

示例如下：

```
[root@localhost ~]#uptime
21:25:12 up 55 min, 2 users, load average: 0.07, 0.12, 0.11
```

显示的内容说明如下：

```
21:25:12            //系统当前时间
up 55 min           //主机已运行时间,时间越大,说明你的机器越稳定
2 users             //用户连接数,是总连接数而不是用户数
load average        //系统平均负载,统计最近 1min、5min、15min 的系统平均负载
```

注意：系统平均负载是指在特定时间间隔内就绪队列中的平均进程数。如果每个CPU内核的当前活跃进程数不大于3，则系统的性能是良好的。如果每个CPU内核的当前活跃进程数大于5，那么这台机器的性能会有问题。假如Linux主机是1个双核CPU，当load average为6时说明机器已经被充分使用了。

5. dmidecode 命令

语法如下：

```
dmidecode [选项]
```

功能：获取有关硬件方面的信息。dmidecode命令遵循SMBIOS/DMI标准，其输出的信息包括BIOS、系统、主板、处理器、内存、缓存等。dmidecode命令各选项及其功能说明见表3-40。

表3-40 dmidecode命令各选项及其功能说明

选 项	功 能
-q	不显示未知设备
-s keyword	查看指定的关键字的信息，比如，system-manufacturer、system-product-name、system-version、system-serial-number 等
-t type	查看指定类型的信息，比如，bios、system、memory、processor 等

示例如下：

```
#dmidecode                                  //输出所有的硬件信息
#dmidecode -q                               //只显示必要的信息
#dmidecode -t processor                     //选项-t 可以按指定类型输出相关信息,在此获
                                              得处理器方面的信息
#dmidecode -t bios
#dmidecode | grep 'Serial Number'           //查看机器序列号
#dmidecode -s system-serial-number          //通过关键字查看信息,查看序列号
#yum install dmidecode  //如果没有 dmidecode 命令,可以通过该命令安装(要求已经联网)
```

6. lscpu 命令

语法如下：

```
lscpu [选项]
```

功能：lscpu 命令从 sysfs 和/proc/cpuinfo 中收集 CPU 的相关信息，包含 CPU 数量、线程数、核数、插座数、缓存等。

7. lsmem 命令

语法如下：

```
lsmem [选项]
```

功能：列出可用内存的范围及其在线状态。

8. lspci 命令

语法如下：

```
lspci [选项]
```

功能：显示所有 PCI 设备信息。

9. lsusb 命令

语法如下：

```
lsusb [选项]
```

功能：显示 USB 设备列表及其详细信息。

3.4.2 /proc 目录和 sysctl 命令

1. /proc 目录

proc 文件系统是一个虚拟文件系统，具体表现为/proc 目录，其中包含的文件层次结构代表了 Linux 内核的当前运行状态，它允许用户和管理员查看系统的内核视图，向用户呈现内核中的一些信息，也可用作一种从用户空间向内核空间发送信息的手段。/proc 目录中包含关于系统硬件及任何当前正在运行进程的信息。/proc 目录中的大部分文件是只读的，但有一些文件(主要是/proc/sys 中的文件)能够被用户和应用程序修改，以便向内核传递新的配置信息。

/proc/目录下的文件包括的信息有系统硬件、网络设置、内存使用等。

(1) /proc/cmdline：给出了内核启动的命令行。

(2) /proc/cpuinfo：提供了有关系统 CPU 的多种信息。

(3) /proc/devices：列出字符设备和块设备的主设备号及设备名称。

(4) /proc/dma：列出由驱动程序保留的 DMA 通道和保留它们的驱动程序名称。

(5) /proc/filesystems：列出可供使用的文件系统类型，一种类型一行。

(6) /proc/interrupts：文件的每一行都有一个保留的中断。每行中的域有中断号、本行中断发生次数、登记这个中断的驱动程序名字等。

(7) /proc/ioports：列出了诸如磁盘驱动器，以及以太网卡和声卡设备等多种设备驱动程序登记的 I/O 端口范围。

(8) /proc/kallsyms：列出了已经登记的内核符号，这些符号给出了变量或函数的地址。每行给出一个符号的地址，符号名称以及登记这个符号的模块。

(9) /proc/kcore：代表系统的物理内存，存储为核心文件格式。

(10) /proc/kmsg：包含了 printk 生成的内核消息。

(11) /proc/loadavg：给出以几个不同的时间间隔计算的系统平均负载，前三个数字是平均负载，这是通过计算过去 1min、5min、15min 里运行队列中的平均任务数得到的，随后是正在运行的任务数和总任务数，最后是上次使用的进程号。

(12) /proc/locks：文件中的每一行描述了特定文件和文件上的加锁信息以及对文件施加的锁的类型。

(13) /proc/mdstat：包含了由 md 设备驱动程序控制的 RAID 设备信息。

(14) /proc/meminfo：给出内存的使用信息，包括系统中空闲内存、已用物理内存和交换内存总量，还显示内核使用的共享内存和缓冲区总量。

(15) /proc/misc：列出由内核函数 misc_register 登记的设备驱动程序。

(16) /proc/modules：给出可加载内核模块的信息。lsmod 程序用这些信息显示有关模块的名称、大小、使用数目方面的信息。

(17) /proc/mounts：以/etc/mtab 文件的格式给出当前系统所安装的文件系统信息。这个文件也能反映出任何手动安装时在/etc/mtab 文件中没有包含的文件系统。

(18) /proc/scsi：包含一个列出了所有检测到的 SCSI 设备文件，并且为每种控制器驱动程序提供一个目录，在这个目录下又为已安装的此种控制器的每个实例提供一个子目录。

(19) /proc/stat：可以用该文件计算 CPU 的利用率。该文件包含了所有 CPU 活动的信息，所有值都是从系统启动开始累计到当前时刻。

(20) /proc/uptime：给出从上次系统启动以来的秒数以及其中有多少秒处于空闲，主要供 uptime 命令使用。

(21) /proc/version：给出正在运行的内核版本等信息。

(22) /proc/net：该目录包含了各种网络参数和统计信息，其中每个子目录和虚拟文件描述了系统网络配置的各个方面。

(23) /proc/sys：此目录中的许多项可用来调整系统的性能或改变内核的行为。

2. sysctl 命令

语法如下：

```
sysctl [-n] [-e] -w variable=value
```

或

```
sysctl [-n] [-e] -p <filename> (default /etc/sysctl.conf)
```

或

```
sysctl [-n] [-e] -a
```

功能：sysctl 命令配置与显示在/proc/sys 目录中的内核参数。可以用 sysctl 命令设置联网功能，如 IP 转发、IP 碎片去除以及源路由检查等。用户只需编辑/etc/sysctl. conf 文件，即可手动或自动执行由 sysctl 命令控制的功能。sysctl 命令各选项及其功能说明见

表 3-41。

表 3-41　sysctl 命令各选项及其功能说明

选项	功　能
-a	显示所有的系统参数
-p	从指定的文件加载系统参数，如不指定，即从/etc/sysctl.conf 文件中加载
-w	临时改变某个指定参数的值，如 sysctl　-w　net.ipv4.ip_forward=1 若仅是想临时改变某个系统参数的值，例如想启用 IP 路由转发功能，可以用两种方法来实现： (1) # echo 1 > /proc/sys/net/ipv4/ip_forward (2) # sysctl -w net.ipv4.ip_forward=1 以上两种方法都可能立即开启路由功能。但如果系统重启，所设置的值会丢失；如果想永久保留配置，可以修改/etc/sysctl.conf 文件，将 net.ipv4.ip_forward=0 改为 net.ipv4.ip_forward=1。 修改/etc/sysctl.conf 文件后为使变动立即生效，需执行以下命令：/sbin/sysctl -p

sysctl 命令是 procps-ng 软件包中的命令，procps-ng 软件包还提供了 w、ps、vmstat、pgrep、pkill、top、slabtop 等命令。

sysctl 命令可以读取设置超过 500 个系统变量，也可以通过编辑 sysctl.conf 文件来修改系统变量。sysctl 命令包含一些 TCP/IP 堆栈和虚拟内存系统的高级选项，这可以让有经验的管理员提高系统的性能。sysctl 变量的设置通常是字符串、数字或布尔型(1 来表示 yes，0 表示 no)。

示例如下：

```
#sysctl -a                          //查看所有可读变量
#sysctl net.ipv4.ip_forward         //读一个指定的变量
#sysctl net.ipv4.ip_forward=0 //设置一个指定的变量，用 variable=value 这样的语法
#sysctl -w kernel.sysrq=0
#sysctl -w kernel.core_uses_pid=1
#sysctl -w net.ipv4.conf.default.accept_redirects=0
#sysctl -w net.ipv4.conf.default.accept_source_route=0
#sysctl -w net.ipv4.conf.default.rp_filter=1
#sysctl -w net.ipv4.tcp_syncookies=1
#sysctl -w net.ipv4.tcp_max_syn_backlog=2048
#sysctl -w net.ipv4.tcp_fin_timeout=30
#sysctl -w net.ipv4.tcp_synack_retries=2
#sysctl -w net.ipv4.tcp_keepalive_time=3600
#sysctl -w net.ipv4.tcp_window_scaling=1
#sysctl -w net.ipv4.tcp_sack=1
```

3.4.3　系统日志和 dmesg 命令

系统日志记录着系统运行中的信息，在服务或系统发生故障时，通过查询系统日志，有助于进行诊断。系统日志一般存放在/var/log 目录下。常用的系统日志有/var/log/messages 和/var/log/secure。

下面分别介绍常用的系统日志和 dmesg 命令。

1. /var/log/messages

/var/log/messages 是核心系统日志文件，包含了系统启动时的引导消息以及系统运行

时的其他状态消息。I/O 错误、网络错误和其他系统错误都会记录到该文件中。如果服务正在运行，比如 DHCP 服务器，可以在 messages 文件中观察它的活动。通常，/var/log/messages 是在故障诊断时首先要查看的文件。可以执行以下命令查看该文件。

```
#tail -n10 /var/log/messages          //查看最后 10 条日志
#tail -f /var/log/messages            //实时查看服务器的日志变化
```

2. /var/log/secure

/var/log/secure 记录安全相关信息、系统登录信息与网络连接信息。例如，POP3、SSH、Telnet、FTP 等都会被记录，可以利用此文件找出不安全的登录 IP。

3. dmesg 命令

语法如下：

```
dmesg [options]
```

功能：显示开机信息。kernel 会将开机信息存储在 ring buffer 中。若是开机时来不及查看这些信息，可利用 dmesg 命令来查看。

3.4.4 关机等命令：shutdown、halt、reboot、init、runlevel、logout、startx

1. shutdown 命令

语法如下：

```
shutdown [选项] [时间] [警告信息]
```

功能：shutdown 命令可以关闭所有进程，并按用户的需要重新开机或关机。shutdown 命令只能由 root 用户运行。shutdown 命令各选项及其功能说明见表 3-42。

表 3-42 shutdown 命令各选项及其功能说明

选项	功能
-c	当执行 shutdown -h 11:50 命令时，只要按+键就可以中断关机的命令
-h	关机并彻底断电
-k	只发出警告信息给所有用户，但不会实际关机
-P	关机（默认）
-r	关机之后重新启动

有些用户会使用直接断掉电源的方式来关闭 Linux，这是十分危险的，因为 Linux 后台运行着许多进程，所以强制关机可能会导致进程的数据丢失，使系统处于不稳定状态，甚至在有的系统中会损坏硬件设备。

示例如下：

```
#shutdown -h +10 "System needs a rest"
```

该命令将一条警告信息发送给当前登录到系统上的所有用户，让他们有时间在系统关闭前结束自己的工作，系统将在 10min 后关闭。

2. halt 命令

语法如下：

```
halt [选项]
```

功能：关闭系统，其实 halt 就是调用 shutdown -h。

3. reboot 命令

语法如下：

```
reboot [选项]
```

功能：重新开机。执行 reboot 命令可让系统停止运作，并重新开机。

4. init 命令

语法如下：

```
init state
```

功能：改变系统状态。可以使用 init 命令重启或关闭系统等。init 命令使用表示系统状态的数字作为参数。系统状态及其含义见表 3-43。

表 3-43 系统状态及其含义

state	描 述
0	完全关闭系统
1	管理模式的单用户状态，只允许超级用户访问整个多用户文件系统
2	多用户状态，不支持 NFS。若没有网络，则和状态 3 相同
3	完全多用户模式，允许网络上的其他系统进行远程文件共享
4	未使用
5	只用在 X11 上，即 GUI
6	关闭并重启系统
s/S	同 state=1，单用户模式，只允许一个用户(root)访问系统

不管是进入哪一种状态(除关机状态)，都可以使用 init 命令切换到其他状态。如果默认状态为 3，则可执行 # init 5 命令切换到状态 5，即 GUI。

注意：在 RHEL 7/8 中，init 进程已经被 systemd 进程替换，执行 init 命令时，实际是执行 systemd 进程。具体请见 3.3 节。

5. runlevel 命令

可以使用 runlevel 命令查看当前系统所处的运行级别。

6. logout 命令

语法如下：

```
logout
```

功能：注销用户。注销的目的在于防止其他用户继续用当前用户的权限去存取文件。长久离开以及下班时要记得注销用户。

7. startx 命令

在控制台(纯命令行环境)的命令行执行 startx 命令启动 X Window。

3.4.5 其他命令：man、date、hwclock /clock、tzselect、cal、eject、clear /reset

1. man 命令

语法如下：

```
man [-ka] [command_name]
```

功能：显示参考手册，提供联机帮助信息。

选项：-k 选项按指定关键字查询有关命令，-a 选项查询参数的所有相关页。

man page 分成 9 个标准章节，见表 3-44。

表 3-44 man page 的 9 个标准章节

章节	读 者	主 题	章节	读 者	主 题
1	一般用户	命令	6	一般用户	游戏
2	开发人员	系统调用	7	一般用户	一般信息
3	开发人员	库函数	8	管理员	管理员命令
4	管理员	设备文件	9	管理员	内核例程(非标准)
5	一般用户	文件格式			

在不同章节的页有时会有相同的名字，比如 passwd 命令和/etc/passwd 文件。如果执行 man passwd 命令，则只显示首先搜索到的页(即 passwd 命令)。要查看/etc/passwd 文件的帮助页，必须指明章节数，即用 man 5 passwd 命令。

man page 通常会在页名后将章节数用括号括起来，如 passwd(1)、passwd(5)。每章都包括一个叫 intro 的介绍页，所以用 man 5 intro 命令可查看第 5 章的介绍页。

示例如下：

```
#man -k passwd
#man 5 passwd
#man -a passwd
#man 5 intro
```

2. date、hwclock/clock、tzselect 命令

Linux 时钟分为系统时钟(System Clock)和硬件时钟(Real Time Clock，RTC)。系统时钟是指当前 Linux 内核中的时钟，而硬件时钟则是主板上由电池供电的时钟，这个硬件时钟可以在 BIOS 中进行设置。当 Linux 启动时，系统时钟会去读取硬件时钟的设置，然后系统时钟就会独立于硬件时钟运作。

Linux 中的所有命令(包括函数)都是采用系统时钟。在 Linux 中，用于时钟查看和设置的命令主要有 date、hwclock/clock。clock 是 hwclock 的符号链接。

只有超级用户才有权限使用 date 命令设置时间,一般用户只能使用 date 命令显示时间。当以 root 身份更改了系统时间之后,一定要用 # clock -w 命令将系统时间写入 CMOS 中,这样下次重新开机时系统时间才会保持最新的正确值。

(1) date 命令的执行效果。

```
#date                                //查看系统时间
2014年05月10日 星期五 07:50:28 CST
#date --set "05/10/14 10:10:20"      //(月/日/年 时:分:秒)设置系统时间
#date -d 'nov 12'                    //今年11月12日是星期三
2014年11月12日 星期三 00:00:00 CST
#date -d '6 weeks'                   //6周后的日期
2014年06月20日 星期五 07:54:07 CST
#date -d '60 days ago'          //60天前的日期,使用ago指令,可以得到过去的日期
2014年03月10日 星期一 07:54:50 CST
#date -d '-60 days'                  //60天前的日期,使用负数以得到相反的日期
2014年03月10日 星期一 07:55:37 CST
#date -d '60 days'                   //60天后的日期
2014年07月08日 星期二 07:56:16 CST
#date -s                        //设置当前时间,只有root权限才能设置,其他只能查看
#date -s 20140511               //设置成20140511,这样会把具体时间设置成空00:00:00
#date -s 10:10:11                    //设置具体时间,不会对日期做更改
#date -s "10:10:11 2014-05-11"       //这样可以设置全部时间
#date -s "10:10:11 20140511"         //这样可以设置全部时间
#date -s "2014-05-11 10:10:11"       //这样可以设置全部时间
#date -s "20140511 10:10:11"         //这样可以设置全部时间
#date +%Y%m%d                        //显示前天的年、月、日
20140510
#date +%Y%m%d --date="+1 day"        //显示后一天的日期
#date +%Y%m%d --date="-1 day"        //显示前一天的日期
#date +%Y%m%d --date="-1 month"      //显示上一月的日期
#date +%Y%m%d --date="+1 month"      //显示下一月的日期
#date +%Y%m%d --date="-1 year"       //显示前一年的日期
20130510
#date +%Y%m%d --date="+1 year"       //显示下一年的日期
```

(2) hwclock/clock 命令的执行效果。

```
#hwclock --show                                   //查看硬件时间
2019-04-30 09:59:07.515864+08:00
#hwclock --set --date="04/30/19 10:10:20"  //(月/日/年 时:分:秒)设置硬件时间
```

另外,可使硬件时间和系统时间同步。按照前面的说法,重新启动系统,硬件时钟会读取系统时间,实现同步。但是在不重新启动的时候,需要用 hwclock 或 clock 命令实现同步。

```
#hwclock --hctosys       //从硬件时钟设置系统时间,hc代表硬件时钟,sys代表系统时间
#hwclock --systohc       //从当前系统时间设置硬件时钟
```

(3) tzselect 命令的执行效果。

```
#tzselect                    //可以根据提示设置时区
```

3. cal 命令

语法如下：

```
cal [选项] [[[日] 月] 年]
```

功能：显示某年某月的日历。cal 命令各选项及其功能说明见表 3-45。

表 3-45 cal 命令各选项及其功能说明

选项	功　能
-1	只显示当前月份(默认)
-3	显示上个月、当月和下个月的月历
-j	显示给定月中的每一天是一年中的第几天(从 1 月 1 日算起)
-m	周一作为一周第一天
-s	周日作为一周第一天(默认)
-y	显示整年的日历

示例如下：

```
#cal                    //显示当前月份的日历
#cal 5 2019             //显示指定月份的日历
#cal -y 2019            //显示 2019 年日历
#cal -j                 //显示自 1 月 1 日的天数
#cal -m                 //星期一显示在第一列
```

4. eject 命令

语法如下：

```
eject [选项] [设备]
```

功能：退出抽取式设备(比如光盘)。eject 命令各选项及其功能说明见表 3-46。

表 3-46 eject 命令各选项及其功能说明

选　项	功　能
-r, --cdrom	弹出 CD-ROM
-t, --trayclose	关闭托盘
-T, --traytoggle	开关托盘

5. clear/reset 命令

clear 命令将会清屏。

reset 命令将完全刷新终端屏幕,之前的终端信息会被清空。

3.5 系统监视

3.5.1 GNOME 系统监视器：gnome-system-monitor

GNOME 桌面系统包含一个系统监视器来协助用户监视系统性能。在终端窗口执行命令 gnome-system-monitor,或依次选择"应用程序"→"工具"→"系统监视器"命令,会出现"系统监视器"对话框,该对话框有 3 个选项卡(进程、资源、文件系统),每个都显示不同的系统信息,"进程"选项卡显示关于活动进程的具体信息;"资源"选项卡显示目前 CPU 的占用率、内存和交换空间使用量、网络使用情况;"文件系统"选项卡列出了所有挂载的文件系统及其基本信息。

3.5.2 系统活动情况报告：sar

sar(system activity reporter,系统活动情况报告)由 sysstat 软件包(yum install sysstat)提供。可以从多方面对系统的活动进行报告,包括文件的读/写情况、系统调用的使用情况、磁盘 I/O、CPU 效率、内存使用状况、进程活动及 IPC 有关的活动等。sar 命令常用格式如下：

```
sar [options] [-A] [-o file] interval [count]
```

sar 命令各选项及其功能说明见表 3-47。

表 3-47 sar 命令各选项及其功能说明

选　项	功　能
-a	文件读/写情况
-A	所有报告的总和
-b	显示 I/O 和传送速率的统计信息
-c	输出进程统计信息,以及每秒创建的进程数
-d	输出每一个块设备的活动信息
interval [count]	interval 为采样间隔;count 为采样次数,默认值是 1
-n	汇报网络情况
-o file	表示将命令结果以二进制格式存放在文件中,file 是文件名
-p	磁盘设备名称显示为 sda 等。若不用参数-p,则有可能是 dev8-0 等
-P	该选项为多核 CPU 而设计,可以显示每个核的运行信息
-q	汇报队列长度和负载信息
-r	输出内存和交换空间的统计信息
-R	输出内存页面的统计信息
-u	输出 CPU 使用情况的统计信息
-v	输出 inode、文件和其他内核表的统计信息
-w	输出系统交换活动信息
-y	终端设备的活动情况

1. 查看 CPU 资源

执行如下命令，观察 CPU 的使用情况，每 2s 采样一次，采样 3 次，将采样结果以二进制形式存入当前目录的 sys_info 文件中。

```
#sar -u -o sys_info 2 3
```

命令输出如图 3-26 所示。

16时37分44秒	CPU	%user	%nice	%system	%iowait	%steal	%idle
16时37分46秒	all	1.91	1.40	6.63	0.51	0.00	89.54
16时37分48秒	all	1.77	1.52	6.96	0.51	0.00	89.24
16时37分50秒	all	2.15	1.52	6.58	0.00	0.00	89.75
平均时间:	all	1.95	1.48	6.73	0.34	0.00	89.51

图 3-26　sar 命令的输出(1)

输出项说明如下。

CPU：all 表示统计信息为所有 CPU 的平均值。

%user：表示在用户级别运行所占用 CPU 总时间的百分比。

%nice：表示在用户级别用于 nice 操作所占用 CPU 总时间的百分比。

%system：表示在内核级别运行所占用 CPU 总时间的百分比。

%iowait：表示用于等待 I/O 操作所占用 CPU 总时间的百分比。若%iowait 的值过高，表示硬盘存在 I/O 瓶颈。

%steal：表示管理程序为另一个虚拟进程提供服务而等待虚拟 CPU 的百分比。

%idle：表示 CPU 空闲时间所占用 CPU 总时间的百分比。如果%idle 的值过高但是系统响应慢时，有可能是内存不足。

sys_info 是二进制文件，执行如下命令查看。

```
#sar -f sys_info
```

若使用-P 选项指定某个核，则会针对该核给出具体性能信息，命令如下：

```
#sar -P 0 1 3
```

若使用-P ALL 时，则会根据每个核都给出其具体性能信息，命令如下：

```
#sar -P ALL 1 3
```

2. 查看内存和交换空间

命令如下：

```
sar -r 1 3
```

3. 查看 I/O 和传送速率

命令如下：

```
sar -b 1 3
```

命令输出如图 3-27 所示。

17时03分17秒	tps	rtps	wtps	bread/s	bwrtn/s
17时03分18秒	8.00	0.00	8.00	0.00	64.00
17时03分19秒	1.98	0.00	1.98	0.00	23.76
17时03分20秒	2.00	0.00	2.00	0.00	112.00
平均时间:	3.99	0.00	3.99	0.00	66.45

图 3-27　sar 命令的输出(2)

输出项说明如下。

tps：每秒物理设备的 I/O 传输总量。

rtps：每秒从物理设备读入的数据总量。

wtps：每秒向物理设备写入的数据总量。

bread/s：每秒从物理设备读入的数据量,单位为"块/s"。

bwrtn/s：每秒向物理设备写入的数据量,单位为"块/s"。

4. 查看进程队列长度和平均负载状态

命令如下：

```
sar -q 1 3
```

命令输出如图 3-28 所示。

17时06分45秒	runq-sz	plist-sz	ldavg-1	ldavg-5	ldavg-15	blocked
17时06分46秒	0	1061	0.86	0.81	0.75	0
17时06分47秒	0	1061	0.86	0.81	0.75	0
17时06分48秒	0	1061	0.79	0.79	0.74	0
平均时间:	0	1061	0.84	0.80	0.75	0

图 3-28　sar 命令的输出(3)

输出项说明如下。

runq-sz：运行队列的长度,即等待运行的进程数。

plist-sz：进程列表中进程和线程的数量。

ldavg-1：过去 1min 的系统平均负载。

ldavg-5：过去 5min 的系统平均负载。

ldavg-15：过去 15min 的系统平均负载。

5. 查看设备使用情况

命令如下：

```
sar -d 1 3 -p
```

命令输出如图 3-29 所示。

17时14分57秒	DEV	tps	rkB/s	wkB/s	areq-sz	aqu-sz	await	svctm	%util
17时14分58秒	sda	0.00	0.00	0.00	0.00	0.00	0.00	0.00	0.00
17时14分59秒	sda	4.00	0.00	32.00	8.00	0.12	30.75	18.75	7.50
17时15分00秒	sda	0.00	0.00	0.00	0.00	0.00	0.00	0.00	0.00
平均时间:	sda	1.33	0.00	10.67	8.00	0.04	30.75	18.75	2.50

图 3-29　sar 命令的输出(4)

输出项说明如下。

tps：每秒对物理磁盘进行 I/O 操作的次数。多个逻辑请求会被合并为一个 I/O 磁盘请求，每次传输的大小是不确定的。

rkB/s：每秒从设备读取的千字节数。

wkB/s：每秒写入设备的千字节数。

areq-sz：向设备发出的 I/O 请求的平均大小(以 KB 为单位)。

aqu-sz：向设备发出的请求的平均队列长度。

await：从请求磁盘操作到系统完成处理，每次请求的平均消耗时间，包括请求队列等待时间，单位是 ms。

svctm：系统处理每次请求的平均时间，不包括在请求队列中消耗的时间。

%util：I/O 请求所占用 CPU 总时间的百分比。

3.6 本章小结

Linux 是一个多用户、多任务的操作系统，因此用户管理是其最基本的功能之一。用户管理主要包括用户账号和群组的增加、删除、修改以及查看等操作。另外，本章还介绍了进程管理、系统和服务管理以及其他相关命令的使用方法。特别是系统和服务管理，这部分内容是 RHEL 7/8 较之前版本变化比较大的部分。

3.7 习题

1. 填空题

(1) 建立用户账号的命令是________。

(2) 设定账号密码的命令是________。

(3) 更改用户密码过期信息的命令是________。

(4) 创建一个新组的命令是________。

(5) 列出目前与过去登录系统用户的相关信息的命令是________。

(6) 用于在不注销的情况下切换到系统中的另一个用户的命令是________。

(7) 显示系统中进程信息的命令是________。

(8) 以树状方式表现进程的父子关系的命令是________。

(9) 显示当前系统正在执行的进程的相关信息的命令是________。

(10) 通过程序的名字或其他属性查找进程的命令是________。

(11) 根据确切的程序名称，找出一个正在运行的程序的 PID 的命令是________。

(12) 用于杀死指定名字进程的命令是________。

(13) 通过进程名或进程的其他属性直接杀死所有进程的命令是________。

(14) 在桌面用的杀死图形界面程序的命令是________。

(15) 调整程序运行的优先级的命令是________。

(16) 有时希望系统能够定期执行或者在指定时间执行一些程序，此时可以使用________和________命令。

(17) 以守护进程方式执行任务的命令是________。

(18) ________是一款优秀的终端复用软件。

(19) 监视和控制 systemd 的命令是________。

(20) 以树形列出正在运行的进程，可以递归显示 Linux 控制组内容的命令是________。

(21) systemctl reboot 命令的作用是________。

(22) systemctl poweroff 命令的作用是________。

(23) systemctl enable httpd. service 命令的作用是________。

(24) systemctl start httpd. service 命令的作用是________。

(25) systemctl list-units --type=service 命令的作用是________。

(26) systemctl enable multi-user. target 命令的作用是________。

(27) 查询系统的 journal(日志)的命令是________。

(28) 显示计算机硬件平台及操作系统版本等相关信息的命令是________。

(29) 显示或者设置当前系统的主机名的命令是________。

(30) 显示内存使用情况的命令是________。

(31) ________是一个虚拟文件系统，它允许用户和管理员查看系统的内核视图，向用户呈现内核中的一些信息，也可用作一种从用户空间向内核空间发送信息的手段。

(32) 配置与显示在/proc/sys 目录中内核参数的命令是________。

(33) 常用的系统日志文件是________________和________________。

(34) 在终端窗口执行命令________________可以打开 GNOME 系统监视器。

(35) ________命令可以从多方面对系统的活动进行报告，包括文件的读/写情况、系统调用的使用情况等。

2. 选择题

(1) 当安装好 Linux 后，系统默认的账号是________。

A. administrator　B. guest　C. root　D. boot

(2) Linux 操作系统中，将加密过的密码放到________文件中。

A. /etc/shadow　B. /etc/passwd　C. /etc/password　D. other

(3) 变更用户身份的命令是________。

A. who　B. where　C. whoami　D. su

(4) 用于终止某一进程执行的命令是________。

A. end　B. stop　C. kill　D. free

(5) 不能用来关机的命令是________。

A. shutdown　B. halt　C. init　D. logout

(6) 能用来关机的命令是________。

A. reboot　B. runlevel　C. login　D. init

3. 上机题

(1) 使用用户管理器对用户账号和群组进行增加、删除等操作。

(2) 使用 Shell 命令对用户账号和群组进行增加、删除等操作。
(3) 用 cal 命令查看 2019 年的国庆节是星期几。
(4) 用 who 命令查看当前登录在系统中的用户列表、用户总数等信息。
(5) 显示内存使用情况。
(6) 使用 crontab 命令定期执行一些任务。
(7) 通过 systemd 设置定时任务：每小时发送一封电子邮件。
(8) 通过 systemd 设置开机启动时自动发送一封电子邮件。
(9) 通过 rc.local 设置开机启动时自动发送一封电子邮件。

第4章　磁盘与文件管理

本章学习目标

- 了解磁盘管理相关命令的语法。
- 了解文件与目录管理相关命令的语法。
- 了解文件与目录安全相关命令的语法。
- 了解强制位与粘贴位、文件隐藏属性、ACL。
- 了解文件的压缩与解压缩相关命令的语法。
- 了解文件关联。
- 熟练掌握磁盘管理相关命令的使用。
- 熟练掌握文件与目录管理相关命令的使用。
- 熟练掌握文件与目录安全相关命令的使用。
- 熟练掌握文件的压缩与解压缩相关命令的使用。

对于任何一个通用操作系统，磁盘管理与文件管理是其必不可少的功能，同样，Linux操作系统提供了非常强大的磁盘与文件管理功能。

4.1　磁盘管理

在Linux操作系统中，如何高效地对磁盘空间进行使用和管理，是一项非常重要的技术，下面对文件系统的挂载、磁盘空间使用情况的查看等内容进行介绍。

4.1.1　文件系统挂载：fdisk -l、mount、umount、findmnt、lsblk、blkid、partx、/etc/fstab、e2label/xfs_admin

文件系统是操作系统最为重要的一部分，它定义了磁盘上储存文件的方法和数据结构。每种操作系统都有自己的文件系统，如Windows所用的文件系统主要有FAT32和NTFS，Linux所用的文件系统主要有ext2、ext3、ext4、xfs、brtfs等。在磁盘分区上创建文件系统后，就能在磁盘分区上存取文件了。

在Linux里，每个文件系统都被解释为由一个根目录为起点的目录树结构。Linux将每个文件系统挂载在系统目录树中的某个挂载点上。

Linux能够识别许多文件系统，目前比较常见的可识别的文件系统如下。

- ext3/ext4/xfs/brtfs：这些是Linux操作系统中使用最多的文件系统。ext3文件系统即一个添加了日志功能的 ext2 文件系统，可与 ext2 文件系统无缝兼容。RHEL 5 中默认使用的是 ext3 文件系统；RHEL 6 中默认使用的是 ext4 文件系统，能够与 ext3 文件系统无缝兼容；RHEL 8 中默认使用的是 xfs 文件系统。

- swap：用于 Linux 磁盘交换分区的特殊文件系统。
- vfat：扩展的 DOS 文件系统(FAT32)，支持长文件名。
- msdos：DOS、Windows 和 OS/2 使用该文件系统。
- nfs：网络文件系统。
- smbfs/cifs：支持 SMB 协议的网络文件系统。
- iso9660：CD-ROM 的标准文件系统。

文件系统是文件存放在磁盘等存储设备上的组织方法。一个文件系统的好坏主要体现在对文件和目录的组织上。目录提供了管理文件的一个方便而有效的途径，能够从一个目录切换到另一个目录，而且可以设置目录和文件的权限，设置文件的共享程度。

使用 Linux，用户可以设置目录和文件的权限，以便允许或拒绝其他人对其进行访问。Linux 目录采用多级树形结构，用户可以浏览整个系统，可以进入任何一个已授权进入的目录，访问那里的文件。

内核、Shell 和文件系统一起形成了基本的操作系统结构，它们使得用户可以运行程序、管理文件以及使用系统。此外，Linux 操作系统还有许多被称为实用工具的程序，辅助用户完成一些特定的任务。

文件系统的挂载主要有两种方式：手动挂载和系统启动时挂载。

1. mount 命令(手动挂载)

语法如下：

```
mount [选项] [设备] [挂载点]
```

功能：将设备挂载到挂载点处，设备是指要挂载的设备名称，挂载点是指文件系统中已经存在的一个目录名。mount 命令的选项有"-t ＜文件系统类型＞"和"-o ＜选项＞"，其中的"文件系统类型"和"选项"可取值及其含义见表 4-1。

表 4-1 "文件系统类型"和"选项"可取值及其含义

文件系统类型	含 义	选 项	含 义
ext4/xfs	Linux 目前常用的文件系统	ro	以只读方式挂载
msdos	MS-DOS 的文件系统，即 FAT16	rw	以读/写方式挂载
vfat	即 FAT32	remount	重新挂载已经挂载的设备
iso9660	CD-ROM 光盘标准文件系统	user	允许一般用户挂载设备
ntfs	NTFS 文件系统	nouser	不允许一般用户挂载设备
auto	自动检测文件系统	codepage=×××	代码页
swap	交换分区的系统类型	iocharset=×××	字符集

Linux 操作系统中，磁盘分区不能直接访问，需要将其挂载到系统中的某一个目录中(挂载点)，然后通过访问挂载点来实现分区的访问。

【实例 4-1】 文件系统挂载。

第 1 步：使用 fdisk 命令查看磁盘分区情况，如图 4-1 所示，主要是看设备(如/dev/sda5)与文件系统(Windows 95，FAT32)之间的对应关系。对 fdisk 命令的介绍见实例 4-3。

在 Linux 操作系统中，对不同的分区都定义了不同的类型。常见的类型如下。

- 5：扩展分区。
- 82：交换分区(swap 分区)。
- 83：Linux 标准分区(ext2/ext3/ext4/xfs)。
- 8e：LVM 分区。
- fd：软件 RAID 分区。
- f：FAT32 分区。
- c：FAT32(LAB)分区。
- 7：NTFS 分区。

注意：fdisk 创建分区执行命令的流程：①fdisk ＜磁盘设备名＞；②n 命令(创建新的分区)；③t 命令(修改分区类型)；④w 命令(保存并退出)。fdisk 命令的具体用法见 4.1.3 小节。

第 2 步：使用图 4-1 中第 2 条命令，在/mnt/目录下创建挂载点。

```
[root@localhost 桌面]# fdisk -l

磁盘 /dev/sda：1000.2 GB, 1000204886016 字节，1953525168 个扇区
Units = 扇区 of 1 * 512 = 512 bytes
扇区大小(逻辑/物理)：512 字节 / 512 字节
I/O 大小(最小/最佳)：512 字节 / 512 字节
磁盘标签类型：dos
磁盘标识符：0xf0b1ebb0

   设备 Boot      Start         End      Blocks   Id  System
/dev/sda1       110318355  1953520064   921600855    f  W95 Ext'd (LBA)
/dev/sda2        69353472   110313471    20480000   83  Linux
/dev/sda3        28386855    69352604    20482875   83  Linux
/dev/sda4   *          63    28386854    14193396    7  HPFS/NTFS/exFAT
/dev/sda5       110318418   171766979    30724281    b  W95 FAT32
/dev/sda6       171767043   233215604    30724281    b  W95 FAT32
/dev/sda7       233215668   438028289   102406311    7  HPFS/NTFS/exFAT
/dev/sda8       438028353   642840974   102406311   83  Linux
/dev/sda9       642841038  1052450279   204804621   83  Linux
/dev/sda10     1052450343  1462059584   204804621    b  W95 FAT32
/dev/sda11     1462059648  1871668889   204804621    b  W95 FAT32
/dev/sda12     1871668953  1873725209     1028128+  83  Linux
/dev/sda13     1873725273  1875781529     1028128+  82  Linux swap / Solaris
/dev/sda14     1875781593  1953520064    38869236    b  W95 FAT32

Partition table entries are not in disk order
[root@localhost 桌面]# mkdir /mnt/{iso,c,d,tmp}
[root@localhost 桌面]# mount /dev/sda5 /mnt/d
[root@localhost 桌面]# ls /mnt/d/a*
/mnt/d/arp_s.bat
[root@localhost 桌面]# umount /mnt/d/
[root@localhost 桌面]# ls /mnt/d/a*
ls: 无法访问/mnt/d/a*: 没有那个文件或目录
[root@localhost 桌面]# 
```

图 4-1 挂载文件系统

注意：可以在其他目录中创建挂载点，但不提倡这样做。

第 3 步：使用图 4-1 中第 3 条命令将设备/dev/sda5(Windows 中的 D 盘)挂载到/mnt/

d 目录下，文件系统类型为 vfat，即 FAT32。使用第 4 条命令就可以查看该设备中的内容了。

注意：UNIX(Linux)的基本原则是一切皆文件；即目录、字符设备、块设备等都可以看成文件，都可用 fopen()、fclose()、fwrite()、fread()等函数进行操作，这样屏蔽了硬件的区别。所有设备都抽象成文件，提供了统一的接口给用户。

2. umount 命令

语法如下：

```
umount [选项] [挂载点]/[设备名]
```

功能：将使用 mount 命令挂载的文件系统卸载。

在图 4-1 中，当操作完毕后，可以使用第 5 条命令将设备(/dev/sda5 或/mnt/d)卸载。然后用第 6 条命令再来看挂载点中内容时，发现为空，表明设备已卸载。

注意：设备卸载时，当前目录不能在挂载点中、不能使用挂载点中的数据。

3. findmnt 命令

语法如下：

```
findmnt [选项] [设备名]
```

功能：findmnt 命令将列出所有挂载的文件系统。

4. lsblk 命令

语法如下：

```
lsblk [选项] [设备名]
```

功能：lsblk 命令将列出所有可用的或指定的块设备的信息。

示例如下：

```
[root@localhost ~]#lsblk          //列出当前系统中所有块设备的信息
NAME      MAJ:MIN RM     SIZE RO TYPE MOUNTPOINT
sda         8:0    0   465.8G  0 disk
├─sda1      8:1    0    48.9G  0 part
├─sda2      8:2    0       1K  0 part
├─sda5      8:5    0    39.1G  0 part /
├─sda6      8:6    0    97.7G  0 part /run/media/root/1B9AF49B11E9A031
├─sda7      8:7    0    97.7G  0 part /run/media/root/6E6BD26C47A680C4
├─sda8      8:8    0    48.9G  0 part /run/media/root/E6B2798BB279614B
├─sda9      8:9    0   132.1G  0 part /opt
├─sda10     8:10   0     604M  0 part /boot
└─sda11     8:11   0 1002.5M  0 part [SWAP]
sr0        11:0    1    1024M  0 rom
```

5. blkid 命令

语法如下：

```
blkid [选项] [设备名]
```

功能：blkid 命令查看块设备(包括交换分区)的文件系统类型、LABEL、UUID、挂载目录等信息。

示例如下：

```
[root@localhost 桌面]#blkid        //列出当前系统中所有已挂载文件系统的类型
/dev/sda2: LABEL="rhel7" UUID="50ce223f-a1c2-4b6c-9288-448cb9ed34e8" TYPE="
xfs"
/dev/sda3: UUID="a7a028b9-1f6f-4261-ab4d-d2333b7de75f" TYPE="ext4"
/dev/sda4: UUID="5A54CD0554CCE53B" TYPE="ntfs"
/dev/sda5: LABEL="TOOLS" UUID="997E-50D2" TYPE="vfat"
/dev/sda6: LABEL="DATA" UUID="E63D-7941" TYPE="vfat"
/dev/sda7: LABEL="SCHOOL" UUID="0A27A8791083E690" TYPE="ntfs"
/dev/sda8: UUID="904a2335-0e3c-42d2-bc15-2438cea2c044" TYPE="ext3"
/dev/sda9: UUID="9f98fd30-78db-475b-b68c-e27ba673bdfc" SEC_TYPE="ext2" TYPE
="ext3"
/dev/sda12: UUID="59a9499f-4e9a-4d44-b152-03a14db6bc33" TYPE="ext3"
/dev/sda13: UUID="8295c378-3cc4-4503-a754-d37d359170eb" TYPE="swap"
```

示例如下：

```
#blkid /dev/sda1                    //查看/dev/sda1 设备所采用的文件系统类型
#blkid -s UUID /dev/sda5            //显示指定设备 UUID
#blkid -s UUID                      //显示所有设备 UUID
#blkid -s LABEL /dev/sda5           //显示指定设备 LABEL
#blkid -s LABEL                     //显示所有设备 LABEL
#blkid -s TYPE                      //使用 TYPE 标签,查看所有设备文件系统
#blkid -o device                    //显示所有设备
#blkid -o list                      //以列表方式查看详细信息
```

注意：UUID(Universally Unique Identifier,通用唯一识别码)是指在一台机器上生成的数字,它保证同一时空中的所有机器都是唯一的。UUID 为系统中的存储设备提供唯一的标识字符串,不管这个设备是什么类型的。

6. partx 命令

语法如下：

```
partx [选项] [设备名]
```

功能：partx 命令试图解析块设备的分区表并列出其内容。

示例如下：

```
[root@localhost ~]#partx /dev/sda
NR  START      END        SECTORS    SIZE    NAME  UUID
 1  63         102414374  102414312  48.9G         23e023df-01
 2  102416382  976768064  874351683  416.9G        23e023df-02
 5  102416384  184342527  81926144   39.1G         23e023df-05
 6  184345938  389158559  204812622  97.7G         23e023df-06
```

```
 7  389158623  593971244  204812622  97.7G      23e023df-07
 8  593971308  696385619  102414312  48.9G      23e023df-08
 9  696385683  973471743  277086061  132.1G     23e023df-09
10  973474803  974711744  1236942    604M       23e023df-0a
11  974714880  976768064  2053185    1002.5M    23e023df-0b
```

7. /etc/fstab 文件（系统启动时挂载）

虽然用户可以使用 mount 命令来挂载一个文件系统，但是，若将挂载信息写入/etc/fstab 文件中，将会简化这个过程，当系统启动时，系统会自动从/etc/fstab 文件中读取配置项，自动将指定的文件系统挂载到指定的目录。

/etc/fstab 文件内容如下：

```
#/etc/fstab
#Created by anaconda on Fri Apr 19 16:24:11 2019
#Accessible filesystems, by reference, are maintained under '/dev/disk'
#See man pages fstab(5), findfs(8), mount(8) and/or blkid(8) for more info
UUID=50ce223f-a1c2-4b6c-9288-448cb9ed34e8  /      xfs   defaults  1 1
UUID=59a9499f-4e9a-4d44-b152-03a14db6bc33  /boot  ext2  defaults  0 0
UUID=904a2335-0e3c-42d2-bc15-2438cea2c044  /opt   ext4  defaults  0 0
UUID=8295c378-3cc4-4503-a754-d37d359170eb  swap   swap  defaults  0 0
```

/etc/fstab 文件结构如下：

```
[file system] [mount point] [type] [options] [dump] [pass]
```

(1) [file system]：用来指定要挂载的文件系统的设备名称或块信息，也可以是远程的文件系统。此外，还可以用 LABEL（卷标）或 UUID 来表示。用 LABEL 表示之前，先要用 e2label 创建卷标，如 e2label /dev/sda8 data，其意思是指用 data 来表示/dev/sda8 的名称。然后，再在/etc/fstab 文件下按如下形式添加。

```
LABEL=data /mnt/sda8 <type><options><dump><pass>
```

系统重启后，会将/dev/sda8 挂载到/mnt/sda8 目录上。

可以通过"blkid ＜设备名＞"命令查询设备的 UUID 与文件系统类型。

对于 UUID，可用 blkid -o value -s UUID /dev/sdxx 命令来获取。比如，想挂载第 1 块硬盘的第 8 个分区，先用 blkid -o value -s UUID /dev/sda8 命令取得 UUID，假如是 7gd593gr-2589-dfgb-23f4-df34df5g4f8k，则 UUID＝7gd593gr-2589-dfgb-23f4-df34df5g4f8k，即可表示/dev/sda8。

(2) [mount point]：挂载点，也就是找一个或创建一个目录，再把＜file sysytem＞挂载到这个目录上，然后就可以从这个目录中访问挂载的文件系统了。对于 swap 分区，这个域应该填写 swap，表示没有挂载点。

(3) [type]：用来指文件系统的类型。下面的文件系统都是目前 Linux 所能支持的：adfs、befs、cifs、ext3、ext2、ext、iso9660、kafs、minix、msdos、vfat、umsdos、proc、reiserfs、

swap、squashfs、nfs、hpfs、ncpfs、ntfs、affs、ufs、btrfs、ext4、xfs 等。

(4) [options]: 用来填写设置选项,各个选项用逗号隔开。由于选项非常多,而这里篇幅有限,所以不再作详细介绍,如需了解,请用 man mount 命令来查看。但在这里有个非常重要的关键字需要了解一下,即 defaults,它代表了选项 rw,suid,dev,exec,auto,nouser,async。

可用的 mount 选项及其含义见表 4-2。

表 4-2　可用的 mount 选项及其含义

选　项	含　义
async	对该文件系统的所有 I/O 操作都异步执行
ro	按只读权限挂载,挂载后,该文件系统是只读的
rw	按可读可写权限挂载,挂载后,该文件系统是可读可写的
atime	更新每次存取 i 节点(inode)的时间
auto	系统自动挂载,可以使用-a 选项挂载
noauto	开机不自动挂载,这个文件系统不能使用-a 选项来挂载。光驱只有在装有介质时才可以进行挂载,因此它是非自动化的
dev	解释在文件系统上的字符或区块设备
exec	允许执行二进制文件
noatime、nodiratime	不要在这个文件系统上更新存取时间(如果有 noatime,就不需要 nodiratime 了)
nodev	不要解释在文件系统上的字符或区块设备
noexec	不允许在挂载过的文件系统上执行任何的二进制文件。这个选项对于具有包含非它自己的二进制结构的文件系统服务器而言非常有用
nosuid	不允许 setuid 和 setgid 位发生作用(这似乎很安全,但是在安装 suidperl 后,却并不安全)
nouser	限制一般非 root 用户挂载文件系统,只有超级用户可以挂载
remount	尝试重新挂载已经挂载过的文件系统。这通常是用来改变文件系统的挂载标志,特别是让只读的文件系统变成可擦写的
suid	允许 setuid 和 setgid 位发生作用
sync	对该文件系统的所有 I/O 操作都同步执行
user	允许一般非 root 用户挂载文件系统(即任何用户都可以挂载)。这个选项会应用 noexec、nosuid、nodev 这三个选项(除非在命令行上有指定覆盖这些设定的选项)

注意:当文件被创建、修改和访问时,Linux 会记录这些时间信息。记录文件最近一次被读取的时间信息,当系统的读文件操作频繁时,将是一笔不小的开销。所以,为了提高系统的性能,可在读取文件时不修改文件的 atime 属性。可通过使用 noatime 选项做到这一点。当以 noatime 选项加载(mount)文件系统时,对文件的读取不会更新文件属性中的 atime 信息。设置 noatime 的重要性是消除了文件系统对文件的写操作,文件只是简单地被系统读取。由于写操作相对读来说要更消耗系统资源,所以这样设置可以明显提高磁盘 I/O 的效率,提升文件系统的性能,提高服务器的性能。

(5) [dump]: 为 1 表示要将整个<file sysytem>里的内容备份;为 0 表示不备份。现在很少用到 dump 这个工具,这里一般选 0。

(6) [pass]: 用来指定如何使用 fsck 命令来检查硬盘。如果为 0,则不检查;若挂载点为根分区“/”,必须在这里填写 1,其他不能填写 1。如果有分区填写大于 1 的值,则在检查完根分区后,接着按填写的数字从小到大依次检查下去。同样数字的会同时检查。比如第一和第二个分区填写 2,第三和第四个分区填写 3,则系统在检查完根分区后,接着同时检查第一和第二个分区,然后再同时检查第三和第四个分区。

示例如下:

要在/etc/fstab 文件中添加一条记录,可以直接编辑该文件。如图 4-2 中的第 7 行,将 Windows 的一个分区(/dev/hda10)挂载到了/mnt/dos 目录下。该文件的每条记录包含多个字段,字段之间用空格键或 Tab 字符分开。

```
LABEL=/              /           ext3    defaults          1 1
tmpfs                /dev/shm    tmpfs   defaults          0 0
devpts               /dev/pts    devpts  gid=5,mode=620    0 0
sysfs                /sys        sysfs   defaults          0 0
proc                 /proc       proc    defaults          0 0
LABEL=SWAP-sda11     swap        swap    defaults          0 0
/dev/hda10           /mnt/dos    vfat    defaults          0 0
/dev/hda9            /mnt/temp   vfat    defaults          0 0
```

图 4-2　fstab 文件的内容

各字段的说明如下:

字段 1 是被安装的文件系统的名称,通常以/dev/开头。

字段 2 是挂载点。

字段 3 是被安装的文件系统的类型。

字段 4 是安装不同文件系统所需的不同选项。

字段 5 是一个数字,被 dump 命令用来决定文件系统是否需要备份,0 表示不需要。

字段 6 是一个数字,被 fsck 命令用来检查文件系统时决定是否检查该系统以及检查的次序。fsck 命令的使用方法请读者使用 # man fsck 命令来查看联机帮助。

注意:# mount -a 命令表示挂载/etc/fstab 文件中未挂载的设备。

8. e2label/xfs_admin 命令(Linux 卷标)

语法如下:

```
e2label device [new-label]
```

功能:查看或设置 ext2/ext3/ext4 分区的卷标。/etc/fstab 文件中会用到卷标。

语法如下:

```
xfs_admin [ -eflpu ] [ -c 0|1 ] [ -L label ] [ -U uuid ] device
```

功能:查看或设置 xfs 分区的卷标,更改 xfs 文件系统的参数。

示例如下:

```
#e2label /dev/sda8              //查看 ext2/ext3/ext4 分区的卷标
#e2label /dev/sda8  opt         //设置分区的卷标为 boot
#xfs_admin -l /dev/sda2         //查看 xfs 分区的卷标
label ="rhel8"
```

由于设备文件名可能在硬盘结构发生变化时被修改,因此 RHEL 对 ext 文件系统使用卷标来挂载与卸载。卷标记录在 ext2/ext3/ext4 文件系统的超级块中。可以用 e2label 命令查看与更改 ext2/ext3/ext4 文件系统的卷标。

用卷标名挂载文件系统。

```
#mount -L rhel8 /mnt/tmp
```

或

```
#mount LABEL=rhel8 /mnt/tmp
```

4.1.2 查看磁盘空间:df、du

1. df(disk free)命令

语法如下:

```
df [选项] [设备或文件名]
```

功能:检查文件系统的磁盘空间占用情况,显示所有文件系统对 i 节点和磁盘块的使用情况。可以利用该命令来获取磁盘被占用了多少空间,还剩下多少空间。显示磁盘空间的使用情况,包括文件系统安装的目录名、块设备名、总字节数、已用字节数、剩余字节数等信息。df 命令各选项及其功能说明见表 4-3。

表 4-3 df 命令各选项及其功能说明

选项	功能
-a	显示所有文件系统的磁盘使用情况,包括 0 块(block)的文件系统,如/proc 文件系统
-h	以 2 的 n 次方为计量单位
-H	以 10 的 n 次方为计量单位
-i	显示 i 节点信息,而不是磁盘块
-k	以 KB 为单位显示
-m	显示空间以 MB 为单位
-t	显示各指定类型的文件系统的磁盘空间的使用情况
-T	显示文件系统类型
-x	列出不是某一指定类型文件系统的磁盘空间的使用情况(与 t 选项相反)

【实例 4-2】 磁盘空间的查看。

第 1 步:使用带-T 选项的 df 命令查看磁盘空间的使用情况,如图 4-3 所示。

第 2 步:分别使用带-H 和-h 选项的 df 命令查看磁盘空间的使用情况,如图 4-4 所示。

其他示例如下:

```
[root@localhost ~]# df -T
文件系统        类型         1K-块       已用       可用 已用% 挂载点
/dev/sda2      xfs        20469760  5696164 14773596   28% /
devtmpfs       devtmpfs     928616        0   928616    0% /dev
tmpfs          tmpfs        937488      140   937348    1% /dev/shm
tmpfs          tmpfs        937488    20840   916648    3% /run
tmpfs          tmpfs        937488        0   937488    0% /sys/fs/cgroup
/dev/sda8      ext3       99139188 85969004  8033488   92% /opt
/dev/sda12     ext3         995544   434540   493216   47% /boot
/dev/sda6      vfat       30709264  6840432 23868832   23% /run/media/root/DATA
[root@localhost ~]#
```

图 4-3　使用 df 命令(1)

```
[root@localhost ~]# df -h
文件系统        容量   已用   可用 已用% 挂载点
/dev/sda2        20G  5.5G   15G   28% /
devtmpfs       907M     0  907M    0% /dev
tmpfs          916M  472K  916M    1% /dev/shm
tmpfs          916M   21M  896M    3% /run
tmpfs          916M     0  916M    0% /sys/fs/cgroup
/dev/sda8        95G   82G  7.7G   92% /opt
/dev/sda12     973M  425M  482M   47% /boot
/dev/sda6        30G  6.6G   23G   23% /run/media/root/DATA
[root@localhost ~]#
```

图 4-4　使用 df 命令(2)

```
#df -i                          //以 inode 模式来显示磁盘的使用情况
#df -t ext3                     //显示指定类型的磁盘
#df -ia                         //列出各文件系统的 i 节点的使用情况
#df -T                          //列出文件系统的类型
```

2. du(disk usage)命令

语法如下：

```
du [选项] [Names...]
```

功能：统计目录(或文件)所占磁盘空间的大小，显示磁盘空间的使用情况。该命令逐级进入指定目录的每一个子目录并显示该目录占用文件系统数据块(1024B)的情况。若没有给出 Names，则对当前目录进行统计。显示目录或文件所占磁盘空间大小，该命令各选项及其功能说明见表 4-4。

表 4-4　du 命令各选项及其功能说明

选项	功　能
-a	递归地显示指定目录中各文件及子目录中各文件占用的数据块数。若既不指定-s，也不指定-a，则只显示 Names 中的每一个目录及其各子目录所占的磁盘块数
-b	以 B 为单位列出磁盘空间使用情况(系统默认以 KB 为单位)
-c	除了显示个别目录或文件的大小外，同时也显示所有目录或文件的总和(系统的默认设置)
-D	显示指定符号链接的源文件大小
-h	以 KB、MB、GB 为单位，提高信息的可读性

续表

选项	功　能
-k	以 KB 为单位列出磁盘空间的使用情况
-l	计算所有的文件大小，对硬链接文件则计算多次
-L	“-L＜符号链接＞”可显示选项中所指定符号链接的源文件大小
-m	以 MB 为单位列出磁盘空间的使用情况
-s	统计 Names 目录中所有文件大小的总和，仅显示总计，只列出最后加总的值
-S	显示个别目录的大小时，并不含其子目录的大小
-x	以一开始处理时的文件系统为准，若遇上其他不同的文件系统目录则略过
-X	选项-X FILE 的长格式为“--exclude-from＝FILE”，表示略过 FILE 中指定的目录或文件。另外，“--exclude＝＜目录或文件＞”表示略过指定的目录或文件

示例如下：

```
#du -hs Names
#du -ha Names                     //文件和目录都显示
#du -h --max-depth=1              //输出当前目录下各个子目录所使用的空间
#du | sort -nr | less             //按照空间大小排序
```

4.1.3　其他磁盘相关命令：fdisk、mkfs、mkswap、fsck、vmstat、iostat

1. fdisk 命令

语法 1 如下：

```
fdisk [选项] <磁盘>                    //更改分区表
```

语法 2 如下：

```
fdisk [选项] -l <磁盘>                 //列出分区表
```

语法 3 如下：

```
fdisk -s <分区>                        //给出分区大小(块数)
```

功能：分割硬盘工具，查看硬盘分区信息，即 fdisk 命令是一个分割硬盘的工具程序，可以处理 Linux 分区和各种非 Linux 分区。fdisk 命令各选项及其功能说明见表 4-5。

表 4-5　fdisk 命令各选项及其功能说明

选　项	功　能
-b ＜大小＞	扇区大小(512B、1024B、2048B 或 4096B)
-c[＝＜mode＞]	关闭 DOS 兼容模式，mode 的取值为 dos 或 nondos，默认值为 nondos，即非 DOS 模式
-C ＜数字＞	指定柱面数
-h	打印此帮助文本

续表

选　　项	功　　能
-H <数字>	指定磁头数
-S <数字>	指定每个磁道的扇区数
-u[=<单位>]	显示单位：cylinders(柱面)或 sectors(扇区,默认)

【实例 4-3】 使用 fdisk 命令。

第 1 步：使用不带选项的 fdisk 命令对设备/dev/sda 进行操作,如图 4-5 所示。

第 2 步：输入 m 后显示出每个命令及其功能的说明,如图 4-6 所示。

```
[root@localhost 桌面]# fdisk /dev/sda
欢迎使用 fdisk (util-linux 2.23.2)。

更改将停留在内存中，直到您决定将更改写入磁盘。
使用写入命令前请三思。


命令(输入 m 获取帮助)：
```

图 4-5　使用 fdisk 命令

```
[root@localhost 桌面]# fdisk /dev/sda
欢迎使用 fdisk (util-linux 2.23.2)。

更改将停留在内存中，直到您决定将更改写入磁盘。
使用写入命令前请三思。


命令(输入 m 获取帮助)：m
命令操作
   a   toggle a bootable flag
   b   edit bsd disklabel
   c   toggle the dos compatibility flag
   d   delete a partition
   g   create a new empty GPT partition table
   G   create an IRIX (SGI) partition table
   l   list known partition types
   m   print this menu
   n   add a new partition
   o   create a new empty DOS partition table
   p   print the partition table
   q   quit without saving changes
   s   create a new empty Sun disklabel
   t   change a partition's system id
   u   change display/entry units
   v   verify the partition table
   w   write table to disk and exit
   x   extra functionality (experts only)

命令(输入 m 获取帮助)：
```

图 4-6　使用 m 命令

第 3 步：使用 p 命令把现有的分区表显示出来,如图 4-7 所示。它列出了每个驱动器开始于第几个柱面,结束于第几个柱面。

第 4 步：如果要删除一个驱动器的话,就输入 d,输入 d 之后,询问用户要删除第几个分区。如果要真的执行动作的话,就输入 w,否则输入 q 离开。

```
命令(输入 m 获取帮助)：p

磁盘 /dev/sda：1000.2 GB, 1000204886016 字节，1953525168 个扇区
Units = 扇区 of 1 * 512 = 512 bytes
扇区大小(逻辑/物理)：512 字节 / 512 字节
I/O 大小(最小/最佳)：512 字节 / 512 字节
磁盘标签类型：dos
磁盘标识符：0xf0b1ebb0

设备 Boot      Start        End      Blocks   Id  System
/dev/sda1    110318355  1953520064  921600855   f  W95 Ext'd (LBA)
/dev/sda2     69353472   110313471   20480000  83  Linux
/dev/sda3     28386855    69352604   20482875  83  Linux
/dev/sda4   *       63    28386854   14193396   7  HPFS/NTFS/exFAT
/dev/sda5    110318418   171766979   30724281   b  W95 FAT32
/dev/sda6    171767043   233215604   30724281   b  W95 FAT32
/dev/sda7    233215668   438028289  102406311   7  HPFS/NTFS/exFAT
/dev/sda8    438028353   642840974  102406311  83  Linux
/dev/sda9    642841038  1052450279  204804621  83  Linux
/dev/sda10  1052450343  1462059584  204804621   b  W95 FAT32
/dev/sda11  1462059648  1871668889  204804621   b  W95 FAT32
/dev/sda12  1871668953  1873725209    1028128+ 83  Linux
/dev/sda13  1873725273  1875781529    1028128+ 82  Linux swap / Solaris
/dev/sda14  1875781593  1953520064   38869236   b  W95 FAT32

Partition table entries are not in disk order

命令(输入 m 获取帮助)：
```

图 4-7　使用 p 命令

2. mkfs 命令

为了能够在分区上读/写数据，则需要在分区上创建文件系统(即格式化分区)，用到的命令是 mkfs。

语法如下：

```
mkfs -t <fstype><partition>
```

功能：格式化指定的分区。mkfs 命令各选项及其功能说明见表 4-6。

表 4-6　mkfs 命令各选项及其功能说明

选　项	功　能
-t fstype	指定文件系统的类型，比如，ext2、ext3、ext4、xfs、msdos、vfat 等
partition	要格式化的分区

【实例 4-4】 格式化分区。

执行命令 mkfs -t ext4 /dev/sda4，将 sda4 分区格式化为 ext4 类型的文件系统。

相关命令：mkdosfs、mke2fs、mkfs、mkfs. btrfs、mkfs. cramfs、mkfs. ext2、mkfs. ext3、mkfs. ext4、mkfs. fat、mkfs. hfsplus、mkfs. minix、mkfs. msdos、mkfs. ntfs、mkfs. vfat、mkfs. xfs。

```
#mkfs.ext3 /dev/sda4          //把该设备格式化成 ext3 文件系统
#mkfs.ntfs /dev/sda4          //把该设备格式化成 ntfs 文件系统
#mke2fs -j /dev/sda4          //把该设备格式化成 ext3 文件系统
#mkfs.vfat /dev/sda4          //把该设备格式化成 FAT32 文件系统
```

3. mkswap 命令

语法如下：

```
mkswap [选项] 设备 [大小]
```

功能：将磁盘分区或文件设为 Linux 交换分区。mkswap 命令各选项及其功能说明见表 4-7。

表 4-7　mkswap 命令各选项及其功能说明

选　　项	功　　能
-c, --check	创建交换区前检查坏块
-f, --force	允许交换区大于设备大小
-L, --label LABEL	指定标签为 LABEL
-p, --pagesize SIZE	指定页大小为 SIZE 字节
-U, --uuid UUID	指定要使用的 UUID
-v, --swapversion NUM	指定交换空间版本号为 NUM

示例如下：

```
#mkswap /dev/sda8          //创建此分区为 swap 交换分区
#swapon /dev/sda8          //加载交换分区
#swapoff /dev/sda8         //关闭交换分区
#swapon /dev/sda8          //加载交换分区
#swapon -s                 //列出加载的交换分区
```

如果硬盘不能再分区，可以创建 swap 文件：

```
//在/tmp 目录中创建一个大小为 512MB 的 swap 文件，可以根据自己需要的大小来创建 swap
  文件
#dd if=/dev/zero of=/tmp/swap  bs=1024  count=524288
#mkswap /tmp/swap                          //把/tmp/swap 文件创建成 swap 交换分区
#swapon /tmp/swap                          //挂载 swap
//补充的应用
#swaplabel -L <标签><设备>                 //指定一个新标签
#swaplabel -U <uuid><设备>                 //指定一个新 UUID
```

注意：其实在安装系统的时候就已经划分了交换分区，查看/etc/fstab 文件，应该有 swap 的行。如果在安装系统时没有添加 swap，可以通过这种办法来添加。

4. fsck 命令

语法如下：

```
fsck [-lrsAVRTMNP] [-C [fd]] [-t fstype] [filesystem...] [--] [fs-specific-
options]
```

功能：检查文件系统并尝试修复错误，可以同时检查一个或多个文件系统。fsck 命令各选项及其功能说明见表 4-8。

表 4-8　fsck 命令各选项及其功能说明

选项	功　　能
-a	自动修复文件系统
-c	对文件系统进行坏块检查,这是一个漫长的过程
-A	依照/etc/fstab 配置文件的内容,检查文件所列的全部文件系统
-n	不对文件系统做任何改变,只要扫描,以检测是否有问题
-N	不执行命令,仅列出实际执行会进行的动作
-p	自动修复文件系统存在的问题
-P	当搭配-A 参数使用时,会同时检查所有文件系统
-r	采用互动模式,在执行修复时询问,让用户得以确认并决定处理方式
-R	当搭配-A 参数使用时,会跳过根目录(/)的文件系统
-s	依序执行检查作业,而非同时执行
-t	指定要检查的文件系统类型
-T	执行 fsck 命令时,不显示标题信息
-V	显示命令执行过程
-y	如果文件系统有问题,会提示是否修复,按 y 键修复

fsck 扫描还能修正文件系统的一些问题。

注意:fsck 扫描文件系统时一定要在单用户模式、修复模式或把设备用 umount 命令解除挂载后进行,否则会造成文件系统的损坏。

文件系统扫描工具有 fsck、fsck. btrfs、fsck. cramfs、fsck. ext2、fsck. ext3、fsck. ext4、fsck. fat、fsck. hfs、fsck. hfsplus、fsck. minix、fsck. msdos、fsck. ntfs、fsck. vfat、fsck. xfs。最好根据文件系统来调用不同的扫描工具。

示例如下:

```
#fsck.ext3 -p /dev/sda8              //扫描并自动修复
```

5. vmstat 命令

语法如下:

```
vmstat [-a] [-n] [-S unit] [delay [ count]]
vmstat [-s] [-n] [-S unit]
vmstat [-m] [-n] [delay [ count]]
vmstat [-d] [-n] [delay [ count]]
vmstat [-p disk partition] [-n] [delay [ count]]
vmstat [-f]
```

功能:vmstat 命令是虚拟内存统计工具,提供关于系统进程、内存、分页、输入/输出、中断和 CPU 活动的即时报告。vmstat 命令各选项及其功能说明见表 4-9。

表 4-9　vmstat 命令各选项及其功能说明

选项	功　能
-a	显示活跃和非活跃的内存
-d	显示磁盘相关统计信息
-f	显示从系统启动以来内核执行 fork(创建进程)命令的次数
-m	显示 slabi 内存(即小块内存)的分配信息
-n	只在开始时显示一次各字段名称
-p	显示指定磁盘分区统计信息
-s	显示内存相关统计信息及多种系统活动数量。 -s　delay：刷新时间间隔。如果不指定，只显示一条结果。 -s　count：刷新次数。如果不指定刷新次数，但指定了刷新时间间隔，这时刷新次数为无穷
-S	使用指定单位显示，参数有 k、K、m、M，分别代表 1000、1024、1000000、1048576 字节(bytes)。默认单位为 K(1024 bytes)

提示：vmstat(virtual meomory statistics，虚拟内存统计)命令可对操作系统的虚拟内存、进程、CPU 活动进行监控，是对系统的整体情况进行统计，其不足之处是无法对某个进程进行深入分析。vmstat 工具提供了一种低开销的系统性能观察方式。

物理内存和虚拟内存的区别：直接从物理内存读/写数据要比从硬盘读/写数据快得多，因此，希望所有数据的读/写都在内存完成，而内存是有限的，这样就引出了物理内存与虚拟内存的概念。物理内存就是系统硬件提供的内存大小，是真正的内存，相对于物理内存，虚拟内存就是为了满足物理内存的不足而提出的策略，它是利用磁盘空间虚拟出的内存，用作虚拟内存的磁盘空间被称为交换空间(swap space)。作为物理内存的扩展，Linux 会在物理内存不足时，使用交换分区的虚拟内存，也就是内核会将暂时不用的内存块信息写到交换分区，这样物理内存得到了部分释放，所释放的内存可用于其他目的。当需要用之前的内容时，这些信息会从交换分区读入物理内存。Linux 的内存管理采取分页存取机制，为了保证物理内存能得到充分利用，内核会在适当的时候将物理内存中不经常使用的数据块自动交换到虚拟内存中。

如图 4-8 所示，执行命令 vmstat 5 2，显示虚拟内存的使用情况，每 5s 显示一次，共 2 次。各字段说明见表 4-10。

```
[root@localhost 桌面]# vmstat 5 2
procs -----------memory---------- ---swap-- -----I/O---- -system-- ------CPU----
 r  b   swpd   free   buff  cache   si   so    bi    bo   in   cs us sy id wa st
 1  0   6520 116320   1448 570928    0    0    70    17  336  445 12  3 85  0  0
 0  0   6520 116244   1448 570928    0    0     0    11  241  418  2  1 98  0  0
[root@localhost 桌面]# 
```

图 4-8　显示虚拟内存使用情况

表 4-10　字段说明

类　别	字段	说　明
procs(进程)	r	运行队列中的进程数量
	b	等待 I/O 的进程数量

续表

类　别	字段	说　　明
memory(内存)	swpd	使用的虚拟内存大小
	free	可用的内存大小
	buff	用作缓冲的内存大小
	cache	用作缓存的内存大小
swap(交换区)	si	每秒从磁盘交换区写入内存的数据大小
	so	每秒从内存写入磁盘交换区的数据大小
I/O(现在的 Linux 版本块的大小为 1024B)	bi	每秒读取的块数
	bo	每秒写入的块数
system(系统)	in	每秒的中断数,包括时钟中断
	cs	每秒的上下文切换数
CPU(以百分比表示)	us	用户进程执行时间
	sy	系统进程执行时间
	id	空闲时间(包括 I/O 等待时间),中央处理器的空闲时间,以百分比表示
	wa	等待 I/O 时间
	st	占用虚拟机的时间

注意:如果 r 经常大于 4,且 id 经常少于 40,表示 CPU 的负荷很重。如果 bi、bo 长期不等于 0,表示内存不足。如果 disk 经常不等于 0,且在 b 中的队列大于 3,表示 I/O 性能不好。Linux 具有高稳定性、高可靠性,同时具有很好的可伸缩性和扩展性,能够针对不同的应用和硬件环境调整、优化出满足当前应用需要的最佳性能。因此企业在维护 Linux 操作系统、进行系统调整及优化时,了解系统性能分析工具是至关重要的。

示例如下:

```
#vmstat -a 5 2  //显示活跃和非活跃的内存。使用-a 选项显示活跃和非活跃的内存时,所显示
                  的内容除增加活跃和非活跃的内存以外,其他显示内容与 vmstat5 2 命令
                  相同
#vmstat -f      //查看内核执行 fork(创建进程)命令的次数,数据从/proc/stat 目录中的
                  processes 字段取得
#vmstat -s      //查看内存使用的详细信息,这些信息分别来自/proc/meminfo、/proc/stat
                  和/proc/vmstat
#vmstat -d      //查看磁盘的读/写情况,这些信息主要来自/proc/diskstats
# vmstat  -p  /dev/sda2      //查看/dev/sda2 磁盘的读/写,这些信息主要来自/
                               proc/diskstats
sda2  reads  read sectors  writes  requested writes
      16677  1911852       7466    448916
//reads:来自这个分区的读的次数。read sectors:来自这个分区的读扇区的次数
//writes:来自这个分区的写的次数。requested writes:来自这个分区的写请求的次数
#vmstat  -m     //查看系统的 slab 内存信息,这组信息主要来自/proc/slabinfo
```

注意:由于内核会频繁地为小数据对象(如 inode、dentry)分配/释放内存,如果每次构建这些对象时就分配一个页(4KB)的内存,而实际只需几十字节,这样就会非常浪费。为了解决这个问题,引入了一种新机制(slab)来处理在同一个页中如何为小对象分配小存储区,

这样就不用为每一个对象分配一个页，从而节省了内存空间。

6. iostat 命令

语法如下：

```
iostat [选项] [interval [ count ] ]
```

功能：iostat 是 I/O statistics(输入/输出统计)的缩写，iostat 工具将对系统的磁盘操作进行监视，汇报磁盘操作的统计情况，同时也会汇报 CPU、网卡、tty 设备、CD-ROM 等设备的使用情况。同 vmstat 命令一样，iostat 命令也有一个弱点，就是它不能对某个进程进行深入分析，仅对系统的整体情况进行分析。iostat 命令属于 sysstat 软件包。可以用 yum install sysstat 命令直接安装。iostat 命令各选项及其功能说明见表 4-11。

表 4-11 iostat 命令各选项及其功能说明

选项	功　能	选项	功　能
-c	显示 CPU 的使用情况	-N	显示磁盘阵列(LVM)信息
-d	显示磁盘的使用情况	-p ［磁盘］	显示磁盘和分区的情况
-h	以 KB、MB、GB 为单位，提高信息的可读性	-t	显示时间信息
-k	以 KB 为单位显示	-x	显示更多的统计信息
-m	以 MB 为单位显示	-V	显示版本信息

iostat 命令的执行结果如图 4-9 所示。

```
[root@localhost ~]# iostat
Linux 5.0.6-200.fc29.x86_64 (localhost.localdomain)     2019年04月30日  _x86_64_        (4 CPU)

avg-cpu:  %user   %nice %system %iowait  %steal   %idle
           7.88    1.72   21.67    1.00    0.00   67.72

Device             tps    kB_read/s    kB_wrtn/s    kB_read    kB_wrtn
sda               4.21        28.27        63.08   45841001  102267957
loop0             0.00         0.00         0.00       3609          0

[root@localhost ~]# iostat -x
Linux 5.0.6-200.fc29.x86_64 (localhost.localdomain)     2019年04月30日  _x86_64_        (4 CPU)

avg-cpu:  %user   %nice %system %iowait  %steal   %idle
           7.88    1.72   21.67    1.00    0.00   67.72

Device            r/s     w/s     rkB/s     wkB/s   rrqm/s   wrqm/s  %rrqm  %wrqm r_await w_await aqu-sz rareq-sz wareq-sz  svctm  %util
sda              0.97    3.23     28.27     63.08     0.06     1.54   6.17  32.33   11.82   26.56   0.10    29.01    19.51   0.47   0.20
loop0            0.00    0.00      0.00      0.00     0.00     0.00   0.00   0.00    1.81    0.00   0.00     7.60     0.00   0.14   0.00
```

图 4-9 iostat 命令的执行结果

执行 iostat 命令时所列出的 CPU 属性的说明见表 4-12。

表 4-12 CPU 属性的说明

属　性	说　　明
%user	CPU 处在用户模式下的时间百分比
%nice	CPU 处在带 nice 值的用户模式下的时间百分比
%system	CPU 处在系统模式下的时间百分比
%iowait	CPU 等待输入/输出完成时间的百分比
%steal	管理程序维护另一个虚拟处理器时，虚拟 CPU 的无意识等待时间百分比
%idle	CPU 空闲时间百分比

注意：如果%iowait 的值过高，表示硬盘存在 I/O 瓶颈。如果%idle 值高，表示 CPU 较空闲；如果%idle 值高但系统响应慢时，有可能是 CPU 等待分配内存，此时应加大内存容量。%idle 值如果持续低于 10，那么系统的 CPU 处理能力相对较低，表明系统中最需要解决的资源是 CPU。

执行 iostat -x 命令时所列出的存储设备(Device)属性的说明见表 4-13。

表 4-13　存储设备属性的说明

属　性	说　　明
r/s	每秒完成的读 I/O 设备次数
w/s	每秒完成的写 I/O 设备次数
rKB/s	每秒读 1024 字节数，是 rsect/s(每秒读扇区数)的一半，因为每个扇区大小为 512 字节
wKB/s	每秒写 1024 字节数，是 wsect/s(每秒写扇区数)的一半
rrqm/s	每秒进行合并的读操作次数
wrqm/s	每秒进行合并的写操作次数
%rrqm	进行合并的读操作次数在所有读操作次数中的百分比
%wrqm	进行合并的写操作次数在所有写操作次数中的百分比
r_await	平均每次读请求的时间(以 ms 为单位)，包括请求在队列中花费的时间和执行它们所花费的时间
w_await	平均每次写请求的时间(以 ms 为单位)，包括请求在队列中花费的时间和执行它们所花费的时间
aqu-sz	发送到设备的请求的平均队列长度
rareq-sz	向设备发出的读请求的平均大小(单位为 KB)
wareq-sz	向设备发出的写请求的平均大小(单位为 KB)
svctm	平均每次设备 I/O 操作的服务时间(ms)
%util	向设备发出 I/O 请求的运行时间百分比，就是一秒中有百分之多少的时间用于 I/O 操作

注意：如果%util 接近 100%，说明产生的 I/O 请求太多，I/O 系统已经满负荷，该磁盘可能存在瓶颈；如果 svctm 比较接近 await，说明 I/O 几乎没有等待时间；如果 await 远大于 svctm，说明 I/O 队列太长，I/O 的响应太慢，则需要进行必要的优化；如果 aqu-sz 比较大，也表示有较大数量的 I/O 在等待。

iostat 命令(iostat -d -k 1 1)可以查看 TPS、吞吐量等信息，执行结果如图 4-10 所示。

```
[root@localhost ~]# iostat -d -k 1 1
Linux 5.0.6-200.fc29.x86_64 (localhost.localdomain)     2019年04月30日  _x86_64_        (4 CPU)

Device             tps    kB_read/s    kB_wrtn/s    kB_read    kB_wrtn
sda               4.21        28.31        63.12   45956771  102445539
loop0             0.00         0.00         0.00       3609          0
```

图 4-10　查看 TPS、吞吐量等信息

iostat 命令(iostat -d -x -k 1 1)可以查看设备使用率(%util)、响应时间(await)等信息，执行结果如图 4-11 所示。

执行以上两条命令后显示字段的说明见表 4-14。

```
[root@localhost ~]# iostat -d -x -k 1 1
Linux 5.0.6-200.fc29.x86_64 (localhost.localdomain)      2019年04月30日  _x86_64_        (4 CPU)

Device            r/s     w/s     rkB/s     wkB/s   rrqm/s   wrqm/s  %rrqm  %wrqm r_await w_await aqu-sz rareq-sz wareq-sz  svctm  %util
sda              0.98    3.23     28.31     63.12     0.06     1.55   6.14  32.34   11.78   26.54   0.10    28.92    19.53   0.47   0.20
loop0            0.00    0.00      0.00      0.00     0.00     0.00   0.00   0.00    1.81    0.00   0.00     7.60     0.00   0.14   0.00
```

图 4-11 查看设备使用率、响应时间等信息

表 4-14 字段说明

字 段	说 明
tps	设备每秒的传输次数。一次传输就是一次 I/O 请求。多个逻辑请求可能会被合并为一次 I/O 请求。一次传输请求的大小是未知的
KB_read/s	每秒从设备读取的数据量，单位是 KB
KB_wrtn/s	每秒向设备写入的数据量，单位是 KB
KB_read	读取的总数据量，单位是 KB
KB_wrtn	写入的总数据量，单位是 KB
r_await 及 w_await	await(r_await、w_await)的大小一般取决于服务时间(svctm)以及 I/O 队列的长度和 I/O 请求的发出模式。如果 svctm 比较接近 await，说明 I/O 几乎没有等待时间；如果 await 远大于 svctm，说明 I/O 队列太长，应用得到的响应时间变慢；如果响应时间超过了用户可以容许的范围，这时可以考虑更换更快的磁盘，调整内核中 I/O 调度的电梯(elevator)算法，优化应用，或者升级 CPU。await 参数要多参考 svctm，差的过多就一定有 I/O 问题
svctm	因为同时等待请求的等待时间被重复计算，svctm 一般要小于 await。svctm 的大小一般和磁盘性能有关，CPU/内存的负荷也会对其有影响，请求过多也会间接导致 svctm 的增加
%util	如果%util 接近 100%，说明产生的 I/O 请求太多，I/O 系统已经满负荷，磁盘可能存在瓶颈

其他示例如下：

```
#iostat                          //显示所有设备的负载情况
#iostat 2 3                      //定时显示所有信息
#iostat -d sda1                  //显示指定的磁盘信息
#iostat -m                       //以 M 为单位显示所有信息
#iostat -c 1 3                   //查看 CPU 状态
```

4.1.4 制作镜像文件：dd、cp、mkisofs

1. dd(制作磁盘镜像文件)命令

dd 命令用指定大小的块复制一个文件，支持在复制文件的过程中转换文件格式，并且支持指定范围的复制。dd 命令各选项及其功能说明见表 4-15。

表 4-15 dd 命令各参数及其功能说明

选 项	功 能
if=file	输入文件名，默认为标准输入
of=file	输出文件名，默认为标准输出
ibs=bytes	表示一次读的字节
obs=bytes	表示一次写的字节
bs=bytes	同时设置读/写块的大小为 bytes，可代替 ibs 和 obs

续表

选　项	功　能
cbs=bytes	表示一次转换的字节,即转换缓冲区的大小
skip=blocks	从输入文件开头跳过 blocks 个块后再开始复制
seek=blocks	从输出文件开头跳过 blocks 个块后再开始复制
count=blocks	仅复制 blocks 个块,块大小等于 ibs 指定的字节数

制作、使用磁盘镜像文件的操作示例如下:

```
#dd if=/dev/zero of=/root/disk.img bs=1M count=100      //制作磁盘镜像文件
#mkfs.ext3 /root/disk.img                               //格式化
#mount -o loop /root/base.img  /mnt/img                 //挂载镜像文件
```

更多示例如下:

```
//备份
#dd if=/dev/hdx of=/dev/hdy                    //将本地的/dev/hdx 整盘备份到/dev/
                                                 hdy 中
#dd if=/dev/hdx of=/path/to/image              //将/dev/hdx 全盘数据备份为指定路径
                                                 的 image 文件
#dd if=/dev/hdx | gzip >/path/to/image.gz      //备份/dev/hdx 全盘数据,并利用 gzip
                                                 工具进行压缩,再保存到指定路径中
//恢复
#dd if=/path/to/image of=/dev/hdx              //将备份文件恢复到指定盘中
#gzip -dc /path/to/image.gz | dd of=/dev/hdx //将压缩的备份文件恢复到指定盘中
//利用 netcat 远程备份
#dd if=/dev/sda bs=16065b | netcat <targethost-IP>1234
                                               //在源主机上执行该命令,备份/dev/sda
                                                 到目的主机
#netcat -l -p 1234 | dd of=/dev/hdc bs=16065b//在目的主机执行该命令,接收网络传来
                                                 的数据,并写入/dev/hdc 目录中
#netcat -l -p 1234 | bzip2 >partition.img      //在目的主机执行该命令,接收网络传来
                                                 的数据,并用 bzip2 将数据压缩到
                                                 partition.img 文件中
#netcat -l -p 1234 | gzip >partition.img      //在目的主机执行该命令,并用 gzip 将数
                                                据压缩到 partition.img 文件中并将
                                                备份文件保存在当前目录中
//备份 MBR
#dd if=/dev/hdx of=/path/to/image count=1 bs=512
                                               //备份磁盘开始的 512B 大小的 MBR 信息
                                                 到指定文件中
//恢复 MBR
#dd if=/path/to/image of=/dev/hdx              //将备份的 MBR 信息写到磁盘的开始部分
//复制内存资料到硬盘中
#dd if=/dev/mem of=/root/mem.bin bs=1024       //将内存里的数据复制到 root 目录下的
                                                 mem.bin 文件中
//从光盘复制 ISO 镜像
#dd if=/dev/cdrom of=/root/cd.iso              //复制光盘数据到 cd.iso 文件中
```

```
//增加 swap 分区文件的大小
#dd if=/dev/zero of=/swapfile bs=1024 count=262144 //创建一个文件(256MB)
#mkswap /swapfile                                  //把这个文件变成 swap 文件
#swapon /swapfile                                  //启用这个 swap 文件
//销毁磁盘数据
#dd if=/dev/urandom of=/dev/sda1      //利用随机的数据填充硬盘,在某些必要的场合可
                                        以用来销毁数据。执行此操作以后,/dev/sda1
                                        将无法挂载,创建和复制操作无法执行

//恢复硬盘数据
#dd if=/dev/sda of=/dev/sda           //当硬盘较长时间放置不使用后,磁盘上会产生消
                                        磁点。当磁头读到这些区域时可能会导致 I/O 错
                                        误。当这种情况影响到硬盘的第一个扇区时,可
                                        能导致硬盘报废。上面的命令有可能使这些数据
                                        起死回生
```

2. cp、mkisofs(制作光盘镜像文件)命令

(1) 直接将一个光盘制作成 ISO 镜像文件。

```
#cp /dev/cdrom  xxx.iso
```

(2) 对系统中的一个目录制作 ISO。

```
#mkisofs -J -V <光盘 ID>-o xxx.iso -r <目录名>
```

相关选项的作用说明如下。

-J：使用 Joliet 格式的目录与文件名称。

-V：指定光盘 ID。

-o：指定镜像文件的名称。

-r：对指定的目录递归地烧录。

(3) 挂载 ISO 镜像文件。

```
#mount -t iso9660 -o loop <光盘镜像><挂载点>
```

4.1.5 数据同步：sync

语法如下：

```
sync [--help] [--version]
```

功能：将内存缓冲区内的数据写入磁盘。在 Linux 操作系统中,当数据需要存入磁盘时,通常会先放到缓冲区内,等到适当的时刻再写入磁盘,如此可提高系统的执行效率。运行 sync 命令以确保文件系统的完整性,sync 命令将所有未写的系统缓冲区写到磁盘中,包含已修改的 i 节点、已延迟的块 I/O 和读/写映射文件。sync 命令是在关闭 Linux 操作系统时使用的。需要注意的是,不能用简单的关闭电源的方法关闭系统,因为 Linux 在内存中缓存了许多数据,在关闭系统时需要进行内存数据与硬盘数据的同步校验,保证硬盘数据在关闭系统时是最新

的,只有这样才能确保数据不会丢失。正常关闭系统的过程是自动进行这些工作的,在系统运行过程中也会定时做这些工作,不需要用户干预。用户可以在需要的时候使用此命令。

4.2 文件与目录管理

文件是一些数据的集合,目录是文件系统中的一个单元,目录中可以存放文件和目录。文件和目录以层次结构的方式进行管理。要访问设备上的文件,必须把它的文件系统与指定的目录联系起来,这就是前面所介绍的挂载(mount)文件系统。文件系统是操作系统用来存储和管理文件的方法,在 Linux 中每个分区都是一个文件系统,都有自己的目录层次结构。Linux 将这些分属不同分区并且相互独立的文件系统按一定的方式组织成一个总的目录层次结构。下面通过一系列实例介绍与文件和目录管理相关的命令。

Linux 操作系统将所有的内容都以文件的方式存放在系统当中(目录也是一个特殊的文件)。因此对系统的管理,说到底就是对文件进行管理。

Linux 文件的命名规则:①文件名最大为 255 个字符,文件名中不能包括 Linux 特殊字符如"\""/"等,如果在文件中使用这些特殊字符,可通过转义符"\"将其转义。②以"."开头的文件为隐藏文件。如果要显示隐藏文件,则需要用户在 ls 命令后加上-a 或-A。如果要创建隐藏文件,只需在文件名前加上"."。

4.2.1 Linux 文件系统的目录结构

1. 目录树

Linux 文件系统的目录结构类似一棵倒置的树,如图 4-12 所示,以一个名为根(/)的目录开始向下延伸。它不同于其他操作系统,如在 Windows 中,有多少分区就有多少个根,这些根之间是并列的;而在 Linux 中无论有多少个分区,都有一个根(/),根目录(/)下的子目录见表 4-16。

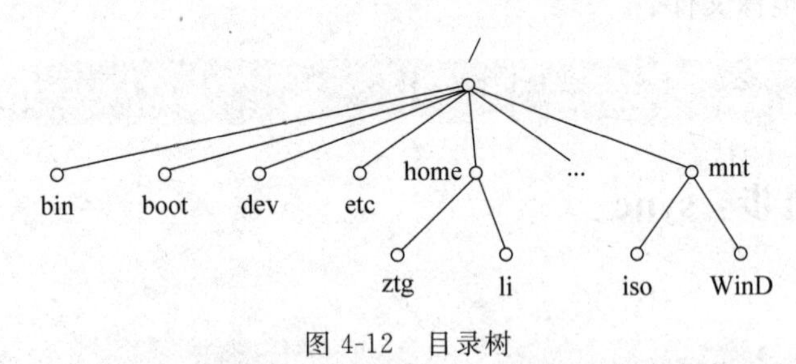

图 4-12 目录树

表 4-16 根目录(/)下的子目录

目 录	说 明
/bin	binary 的缩写,主要存放普通用户使用的命令
/boot	主要存放系统的内核以及启动时所需的文件,比如 Linux 内核镜像文件 vmlinuz 和内存文件系统镜像文件 initramfs。如果安装了 GRUB2,这里还会有 GRUB2 目录
/dev	device 的缩写,这个目录下存放设备文件,比如/dev/sda 代表第一块 SATA 硬盘。正常情况下,每种设备有一个独立的子目录存放这些设备相关的文件

续表

目 录	说 明
/etc	主要存放系统管理所需的配置子目录与文件,以及各种服务器配置目录与文件
/home	用户主目录,用户的个人数据存放在该目录中。比如用户 ztg,其主目录是/home/ztg
/lib、/lib64	主要存放系统最基本的函数库(库文件),如核心模块、驱动等。几乎所有的应用程序都要用到这些函数库
/lost+found	ext 文件系统有该目录,当系统不正常关机后,这里保存一些文件的片段,平时为空
/media	用途同 mnt,比如挂载 U 盘等
/mnt	可以将别的文件系统临时挂载到这里,比如挂载 Windows 分区
/opt	这个目录用来安装可选的应用程序。这是第三方工具使用的安装目录
/proc	这是一个虚拟文件系统,包含系统核心信息,由系统运行时产生,是系统内存的映射,可以通过直接访问这个目录来获取系统信息。注意,这个目录的内容不在硬盘上而是在内存里
/root	超级用户(也叫系统管理员或根用户)的主目录
/run	系统运行时所需的文件,这些文件以前放在/var/run 目录中,现在拆分成独立的/run 目录,重启后重新生成/run 目录中的目录数据。通过 stat 命令可知/var/run 目录是/run 目录的硬链接
/sbin	s 是 super user 超级用户的意思,该目录存放系统管理员使用的命令。其他目录还有/usr/sbin、/usr/local/sbin
/srv	存放一些服务启动之后需要访问的文件,如 WWW 服务的网页数据可存放在/srv/www 目录中
/sys	系统的核心文件,这个目录是 2.6 内核的一个很大的变化,该目录下安装了 2.6 内核中新出现的一个 sysfs 文件系统。sysfs 文件系统集成了下面三种文件系统信息:针对进程信息的 proc 文件系统,针对设备的 devfs 文件系统,针对伪终端的 devpts 文件系统
/tmp	存放临时文件,需要经常清理,这是除了/usr/local 目录以外一般用户可以使用的一个目录,启动时系统并不自动删除这里的文件,所以需要经常清理这里的无用文件
/usr	usr 是 UNIX Software Resource(UNIX 软件资源)的缩写。存放与用户直接相关的文件与目录。这是很重要、很庞大的目录,包含系统的主要程序、用户自行安装的程序、图形界面需要的文件、共享的目录与文件、命令程序文件、程序库、手册和其他文件等,这些文件一般不需要修改
/var	存放系统执行过程中经常变化的文件,建议放在一个独立的分区

注意:根目录(/)下的子目录根据不同的 Linux 发行版会有所区别。普通用户最好将自己的文件存放在/home/user_name 目录及其子目录下。大多数工具和应用程序安装在/bin、/sbin、/usr/bin、/usr/sbin、/usr/local/bin/、/usr/local/sbin/等目录中。在不清楚的情况下,不要随便删除、修改根目录(/)下的内容。

2. 绝对路径和相对路径

绝对路径是指由根目录(/)开始的文件名或目录名,例如/home/ztguang/.bashrc。

相对路径是指相对于当前路径的文件名写法,例如./home/ztguang 等。

示例如下:

```
cd /var/log          //绝对路径
cd ../var/log        //相对路径
```

因为在/home 目录下,所以要回到上一层"../"之后,才能继续向/var 中移动。要特别注意下面这两个特殊的目录。

.:代表当前目录,也可以使用"./"来表示。

..:代表上一层目录,也可以使用"../"来表示。

注意:需要注意路径有绝对路径和相对路径之分,开头不是"/"就属于相对路径。另外,"."与".."目录是很重要的,读者会经常看到"cd .."或"./command"之类的命令。

4.2.2 查看目录内容:cd、pwd、ls、nautilus

1. cd 命令

语法如下:

```
cd [dirName]
```

功能:切换当前目录至 dirName 中。cd 命令可以说是 Linux 中最基本的命令,很多命令的操作都是建立在 cd 命令基础上的。

示例如下:

```
#cd /                        //进入系统根目录
#cd ..                       //进入当前目录的父目录
#cd                          //进入当前用户的主目录
#cd ~                        //进入当前用户的主目录
#cd /opt/soft                //跳转到指定目录
#cd -                        //返回进入此目录之前所在的目录
#cd !$                       //把上个命令的参数作为 cd 参数使用
```

2. pwd 命令

语法如下:

```
pwd [选项]
```

功能:查看"当前工作目录"的完整路径。一般情况下不带任何参数,如果目录是链接时,pwd -P 显示出实际路径,而非使用链接(link)路径。

示例如下:

```
#pwd                         //查看当前工作目录的完整路径
#pwd -L                      //目录有链接时,输出链接路径
#pwd -P                      //目录有链接时,pwd?-P 显示实际路径,而非链接路径
```

3. ls 命令

语法如下:

```
ls [选项] [目录或文件]
```

功能:对于每个目录,该命令将列出其中所有子目录与文件。对于每个文件,ls 命令将输出文件名及其他信息。默认情况下,输出条目按字母顺序排序。若未给出目录名或文件

名，就显示当前目录的信息。这是用户最常用的一个命令之一。

使用 ls 命令(alias ls="ls --color")时，结果会有几种不同的颜色，不同颜色的作用如下：蓝色→目录、绿色→可执行文件、红色→压缩文件、浅蓝色→链接文件、加粗的黑色→符号链接、紫色→图形文件、黄色→设备文件、棕色→FIFO 文件(命名管道)、灰色→一般文件。ls 命令各选项及其功能说明见表 4-17。

表 4-17 ls 命令各选项及其功能说明

选 项	功 能
-a, --all	显示指定目录下所有子目录与文件，包括隐藏文件
-A	显示指定目录下所有子目录与文件，包括隐藏文件，但不列出"."和".."
-B	不列出任何以～字符结束的项目
-c	按文件的修改时间排序
-C	分成多列显示各项
-d	如果参数是目录，只显示目录名而不显示目录中的文件。通常与-l 选项一起使用，列出目录的详细信息
-f	不排序。该选项将使-lts 选项失效，并使-aU 选项有效
-F	加上文件类型的指示符(*/=@|)，在目录名后面标记"/"，可执行文件后面标记"*"，符号链接后面标记"@"，管道(或 FIFO)后面标记"|"，socket 文件后面标记"="
-g	与-l 选项类似，但是不列出属主
-i	在输出的第一列显示文件的 i 节点号
-l	以长格式来显示文件的详细信息，该选项很常用
-L	若指定的名称是一个符号链接文件，则显示链接所指向的文件。当显示符号链接文件信息时，显示符号链接所指示的对象，而并非符号链接本身的信息
-m	按字符流格式输出，文件跨页显示，以逗号分开，所有项目以逗号分隔，并填满整行
-n	输出格式与-l 选项类似，只不过在输出中文件属主和属组是用相应的 UID 号与 GID 号来表示
-N	列出未经处理的项目名称，例如，不特别处理控制字符
-o	与-l 选项相同，只是不显示拥有者信息
-p	加上文件类型的指示符号(/=@|)，如在目录后面加一个"/"
-q	将文件名中的不可显示字符用"?"代替
-Q	为项目名称加上双引号
-r	按字母逆序或最早优先的顺序显示输出结果
-R	递归显示指定目录的各子目录中的文件
-s	给出每个目录项所用的块数，包括间接块，以块大小为序
-t	按修改时间(最近优先)而不是按名字排序。若文件修改时间相同，则按字典顺序。修改时间取决于是否使用了-c 或-u 选项。默认的时间标记是最后一次修改时间
-u	按文件上次存取的时间(最近优先)而不是按名字排序。即将-t 选项的时间标记修改为最后一次访问的时间
-x	按行显示出各排序项的信息

【实例 4-5】 使用 ls 命令。

第 1 步：如图 4-13 所示，执行不带任何选项的 ls 命令(第 1 条命令)，列出当前目录(txtfile)下的文件，不包括隐藏文件；执行带-l 选项的 ls 命令(第 2 条命令)，列出当前目录(txtfile)下的文件的详细信息。

```
[root@localhost txtfile]# ls
exam1.txt  exam2.txt  exam3.txt
[root@localhost txtfile]# ls -l
总用量 12
-rw-r--r--. 1 root root 23 5月   10 20:05 exam1.txt
-rw-r--r--. 1 root root 35 5月   10 20:05 exam2.txt
-rw-r--r--. 1 root root 52 5月   10 20:05 exam3.txt
[root@localhost txtfile]#
```

图 4-13 使用 ls 命令(1)

图 4-13 中，第 2 条命令的输出结果中每行列出的信息依次是：文件类型与权限、链接数、文件属主、文件属组、文件大小、创建或最近修改的时间、文件名或目录名。

对于符号链接文件，显示的文件名之后有“→”和引用文件路径名。

对于设备文件，其“文件大小”字段显示主次设备号，而不是文件的大小。

目录中的总块数显示在长格式列表的开头，其中包含间接块。

用 ls -l 命令显示的信息中，开头是由 10 个字符构成的字符串，其中第一个字符表示文件类型，它可以是表 4-18 所列类型之一。

表 4-18 文件类型

字符	-	b	c	d	l	s	p
类型	普通文件	块设备文件	字符设备文件	目录	符号链接	套接字文件	命名管道

后面的 9 个字符表示文件的访问权限，分为 3 组，每组 3 位。第一组表示文件属主的权限，第二组表示同组用户的权限，第三组表示其他用户的权限。每一组的三个字符分别表示对文件的读(r)、写(w)和执行权限(x)，各权限见表 4-19。接着显示的是文件大小、生成时间、文件或命令名称。

表 4-19 访问权限

字母	r	w	x
权限	读	写	对于文件表示执行，对于目录表示进入权限

注意：目录是一种特殊的文件，目录上的读、写进入权限与普通文件有所不同。①读：用户可以读取目录内的文件；②写：单独使用不起作用。它与读和进入权限连用，可以在目录内添加与删除任何文件；③进入：用户可以进入目录，调用目录内的资料。

第 2 步：如图 4-14 所示，执行带通配符 * 的 ls 命令(第 2 条命令)，可以列出 root 目录下的所有以 i 开头的目录与文件；执行带-a 选项的 ls 命令(第 3 条命令)，可以列出 root 目录下的所有子目录与文件，包括隐藏文件。

其中“.”表示当前目录，“..”表示上一级目录，它们是两个特殊的目录。

第 3 步：如图 4-15 所示，执行带-A 选项的 ls 命令(第 1 条命令)，可以列出 root 目录下的所有子目录与文件，包括隐藏文件，但不列出“.”和“..”；执行带-F 选项的 ls 命令(第

```
[root@localhost ~]# ls
anaconda-ks.cfg  initial-setup-ks.cfg  模板  图片  下载  桌面
at_example.txt   公共                  视频  文档  音乐
[root@localhost ~]# ls i*
initial-setup-ks.cfg
[root@localhost ~]# ls -a
.                .bash_profile  .esd_auth             .lesshst  公共  音乐
..               .bashrc        .gnome2               .local    模板  桌面
anaconda-ks.cfg  .cache         .gnome2_private       .mozilla  视频
at_example.txt   .config        .ICEauthority         .redhat   图片
.bash_history    .cshrc         initial-setup-ks.cfg  .ssh      文档
.bash_logout     .dbus          .kde                  .tcshrc   下载
[root@localhost ~]# 
```

图 4-14　使用 ls 命令(2)

2 条命令)，可以列出 root 目录下的子目录与文件，在目录名后面标记“/”，符号链接后面标记“@”；执行带-i 选项的 ls 命令(第 3 条命令)，可以列出 root 目录下的子目录与文件，在输出的第 1 列显示子目录与文件的 i 节点号。

```
[root@localhost ~]# ls -A
anaconda-ks.cfg  .bashrc  .esd_auth             .kde      .ssh     图片
at_example.txt   .cache   .gnome2               .lesshst  .tcshrc  文档
.bash_history    .config  .gnome2_private       .local    公共     下载
.bash_logout     .cshrc   .ICEauthority         .mozilla  模板     音乐
.bash_profile    .dbus    initial-setup-ks.cfg  .redhat   视频     桌面
[root@localhost ~]# ls -F
anaconda-ks.cfg  initial-setup-ks.cfg  模板/  图片/  下载/  桌面/
at_example.txt   公共/                 视频/  文档/  音乐/
[root@localhost ~]# ls -i
106524507 anaconda-ks.cfg       106529138 公共  70518055 图片  33583995 音乐
106547763 at_example.txt         70505795 模板      9229 文档      9226 桌面
106529137 initial-setup-ks.cfg  106529139 视频  33583985 下载
[root@localhost ~]# 
```

图 4-15　使用 ls 命令(3)

ls 命令还会对特定类型的文件用符号进行标识，常用的标识符号及其说明见表 4-20。

表 4-20　常用的标识符号及其说明

标识符号	说　明	标识符号	说　明
.	隐藏文件	@	符号链接文件
/	目录名	|	管道文件
*	可执行文件	=	socket 文件

ls 命令的其他示例如下：

```
#ls -l -R /home/peidachang      //列出/home/peidachang 文件夹下的所有文件
                                  和目录的详细信息
#ls -lR /home/peidachang        //和上面的命令执行结果完全一样
#ls -l t*                       //列出当前目录中所有以 t 开头的目录的详细内容
#ls -F /opt/soft |grep /$       //只列出文件夹中的子目录
#ls -l /opt/soft | grep "^d"    //列出/opt/soft 文件夹中的子目录的详细情况
#ls -ltr s*                     //列出当前工作目录下所有名称是 s 开头的文件，
                                  按时间倒序排列
```

```
#ls -AF                                  //列出当前目录下所有的文件及目录,目录名后加
                                           "/",可执行文件名称后加"*"
#ls -l * |grep "^-"|wc -l                //计算当前目录下的文件数
#ls -l * |grep "^d"|wc -l                //计算当前目录下的目录数
#ls | sed  "s:^:`pwd`/:"                 //在 ls 命令中列出文件的绝对路径
#find $PWD -maxdepth 1 | xargs ls -ld    //列出当前目录下所有文件(包括隐藏文件)的绝对
                                           路径,对目录不做递归
#find $PWD | xargs ls -ld                //递归列出当前目录下所有文件(包括隐藏文件)的
                                           绝对路径
#ls -tl --time-style=full-iso            //指定文件的时间输出格式
#ls -ctl --time-style=long-iso           //指定文件的时间输出格式
```

4. nautilus 命令

语法如下：

```
nautilus [目录]
```

功能：使用文件管理器 Nautilus 打开文件夹。

4.2.3 查看文件内容：more、less、cat、tac、nl、head、tail、wc

more、less 命令分屏显示文件的内容。head、tail 命令显示文件的前几行与后几行内容。

1. more 命令

语法如下：

```
more [选项] [文件名]
```

功能：一页一页地显示内容，方便用户逐页阅读，而最基本的操作就是按空格键(Space)显示下一页，按 B 键就会显示上一页，按 H 键查看帮助信息，按 Q 键结束 more 命令。还有查找字符串的功能。

2. less 命令

语法如下：

```
less [选项] [文件名]
```

功能：less 命令的作用与 more 命令相似，也可用来浏览文本文件。less 命令改进了 more 命令不能回头看的问题，可以简单地使用 PageUp 键向上翻。同时因为 less 命令并非在一开始就读入整个文件，因此在打开大文件时，会比一般的文本编辑器速度快。less 命令各选项及其功能说明见表 4-21。

表 4-21 less 命令各选项及其功能说明

选 项	功 能
-c	从顶部(从上到下)刷新屏幕，并显示文件的内容，而不是通过底部滚动完成刷新
-f	强制打开文件，二进制文件显示时，不提示警告

续表

选 项	功 能
-i	搜索时忽略大小写，除非搜索串中包含大写字母
-m	显示读取文件的百分比
-M	显示读取文件的百分比、行号及总行数
-N	在每行前输出行号
-p pattern	在指定文件中搜索 pattern 指定的内容，比如在/etc/fstab 文件中搜索单词 ext，就用 less -p ext /etc/fstab
-s	把连续多个空白行作为一个空白行显示
-Q	在终端下不响铃

3. cat 命令

语法如下：

```
cat [选项] 文件 1 文件 2...
```

功能：把文件顺序连接后传到基本输出(显示器或重定向到另一个文件)中。cat 命令各选项及其功能说明见表 4-22。

表 4-22 cat 命令各选项及其功能说明

选 项	功 能
-A, --show-all	等价于-vET 选项，显示所有字符，包括控制字符和非打印字符
-b, --number-nonblank	对非空的输出行编号
-e	等价于-vE 选项
-E, --show-ends	在每行结束处显示 $
-n, --number	对输出的所有行编号
-s, --squeeze-blank	当遇到有连续两行以上的空白行时，就代换为一行的空白行
-t	与-vT 选项等价
-T, --show-tabs	将 Tab 字符显示为^I
-v, --show-nonprinting	显示除 Tab 和 Enter 字符之外的所有字符
--help	显示帮助信息

注意：cat 命令还有对文件的追加与合并功能，在 4.2.9 小节将对这些功能进行介绍。

4. tac 命令

将文件从最后一行开始倒过来把内容输出到屏幕上。

语法如下：

```
tac 文件名
```

5. nl 命令

类似于 cat -n 命令，显示时输出行号，但是不对空行编号。

6. head 命令

语法如下：

```
head [选项] [文件名]
```

功能：显示文件的前几行。head 命令各选项及其功能说明见表 4-23。

7. tail 命令

语法如下：

```
tail [选项] [文件名]
```

功能：显示文件的后几行。tail 命令各选项及其功能说明见表 4-23。

表 4-23　head 命令和 tail 命令各选项及其功能说明

命令	选　项	功　　能
head	-c	指定输出文件的大小，单位为 B
	-n	输出文件前 n 行，默认输出前 10 行
tail	-n	输出文件后 n 行，默认输出后 10 行
	-f filename	把 filename 尾部内容显示在屏幕上，并不断刷新，常用于日志文件的实时监控。按 Ctrl+C 组合键结束命令

8. wc 命令

语法如下：

```
wc [选项] [文件名]
```

功能：文件内容统计命令。统计文件中的行数、字数和字符数。若不指定文件名称，或是所给予的文件名称为"-"，则 wc 命令会从标准输入设备读取数据。wc 命令各选项及其功能说明见表 4-24。

表 4-24　wc 命令各选项及其功能说明

选项	功　　能
-c	统计文件的字节数
-l	统计文件的行数
-L	打印最长行的长度
-m	统计字符数。这个标志不能与-c 标志一起使用
-w	统计文件的字数，一个字被定义为由空格、Tab 或换行字符分隔的字符串

示例如下：

```
#wc test.txt                //查看文件的字节数、字数、行数
#ls -l | wc -l              //统计当前目录下的文件数
```

4.2.4　检查文件类型：file、stat

1. Linux 文件扩展名

Linux 的文件是没有与 Windows 下文件类似的扩展名的，一个 Linux 文件能不能被执

行，与它是否具有可执行权限有关，与扩展名没有关系。这和 Windows 的情况不同，在 Windows 中，可执行文件扩展名通常是.msi、.exe、.bat 等；在 Linux 中，只要权限当中具有 x，这个文件就可以被执行。尽管如此，仍然希望通过扩展名来了解该文件，所以，通常还是会以适当的扩展名来表示该文件是哪个种类。举例说明如下。

*.sh：脚本或批处理文件，因为批处理文件用 Shell 写成，所以扩展名是.sh。

.html、.php：网页相关文件，分别代表 HTML 类型与 PHP 类型的网页文件。

总之，Linux 中的文件名称只是用来表示该文件可能的用途。对于可执行文件/bin/ls，如果这个文件的 x 权限被取消，那么 ls 命令就不能执行。

2. file 命令

语法如下：

```
file [-bcLvz] [-f namefile] [-m < magicfiles> ...] [文件或目录...]
```

功能：通过探测文件内容来判断文件的类型，使用权限是所有用户。

file 命令能识别的文件类型有目录、Shell 脚本、英文文本、二进制可执行文件、C 语言源文件、文本文件、DOS 的可执行文件、图形文件等。file 命令各选项及其功能说明见表 4-25。

表 4-25 file 命令各选项及其功能说明

选　项	功　能
-f namefile	从文件 namefile 中读取要分析的文件名列表
-m <magicfiles>	指定幻数文件
-b	列出辨识结果时不显示文件名称
-c	详细显示命令执行过程，便于排错或分析程序执行的情形
-L	直接显示符号链接所指向的文件的类别
-z	尝试去解读压缩文件的内容

注意：幻数检查是用来检查文件中是否有特殊的固定格式的数据。例如，二进制可执行文件(编译后的程序)a.out，该文件格式在标准 include 目录下的 a.out.h 文件中定义(也可能在 exec.h 文件中定义)。这些文件在开始部分的一个特殊位置保存一个幻数，通过幻数告诉 Linux 此文件是二进制可执行文件。幻数的概念已经扩展到数据文件，任何在文件固定位置有与文件类型相关的不变标识符的文件都可以这样表示。这些文件中的信息可以从幻数文件/usr/share/magic 中读取。

【实例 4-6】 使用 file 命令。

如图 4-16 所示，通过 file 命令探测文件类型。

3. stat 命令

语法如下：

```
stat [选项] [文件或目录]
```

功能：stat 命令以文本格式显示 inode 内容。stat 命令的执行结果如图 4-17 所示。

stat 命令的其他示例如下：

```
[root@localhost ~]# file tmp.txt
tmp.txt: ASCII text
[root@localhost ~]# file cockpit-184-1.fc29.x86_64.rpm
cockpit-184-1.fc29.x86_64.rpm: RPM v3.0 bin i386/x86_64 cockpit-184-1.fc29
[root@localhost ~]# file tmp.o
tmp.o: ELF 64-bit LSB relocatable, x86-64, version 1 (SYSV), not stripped
[root@localhost ~]# file tmp.sh
tmp.sh: Bourne-Again shell script, UTF-8 Unicode text executable
[root@localhost ~]# file /opt/iso/rhel-8.0-x86_64-dvd.iso
/opt/iso/rhel-8.0-x86_64-dvd.iso: DOS/MBR boot sector; partition 2 : ID=0xef, start-CHS (0x3ff,
254,63), end-CHS (0x3ff,254,63), startsector 23000, 19892 sectors
```

图 4-16　使用 file 命令

```
[root@localhost ~]# stat /bin/ls
  文件: /bin/ls
  大小: 161896          块: 320          IO 块: 4096   普通文件
设备: 808h/2056d        Inode: 2622312     硬链接: 1
权限: (0755/-rwxr-xr-x)  Uid: (    0/    root)   Gid: (    0/    root)
环境: system_u:object_r:bin_t:s0
最近访问: 2019-04-16 11:19:18.881858175 +0800
最近更改: 2018-11-07 23:14:42.000000000 +0800
最近改动: 2018-12-04 18:11:52.971319185 +0800
创建时间: -
[root@localhost ~]# stat -f /bin/ls
  文件: "/bin/ls"
    ID: 8f0f54fa3af2e4ea 文件名长度: 255     类型: ext2/ext3
块大小: 4096       基本块大小: 4096
    块: 总计: 25066770    空闲: 18374608    可用: 17090512
Inodes: 总计: 6406144     空闲: 5832503
[root@localhost ~]#
```

图 4-17　stat 命令的执行结果

```
#stat /bin/ls
#stat -f /bin/ls          //显示有关文件系统(而非文件)的信息
#stat -t /bin/ls          //显示与-f 选项完全相同的信息,只不过是在一行中显示
```

4.2.5　文件完整性:cksum、md5sum

1. cksum 命令

语法如下:

```
cksum [文件...]
```

功能:cksum 命令检查文件的 CRC 是否正确。文件交由 cksum 命令演算,它会返回计算结果,即校验和,供用户核对文件是否正确无误。cksum 命令的两个主要用途:①确保文件从一个系统传输到另一个系统的过程中没有被损坏。这个测试要求校验和在源系统中被计算出来,在目标系统中又被计算一次,两个数字比较,如果校验和相等,则该文件被认为是被正确传输了。②当需要检查文件或目录是否被改动过时,就会用到 cksum 命令。通过将一个目录或文件的校验和与它以前的校验和相比较,就能判断该文件是否被改动过。

注意:CRC(Cyclic Redundancy Check,循环冗余校验码)是数据通信领域中最常用的一种差错校验码,其特征是信息字段和校验字段的长度可以任意选定。

使用 cksum 命令检查文件是否有改动的第一步是创建一个原始文件,保存校验和。例

如,要检查/root/桌面/txtfile 下的所有文件。

```
[root@localhost 桌面]#cksum /root/桌面/txtfile/* > /root/桌面/cksum/exam.cksum
[root@localhost 桌面]#cat /root/桌面/cksum/exam.cksum
1404705573 23 /root/桌面/txtfile/exam1.txt
1747111553 35 /root/桌面/txtfile/exam2.txt
2618984461 52 /root/桌面/txtfile/exam3.txt
```

一旦原始文件被创建,以后在任何时候都能用如下命令快速确定文件是否被更改。

```
[root@localhost 桌面]#cksum /root/桌面/txtfile/* | diff - /root/桌面/cksum/exam.cksum
[root@localhost 桌面]#echo asdf >>txtfile/exam2.txt
[root@localhost 桌面]#cksum /root/桌面/txtfile/* | diff - /root/桌面/cksum/exam.cksum
2c2
<1265119276 40 /root/桌面/txtfile/exam2.txt
---
>1747111553 35 /root/桌面/txtfile/exam2.txt
```

2. md5sum 命令

语法如下:

```
md5sum [OPTION] [FILE]
```

功能:md5sum 命令用于生成和校验文件的 md5 值,它会逐位对文件内容进行校验。注意,是文件的内容,与文件名无关,也就是说文件内容相同则 md5 值相同。在网络传输时,校验源文件获得其 md5 值,传输完毕后,校验其目标文件获得其 md5 值。再对比这两个 md5 值,如果一致,则表示文件传输正确;否则说明文件在传输过程中出错。md5sum 命令各选项及其功能说明见表 4-26。

表 4-26　md5sum 命令各选项及其功能说明

选项	功　能
-b	以二进制形式读入文件的内容
-c	根据已生成的 md5 值,对现存文件进行校验
-t	以文本模式读入文件内容
-status	校验完成后,不生成错误或正确的提示信息,可以通过命令的返回值来判断

注意:MD5(Message-Digest Algorithm 5,消息摘要算法第 5 版)是计算机安全领域广泛使用的一种散列函数,用以提供消息的完整性保护。典型应用是对一段信息(Message)产生信息摘要(Message-Digest),以防止被篡改。MD5 将整个文件当作一个大文本信息,通过其不可逆的字符串变换算法,产生了这个唯一的 MD5 信息摘要。MD5 算法常常被用来验证网络文件传输的完整性,防止文件被篡改。md5sum 值逐位校验,所以文件越大,校验时间越长。

使用 md5sum 命令来产生指纹(报文摘要),示例如下:

```
[root@localhost txtfile]#md5sum exam1.txt >exam1.md5
[root@localhost txtfile]#cat exam1.md5
2457167d1ac7703433860608b047c506  exam1.txt
[root@localhost txtfile]#md5sum exam?.txt >exam.md5
                                        //把多个文件的报文摘要输出到一个文件中
[root@localhost txtfile]#cat exam.md5
2457167d1ac7703433860608b047c506  exam1.txt
1020268839c09090d7a2af7b04c99b08  exam2.txt
3e8da64d04c040b4ae84ac698c52b34a  exam3.txt
[root@localhost txtfile]#md5sum -c exam1.md5      //如果验证成功,则会输出"正确"
exam1.txt: 确定
[root@localhost txtfile]#md5sum -c exam.md5       //如果验证成功,则会输出"正确"
exam1.txt: 确定
exam2.txt: 确定
exam3.txt: 确定
```

4.2.6 文件与目录的创建、复制、删除、转移及重命名：touch、mkdir、rmdir、mv、rm、cp

1. touch 命令

语法 1 如下：

```
touch FILE
```

语法 2 如下：

```
touch [-acfm] [-d <日期时间>] [-r <参考文件或目录>] [-t <日期时间>] [--help] [--version] [文件或目录...]
```

功能：改变文件或目录时间，包括存取时间和更改时间。如果 FILE 不存在，touch 命令会在当前目录下新建一个空白文件 FILE(执行 touch -c FILE 命令可避免创建新文件)。touch 命令各选项及其功能说明见表 4-27。

表 4-27 touch 命令各选项及其功能说明

选项	功　能
-a	更改存取时间
-c	避免创建新文件
-d	"-d＜日期时间＞"表示使用指定的日期时间，而非现在的时间
-f	此选项将被忽略而不予处理，仅负责解决 BSD 版本 touch 命令的兼容性问题
-m	只更新修改时间
-r	"-r ＜参考文件或目录＞"表示把指定文件或目录的日期时间设成和参考文件或目录的日期时间相同
-t	"-t ＜日期时间＞"表示使用指定的日期时间，而非现在的时间

示例如下：

```
#touch -c -t 04120830  file
                        //将 file 文件的访问时间和修改时间设为当年的 4 月 12 日 8:30
#touch -r file1 file2   //将 file2 文件的时间戳设为与 file1 文件一样
#touch -t 20190412083016 file
                        //将 file 文件的时间戳设为 2019 年 4 月 12 日上午 8:30:16
```

2. mkdir 命令

语法如下：

```
mkdir [选项] [dir-name]
```

功能：该命令创建由 dir-name 命名的目录。要求创建目录的用户在当前目录中(dir-name 的父目录中)具有写权限，并且 dir-name 不能是当前目录中已有的目录或文件名称。mkdir 命令各选项及其功能说明见表 4-28。

表 4-28　mkdir 命令各选项及其功能说明

选项	功　　能
-m	对新建目录设置存取权限，也可以用 chmod 命令设置，例如，# mkdir -m 700 dir1
-p	可以是一个路径名称。此时若路径中的某些目录不存在，加上此选项后，系统将自动建立好那些尚不存在的目录，即一次可以建立多个目录

【实例 4-7】　使用 mkdir 命令创建目录。

第 1 步：如图 4-18 所示，执行第 1 条命令，查看 ztg 目录的内容；执行第 2 条命令，创建一个目录 data；执行第 3 条命令(不带-p 选项)，创建多个目录，给出错误信息；执行第 4 条命令(带-p 选项)，成功创建多个目录；执行第 5 条命令，再次查看 ztg 目录的内容。

```
[root@localhost ztg]# dir
txtfile
[root@localhost ztg]# mkdir data
[root@localhost ztg]# mkdir school/department/class
mkdir: 无法创建目录 "school/department/class": 没有那个文件或目录
[root@localhost ztg]# mkdir -p school/department/class
[root@localhost ztg]# dir
data  school  txtfile
[root@localhost ztg]# cd school/department/class/
```

图 4-18　使用 mkdir 命令创建多个目录

第 2 步：如图 4-19 所示，用带-m 选项的 mkdir 命令对新建的目录设置存取权限。

```
[root@localhost ztg]# cd school/department/class/
[root@localhost class]# mkdir -m 700 mydata
[root@localhost class]# dir
mydata
[root@localhost class]#
```

图 4-19　使用 mkdir 命令设置存取权限

3. rmdir 命令

语法如下：

```
rmdir [选项] [dir-name]
```

功能：删除空目录。dir-name 表示目录名。该命令从一个目录中删除一个或多个子目录项。需要注意的是，一个目录被删除之前必须是空的。rm -r dir-name 命令可代替 rmdir 命令，但是有危险性。删除某个目录时也必须具有对父目录的写权限。rmdir 命令各选项及其功能说明见表 4-29。

表 4-29 rmdir 命令各选项及其功能说明

选项	功 能
-p	递归删除目录 dir-name。当子目录删除后其父目录为空时，也一同被删除。如果整条路径被删除或由于某种原因保留部分路径，则系统在标准输出上显示相应的信息

【实例 4-8】 使用 rmdir 命令删除目录。

如图 4-20 所示，执行第 2 条命令(不带-p 选项的 rmdir 命令)，删除 class 目录。由于 class 有子目录，故不能删除，即 rmdir 命令专门删除已经清空的目录，但如果这个目录里面有文件，就删除不掉了。执行第 4 条命令(带-p 选项的 rmdir 命令)，删除 class/mydata/目录，结果子目录 mydata 及其父目录 class 都被删除，即如果此目录的上层目录也是空的，rmdir 命令也会一并把它的上层目录删除。

```
[root@localhost department]# dir
class
[root@localhost department]# rmdir class
rmdir: class: 目录非空
[root@localhost department]# rmdir -p class
rmdir: class: 目录非空
[root@localhost department]# rmdir -p class/mydata/
[root@localhost department]# dir
[root@localhost department]# █
```

图 4-20 使用 rmdir 命令删除目录

4. mv 命令

语法如下：

```
mv [选项] [源文件或目录] [目标文件或目录]
```

功能：该命令可以为文件或目录改名或将文件由一个目录移到另一个目录中。视 mv 命令中第 2 个参数类型的不同(是目标文件还是目标目录)，mv 命令将文件重命名或将其移至一个新的目录中。当第 2 个参数类型是文件时，mv 命令完成文件的重命名，此时，源文件只能有一个(也可以是源目录名称)，它将所给的源文件或目录重命名为给定的目标文件名。当第 2 个参数是已存在的目录名称时，源文件或目录参数可以有多个，mv 命令将各参数指定的源文件均移至目标目录中。在跨文件系统移动文件时，mv 命令先复制，再将原有文件删除，而该文件的链接也将丢失。如果所给目标文件(不是目录)已存在，此时该文件的内容将被新文件覆盖。为防止用户用 mv 命令破坏另一个文件，使用 mv 命令移动文件时，最好使用-i 选项。mv 命令各选项及其功能说明见表 4-30。

表 4-30 mv 命令各选项及其功能说明

选项	功 能
-b	若需覆盖文件,则覆盖前先行备份
-f	禁止交互操作。当 mv 操作要覆盖某个已有的目标文件时不给任何指示,指定此选项后,-i 选项将不再起作用。若目标文件或目录与现有的文件或目录重复,则直接覆盖现有的文件或目录
-i	以交互方式操作。如果 mv 操作将导致对已存在的目标文件的覆盖,此时系统询问是否重写,要求用户回答 y 或 n,这样可以避免误覆盖文件
-S	与-b 选项一并使用,可指定备份文件的所要附加的字尾
-u	在移动或更改文件名时,若目标文件已存在,且其文件日期比源文件新,则不覆盖目标文件
-v	移动文件时出现进度报告

【实例 4-9】 使用 mv 命令。

第 1 步:如图 4-21 所示,执行第 2 条命令,将 ztg 目录下的子目录 data 移到 ztg 目录的子目录 school 中。

```
[root@localhost ztg]# dir
data  school  txtfile
[root@localhost ztg]# mv data school/
[root@localhost ztg]# dir
school  txtfile
[root@localhost ztg]# dir school/
data  department
[root@localhost ztg]#
```

图 4-21 使用 mv 命令和 dir 命令移动目录

第 2 步:如图 4-22 所示,执行第 2 条命令,将 exam3. txt 文件重命名为 rename. txt。

```
[root@localhost txtfile]# dir
exam1.txt  exam2.txt  exam3.txt
[root@localhost txtfile]# mv exam3.txt rename.txt
[root@localhost txtfile]# dir
exam1.txt  exam2.txt  rename.txt
[root@localhost txtfile]#
```

图 4-22 使用 mv 命令为文件重命名

5. rm 命令

语法如下:

```
rm [选项] [文件或目录]
```

功能:用户可以用 rm 命令删除不需要的文件。该命令的功能为删除一个目录中的一个或多个文件或目录,它也可以将某个目录及其下的所有文件及子目录均删除。对于链接文件,只是断开了链接,原文件保持不变。如果没有使用-r 选项,则 rm 命令不会删除目录。使用 rm 命令时要小心,因为一旦文件被删除,它是不能被恢复的。为了防止这种情况的发生,可以使用-i 选项来逐个确认要删除的文件。如果用户输入 y,文件将被删除。如果用户输入 y 以外的任何其他内容,文件则不会被删除。rm 命令各选项及其功能说明见表 4-31。

表 4-31 rm 命令各选项及其功能说明

选 项	功 能
-d	直接把欲删除的目录的硬链接数据删成 0,同时删除该目录
-f	强制删除文件或目录
-i	删除既有文件或目录之前先询问用户,要进行交互式删除
-r 或-R	递归处理,将指定目录下的所有文件及子目录一并处理
-v	显示命令执行过程,删除之中出现进度报告。在删除许多文件时较有用

【实例 4-10】 使用 rm 命令。

第 1 步:如图 4-23 所示,执行第 3 条命令(# rm temp. txt)后会询问用户是否删除文件,可见 rm 命令默认选项为-i。

第 2 步:若用不带选项的 rm 命令(第 4 条命令),则删除一个非空目录,会给出错误提示;若用带-r 选项的 rm 命令(第 5 条命令),则会递归处理,将该目录下的所有文件及子目录逐个删除。

```
[root@localhost txtfile]# dir
exam1.txt  exam2.txt  exam3.txt tempdir temp.txt
[root@localhost txtfile]# dir tempdir/
exam1.txt  exam2.txt  exam3.txt
[root@localhost txtfile]# rm temp.txt
rm: 是否删除 一般文件 "temp.txt"? y
[root@localhost txtfile]# rm tempdir
rm: 无法删除目录"tempdir": 是一个目录
[root@localhost txtfile]# rm -r tempdir
rm: 是否进入目录 "tempdir"? y
rm: 是否删除 一般文件 "tempdir/exam2.txt"? y
rm: 是否删除 一般文件 "tempdir/exam1.txt"? y
rm: 是否删除 一般文件 "tempdir/exam3.txt"? y
rm: 是否删除 目录 "tempdir"? y
[root@localhost txtfile]# 
```

图 4-23 使用 rm 命令

注意:rm -rf /是一条非常危险的命令。在 RHEL 7 以上版本中,rm -rf /命令是被保护的,但是 rm -rf /* 命令将删除 Linux 根目录中的所有文件。在维护实际的服务器时,建议不要使用 rm 命令,如果要删除文件,可以使用 mv 命令将要删除的文件移至指定文件夹中,比如/candel 文件夹。可以设置一个周期性任务,每月清空一次/candel 文件夹。

6. cp 命令

语法如下:

```
cp [选项] [源文件或目录] [目标文件或目录]
```

功能:该命令的功能是将给出的文件或目录复制到另一个文件或目录中,功能十分强大。需要说明的是,为防止用户在不经意的情况下用 cp 命令破坏另一个文件,如用户指定的目标文件名已存在,用 cp 命令复制文件后,这个文件就会被新源文件覆盖,因此,建议用户在使用 cp 命令复制文件时,最好使用-i 选项。cp 命令各选项及其功能说明见表 4-32。

表 4-32　cp 命令各选项及其功能说明

选　项	功　能
-a	该选项通常在复制目录时使用，它保留链接及文件属性，并递归地复制目录，其作用等于-dpR 选项的组合
-d	复制时保留链接
-f	删除已经存在的目标文件而不提示
-i	和-f 选项相反，在覆盖目标文件之前将给出提示，要求用户确认。回答 y 时目标文件将被覆盖，是交互式复制
-l	不复制内容，只是链接文件
-p	此时 cp 命令除复制源文件的内容外，还将把其修改时间和访问权限也复制到新文件中
-r 或-R	若给出的源文件是一个目录文件，此时 cp 命令将递归复制该目录下所有的子目录和文件中。此时目标文件必须为一个目录名
-u	除非目的地的同名文件比较旧，它才覆盖过去
-v	复制之中出现进度报告。当复制许多文件时较有用

【实例 4-11】 使用 cp 命令。

第 1 步：如图 4-24 所示，执行第 4 条命令，将 temp. txt 文件复制到 cpdir 目录中。

第 2 步：执行第 5 条命令，将 txtfile 目录中所有以 exam 开头的文件（使用了通配符“*”）复制到 cpdir 目录中。

第 3 步：执行第 6 条命令，将整个/var/www 目录（非空的目录）复制到 cpdir 目录中。

第 4 步：执行第 7 条命令，查看复制到 cpdir 目录中的内容。

```
[root@localhost txtfile]# dir
cpdir  exam1.txt  exam2.txt exam3.txt temp.txt
[root@localhost txtfile]# rm -rf cpdir/
[root@localhost txtfile]# mkdir cpdir
[root@localhost txtfile]# cp temp.txt cpdir/
[root@localhost txtfile]# cp exam* cpdir/
[root@localhost txtfile]# cp -r /var/www cpdir/
[root@localhost txtfile]# dir cpdir/
exam1.txt exam2.txt exam3.txt temp.txt     www
[root@localhost txtfile]#
```

图 4-24　使用 cp 命令

4.2.7　文件搜索命令：find、locate、which、whereis、type

1. find 命令

find 命令允许按文件名、文件类型、用户甚至是时间戳查找文件。使用 find 命令，不仅可以找到具有这些属性任意组合的文件，还可以对它找到的文件执行操作。

语法如下：

```
find [起始目录] [查找条件] [操作]
```

或

```
find [path] [options] [expression]
```

功能：在目录中搜索文件，并执行指定的操作。此命令提供了相当多的查找条件，功能很强大。该命令从指定的起始目录开始，递归地搜索其各个子目录，查找满足条件的文件，并采取相关的操作。

find 命令查找文件的特点：从指定路径下递归向下搜索文件，支持按照各种条件方式搜索，支持对搜索得到的文件再进一步地使用命令操作(例如，删除、统计大小、复制等)。

(1) find 命令各选项及其功能说明见表 4-33。

表 4-33　find 命令各选项及其功能说明

选　项	功　能
-atime *n*	文件被读取或访问的时间。搜索在过去 *n* 天读取过的文件。"+*n*"表示超过 *n* 天前被访问的文件；"-*n*"表示不超过 *n* 天前被访问的文件
-ctime *n*	获得文件状态变化时间，类似于-atime 选项，但搜索在过去 *n* 天修改过的文件
-depth	使用深度级别的查找过程方式，在某层指定目录中优先查找文件的内容
-exec command	对匹配文件执行 command 命令，command 后用大括号{}包括文件名，{}代替匹配的文件。command 必须以反斜杠和一个分号结尾，因为分号是 Shell 命令的分隔符
-empty	用于查找空文件
-group grpname	查找所有组为 grpname 的文件
-inum *n*	查找索引节点号(inode)为 *n* 的文件
-maxdepth levels	表示至多查找到开始目录的第 levels 层子目录。levels 是一个非负数，如果 levels 是 0，表示仅在当前目录中查找
-mindepth levels	表示至少查找到开始目录的第 levels 层子目录
-mount	不在非 Linux 文件系统的目录和文件中查找
-mtime *n*	文件内容上次修改的时间。类似于-atime 选项，但是检查的是文件内容被修改的时间
-name filename	查找指定名称的文件，支持通配符"*"和"?"
-newer file	查找比指定文件新的文件，即最后修改时间离现在较近
-ok command	执行 command 命令的时候请求用户确认。其他功能与-exec 选项相同
-perm mode	查找与给定权限匹配的文件，必须以八进制的形式给出访问权限
-print	显示查找的结果
-size *n*	查找文件大小为 *n* 块的文件，一块等于 512 字节。符号"+*n*"表示查找大小大于 *n* 块的文件；符号"nc"表示查找大小为 *n* 个字符的文件
-type	根据文件类型寻找文件，常见类型有 f(普通文件)、c(字符设备文件)、b(块设备文件)、l(链接文件)、d(目录)
-user username	查找所有文件属主为 username 的文件

(2) 该命令提供的查找条件可以是一个用逻辑运算符 and、or 和 not 组成的复合条件。逻辑运算符 and、or 和 not 的含义见表 4-34。

表 4-34　逻辑运算符及其含义

逻辑运算符	含　义
and	逻辑与，在命令中用"-a"表示，是系统默认的选项。该运算符表示只有当所给的条件都满足时，查找条件才算满足

续表

逻辑运算符	含　义
or	逻辑或,在命令中用"-o"表示。该运算符表示只要所给的条件中有一个满足时,查找条件就算满足
not	逻辑非,在命令中用"!"表示。该运算符表示查找不满足所给条件的文件

【实例 4-12】 使用 find 命令。

如图 4-25 所示,执行第 1 条命令,在/home 目录中查找 exam1.txt 文件;执行第 2 条命令,在/home 目录中查找以 exam 开头的文件(使用了通配符"*")。

```
[root@localhost ~]# find /home/ -name exam1.txt
/home/ztg/txtfile/exam1.txt
[root@localhost ~]# find /home/ -name exam*
/home/ztg/txtfile/exam2.txt
/home/ztg/txtfile/exam1.txt
/home/ztg/txtfile/exam3.txt
[root@localhost ~]# 
```

图 4-25　使用 find 命令

(3) 对查找到的文件进一步操作。

语法如下:

```
find [路径] [选项] [表达式] -exec 命令 {} \;
```

参数说明见表 4-35。

表 4-35　参数说明

参　数	说　明
{}	代表 find 命令找到的文件
\	表示转义
;	表示本行命令结束

示例如下:

```
#find /etc -name "host*" -exec du -h {} \;
```

(4) 更多示例如下:

```
#find /usr /etc /tmp -name "*.txt"          //查找/usr、/etc、/tmp 目录中的 txt 文件
#find /usr /etc /tmp -name "*.txt" 2>/dev/null
#find /usr -iname "*.txt"                   //find 默认是区分大小写的,加-iname 选
                                              项后则不区分大小写
#find /etc -type d                          //按类型查找/etc 目录中的所有子目录
#find /etc -type l                          //按类型查找/etc 目录中的所有符号链接
#find /etc -newer time.txt                  //查找/etc 目录中比 time.txt 新的文件
#find /etc ! -newer time.txt                //查找/etc 目录中比 time.txt 旧的文件
```

```
#find /etc -newer time1.txt ! -newer time2.txt
                                        //查找/etc 目录中比 time1.txt 新、比
                                          time2.txt 旧的文件,设置文件时间为
                                          touch -t 03020830 time.txt
#find / -size +10000000c 2>/dev/null    //查找所有大于 10MB 的文件
#find /home -type f -size 0 -exec mv {} /tmp/ \;
                                        //查找/home 目录中所有零字节文件,并将它
                                          们移至/tmp 目录中。-exec 允许 find 命
                                          令在它查找到的文件上执行任何 Shell 命令
#find /home -empty                                    //用于查找空文件
#find . -type f -perm -a=rx -exec ls -l {} \;
#find . -type f -perm 644 -exec ls -l {} \;           //u=6 && g=4 && o=4
#find . -type f -perm -644 -exec ls -l {} \;          //u=6 || g=4 || o=4
#find . -type f -perm -ug=rw -exec ls -l {} \; 2>/dev/null
#find . -type f -perm -644 -exec ls -l {} \; 2>/dev/null
#find . -type f -perm -ug=rw -exec ls -l {} \; 2>/dev/null
                                                      //u=rw && g=rw
#find . -type f -perm /ug=rw -exec ls -l {} \; 2>/dev/null
                                                      //u=rw || g=rw
#find . -type f -perm /644 -exec ls -l {} \; 2>/dev/null
                                                      //u=6 || g=4 || o=4
#find / -type f -user ztg -exec ls -ls {} \;          //通过用户名搜索特定
                                                        用户拥有的文件
#find / -type f -group ztg -exec ls -ls {} \;         //通过组名搜索特定组
                                                        拥有的文件
```

2. locate 命令

语法如下：

```
locate [关键字]
```

功能：这个命令会将文件名或目录名中包含此关键字的路径全部显示出来。locate 命令其实是 find -name 的另一种写法,但是搜索速度要比后者快得多,原因在于它不搜索具体目录,而是搜索一个数据库(/var/lib/mlocate/mlocate.db),这个数据库中含有本地所有文件的绝对路径。Linux 操作系统自动创建这个数据库,并且每天自动更新一次,所以使用 locate 命令查不到最新变动过的文件。为了避免这种情况,可以在使用 locate 命令之前,先使用 updatedb 命令手动更新 mlocate.db 数据库。

3. which 命令

在 Linux 操作系统中有成百上千条命令,不同命令对应的命令文件放在不同的目录里。使用 which、whereis 命令可以快速地查找命令的绝对路径。

语法如下：

```
which [命令]
```

功能：显示一条命令的完整路径与别名。在 PATH 环境变量指定的路径中搜索某条命令的位置,并且返回第一个搜索结果。也就是说,使用 which 命令可以看到某条命令是否

存在，以及执行的到底是哪一个位置的命令。

4. whereis 命令

语法如下：

```
whereis [选项] [文件名]
```

功能：搜索一条命令的完整路径及其帮助文件。whereis 命令只能用于程序名的搜索，而且只搜索二进制文件(-b 选项)、man 说明文件(-m 选项)和源代码文件(-s 选项)。如果省略选项，则返回所有信息。whereis 命令各选项及其功能说明见表 4-36。

表 4-36 whereis 命令各选项及其功能说明

选项	功能	选项	功能
-b	只查找二进制文件	-M	只在设置的目录下查找说明文件
-B	只在设置的目录下查找二进制文件	-s	只查找源代码文件
-f	不显示文件名前的路径名称	-S	只在设置的目录下查找源代码文件
-m	只查找说明文件	-u	查找不包含指定类型的文件

5. type 命令

语法如下：

```
type [-afptP] 文件名 [文件名 ...]
```

功能：type 命令其实不能算查找命令，它是用来区分某条命令到底是 Shell 自带的，还是由 Shell 外部的独立二进制文件提供的。如果一条命令是外部命令，那么使用-P 选项会显示该命令的路径，相当于 which 命令。

4.2.8 文件操作命令：grep、sed、awk、tr

1. grep 命令

语法如下：

```
grep [选项] [查找模式] [文件名 1,文件名 2,...]
```

功能：grep 命令以指定模式逐行搜索指定的文件，并显示匹配到的每一行。grep 命令一次只能搜索一个指定的模式。grep 命令有一组选项，利用这些选项可以改变其输出方式，例如，可以在搜索到的文本行上加入行号，或者输出所有与搜索模式不匹配的行，或者只简单地输出已搜索到指定模式的文件名，可以指定在查找模式时忽略大小写。grep 命令各选项及其功能说明见表 4-37。

表 4-37 grep 命令各选项及其功能说明

选 项	功 能
-b	在输出的每一行前显示包含匹配字符串的行在文件中的字节偏移量
-c	只显示匹配行的数量
-e PATTERN	指定检索使用的模式。用于防止以“-”开头的模式被解释为命令选项

续表

选 项	功 能
-E	每个模式作为一个扩展的正则表达式
-f FILE	从 FILE 文件中获取要搜索的模式,一个模式占一行
-F	每个模式作为一组固定字符串对待(以新行分隔),而不作为正则表达式
-h	在查找多个文件时,指示 grep 命令不要将文件名加入输出之前
-i	比较时不区分大小写
-l	查询多文件时只输出包含匹配串的文件名,当在某文件中多次出现匹配串时,不重复显示此文件名
-n	显示匹配的行及行号(文件首行行号为 1)
-s	不显示不存在或无匹配串的错误信息
-v	只显示不包含匹配串的行,找出模式失配的行
-x	只显示整行严格匹配的行

grep 命令的查找模式中,正则表达式的主要参数及其功能说明见表 4-38。

表 4-38 正则表达式的主要参数及其功能说明

参 数	功 能
\	忽略正则表达式中特殊字符的原有含义
^	匹配行的开始,如^grep 匹配所有以 grep 开头的行
$	匹配行的结束,如 grep$ 匹配所有以 grep 结尾的行
\<	从匹配正则表达式的行开始,锚定单词的开始,如\<grep 匹配包含以 grep 开头的单词的行
\>	到匹配正则表达式的行结束,锚定单词的结束,如 grep\>匹配包含以 grep 结尾的单词的行
[ ]	表示字符范围,如[Gg]ood 匹配 Good 和 good,而[e-g]ood 匹配 eood、food 和 good
[^]	匹配一个不在指定范围内的字符,如[^a-f、h-z]rep 匹配不以 a~f 和 h~z 字母开头并紧跟在 grep 命令后的行
.	匹配任意单个字符
*	匹配零个或多个字符
\b	单词锁定符,如\bgood\b 只匹配 good
x\{m\}	重复字符 x 为 m 次,如 x\{6\}匹配包含 6 个 x 的行
x\{m,\}	重复字符 x 至少为 m 次,如 x\{6,\}匹配至少有 6 个 x 的行
x\{m,n\}	重复字符 x 至少为 m 次,不多于 n 次,如 x\{6,10\}匹配 6~10 个 x 的行
\w	匹配字母和数字字符,也就是 A~Z、a~z、0~9,如 G\w*d 匹配 G 后跟零个或多个字母或数字字符然后是 d 的内容
\W	这是\w 的反置形式,匹配一个或多个非字母和数字字符,如点号、句号等

【实例 4-13】 使用 grep 命令。

使用 grep 命令的效果如图 4-26 所示。

执行第 1 条命令,查找并显示包含 exam2 字符串的行。

执行第 2 条命令,显示包含 exam2 字符串的行的行数。

```
[root@localhost txtfile]# grep exam2 exam3.txt
exam2222222222222222222
[root@localhost txtfile]# grep exam2 exam3.txt -c
1
[root@localhost txtfile]# grep exam2 exam3.txt -n
2:exam2222222222222222222
[root@localhost txtfile]# grep exam2 *.txt
exam2.txt:exam2222222222222222222
exam3.txt:exam2222222222222222222
[root@localhost txtfile]# grep exam2 *.txt -c
exam1.txt:0
exam2.txt:1
exam3.txt:1
[root@localhost txtfile]# grep exam2 *.txt -n
exam2.txt:1:exam2222222222222222222
exam3.txt:2:exam2222222222222222222
[root@localhost txtfile]#
```

图 4-26 使用 grep 命令

执行第 3 条命令,显示包含 exam2 字符串的行,行首为行号。

执行第 4 条命令,在当前目录中所有以".txt"为后缀的文件中查找并显示包含 exam2 字符串的行。

执行第 5 条命令,在当前目录中所有以".txt"为后缀的文件中查找包含 exam2 字符串的行,显示匹配行的数量。

执行第 6 条命令,在当前目录中所有以".txt"为后缀的文件中查找并显示包含 exam2 字符串的行,还显示行号。

grep 命令的其他示例如下:

```
#grep '#' httpd.conf                     //搜索 httpd.conf 文件中包含#的行
#grep -v '#' httpd.conf                  //搜索 httpd.conf 文件中不包含#的行
#ls -l | grep '^d'                       //通过管道过滤 ls -l 输出的内容,只显示以 d 开头的
                                           行,也就是只显示当前目录中的目录(查询子目录)
#grep 'exam' f*                          //搜索当前目录中所有以 f 开头的文件中包含 exam 的行
#grep 'exam' f1 f2 f3                    //搜索当前目录中在 f1、f2、f3 文件中匹配 exam 的行
#grep '[a-c]\{3\}' f1                    //搜索当前目录中在 f1 文件中所有包含 aaa、bbb 或 ccc
                                           字符串的行
#grep -n '\*' f1                         //搜索当前目录中在 f1 文件中含有 * 字符的行,并显示
                                           行号
#ps -ef|grep -c svn                      //查找指定进程个数
#cat test.txt | grep -f test2.txt        //从文件中读取关键词并进行搜索
#cat test.txt | grep -nf test2.txt       //从文件中读取关键词并进行搜索,且显示行号
#grep -n 'linux' test.txt                //从文件中查找关键词且显示行号
#grep -n 'linux' test.txt test2.txt      //从多个文件中查找关键词
#ps aux | grep ssh | grep -v "grep"      //grep 命令不显示本身进程
#cat test.txt |grep ^u                   //找出以 u 开头的行内容
#cat test.txt |grep ^[^u]                //输出非 u 开头的行内容
#cat test.txt |grep hat$                 //输出以 hat 结尾的行内容
#cat test.txt |grep -E "ed|at"           //显示包含 ed 或者 at 字符的内容行
#grep '[a-z]\{7\}' *.txt                 //显示当前目录下以.txt 结尾的文件中的所有包含
                                           的字符串至少有 7 个连续小写字符的行
```

2. sed 命令

sed 命令是一个流编辑器。流编辑器非常适合于执行重复的编辑，这种重复编辑如果由人工完成，将花费大量的时间。

sed 命令的工作方式：sed 命令按顺序逐行将文件读入内存中，然后它执行为该行指定的所有操作，并在完成请求的修改之后将该行放回到内存中，以将其转储至终端。完成了这一行上的所有操作之后，它读取文件的下一行，然后重复该过程直到它完成该文件。默认输出是将每一行的内容输出到屏幕上。在这里，涉及如下两个重要的因素。

首先，输出可以被重定向到另一个文件中。

其次，源文件(默认地)保持不被修改。sed 命令默认读取整个文件，并对其中的每一行进行修改。不过可以按需要将操作限制在指定的行上。

sed 命令的语法如下：

```
sed [options] '{command}' [filename]
```

下面介绍 sed 命令最常用的选项及功能。

(1) 替换操作

sed 命令后面的部分语法是：

```
's/{old value}/{new value}/'
```

例如，将 ccc 修改为 333，命令如下：

```
#echo aaa bbb ccc | sed 's/ccc/333/'
```

命令执行的结果为显示如下的内容。

```
aaa bbb 333
```

(2) 多次修改

如果需要对同一个文件或行进行多次修改，可以有三种方法来实现它。

第 1 种方法：使用-e 选项，它通知程序使用了多条编辑命令。

```
#echo aaa bbb ccc | sed -e 's/ccc/333/' -e 's/aaa/111/'
```

命令执行的结果为显示如下的内容。

```
111 bbb 333
```

第 2 种方法：用分号来分隔命令。

```
#echo aaa bbb ccc | sed 's/ccc/333/; s/aaa/111/'
```

命令执行的结果为显示如下的内容。

```
111 bbb 333
```

注意：分号必须是紧跟斜线之后的下一个字符。如果两者之间有一个空格，操作将不能成功完成，并返回一条错误消息。

第3种方法：在多行中输入一条 sed 命令。

要注意的一个关键问题是，两个撇号（''）之间的全部内容都被解释为 sed 命令。直到你输入了第二个撇号，读入这些命令的 Shell 程序才会认为完成了输入。这意味着可以在多行上输入命令，同时 Linux 将提示符从（#或$）变为一个延续提示符（通常为>），直到输入了第二个撇号。一旦输入了第二个撇号，并且按下了 Enter 键，则会执行命令，如下所示。

```
#echo aaa bbb ccc | sed '
>s/ccc/333/
>s/aaa/111/'
```

输出结果如下：

```
111 bbb 333
```

(3) 全局修改

```
#echo aaa bbb ccc aaa bbb ccc | sed 's/ccc/333/g'
```

输出结果如下：

```
aaa bbb 333 aaa bbb 333
```

作为一条通用规则，sed 命令可以用来将任意的可打印字符修改为任意其他的可打印字符。如果要将不可打印字符修改为可打印字符，例如，铃铛修改为单词 bell，sed 命令不太适合完成这项工作，此时可以使用 tr 命令。

sed 命令的其他示例如下：

```
#nl /etc/passwd | sed '2,5d'              //将"/etc/passwd"的内容列出，并列出行号，
                                            且将第2~5行删除
#nl /etc/passwd | sed '2a insert a line'  //在第2行后加上一行为"insert a line"
1 root:x:0:0:root:/root:/bin/bash
2 bin:x:1:1:bin:/bin:/sbin/nologin
insert a line
3 daemon:x:2:2:daemon:/sbin:/sbin/nologin
#nl /etc/passwd | sed '2,5c No 2-5 number'     //第2~5行的内容变为"No 2-5 number"
1 root:x:0:0:root:/root:/bin/bash
No 2-5 number
6 sync:x:5:0:sync:/sbin:/bin/sync
#nl /etc/passwd | sed -n '5,7p'                //仅列出第5~7行
#ifconfig eth0 | grep 'inet '|sed 's/^.*addr://g'|sed 's/Bcast.*$//g'
                                               //eth0 的 IP
#ifconfig eth0 | grep 'inet '|sed 's/^.*addr://g'|sed 's/ Bcast.*$//g'
                                               //eth0 的 IP
```

```
#sed -i '$a #This is a test' /etc/passwd  //在/etc/passwd最后一行加入
                                           "#This is a test"
#sed -i "s/aaa/bbb/g" `grep "aaa" -rl ./`  //将./目录中所有文件中的字符串aaa替换
                                            为bbb,进行递归处理。注意,用的是反
                                            撇号
```

3. awk 命令

awk 命令是一种解释型编程语言。awk 命令也是 Shell 过滤工具中最难掌握的。awk 命令最基本的功能是在文件或字符串中基于指定的规则查看信息和提取信息。

示例如下:

```
#awk '{print $0}' myfile >newfile                //保存 awk 输出
#awk '{print $0}' myfile |tee newfile            //使用tee,在输出到文件中的同时再输出
                                                  到屏幕
#awk 'BEGIN {print "hello,this is Title\n----------"}{print $0}' newfile
                                                 //打印标题
#awk 'BEGIN{print $0} END {"end of file."}' myfile
                                                 //打印文件结尾信息
#awk '{print $3}' myfile                         //打印第三列的内容
#awk '/^(no|so)/' myfile                         //打印所有以模式 no 或 so 开头的行
#awk '/^[ns]/{print $1}' myfile                  //若记录以 n 或 s 开头,就打印这个记录
#awk '$1 ~/[0-9][0-9]$/(print $1}' myfile        //若第一个域以两个数字结束,就打印这
                                                  个记录
#awk '$1 ==100 || $2 <50' myfile        //若第一个域等于100或第二个域小于50,则打印
                                         该行
#awk '$1 !=10' myfile                   //若第一个域不等于10,就打印该行
#awk '/test/{print $1 +10}' myfile      //若记录包含正则表达式 test,则第1个域加10
                                         后打印
#awk '{print ($1 >5 ?"ok "$1: "error"$1)}' myfile
                                        //如果第一个域大于5,则打印问号后面的表达式
                                         值,否则打印冒号后面的表达式值
#awk '/^root/,/^mysql/' myfile          //打印以正则表达式root开头的记录到以正则表
                                         达式mysql开头的记录范围内的所有记录。如果
                                         找到一个新的正则表达式以root开头的记录,则
                                         继续打印直到下一个以正则表达式mysql开头的
                                         记录为止,或到文件末尾
#netsta -n                              //该命令的部分执行结果如下面两行所示
Proto  Recv-Q  Send-Q    Local Address        Foreign Address       State
 tcp      0       0     192.168.1.3: 34582  54.213.168.194: 443  ESTABLISHED
#netstat  -n | awk  '/^tcp/ {++state[$NF]} END {for(key in state) print key,"\
t",state[key]}'
         //结合netstat和awk命令来统计网络连接数,把当前系统的网络连接状态分类汇总
```

下面对上面最后一条命令的相关字段进行解释。

/^tcp/:滤出 tcp 开头的记录,屏蔽 udp、socket 等无关记录。

state[]:相当于定义了一个名叫 state 的数组。

NF:表示记录的字段数,如上面倒数第二条命令(netstat -n)的输出结果 NF 等于 6。

$NF:表示某个字段的值,$NF 就是 $6,表示第 6 个字段的值,也就是

ESTABLISHED。

state[$NF]：表示数组元素的值，就是 state[TIME_WAIT]状态的连接数。

++state[$NF]：表示把某个数加 1，就是把 state[TIME_WAIT]状态的连接数加 1。

END：表示在最后阶段要执行的命令。

for(key in state)：遍历数组。

print key,"\t",state[key]：打印数组的键和值，中间用\t 制表符分隔，美化一下格式。

4. tr 命令

语法如下：

```
tr [-cdst] [第一字符集] [第二字符集] [filename]
```

功能：tr 命令从标准输入设备读取数据，经过字符转换后，输出到标准输出设备。tr 命令主要用于删除文件中控制字符或进行字符转换。tr 只能进行字符的替换、缩减和删除，不能用来替换字符串。tr 命令各选项及其功能说明见表 4-39。

表 4-39　tr 命令各选项及其功能说明

选　项	功　　能
-c	取代所有不属于第一字符集的字符
-d	删除所有属于第一字符集的字符
-s	把连续重复的字符以单独一个字符表示
-t	先删除第一字符集比第二字符集多出的字符
file name	表示要转换的文件。虽然可以使用其他格式输入，但这种格式最常用

第一字符集和第二字符集只能使用单字符或字符列表，具体如下。

[a-z]：a～z 内的字符组成的字符列表。

[A-Z]：A～Z 内的字符组成的字符列表。

[0-9]：数字列表。

\octal：一个三位的八进制数，对应有效的 ASCII 字符。

[O*n]：表示字符 O 重复出现 n 次。

tr 命令中特定控制字符的含义见表 4-40。

表 4-40　tr 命令中特定控制字符的含义

控 制 字 符	含　　义	八进制方式
\a	Ctrl+G,铃声	\007
\b	Ctrl+H,退格符	\010
\f	Ctrl+L,走行换页	\014
\n	Ctrl+J,新行	\012
\r	Ctrl+M,回车	\015
\t	Ctrl+I,Tab 键	\011

示例如下：

```
#cat exam1.txt
asdfasdfaasdf asdfasdf
abc def xyz qqq
def xyz qqq abcdef
#cat exam1.txt | tr "abc" "xyz" >newfile  //在 file 中出现的 a 字母都替换成 x 字母,b
                                            字母替换为 y 字母,c 字母替换为 z 字母,而
                                            不是将字符串 abc 替换为字符串 xyz
#cat newfile
xsdfxsdfxxsdf xsdfxsdf
xyz def xyz qqq
def xyz qqq xyzdef
#cat exam1.txt | tr [a-z] [A-Z] >newfile  //将文件中大写字母替换为小写字母
#cat newfile
ASDFASDFAASDF ASDFASDF
ABC DEF XYZ QQQ
DEF XYZ QQQ ABCDEF
#cat exam1.txt | tr -d "bad" >newfile     //删除文件中出现的 b、a、d 字符。
#cat newfile                                注意,不是只删除出现的字符串 bad
sfsfsf sfsf
c ef xyz qqq
ef xyz qqq cef
#cat exam1.txt | tr [a-j] [0-9] >newfile  //将文件中的数字 0~9 对应替换为字母 a~j
#cat newfile
0s350s3500s35 0s350s35
012 345 xyz qqq
345 xyz qqq 012345
#cat exam1.txt | tr -d "\n\t" >newfile     //删除文件中出现的换行('\n')、制表('\t
                                             ')等字符,不可见字符用转义字符来表示
#cat exam1.txt | tr -s "\n" >newfile       //删除空行
#cat exam1.txt | tr -d "\r" >newfile       //删除 Windows 文件中的'^M'字符
#cat exam1.txt | tr -s "\r" "\n" >newfile  //删除 Windows 文件中的'^M'字符。-s 选
                                             项后面是两个参数"\r"和"\n",用后者替
                                             换前者
#cat exam1.txt | tr -s "\011" "\040" >newfile  //用空格符\040 替换制表符\011
#echo $PATH | tr -s ":" "\n"          //把路径变量中的冒号":"替换成换行符"\n",这样看
                                        到的路径变量更清晰
#tr -s "[:]" "[\011]" </etc/passwd//用 Tab 键替换 passwd 文件中所有冒号,可以增加可
                                        读性
#tr -s "[:]" "[\t]" </etc/passwd   //用 Tab 键替换 passwd 文件中所有冒号,可以增加可
                                        读性
```

4.2.9 文件的追加、合并、分割:echo、cat、uniq、cut、paste、join、split

1. echo 命令

语法如下:

```
echo [-ne] [字符串或环境变量]
```

功能：在显示器上显示一段文字，一般起到提示的作用。

-n 选项表示输出字符串后不换行，字符串可以加引号，也可以不加引号。用 echo 命令输出加引号的字符串时，将字符串原样输出；用 echo 命令输出不加引号的字符串时，将字符串中的各个单词作为字符串输出，各字符串之间用一个空格分割。

如果使用-e 选项，那么字符串中出现表 4-41 中的字符时将特别加以处理，而不会将它们作为一般的字符进行输出。

表 4-41　特殊字符及其功能

字符	功　能	字符	功　能
\a	发出警告声	\r	光标移至行首但不换行
\b	删除前一个字符	\t	插入 Tab
\c	最后不加上换行符号	\v	与"\f"相同
\f	换行但光标仍旧停留在原来的位置	\\	插入"\"字符
\n	换行且光标移至行首	\nnn	插入 nnn(八进制)所代表的 ASCII 字符

【实例 4-14】 使用 echo 命令向文件追加内容。

使用 echo 命令后的效果如图 4-27 所示。

```
[root@localhost txtfile]# dir
cpdir exam1.txt exam2.txt exam3.txt temp.txt
[root@localhost txtfile]# echo echo11111111111 > exam4.txt
[root@localhost txtfile]# echo echo2222222222222 >> exam4.txt
[root@localhost txtfile]# dir
cpdir exam1.txt exam2.txt exam3.txt exam4.txt temp.txt
[root@localhost txtfile]# cat exam4.txt
echo11111111111
echo2222222222222
[root@localhost txtfile]# echo echo00000000000 > exam4.txt
[root@localhost txtfile]# cat exam4.txt
echo00000000000
[root@localhost txtfile]# █
```

图 4-27　使用 echo 命令

执行第 1 条命令(dir)，查看 txtfile 目录中的内容。

执行第 2 条命令，创建新文件 exam4. txt，同时通过重定向符“＞”向新文件中添加一行内容“echo11111111111”。

执行第 3 条命令，通过追加重定向符“＞＞”向 exam4. txt 文件中追加一行内容“echo2222222222222”。

执行第 4 条命令(dir)，查看 txtfile 目录中的内容。

执行第 5 条命令(cat exam4. txt)，查看 exam4. txt 文件中的内容。

执行第 6 条命令，通过重定向符“＞”向 exam4. txt 文件中添加一行内容“echo00000000000”。

注意：此时添加的新内容将覆盖原来的内容，通过执行第 7 条命令得以验证。

2. cat 命令

语法如下：

```
cat [选项] 文件 1 文件 2 ...
```

功能：把文件串联起来后传到基本输出(显示器或重定向到另一个文件中)。cat 命令还有对文件的追加与合并功能。cat 命令各选项及其功能说明见表 4-42。

表 4-42　cat 命令各选项及其功能说明

选　项	功　能
-n,--number	由 1 开始对所有输出的行编号
-b,--number-nonblank	和-n 选项相似,但是不对空白行编号
-s,--squeeze-blank	当遇到有连续两行以上的空白行时就替换为一个空白行

【实例 4-15】 使用 cat 命令合并文件、向文件追加内容。

```
#cat exam1.txt      //显示 exam1.txt 的内容
#cat >exam2.txt     //若 exam2.txt 文件不存在,则新建文件 exam2.txt,文件内容由键盘输
                      入,在新行行首按 Ctrl+D 组合键结束
#cat exam1.txt exam2.txt                //显示 exam1.txt 和 exam2.txt 的内容
#cat exam2.txt exam1.txt                //显示 exam2.txt 和 exam1.txt 的内容
#cat exam1.txt exam2.txt >exam3.txt     //将 exam1.txt 与 exam2.txt 文件内容串接(合
                                          并)后输入新建文件 exam3.txt 中
#cat >>exam3.txt                        //由键盘向 exam3.txt 中追加输入新内容,在新行
                                          行首按 Ctrl+D 组合键结束
```

注意："＞"是重定向符,"＞＞"是追加重定向符。

3. uniq 命令

语法如下：

```
uniq [-cdu] [-f<栏位>] [-s<字符位置>] [-w<字符位置>] [输入文件] [输出文件]
```

功能：合并文件中相邻的重复行,对连续重复的行只显示一次。uniq 命令各选项及其功能说明见表 4-43。

表 4-43　uniq 命令各选项及其功能说明

选　项	功　能
-c 或--count	在每列旁边显示该行重复出现的次数
-d 或--repeated	仅显示重复出现的行列
-f ＜栏位＞或--skip-fields＝＜栏位＞	忽略比较指定的栏位
-s ＜字符位置＞或--skip-chars＝＜字符位置＞	忽略比较指定的字符
-u 或-unique	仅显示出一次的行列
-w ＜字符位置＞或--check-chars＝＜字符位置＞	指定要比较的字符

示例如下：

```
#cat test                        //显示 test 文件的内容,可以看到其中的连续重复行
aaa aaa
aaa aaa
```

```
bbb bbb
bbb bbb
bbb bbb
ccc ccc
#uniq test                        //uniq 命令不加任何参数,仅显示连续重复的行一次
aaa aaa
bbb bbb
ccc ccc
#uniq -c test                     //-c 选项显示文件中每行连续出现的次数
2 aaa aaa
3 bbb bbb
1 ccc ccc
#uniq -d test                     //-d 选项仅显示文件中连续重复出现的行
aaa aaa
bbb bbb
#uniq -u test                     //-u 选项显示文件中没有连续出现的行
ccc ccc
```

4. cut 命令

语法如下：

```
cut -c list [file ...]
```

或

```
cut -b list [-n] [file ...]
```

或

```
cut -f list [-d delim] [-s] [file ...]
```

功能：cut 命令取出文件中指定的字段。-c、-b、-f 选项分别表示字符、字节、字段(即 character、byte、field)；list 表示-c、-b、-f 选项的操作范围；-n 选项常常表示具体数字；file 表示的是要操作的文本文件的名称；delim 表示分隔符，默认情况下为 Tab；-s 选项表示不包括那些不含分隔符的行(这样有利于去掉注释和标题)。

上面三种命令方式中，表示从指定范围中提取字符(-c)、字节(-b)或字段(-f)。-d、-s 选项主要用来根据某种分隔符提取数据。cut 命令中操作范围 list 的表示方法见表 4-44。

表 4-44　cut 命令中操作范围 list 的表示方法

操作范围	说　明
N	只有第 *N* 项
N-	从第 *N* 项一直到行尾
N-*M*	从第 *N* 项到第 *M* 项(包括 *M*)
-*M*	从一行的开始到第 *M* 项(包括 *M*)
-	从一行的开始到结束的所有项

示例如下：

```
#cut -c3 file                    //提取第 3 个字符
#cut -c3-file                    //提取第 3 个字符以后的字符
#cut -c1,3,9 file                //提取多个字符,中间用“,”符号隔开
#cut -c3-11 file                 //提取第 3~11 个字符
#cut -d: -f1 /etc/passwd         //提取第 1 列的数据,-d 选项的默认分隔符是 Tab 键
#cut -d: -f1,4 /etc/passwd       //提取第 1 列和第 4 列的数据
```

5. paste 命令

语法如下：

```
paste [-s] [-d < 间隔字符> ] [文件...]
```

功能：paste 命令合并文件的列，会把每个文件以列对列的方式一列列地加以合并，与 cut 命令完成的功能刚好相反。paste 命令各选项及其功能说明见表 4-45。

表 4-45　paste 命令各选项及其功能说明

选　　项	功　　能
-d<间隔字符>或--delimiters=<间隔字符>	用指定的间隔字符取代 Tab 键
-s 或--serial	串列进行而非平行处理

示例如下：

```
#cat test1.txt
1
2
3
#cat test2.txt
a
b
c
#paste test1.txt test2.txt
1    a
2    b
3    c
#paste  -d  '*'  test1.txt  test2.txt       //请读者自行分析结果
```

6. join 命令

语法如下：

```
join [-i][-a<1 或 2>] [-e<字符串>] [-o<格式>] [-t<字符>] [-v<1 或 2>] [-1<栏位>]
[-2<栏位>] [文件 1] [文件 2]
```

功能：join 命令找出两个文件中指定栏位内容相同的行并加以合并，再输出到标准输出设备。join 命令各选项及其功能说明见表 4-46。

表 4-46　join 命令各选项及其功能说明

选　项	功　能
-a＜1 或 2＞	除了显示原来的输出内容之外,还显示命令文件中没有相同栏位的行
-e＜字符串＞	若[文件 1]与[文件 2]中找不到指定的栏位,则在输出中填入选项中的字符串
-i	比较栏位内容时忽略大小写的差异
-o＜格式＞	按照指定的格式来显示结果
-t＜字符＞	使用栏位的分隔字符
-v＜1 或 2＞	跟-a 选项相同,但是只显示文件中没有相同栏位的行
-1＜栏位＞	连接[文件 1]指定的栏位
-2＜栏位＞	连接[文件 2]指定的栏位

示例如下：

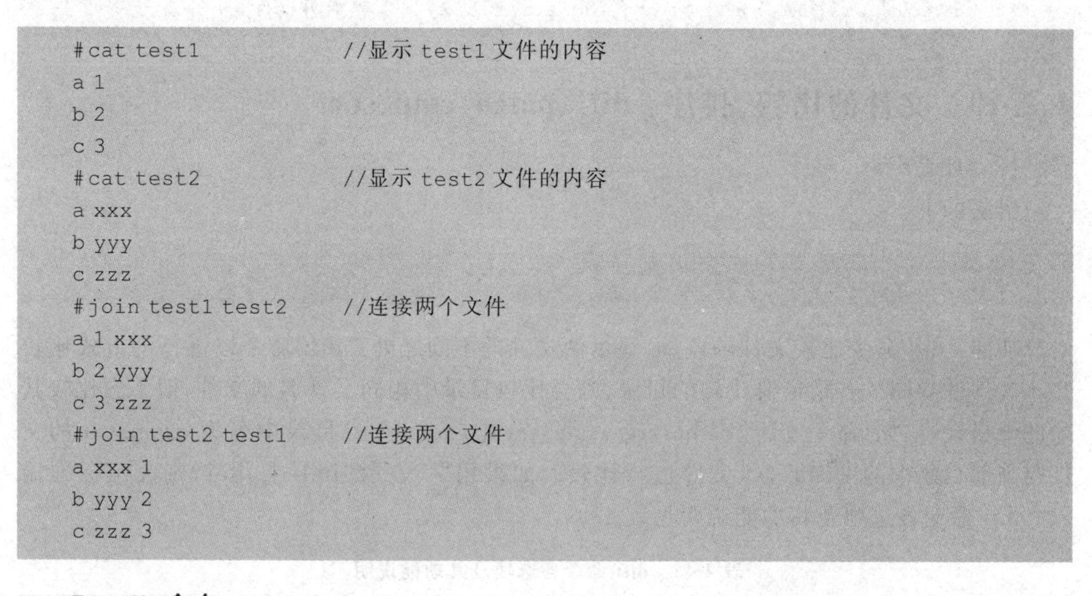

```
#cat test1                //显示 test1 文件的内容
a 1
b 2
c 3
#cat test2                //显示 test2 文件的内容
a xxx
b yyy
c zzz
#join test1 test2         //连接两个文件
a 1 xxx
b 2 yyy
c 3 zzz
#join test2 test1         //连接两个文件
a xxx 1
b yyy 2
c zzz 3
```

7. split 命令

语法如下：

```
split [-<行数>] [-b <字节>] [-C <字节>] [-l <行数>] [要切割的文件] [输出文件名]
```

功能：split 命令将文件切成较小的文件,最后一个参数“输出文件名”设置切割后文件的前置文件名,split 命令会自动在前置文件名后再加上编号。split 命令各选项及其功能说明见表 4-47。

表 4-47　split 命令各选项及其功能说明

选　项	功　能
-a,--suffix-length=*N*	指定输出文件名的后缀,默认为 2 个
-b,--bytes=SIZE	指定每多少字就要切成一个小文件
-C,--line-bytes=SIZE	与-b 选项类似,但切割时尽量保持每行的完整性
-d,--numeric-suffixes[=FROM]	使用数字代替字母作为后缀

示例如下：将 205MB 的文件(mysql_data.tar.bz2)分割成 21 个小文件。

```
#split -b 10m -d -a 1 mysql_data.tar.bz2 mysql_data.tar.bz2.
```

以上命令中的相关选项的作用说明如下。

-b 10m：分割后的每个文件最大为 10MB。

-d -a 1：分割后的文件名为 mysql_data.tar.bz2.0、mysql_data.tar.bz2.1、mysql_data.tar.bz2.2，以此类推。

mysql_data.tar.bz2：需要分割的文件。

mysql_data.tar.bz2.：分割后的文件开头。注意最后的小点不要遗漏。

合并文件的操作示例如下：

```
#cat mysql_data.tar.bz2* >mysql_data.tar.bz2        //合并文件
```

4.2.10 文件的比较、排序：diff、patch、cmp、sort

1. diff 命令

语法如下：

```
diff [选项] file1 file2
```

功能：diff 命令比较文件的差异，显示两文件的不同之处。diff 命令以逐行的方式比较文本文件的异同。若指定要比较的目录，则会比较目录中相同文件名的文件，但不会比较其中的子目录，比如，命令 diff /home/ztg exam.txt 把/home/ztg 目录中名为 exam.txt 的文件与当前目录中的 exam.txt 文件进行比较。如果用“-”表示 file1 或 file2，则表示标准输入。diff 命令各选项及其功能说明见表 4-48。

表 4-48 diff 命令各选项及其功能说明

选　项	功　能
-a	diff 命令预设只会逐行比较文本文件
-b	忽略空格造成的不同，比如忽略行尾的空格，字符串中的一个或多个空格视为相等
-B	不检查空白行
-c	显示全部内容，并标出不同之处
-d	使用不同的演算法，以较小的单位来做比较
-e	输出可用于 ed 的脚本文件
-H	利用试探法加速对大文件的搜索。比较大文件时，可加快速度
-i	不检查大小写的不同
-l	将结果交由分页程序 pr 来分页
-n	将比较结果以 RCS 的格式来显示
-N	将不存在的文件视为空文件
-p	若比较的文件为 C 语言的程序代码文件时，显示差异所在的函数名称
-q	仅显示有无差异，不显示详细的信息

续表

选 项	功 能
-r	比较子目录中的文件
-S	在比较目录时，从指定的文件开始比较
-t	在输出时，将 Tab 字符展开
-T	在每行前面加上 Tab 字符以便对齐
-u,-U	以合并的方式来显示文件内容的不同
-v	显示版本信息
-w	忽略全部的空格字符
-W	在使用-y 选项时指定栏宽
-x pattern	比较目录时，忽略目录中与 pattern 匹配的文件或子目录
-X file	比较目录时，忽略目录中与 file 中包含的任何 pattern 匹配的文件或子目录
-y	以并列的方式显示文件的异同之处

示例如下：

```
[root@localhost txtfile]#cat exam1.txt
asdf
abcd
[root@localhost txtfile]#cat exam2.txt
asdf
abc
[root@localhost txtfile]#diff exam1.txt exam2.txt   //比较两个文件
2c2                  //表示 exam1.txt 文件的第 2 行和 exam2.txt 文件的第 2 行不同
<abcd
---
>abc
[root@localhost txtfile]#cat exam1.txt
asdf
abcd
gggggg
sdfasdfasdf
[root@localhost txtfile]#cat exam2.txt
asdf
abc
[root@localhost txtfile]#diff exam1.txt exam2.txt
2,4c2                //表示 exam1.txt 文件的第 2~4 行和 exam2.txt 文件的第 2 行不同
<abcd
<gggggg
<sdfasdfasdf
---
>abc
[root@localhost txtfile]#cat exam1.txt
asdf
abc
gggggg
sdfasdfasdf
```

```
[root@localhost txtfile]#cat exam2.txt
asdf
abc
[root@localhost txtfile]#diff exam1.txt exam2.txt
3,4d2                          //表示 exam1.txt 文件比 exam2.txt 文件多了第 3~4 行的内容
<gggggg
<sdfasdfasdf
[root@localhost txtfile]#cat exam1.txt
asdf
abc
gggggg
sdfasdfasdf
[root@localhost txtfile]#cat exam2.txt
asdf
abc
ggggggf
[root@localhost txtfile]#diff exam2.txt exam1.txt -y -W 50  //以并排格式输出
asdf      asdf
abc      abc
ggggggf     |  gggggg              //"|"表示前后 2 个文件内容不同
            >  sdfasdfasdf         //">"表示后面文件比前面文件多了 1 行内容
[root@localhost txtfile]#
[root@localhost txtfile]#diff exam2.txt exam1.txt -c
*** exam2.txt 2014-05-11 18:02:34.137005052 +0800
---exam1.txt 2014-05-11 17:57:26.259459800 +0800
***************
*** 1,3 ****
  asdf
  abc
! ggggggf
---1,4 ----
  asdf
  abc
! gggggg
! sdfasdfasdf
[root@localhost txtfile]#diff exam2.txt exam1.txt -u
---exam2.txt 2014-05-11 18:02:34.137005052 +0800
+++exam1.txt 2014-05-11 17:57:26.259459800 +0800
@@-1,3 +1,4 @@
  asdf
  abc
-ggggggf
+gggggg
+sdfasdfasdf
[root@localhost txtfile]#
```

diff 命令输出信息的一些符号说明见表 4-49。

表 4-49　diff 命令输出信息的一些符号说明

符号	说　明	符号	说　明
a	附加	＋	比较的两个文件中,后者比前者多一行
c	改变	-	比较的两个文件中,后者比前者少一行
d	删除	!	比较的两个文件中有些行有区别
|	表示前后两个文件内容不同	---	表示变动前的文件
<	表示后面的文件比前面的文件少了 1 行内容	＋＋＋	表示变动后的文件
>	表示后面的文件比前面的文件多了 1 行内容		

2. patch 命令

语法如下:

```
patch [选项] [原始文件 [补丁文件]]
```

功能:patch 命令给原始文件打补丁,生成新文件。Linux 中,diff 命令与 patch 命令经常配合使用,可以进行代码维护工作。

注意:需要先执行"diff 原始文件 新文件"命令生成补丁文件。

```
#diff -ruN book.old book.new >patch.book          //比较两个文件的区别,并生成补丁
#patch book.old patch.book                        //打补丁
```

3. cmp 命令

语法如下:

```
cmp [-l] [-s] file1 file2
```

功能:显示两个文件的不同之处。cmp 命令各选项及其功能说明见表 4-50。

表 4-50　cmp 命令各选项及其功能说明

选　项	功　能
-l	给出两个文件不同的字节数
-s	不显示两个文件的不同处,给出比较结果

4. sort

语法如下:

```
sort [-bcdfimMnr] [-o<输出文件>] [-t<分隔字符>] [+<起始栏位>-<结束栏位>] [文件]
```

功能:将文本文件内容以行为单位排序。从首字符向后,依次按 ASCII 值进行比较,默认按升序输出。sort 命令各选项及其功能说明见表 4-51。

表 4-51　sort 命令各选项及其功能说明

选　项	功　能
-b	会忽略每一行前面的所有空白部分,从第 1 个可见字符开始比较
-c	检查文件是否已按顺序排序。若乱序,则输出第 1 个乱序行的相关信息,最后返回 1
-C	会检查文件是否已排好序。如果乱序,则不输出内容,仅返回 1
-d	排序时处理英文字母、数字及空格字符,忽略其他的字符
-f	排序时将小写字母视为大写字母,也即忽略大小写
-i	排序时除了 40～176 的 ASCII 字符外,忽略其他的字符
-m	将几个排序好的文件进行合并
-M	将前面 3 个字母依照月份的缩写进行排序,比如 JAN 小于 FEB
-n	依照数值的大小排序
-o＜输出文件＞	将排序后的结果存入指定的文件中
-r	以相反的顺序来排序
-t＜分隔字符＞	指定排序时所用的栏位分隔字符
-u	在输出中去除重复行

示例如下：

```
#sort -u seq.txt    //在输出中去除重复行
#sort -r number.txt //sort 命令默认的排序方式是升序。如果想改成降序,则用-r 选项
#sort -r number.txt -o number.txt
        //由于 sort 命令默认是把结果输出到标准输出中,所以需要用重定向才能将结果写入文
          件,形如 sort filename >newfile。但是,如果想把排序结果输出到源文件中,用重
          定向(#sort -r number.txt >number.txt)可就不行了,请读者思考一下为什么?
          用-o 选项则可以将结果写入源文件
#sort -n number.txt //number.txt 文件中的内容是数字,使用-n 选项可以对数值进行排序
#cat  exam.txt
//假设 exam.txt 文件的内容如下
aaa:30:23
ccc:23:56
ddd:50:78
ggg:10:12
#sort  -n  -k  2  -t  :  exam.txt  //exam.txt 文件有 3 列,列与列之间用冒号隔开,按
                                    第 2 列由小到大排序
ggg:10:12
ccc:23:56
aaa:30:23
ddd:50:78
```

4.2.11　文件的链接：ln

链接有两种,即硬链接和符号链接。默认情况下,ln 命令产生硬链接。

语法如下：

```
ln [options] <源文件><新建链接名>
```

功能：ln 命令为文件建立在其他路径中的访问方法(链接)。ln 命令各选项及其功能说明见表 4-52。

表 4-52　ln 命令各选项及其功能说明

选　项	功　能
-b 或--backup	在链接时会对被覆盖或删除的目标文件进行备份
-d 或-F 或--directory	建立硬链接，目前还不可以对目录创建硬链接
-i 或--interactive	覆盖已经存在的文件之前询问用户
-n 或--no-dereference	把符号链接的目标目录视为一般文件
-s 或--symbolic	对源文件建立符号链接

1. 硬链接

硬链接(hard link)是指通过索引节点来进行的链接。在 Linux 文件系统中，保存在磁盘分区中的文件不管是什么类型，都给它分配一个编号，称为索引节点号(inode)。多个文件名可以指向同一个索引节点，这就是硬链接。硬链接的作用是允许一个文件拥有多个有效的路径名，这样用户就可以建立到重要文件的硬链接，以防止“误删”，因为指向同一个索引节点的链接有一个以上时，删除一个链接并不影响索引节点本身和其他的链接，只有当最后一个链接被删除后，文件的数据块及目录的链接才会被释放，文件才会被真正删除。

语法如下：

```
ln <源文件><新建链接名>
```

硬链接文件完全等同于源文件，源文件名和链接文件都指向相同的物理地址。

注意：不可跨文件系统创建硬链接，也不可为目录建立硬链接。文件在磁盘中的数据是唯一的，这样就可以节省硬盘空间。由于只有当删除文件的最后一个节点时文件才能真正从磁盘空间中删除，因此可以防止不必要的误删除。

另外，只有在同一个文件系统中的文件之间才能创建硬链接。

2. 软链接

语法如下：

```
ln -s <源文件><新建链接名>
```

与硬链接相对应，Linux 操作系统中还存在另一种链接，称为软链接，也称为符号链接(symbolic link)。软链接文件有点类似于 Windows 的快捷方式，它实际上是特殊文件的一种。在软链接中，文件实际上是一个文本文件，其中包含有另一个文件的位置信息。软链接可以链接任意的文件或目录，可以链接不同文件系统的文件。在对软链接文件进行读/写操作时，系统会自动把该操作转换为对源文件的操作。但是删除链接文件时，系统仅删除链接文件，而不删除源文件。

【实例 4-16】　使用 ln 命令。

使用 ln 命令的效果如图 4-28 所示。操作如下。

第 1 步：执行第 1 条命令，在桌面创建对/etc/rc. d/rc. local 的软链接 rc. local。

第 2 步：执行第 2 条命令，查看创建的软链接 rc. local。

```
[root@localhost 桌面]# ln -s /etc/rc.d/rc.local rc.local
[root@localhost 桌面]# ll rc.local
lrwxrwxrwx. 1 root root 18 5月  11 18:19 rc.local -> /etc/rc.d/rc.local
[root@localhost 桌面]# 
```

图 4-28　使用 ln 命令

4.2.12　设备文件：mknod

Linux 沿袭了 UNIX 的风格，将所有设备视为一个文件即设备文件。在 Linux 操作系统中，设备文件分为两种：块设备文件(b)和字符设备文件(c)。为了方便管理，Linux 操作系统将所有的设备文件统一存放在/dev 目录下。

常见的块设备文件有：

```
/dev/hd[a-t][1-63]        //IDE 设备
/dev/sd[a-z][1-15]        //SCSI 设备
/dev/md[0-31]             //软磁盘阵列设备
ram[0-19]                 //内存
```

常见的字符设备文件有：

```
/dev/null                 //无限数据接收设备
/dev/zero                 //无限零资源设备
/dev/tty[0-63]            //虚拟终端设备
/dev/console              //控制台
/dev/ttyS[0-9]            //串口
/dev/lp[0-3]              //并口
```

系统用户可以用 mknod 命令来建立所需的设备文件。

语法如下：

```
mknod 设备文件名 文件类型 主设备号 从设备号
```

示例如下：

```
#mknod /dev/null c 1 3
#mknod /dev/zero c 1 5
#mknod /dev/random c 1 8
```

4.2.13　进程与文件：lsof

语法如下：

```
lsof [参数] [文件]
```

功能：lsof 命令用于查看进程打开的文件、打开文件的进程、进程打开的端口(TCP、UDP)。lsof 命令各选项及其功能说明见表 4-53。

表 4-53　lsof 命令各选项及其功能说明

选　项	功　能
-a	列出打开文件的进程
-c＜进程名＞	列出指定进程所打开的文件
-g	列出 GID 号进程详情
-d＜文件号＞	列出占用该文件号的进程
＋d＜目录＞	列出目录下被打开的文件
＋D＜目录＞	递归列出目录下被打开的文件
-n＜目录＞	列出使用 NFS 的文件
-i＜条件＞	列出符合条件的进程(4、6、协议、:端口、@ip)
-p＜进程号＞	列出指定进程号所打开的文件
-u	列出 UID 号进程详情

lsof 命令打开的文件可以是普通文件、目录、字符文件或设备文件、共享库、管道、命名管道、软链接、网络文件(如 NFS 文件、网络 socket、UNIX 域名 socket)等。

在 Linux 环境下,任何事物都以文件的形式存在,通过文件不仅可以访问常规数据,还可以访问网络连接和硬件。所以,如 TCP 和 UDP 套接字等,系统在后台都为该应用程序分配了一个文件描述符,无论这个文件的本质如何,该文件描述符为应用程序与基础操作系统之间的交互提供了通用接口。因为应用程序打开文件描述符列表中提供了大量关于这个应用程序本身的信息,因此,通过 lsof 命令查看这个列表,对系统监测及排错是很有帮助的。

通过 lsof 命令查看列表的效果如图 4-29 所示。

```
[root@localhost ~]# lsof -p1417 -g -R
COMMAND  PID PPID PGID USER   FD      TYPE             DEVICE  SIZE/OFF    NODE NAME
crond   1417    1 1417 root  cwd       DIR                8,8      4096       2 /
crond   1417    1 1417 root  rtd       DIR                8,8      4096       2 /
crond   1417    1 1417 root  txt       REG                8,8     81592 2631171 /usr/sbin/crond
crond   1417    1 1417 root  mem       REG                8,8     72680 2623990 /usr/lib64/libnss_files-2.28.so
crond   1417    1 1417 root  mem       REG                8,8   8406312 5769824 /var/lib/sss/mc/passwd
crond   1417    1 1417 root  mem       REG                8,8     47648 2637912 /usr/lib64/libnss_sss.so.2
crond   1417    1 1417 root  mem       REG                8,8 217750496 2621594 /usr/lib/locale/locale-archive
crond   1417    1 1417 root  mem       REG                8,8    258624 2624000 /usr/lib64/libpthread-2.28.so
crond   1417    1 1417 root  mem       REG                8,8     28352 2626674 /usr/lib64/libcap-ng.so.0.0.0
crond   1417    1 1417 root  mem       REG                8,8    552176 2628721 /usr/lib64/libpcre2-8.so.0.7.1
crond   1417    1 1417 root  mem       REG                8,8   2786576 2623923 /usr/lib64/libc-2.28.so
crond   1417    1 1417 root  mem       REG                8,8    135864 2627375 /usr/lib64/libaudit.so.1.0.0
crond   1417    1 1417 root  mem       REG                8,8     29320 2623931 /usr/lib64/libdl-2.28.so
crond   1417    1 1417 root  mem       REG                8,8     78448 2626870 /usr/lib64/libpam.so.0.84.2
crond   1417    1 1417 root  mem       REG                8,8    191696 2632847 /usr/lib64/libselinux.so.1
crond   1417    1 1417 root  mem       REG                8,8    228072 2623902 /usr/lib64/ld-2.28.so
crond   1417    1 1417 root    0r      CHR                1,3       0t0    1031 /dev/null
crond   1417    1 1417 root    1u     UNIX 0x00000000c18dedef       0t0   32799 type=STREAM
crond   1417    1 1417 root    2u     UNIX 0x00000000c18dedef       0t0   32799 type=STREAM
crond   1417    1 1417 root    3u     UNIX 0x00000000dbec5e5b       0t0   32538 type=DGRAM
crond   1417    1 1417 root    4r  a_inode               0,13         0   11823 inotify
crond   1417    1 1417 root    5u     UNIX 0x00000000db3d8466       0t0 3224627 type=STREAM
crond   1417    1 1417 root    6r      REG                8,8   8406312 5769824 /var/lib/sss/mc/passwd
[root@localhost ~]# 
```

图 4-29　通过 lsof 命令查看列表

lsof 命令输出各列信息的含义如下。

- COMMAND:进程的名称。

- PID：进程标识符。
- PPID：父进程标识符(需要指定-R 选项)。
- PGID：进程所属组。
- USER：进程所有者。
- FD：文件描述符，应用程序通过文件描述符识别该文件，如 cwd、txt 等。
  - cwd：表示当前工作目录(current work dirctory)，这是该应用程序启动时的目录。
  - txt：该类型的文件是程序代码，如/usr/sbin/crond。
  - er：FD 信息错误(看 NAME 列)。
  - ltx：共享库文本段(代码和数据)。
  - mem：内存映射，比如共享库。
  - pd：父目录。
  - rtd：根目录。
  - 0：表示标准输入。
  - 1：表示标准输出。
  - 2：表示标准错误输出。

一般在标准输出、标准错误输出、标准输入后还跟着 u、r、w 等文件状态模式。

u：表示该文件被打开并处于读取/写入模式。

r：表示该文件被打开并处于只读模式。

w：表示该文件被打开并处于可写模式。

空格：表示该文件的状态模式为未知，且没有锁定。

-：表示该文件的状态模式为未知，且被锁定。

- TYPE：文件类型。常见的文件类型如下。
  - DIR：表示目录。
  - CHR：表示字符类型。
  - BLK：表示块设备类型。
  - UNIX：UNIX 域套接字。
  - FIFO：先进/先出 (FIFO) 队列。
  - IPv4：网际协议 (IP) 套接字。
- DEVICE：指定磁盘的名称。
- SIZE：文件的大小。
- NODE：索引节点(文件在磁盘上的标识)。
- NAME：打开文件的确切名称。

根据文件描述列出对应的文件信息，命令如下：

```
#lsof -d txt
#lsof -d 1
#lsof -d 2
```

说明：0 表示标准输入，1 表示标准输出，2 表示标准错误输出，因此大多数应用程序所打开文件的 FD 都是从 3 开始的。

其他示例如下：

```
#lsof /bin/bash                //查看谁正在使用某个文件,也就是说查找某个文件相关的进程
#lsof test/test3               //递归查看某个目录的文件信息
#lsof -u username              //列出某个用户打开的文件信息
#lsof -u ^root                 //列出除了某个用户外的被打开的文件信息。^这个符号在用户
                                 名之前,将会使 root 用户打开的进程不显示
#lsof -p 1                     //通过某个进程号显示该进程打开的文件
#lsof -p 1,2,3                 //列出多个进程号对应的文件信息
#lsof -p ^1                    //列出除了某个进程号以外的其他进程号所打开的文件信息
#lsof -i                       //列出所有的网络连接
#lsof -i tcp                   //列出所有 TCP 网络连接信息
#lsof -i udp                   //列出所有 UDP 网络连接信息
#lsof -i :3306                 //列出使用某个端口的用户
#lsof -i udp:55                //列出使用某个特定的 UDP 端口的用户
#lsof -i tcp:80                //列出使用某个特定的 TCP 端口的用户
#lsof -a -u test -i            //列出某个用户的所有活跃的网络端口
#lsof -N                       //列出所有网络文件系统
#lsof -u                       //列出所有域名 socket 文件
#lsof -g 5555                  //列出某个用户组所打开的文件信息
#lsof -d 2-3                   //根据文件描述范围列出文件信息
#lsof -c sshd -a -d txt      //列出 COMMAND 列中包含字符串" sshd"且文件描述符的类型为
                               txt 的文件信息
#lsof -i 4 -a -p 1234        //列出被进程号为 1234 的进程所打开的所有 IPv4 网络文件
#lsof -i @peida.linux:20,21,22,25,53,80 -r 3
     //列出目前连接主机 peida.linux 上端口为 20、21、22、25、53、80 的所有文件信息,且
       每隔 3s 执行一次 lsof 命令
```

4.2.14　文件下载命令：curl、wget、HTTPie

1. curl 命令

语法如下：

```
curl [option] [url]
```

curl 命令利用 URL 规则在命令行下传输文件，是一款 HTTP 命令行工具，支持文件的上传和下载，是综合传输工具，但习惯称 curl 为下载工具。示例如下：

```
curl www.sina.com                    //直接在 curl 命令后加上网址,就可以看到网页源码
curl -o [文件名] www.sina.com        //使用-o 选项保存网页,相当于使用 wget 命令
curl -L www.sina.com  //有的网址是自动跳转的,使用-L 选项会跳转到新网址
curl -i www.sina.com  //显示 HTTP 响应的头信息,包括网页代码
curl -I www.sina.com  //只显示 HTTP 响应的头信息
curl -v www.sina.com  //显示一次 HTTP 通信的整个过程,包括端口连接和 HTTP 请求的头信息
curl --trace  output.txt  www.sina.com                //可以查看更详细的通信过程
curl --trace-ascii  output.txt  www.sina.com          //打开 output.txt 文件查看
                                                        通信过程
```

2. wget 命令

语法如下：

```
wget [option]... [URL]...
```

wget 命令是 Linux 中的命令行下载工具，支持 HTTP 和 FTP 协议，支持代理服务器和断点续传功能，能够自动递归下载远程主机中的目录，能够转换页面中的超链接以在本地生成可浏览的网站镜像。示例如下：

```
wget https://mirror.tuna.tsinghua.edu.cn/Fedora-30.iso          //下载单个文件
wget -O Fedora.iso  https://mirror.tuna.tsinghua.edu.cn/Fedora-30.iso
            //以不同的文件名保存文件，wget 命令默认会以最后一个"/"后面的字符串来命名
wget -c https://mirror.tuna.tsinghua.edu.cn/Fedora-30.iso      //断点续传
wget -b https://mirror.tuna.tsinghua.edu.cn/Fedora-30.iso
                                          //下载的文件非常大时，可以后台下载
wget -i filelist.txt                      //下载多个文件，需要先编辑一份下载链接文件
cat >filelist.txt                         //编辑下载链接文件
https://www.redhat.com/RHEL-8.iso
https://mirror.tuna.tsinghua.edu.cn/CentOS-8.iso
https://mirror.tuna.tsinghua.edu.cn/Fedora-30.iso
```

3. HTTPie 工具

语法如下：

```
http [--json][--form] [--pretty{all,colors,format,none}] [--style  STYLE]
[--print WHAT] [--headers][--body][--verbose][--all] [--history-print
WHAT][--stream][--output FILE] [--download][--continue][--session SESSION_
NAME_OR_PATH|--session-read-only  SESSION_NAME_OR_PATH][--auth USER[:
PASS]][--auth-type{basic,digest}][--proxy  PROTOCOL: PROXY_URL][--follow]
[--max-redirects MAX_REDIRECTS][--timeout SECONDS][--check-status][--
verify VERIFY][--ssl {ssl2.3,tls1,tls1.1,tls1.2}][--cert CERT]  [--cert-key
CERT_KEY][--ignore-stdin][--help][--version][--traceback][--debug]
[METHOD] URL [REQUEST_ITEM [REQUEST_ITEM ...]]
```

HTTPie 工具是替代 curl 和 wget 的现代 HTTP 命令行客户端，它能通过命令行界面与 Web 服务器进行交互。它提供一个简单的 HTTP 命令，允许使用简单而自然的语法发送任意的 HTTP 请求，并会显示彩色输出。示例如下：

```
http www.sina.com          //使用 HTTPie 工具请求 URL
http --download https://int.bupt.edu.cn/upload/image/201904/image%20%287%
29.png
                           //使用 HTTPie 工具下载文件
http -d https://int.bupt.edu.cn/upload/image/201904/image%20%287%29.png -o
bupt-cls.png
                           //使用-o 选项将下载的文件重命名
eog bupt-cls.png           //查看下载的图片
```

4.3 文件与目录的安全

Linux 操作系统中的每个文件和目录都有访问权限，可以使用它来确定某个用户通过某种方式对文件或目录进行操作。文件或目录的访问权限分为可读、可写和可执行3种。文件在创建的时候会自动把该文件的读/写权限分配给其属主，使用户能够显示和修改该文件。也可以将这些权限改变为其他的组合形式。一个文件若有执行权限，则允许它作为一个程序被执行。文件的访问权限可以用 chmod 命令来重新设定，也可以利用 chown 命令来更改某个文件或目录的所有者。

4.3.1 chmod 与 umask 命令

1. chmod 命令

语法如下：

```
chmod [-cfvR] [--help] [--version] [u|g|o|a][+|-|= ]mode  文件或目录
```

功能：改变文件或目录的读/写权限和执行权限，用它控制文件或目录的访问权限。有符号法和八进制数字法。

Linux 中的每个文件和目录都有访问许可权限，用它来确定谁可以通过何种方式对文件和目录进行访问与操作。文件或目录的访问权限分为可读、可写、可执行。

有3种不同类型的用户可对文件或目录进行访问：文件所有者、同组用户、其他用户。所有者一般是文件的创建者，所有者可以允许同组用户有权访问文件，还可以将文件的访问权限赋予系统中的其他用户。

注意：只有文件的拥有者和 root 用户才可以改变文件的权限。

(1) 符号法。符号法的一般形式为：

```
chmod  [u|g|o|a][+|-|=][r|w|x]  文件或目录
```

chmod 命令各选项及其功能说明见表4-54。

表4-54　chmod 命令各选项及其功能说明

选　项	功　能
-a(all)	表示所有用户
-g(group)	表示与该文件的拥有者属于同一个组群(group)的用户
-o(other)	表示其他用户
-u(user)	表示用户本人
+	给指定用户增加许可权限
-	取消指定用户的许可权限
=	给指定用户指定许可权限

续表

选　项	功　能
-r(read)	读权限,表示可以复制该文件或目录的内容
-w(write)	写权限,表示可以修改该文件或目录的内容
-x(execute)	执行权限,表示可以执行该文件或进入目录
-c	若该文件权限确实已经更改,才显示其更改动作
-f	若该文件权限无法被更改也不要显示错误信息
-v	显示权限变更的详细信息
-R	对当前目录中所有文件及其子目录进行相同的权限变更(即以递回的方式逐个变更)

(2) 八进制数字法。八进制数字法的一般形式为:

```
chmod [mode] 文件或目录
```

其中,mode 用三位八进制数(比如 abc)表示,a、b、c 分别表示用户本人(u)、同组用户(g)、其他用户(o)的权限。a、b、c 取值范围是 0～7,其中,0 表示没有权限(—),1 表示可执行(x)权限,2 表示可写(w)权限,4 表示可读(r)权限,5 表示可读可执行(r-x)权限,6 表示可读可写(rw-)权限,7 表示可读可写可执行(rwx)权限。

【实例 4-17】 使用 chmod 命令。

下面给出了 chmod 命令的一些常用的方法及其说明。

(1) 符号法。示例如下:

```
#chmod a+rx exam1.txt          //让所有用户可读和可执行 exam1.txt 文件
#chmod go-rx exam1.txt         //取消同组和其他用户可读和可执行 exam1.txt 文件的权限
#chmod ugo+r exam1.txt         //将 exam1.txt 文件设为所有人皆可读取
#chmod a+r exam1.txt           //将 exam1.txt 文件设为所有人皆可读取
#chmod ug+w,o-w exam1.txt exam2.txt
//将 exam1.txt 与 exam2.txt 文件设为该文件拥有者和与其同组用户可写入,但其他人则不可
  写入
#chmod u+x exam1.py            //将 exam1.py 文件设定为只有该文件拥有者可执行
#chmod -R a+r *                //将目前目录下的所有文件与子目录设为任何人可读取
```

(2) 八进制数字法。示例如下:

```
#chmod 741 exam1.txt             //本人可读、可写、可执行,同组用户可读,其他用户可执行
#chmod a=rwx file1               //与 chmod 777 file1 效果相同
#chmod ug=rwx,o=x file1          //与 chmod 771 file1 效果相同
```

2. umask 命令

语法如下:

```
umask [-S] [权限掩码]
```

功能:指定在创建文件或目录时预设的权限掩码。如果带-S 选项,那么用符号法来表

示权限掩码;如果不带-S 选项,那么用八进制数字法来表示权限掩码。

当在 Linux 操作系统中创建一个文件或目录时,会有一个默认权限,这个默认权限是根据 umask 值与文件、目录的基数来确定的。

一般用户的默认 umask 值为 002,系统用户的默认 umask 值为 022。用户可以自主修改 umask 值,并在改动后立刻生效。文件的基数为 666,目录的基数为 777。

新创建文件的权限是 666&(!umask),出于安全考虑,系统不允许为新创建的文件赋予可执行权限,必须在创建新文件后用 chmod 命令增加可执行权限。

新创建目录的权限是 777-umask 或 777&(!umask)。

注意:文件用八进制的基数 666,即无 x 位;目录用八进制的基数 777。chmod 命令设哪个位,哪个位就有权限;而 umask 命令设哪个位,哪个位就没有权限。

【实例 4-18】 使用 umask 命令。

第 1 步:如图 4-30 所示,执行第 1 条命令(umask),可知系统的默认权限掩码是 0022。

```
[root@localhost temp]# umask
0022
[root@localhost temp]# touch file.txt
[root@localhost temp]# mkdir direct
[root@localhost temp]# ls -l
总计 12
drwxr-xr-x 2 root root 4096 05-28 18:37 direct
-rw-r--r-- 1 root root    0 05-28 18:37 file.txt
[root@localhost temp]# 
```

图 4-30 使用 umask 命令(1)

注意:umask 输出的 0022 中的第 1 位总是 0(与 SUID、SGID 有关),目前没什么用。关于 SUID 和 SGID,见 4.4 节。

第 2 步:执行第 2 条命令,使用默认权限掩码创建文件 file. txt。

第 3 步:执行第 3 条命令,使用默认权限掩码创建目录 direct。

第 4 步:执行第 4 条命令(ls -l),可知 direct 目录的权限是 755(777-022),file. txt 文件的权限是 644(666-022)。

第 5 步:如图 4-31 所示,执行第 1 条命令(umask 033),将系统的权限掩码改为 033。

第 6 步:执行第 2 条命令(umask),查看系统的权限掩码,表明 umask 033 命令执行成功。

第 7 步:执行第 3 条命令,使用修改后的权限掩码(033)创建文件 file2. txt。

第 8 步:执行第 4 条命令,使用修改后的权限掩码(033)创建目录 direct2。

第 9 步:执行第 5 条命令(ls -l),可知 direct2 目录的权限是 744(777-033),file2. txt 文件的权限是 644,而非 633(666-033),为什么?请读者思考。

4.3.2 chown 命令

语法 1 如下:

```
chown user[:group] filename
```

```
[root@localhost temp]# umask 033
[root@localhost temp]# umask
0033
[root@localhost temp]# touch file2.txt
[root@localhost temp]# mkdir direct2
[root@localhost temp]# ls -l
总计 24
drwxr-xr-x 2 root root 4096 05-28 18:37 direct
drwxr--r-- 2 root root 4096 05-28 18:38 direct2
-rw-r--r-- 1 root root    0 05-28 18:38 file2.txt
-rw-r--r-- 1 root root    0 05-28 18:37 file.txt
[root@localhost temp]#
```

图 4-31　使用 umask 命令(2)

或

```
chown -R user[: group] directory
```

语法 2 如下：

```
chown user[.group] filename
```

或

```
chown -R user[.group] directory
```

功能：chown 命令改变文件或目录的拥有者和群组。Linux 是多用户、多任务的操作系统，所有的文件皆有拥有者。利用 chown 命令可以将文件的属主和群组加以改变。一般来说，这个命令由超级用户使用，一般用户没有权限改变别人文件的拥有者，chown 命令各选项及其功能说明见表 4-55。

注意：只有 root 用户才可以用 chown 命令来改变文件的拥有者。

表 4-55　chown 命令各选项及其功能说明

选　　项	功　　能
-c, --changes	文件属主改变时显示说明
-f, --silent, --quiet	不显示错误信息
-R	改变指定目录以及其子目录下的所有文件的属主
--reference=＜文件或者目录＞	根据指定文件的属主和群组改变现有文件的属主
-v	显示详细的处理信息

【实例 4-19】　使用 chown 命令。

第 1 步：如图 4-32 所示，执行第 1 条命令(su ztguang)，由 root 用户切换到普通用户 ztguang。执行第 2 条命令，查看该用户(ztguang)主目录下的内容。执行第 3 条命令，由 ztguang 用户切换到普通用户 ztg，要求输入口令。执行第 4 条命令，用户 ztg 想看用户 ztguang 的 ztguang. txt 文件，但是权限不够。注意命令行提示符的变化。

```
[root@localhost sh_script]# su ztguang
[ztguang@localhost sh_script]$ dir /home/ztguang/
ztguang.txt
[ztguang@localhost sh_script]$ su ztg
口令:
[ztg@localhost sh_script]$ cat /home/ztguang/ztguang.txt
cat: /home/ztguang/ztguang.txt: 权限不够
[ztg@localhost sh_script]$
```

图 4-32　无权限的访问

第 2 步：如图 4-33 所示，执行第 1 条命令，改变/home/ztguang 目录的属主为 ztg，注意选项为“-R”。执行第 2 条命令，切换为用户 ztg。执行第 3 条命令，可查看 ztguang.txt 文件的内容。

```
[root@localhost sh_script]# chown -R ztg:ztg /home/ztguang/
[root@localhost sh_script]# su ztg
[ztg@localhost sh_script]$ cat /home/ztguang/ztguang.txt
ztguangggggggggggggggggggggggggggg
wwwwwwwwwwwwwwwwwwwwwwwww
[ztg@localhost sh_script]$ █
```

图 4-33　使用 chown 命令

其他示例如下：

```
#chown ztg:ztg log.txt             //改变属主和群组
#chown root: log.txt               //改变文件属主和群组
#chown :ztg log.txt                //改变文件群组
#chown -R -v root:ztg dir          //改变指定目录及其子目录下所有文件的属主和群组
```

4.3.3　chgrp 命令

语法如下：

```
chgrp [选项] <组名><文件名>
```

功能：每一个文件都属于并只能属于一个指定的组。文件的创建者与 root 用户，可以用 chgrp 命令来改变文件所属的组。chgrp 命令各选项及其功能说明见表 4-56。

注意：当使用文件创建者来改变属组时，那么被改变的新组中必须包含此用户。

表 4-56　chgrp 命令各选项及其功能说明

选　　项	功　　能
-c	文件属主改变时显示说明
-f	不显示错误信息
-R	改变指定目录以及其子目录下的所有文件的属组
--reference=＜文件或者目录＞	根据指定文件的属主和群组改变文件的群组属性

示例如下：

```
#chgrp -v ztg log.txt        //将 log.txt 文件群组改为 bin 群组
#chgrp -R ztg exam1.txt      //改变指定目录以及其子目录下的所有文件的群组属性
#chgrp -R 1000 exam1.txt     //通过群组识别码改变文件的群组属性,具体群组和群组识别码
                               可以去/etc/group 文件中查看
#chgrp --reference=exam1.txt log.txt
        //改变文件 log.txt 的群组属性,使得文件 log.txt 的群组属性和参考文件 exam1.
          txt 的群组属性相同
```

4.3.4 chroot 命令

语法如下:

```
chroot [选项] 新根目录 [命令 [参数]...]
```

或

```
chroot 选项
```

功能:chroot 命令可以改变程序执行时所参考的根目录的位置,也就是把根目录换成指定的目录。仅限超级用户使用。

使用 chroot 命令实现了如下功能。

1. 增加了系统的安全性,限制了用户的权力

经过 chroot 命令之后,在新根目录下将不能访问原根目录的结构和文件,这样就增强了系统的安全性。一般是在登录前使用 chroot 命令,以使用户不能访问一些特定的文件。

2. 建立一个与原系统隔离的系统目录结构,方便用户的开发

使用 chroot 命令后,系统读取的是新根目录下的目录和文件,这是一个与原根目录下文件不相关的目录结构。在这个新的环境中,可以用来测试软件以及与系统不相关的独立开发项目。

3. 切换系统的根目录位置,引导 Linux 操作系统启动以及急救系统

chroot 命令的作用就是切换系统的根目录,比如在系统启动过程中,从初始化内存文件系统切换到系统根分区的文件系统,并执行 systemd 命令。另外,当系统出现一些问题时,也可以使用 chroot 命令切换到一个临时的文件系统。

注意:chroot 命令功能应用举例如下。bind 是 Linux 中的 DNS 服务器程序。bind-chroot 是 bind 的一个功能,使 bind 可以在一个 chroot 的模式下运行,也就是说,bind 运行时的根目录(/)并不是系统真正的根目录,只是系统中的一个子目录(/var/named/chroot),这样做是为了提高系统的安全性,因为在 chroot 命令的模式下,bind 可以访问的范围仅限于这个子目录(/var/named/chroot),无法访问系统中的其他目录。

4.4 强制位与粘贴位

Linux 中的 ext3/ext4/xfs 文件系统都支持强制位(setuid 和 setgid)与粘贴位(sticky)的特别权限。针对用户、组、其他用户或组分别有 setuid、setgid、sticky。针对文件创建者可

以添加 setuid，针对文件属组可以添加 setgid，针对其他用户可以添加 sticky。粘贴位权限仅对目录有效，对文件无效。

强制位与粘贴位添加在可执行权限的位置上。如果该位置上已有可执行权限，则强制位与粘贴位以小写字母的方式表示（s、s、t），否则以大写字母表示（S、S、T）。setuid 与 setgid 在 u 和 g 的 x 位置上各采用一个 s，sticky 使用一个 t。

例如，文件的权限为 rwx r-- r-x，如果设置了强制位与粘贴位，则新的权限为 rwsr-Sr-t。

1. 对创建者设置强制位（针对可执行文件）

对创建者设置强制位，一般针对的是一个系统中的命令。默认情况下，用户执行一个命令，会以该用户的身份来运行。当对一个命令对应的可执行文件设置了强制位，那么任何用户在执行该命令时，都会以命令对应的可执行文件的创建者身份来执行这个文件。

语法如下：

```
chmod u±s <文件名>
```

例如：

```
chmod u+s /bin/ls
```

一个典型的例子是可执行文件/bin/passwd，写/etc/passwd 文件需要超级用户权限，但一般用户也需要随时可以改变自己的密码，所以/bin/passwd 文件需要设置 setuid，当一般用户修改自己的密码时就拥有了超级用户权限。

2. 对组设置强制位（针对目录）

对组设置强制位，一般针对的是一个目录。默认情况下，用户在某目录中创建的文件或子目录的属组是该用户的主属组。如果对一个目录设置了属组的强制位，则任何用户在此目录中创建的文件或子目录都会继承此目录的属组（**前提**：用户有权限在目录中创建文件或子目录）。

语法如下：

```
chmod g±s <目录>
```

例如：

```
chmod g+s /exam
```

3. 对其他用户设置粘贴位（针对目录）

要删除一个文件，不一定要有这个文件的可写权限，但一定要有这个文件的上级目录的可写权限。也就是说，即使没有一个文件的可写权限，但有这个文件的上级目录的可写权限，也可以删除这个文件，而如果没有一个目录的可写权限，也就不能在这个目录下创建文件。如何才能使一个目录中既可以让任何用户写入文件，又不让用户删除这个目录下其他人的文件，sticky 就能起到这个作用。

对其他用户设置 sticky，一般只用在目录上，用在文件上起不到什么作用。

在一个目录上设置了 sticky（如/home，权限为 1777）后，所有用户都可以在这个目录下创建文件,但只能删除自己创建的文件(root 用户除外),这就对所有用户能写的目录下的用户文件起到了保护的作用。比如/tmp 目录。

4. 通过符号来设置权限

```
setuid: chmod u±s <文件名>
setgid: chmod g±s <目录名>
sticky: chmod o±t <目录名>
```

5. 通过数字来设置权限

强制位与粘贴位也可以通过一个八进制数来设置,取值范围是 0~7,其中,0 表示没有设置强制位与粘贴位,1 表示设置粘贴位 sticky(t 或 T),2 表示设置组的强制位 setgid(s 或 S),4 表示设置用户的强制位,6 表示设置用户和组的强制位。

例如:

```
#chmod 4755 <文件名>
  //4755 对应的符号表示为 rwsr-xr-x。设置强制位 setuid,文件属主具有可读、可写、可执行
    权限,所有其他用户具有可读、可执行权限
#chmod 6711 <文件名>
  //6711 对应的符号表示为 rws--s--x。设置强制位 setuid、setgid,文件属主具有可读、可
    写、可执行权限,所有其他用户具有可执行权限
#chmod 4611 <文件名>
  //4611 对应的符号表示为 rwS--x--x。设置强制位 setuid,文件属主具有可读、可写权限,
    所有其他用户具有可执行权限
```

提示:rwS--x--x 中,S 为大写。表示相应的可执行权限并未被设置,这是一种无用的 setuid 设置,可以忽略它的存在。

另外,chmod 命令不进行必要的完整性检查,可以给某一个没用的文件赋予任何权限,但 chmod 命令并不会对所设置的权限组合进行检查。因此,不要看到一个文件具有可执行权限,就认为它一定是一个程序或脚本。

4.5 文件隐藏属性: lsattr、chattr

这两个命令可以用来改变文件和目录的隐藏属性,chmod 命令只是改变文件的可读、可写和可执行权限,更底层的属性控制是由 chattr 命令来改变的。Linux 中的 ext/xfs/btrfs 文件系统都支持隐藏属性。

1. lsattr 命令

语法如下:

```
lsattr [选项] [文件名]
```

功能:lsattr 命令比较简单,只是显示文件的属性。lsattr 命令各选项及其功能说明见表 4-57。

表 4-57　lsattr 命令各选项及其功能说明

选　项	功　能
-a	列出目录中的所有文件，包括以“.”开头的文件
-d	以和文件相同的方式列出目录，并显示其包含的内容
-R	以递归的方式列出目录的属性及其内容

2. chattr 命令

语法如下：

```
chattr [ -RVf ] [ -v version ] [ -p project ] [ mode ] files...
```

功能：chattr 命令的作用很强大，其中一些功能是由 Linux 内核版本来支持的。如果 Linux 内核版本低于 2.2，那么许多功能不能使用。另外，通过 chattr 命令修改属性能够提高系统的安全性，但是它并不适合所有的目录。chattr 命令不能保护/、/dev、/tmp、/var 等目录。

-R 选项用于递归地对目录和其子目录进行操作。

最关键的是[mode]部分，对应选项为[＋－＝][aAcCdDeijPsStTu]，这些选项可以用来控制文件的属性。mode 各选项及其功能说明见表 4-58。

表 4-58　mode 各选项及其功能说明

选项	功　能
＋	在原有参数设置基础上追加参数
－	在原有参数设置基础上移除参数
＝	更新为指定参数
a	系统只允许在这个文件之后追加数据，不允许任何进程覆盖或者截断这个文件。如果目录具有这个属性，系统将只允许在这个目录下新建和修改文件，而不允许删除任何文件。只有 root 用户才能设置这个属性
A	不可修改文件或目录的最后访问时间(atime)
c	默认将文件或目录进行压缩。读取这个文件时，返回的是解压之后的数据；而向这个文件写入数据时，数据被压缩之后再写入磁盘
d	使用 dump 命令进行文件系统备份时，将忽略这个文件/目录
D	设置了目录的 D 属性时，更改会同步保存到磁盘中
e	该文件使用磁盘上的块进行映射扩展
i	系统不允许对这个文件进行任何的修改(删除、改名、设定链接、写入或新增内容)。如果目录具有这个属性，那么只能修改目录下的文件，不允许建立和删除文件。i 选项对于文件系统的安全设置有很大帮助
j	设定此选项使得挂载的文件系统在文件写入时会先被记录在 journal 中。如果文件系统被设定参数为 data＝journal，则该参数自动失效
s	在删除这个文件时，使用 0 填充文件所在区域，使文件彻底从硬盘中删除，不可恢复
S	硬盘的 I/O 同步选项，功能类似于命令 sync。一旦文件内容有变化，系统立刻把修改的内容写到磁盘中
t	无尾部合并
u	与 s 选项相反，当删除文件后，系统会保留其数据块，以便日后恢复

mode 选项中常用的是 a 和 i。a 选项强制只可添加不可删除,多用于日志系统的安全设定。而 i 选项是更加严格的安全设定,只有 root 用户或具有 CAP_LINUX_IMMUTABLE 处理能力(标识)的进程才能够施加该选项。

示例如下:

```
#chattr +i /etc/fstab  //用 chattr 命令防止系统中某个关键文件被修改。然后试着用 rm、
                          mv、rename 等命令操作于该文件,都是得到无法操作的结果
#chattr +a /data1/user_act.log  //让某个文件只能往里面追加内容,不能删除。一些日志
                                   文件适用于这种操作
#chattr +Si test.txt   //给 test.txt 文件添加同步和不可变属性
#chattr -ai test.txt   //把文件的只扩展(append-only)属性和不可变属性去掉
#chattr =aiA test.txt  //使 test.txt 文件只有 a、i 和 A 属性
//主机直接暴露在 Internet 或者处于其他危险的环境中,有很多 Shell 账户或者可以提供
  HTTP 和 FTP 等网络服务,一般应该在安装配置完成后使用如下命令:
#chattr -R +i /bin /boot /etc /lib /sbin
#chattr -R +i /usr/bin /usr/include /usr/lib /usr/sbin
#chattr +a /var/log/messages /var/log/secure
```

注意:如果很少对账户进行添加、变更或者删除,把/home 目录本身设置为 immutable 属性也不会造成什么问题。在很多情况下,整个/usr 目录树也应该具有不可改变属性。实际上,除了对/usr 目录使用 chattr -R +i /usr/命令外,还可以在/etc/fstab 文件中使用 ro 选项,使/usr 目录所在的分区以只读的方式加载。另外,把系统日志文件设置为只能添加属性(append-only),将使入侵者无法擦除自己的踪迹。

4.6 访问控制列表(ACL): getfacl、setfacl、chacl、+

ACL(Access Control List)是标准 UNIX 文件属性(r、w、x)的附加扩展。ACL 给予用户和管理员更好控制文件读/写和权限赋予的能力,Linux 从 2.6 内核开始对 ext2、ext3、ext4、xfs 等文件系统提供 ACL 支持。

1. 为什么要使用 ACL

在 Linux 中,对一个文件可以进行操作的对象被分为三类: user、group、other。

例如:

```
#ls -l
-rw-rw----1 ztg adm 0 Jul 3 20:12 test.txt
```

若现在希望用户 zhang 也可以对 test.txt 文件进行读/写操作,有以下几种办法(假设 zhang 不属于 adm 组)。

(1) 给文件的 other 增加读/写权限,这样由于 zhang 属于 other,因此 zhang 将拥有读/写权限。

(2) 将 zhang 加入 adm 组,则 zhang 将拥有读/写权限。

(3) 设置 sudo,使 zhang 能够以 ztg 的身份对 test.txt 文件进行操作,从而获得读/写权限。

第(1)种做法的问题：所有用户都将对 test.txt 文件拥有读/写权限。

第(2)种做法的问题：zhang 被赋予了过多的权限，所有属于 adm 组的文件，zhang 都可以拥有其等同的权限。

第(3)种做法的问题：虽然可以达到只限定 zhang 用户一人拥有对 test.txt 文件的读/写权限，但是需要对 sudoers 文件进行严格的格式控制，而且当文件数量和用户很多的时候，这种方法就很不灵活了。

看来好像没有一个好的解决方案，其实问题出在 Linux 的文件权限方面，主要在于对 other 的定义过于宽泛，以至于很难把“权限”限定于一个不属于 owner 和 group 的用户。而 ACL 就是用来帮助解决这个问题的。

ACL 可以为某个文件单独设置该文件具体的某用户或组的权限。需要掌握的命令也只有三个：getfacl、setfacl、chacl。

- getfacl <文件名> //获取文件的访问控制信息
- setfacl-m u：用户名：权限 <文件名> //设置某用户名的访问权限
- setfacl-m g：组名：权限 <文件名> //设置某个组的访问权限
- setfacl-x u：用户名 <文件名> //取消某用户名的访问权限
- setfacl-x g：组名 <文件名> //取消某个组的访问权限
- chacl u：用户名：权限，g：组名：权限 <文件名> //修改文件的访问控制信息

2. Linux 是否支持 ACL

因为并不是每一个版本的 Linux 内核都支持 ACL 功能，因此先要检查 Linux 内核是否支持 ACL。

```
#cat /boot/config-4.18.0-32.el8.x86_64 | grep  -i  xfs
                                          //若是 ext4 文件系统，则将 xfs 转换为 ext4
CONFIG_XFS_FS=m
CONFIG_XFS_QUOTA=y
CONFIG_XFS_POSIX_ACL=y                    //表示支持 ACL
```

例如，打开/opt 文件系统的 ACL 支持，修改/etc/fstab 的 mount 属性，将

```
UUID=372b7a62-0115-4c18-b906-c817bac23021  /opt  ext4  defaults  0  0
```

修改为

```
UUID=372b7a62-0115-4c18-b906-c817bac23021  /opt  ext4  rw,acl  0  0
```

然后执行如下命令。

```
#mount -v -o remount /opt
#mount -l
/dev/sda10 on /opt type ext4 (rw,acl) [/opt]
```

3. ACL 的名词定义

ACL 是由一系列的访问条目(Access Entry)组成，每一个访问条目定义了特定的类别，

可以设置对文件拥有的操作权限。访问条目有三个组成部分：条目标签类型、限定者(选项)、权限。

先来看一下最重要的条目标签类型,有以下几种类型。

ACL_USER_OBJ：相当于 Linux 里文件属主的权限。

ACL_USER：定义了额外的用户可以对此文件拥有的权限。

ACL_GROUP_OBJ：相当于 Linux 里组的权限。

ACL_GROUP：定义了额外的组可以对此文件拥有的权限。

ACL_MASK：定义了 ACL_USER、ACL_GROUP_OBJ、ACL_GROUP 的最大权限。

ACL_OTHER：相当于 Linux 里其他用户或组的权限。

示例如下：

```
[ztg@localhost ~]$getfacl  ./test.txt
#file: test.txt
#owner: ztg
#group: adm
user::rw-           //定义了 ACL_USER_OBJ,说明文件属主拥有可读、可写权限
user:zhang:rw-      //定义了 ACL_USER,这样用户 zhang 就拥有了对文件的可读、可写权限
group::rw-          //定义了 ACL_GROUP_OBJ,说明文件的组拥有可读、可写权限
group:dev:r--       //定义了 ACL_GROUP,使得 dev 组拥有了对文件的可读权限
mask::rw-           //定义了 ACL_MASK 的权限为可读、可写权限
other::r--          //定义了 ACL_OTHER 的权限为可读权限
```

前面三个以＃开头的行是注释,可以用--omit-header 来替代而省略。

4. 如何设置 ACL 文件

首先还是要讲一下设置 ACL 文件的格式。从上面的例子可以看到,每一个访问条目都是由三个冒号分隔开的字段所组成。

第 1 个是条目标签类型。

user 对应了 ACL_USER_OBJ 和 ACL_USER。

group 对应了 ACL_GROUP_OBJ 和 ACL_GROUP。

mask 对应了 ACL_MASK。

other 对应了 ACL_OTHER。

第 2 个是限定者(选项),也就是上面例子中的 zhang 用户和 dev 组,它定义了特定用户和组对于文件的权限,这里只有 user 和 group 才有限定者(选项),其他的都为空。

第 3 个是权限,它和 Linux 的权限一样,这里不再赘述。

下面来看一下怎么设置 test.txt 这个文件的 ACL,让它来达到上面的要求。一开始文件没有 ACL 的额外属性。

```
[ztg@localhost ~]$ls -l
-rw-rw-r--1 ztg adm 0 Jul 3 22:06 test.txt
[ztg@localhost ~]$getfacl --omit-header ./test.txt
user::rw-
group::rw-
other::r--
                              //先让用户 zhang 拥有对 test.txt 文件的可读、可写权限
```

```
[ztg@localhost ~]$setfacl -m  user:zhang:rw-./test.txt
[ztg@localhost ~]$getfacl --omit-header ./test.txt
user::rw-
user:zhang:rw-
group::rw-
mask::rw-
other::r--
```

这时就可以看到 zhang 用户在 ACL 里面已经拥有了对文件的可读、可写权限。如果查看一下 Linux 的权限,还会发现一个不一样的地方。

```
[ztg@localhost ~]$ls -l  ./test.txt
-rw-rw-r--+1 ztg adm 0 Jul  3 22:06 ./test.txt
```

在文件权限的最后多了一个加号(+),表示该文件使用 ACL 的属性设置,是一个 ACL 文件。当任何一个文件拥有了 ACL_USER 或 ACL_GROUP 的值后,就可以称它为 ACL 文件。

接下来设置 dev 组拥有可读权限。

```
[ztg@localhost ~]$setfacl -m  group:dev:r--./test.txt
[ztg@localhost ~]$getfacl --omit-header ./test.txt
user::rw-
user:zhang:rw-
group::rw-
group:dev:r--
mask::rw-
other::r--
```

至此,就实现了上面所提的要求。

5. ACL_MASK 和有效权限

这里需要重点讲一下 ACL_MASK,因为这是掌握 ACL 的关键。在 Linux 文件权限里面,比如 rw-rw-r--,中间的 rw-是指组的权限。但是在 ACL 里,这种情况只是在 ACL_MASK 不存在的情况下成立。若文件有 ACL_MASK 值,则中间的 rw-代表的就是 mask 值而不再是组的权限了。

示例如下:

```
[ztg@localhost ~]$ls  -l
-rwxrw-r--1 ztg adm 0 Jul 3 08:30 test.sh
```

这里说明 test.sh 文件只有 ztg 用户拥有可读、可写、可执行的权限,adm 组只有可读、可写权限。现在想让用户 zhang 也对 test.sh 文件具有和 ztg 用户一样的权限。

```
[ztg@localhost ~]$setfacl -m user:zhang:rwx ./test.sh
[ztg@localhost ~]$getfacl --omit-header ./test.sh
user::rwx
```

```
user:zhang:rwx
group::rw-
mask::rwx
other::r--
```

可以看到 zhang 用户拥有了 rwx 权限，mask 值也被设定为 rwx，它规定了 ACL_USER、ACL_GROUP、ACL_GROUP_OBJ 的最大值。再来看 test.sh 文件的 Linux 权限。

```
[ztg@localhost ~]$ls -l
-rwxrwxr--+1 ztg adm 0 Jul 3 08:30 test.sh
```

现在 adm 组中的用户想要执行 test.sh 文件，会被拒绝。因为 adm 组中的用户只有可读、可写权限，这中间的 rwx 是 ACL_MASK 的值，而不是组的权限。所以，如果是一个 ACL 文件，需要用 getfacl 命令确认它的权限。

示例如下：假如现在设置 test.sh 的 mask 为只读，看 adm 组中的用户是否还会有可写权限。

```
[ztg@localhost ~]$setfacl -m mask::r-- ./test.sh
[ztg@localhost ~]$getfacl --omit-header ./test.sh
user::rwx
user:zhang:rwx                    //有效权限为 r--，即只读
group::rw-                        //有效权限为 r--，即只读
mask::r--
other::r--
```

ACL_MASK 规定了 ACL_USER、ACL_GROUP_OBJ、ACL_GROUP 的最大权限。虽然这里给 ACL_USER、ACL_GROUP_OBJ 设置了其他权限，但是真正有效的只有可读权限。这时再来看 test.sh 文件的权限，此时它的组权限显示为其 mask 值。

```
[ztg@localhost ~]$ls -l
-rwxr--r--+1 ztg adm 0 Jul 3 08:30 test.sh
```

6. Default ACL

上面讲的都是可访问的 ACL，是对文件而言。而 Default ACL 是指对一个目录进行默认设置，在此目录下建立的文件都将继承此目录的 ACL。

比如，现在 ztg 用户建立了一个 dir 目录。

```
[ztg@localhost ~]$mkdir dir
```

希望所有在此目录下建立的文件都可以被 zhang 用户访问，那么应该对 dir 目录设置 Default ACL。

```
[ztg@localhost ~]$setfacl -d -m user:zhang:rwx ./dir
[ztg@localhost ~]$getfacl --omit-header ./dir
user::rwx
group::rwx
other::r-x
```

```
default:user::rwx
default:user:zhang:rwx
default:group::rwx
default:mask::rwx
default:other::r-x
```

这里可以看到ACL定义了default选项，zhang用户拥有了default的rwx权限，所有没有定义的default都将从文件权限里复制而来。

现在ztg用户在dir目录下建立了一个test.txt文件。

```
[ztg@localhost ~]$touch ./dir/test.txt
[ztg@localhost ~]$ls -l ./dir/test.txt
-rw-rw-r--+1 ztg ztg 0 Jul 3 09:11 ./dir/test.txt
[ztg@localhost ~]$getfacl  --omit-header  ./dir/test.txt
user::rw-
user:zhang:rw-
group::rwx                        //有效权限为 rw-
mask::rw-
other::r--
```

可以看到，在dir目录下建立的文件，zhang用户自动就有了可读、可写权限。

7. ACL相关命令

getfacl：用来读取文件的ACL。

setfacl：用来设定文件的ACL。

chacl：用来改变文件和目录的ACL。chacl -B命令可以彻底删除文件或目录的ACL属性。如果使用setfacl -x命令则会删除文件的所有ACL属性，当使用ls -l命令列表该文件的属性信息时，第一列中还会出现加号（+），此时应该使用chacl -B命令。

用cp命令复制文件时，加上-p选项可以复制文件的ACL属性，对于不能复制的ACL属性将给出警告。

mv命令将会默认地移动文件的ACL属性。如果操作不允许，则会给出警告。

8. 需要注意的几点

如果某个文件系统不支持ACL，需要执行下面命令来重新挂载。

```
#mount -o remount,acl [mount point]
```

如果用chmod命令改变了文件的权限，则相应的ACL值也会改变；如果改变ACL的值，则相应的文件权限也会改变。

4.7 文件的压缩与解压缩

在很多情况下要求减少文件的大小，这样不仅可以节省磁盘存储空间，还可以节省网络传输该文件的时间。在这一节中，首先介绍两个目前最常用的压缩命令和解压缩命令，然后再介绍一个归档命令。压缩命令与归档命令的联合执行可以让用户一次性地压缩整个子目录以及其中的所有文件。

Linux 文件压缩工具有 gzip、bzip2、rar、7zip、lbzip2、xz、lrzip、PeaZip、arj 等。

4.7.1 gzip、gunzip 命令

gzip、gunzip 命令是 Linux 标准压缩工具,对文本文件可以达到 75%的压缩率。

1. gzip 命令

语法如下:

```
gzip [选项] [文件名]
```

功能:gzip 命令对文件进行压缩和解压缩,压缩成后缀为.gz 的压缩文件。

gzip 命令各选项及其功能说明见表 4-59。

表 4-59 gzip 命令各选项及其功能说明

选项	功能
-a	使用 ASCII 文本模式
-c	将输出写到标准输出上,并保留原有文件
-d	解开压缩文件
-f	强行压缩文件。不理会文件名称或硬链接是否存在,以及该文件是否为符号链接
-h	在线帮助
-l	列出压缩文件的相关信息,对每个压缩文件显示下列字段:压缩文件的大小,未压缩文件的大小,压缩比,未压缩文件的名字
-L	显示版本与版权信息
-n	压缩文件时,不保存原来的文件名称及时间戳记
-q	不显示警告信息
-r	递归式地查找指定目录,并压缩其中的所有文件或者是解压缩,将指定目录下的所有文件及子目录一并处理
-S	压缩文件时,默认使用 suf 替代.gz 作为后缀名,也可指定后缀名
-t	测试,检查压缩文件是否完整
-v	对每一个压缩和解压的文件,显示文件名和压缩比
-压缩效率	是一个介于 1~9 的数,预设值为 6,指定越大的数值,压缩效率就会越高
--best	此选项的效果和指定-9 参数相同
--fast	此选项的效果和指定-1 参数相同
-num	用指定的数字 num 调整压缩的速度,-1 或--fast 表示最快压缩方法(低压缩比),-9 或--best 表示最慢压缩方法(高压缩比)。系统默认值为 6

【实例 4-20】 使用 gzip 命令。

使用 gzip 命令的效果如图 4-34 所示。

执行第 1 条命令(dir),查看 txtfile 目录中的内容。

执行第 2 条命令(cd ..),退到上层目录(ztg)。

执行第 3 条命令(gzip -r txtfile),对 txtfile 目录中的子目录以及文件进行压缩。

```
[root@localhost txtfile]# dir
cpdir  exam1.txt  exam2.txt  exam3.txt  temp.txt
[root@localhost txtfile]# cd ..
[root@localhost ztg]# gzip -r txtfile
[root@localhost ztg]# dir txtfile/
cpdir  exam1.txt.gz  exam2.txt.gz  exam3.txt.gz  temp.txt.gz
[root@localhost ztg]# dir txtfile/cpdir/
exam1.txt.gz  exam2.txt.gz  exam3.txt.gz  temp.txt.gz  www
[root@localhost ztg]#
```

图 4-34 使用 gzip 命令

执行第 4 条命令(dir txtfile),查看 txtfile 目录中的内容,会发现文件以.gz 为后缀。

执行第 5 条命令(dir txtfile/cpdir/),查看 txtfile/cpdir 目录中的内容,会发现文件以.gz 为后缀。

2. gunzip 命令

语法如下:

```
gunzip [选项] [文件名.gz]
```

功能:gunzip 命令与 gzip 命令相对,专门把 gzip 命令压缩的.gz 文件解压缩。如果有已经压缩的文件,例如 exam1.gz,这时就可以对其进行解压缩:# gunzip exam1.gz。也可以用 gzip 命令来完成,效果完全一样:# gzip -d exam1.gz。事实上,gunzip 命令是 gzip 命令的硬链接,因此,不论是压缩或解压缩,都可以通过 gzip 命令来完成。gunzip 命令各选项及其功能说明见表 4-60。

表 4-60 gunzip 命令各选项及其功能说明

选项	功 能
-a	使用 ASCII 文字模式
-c	把解压后的文件输出到标准输出设备
-f	强行解开压缩文件,不理会文件名称或硬链接是否存在,以及该文件是否为符号链接
-h	在线帮助
-l	列出压缩文件的相关信息
-L	显示版本与版权信息
-n	解压缩时,若压缩文件内含有原来的文件名称及时间戳,则将其忽略,不予处理
-N	解压缩时,若压缩文件内含有原来的文件名称及时间戳,则将其回存到解压后的文件上
-q	不显示警告信息
-r	递归处理,将指定目录下的所有文件及子目录一并处理
-S	更改压缩字尾的字符串
-t	测试压缩文件是否正确无误
-v	解压缩过程当中显示进度

【实例 4-21】 使用 gunzip 命令。

使用 gunzip 命令的效果如图 4-35 所示。

执行第 1 条命令(gunzip -r txtfile),对 txtfile 目录中的压缩文件进行解压缩。

```
[root@localhost ztg]# gunzip -r txtfile
[root@localhost ztg]# dir txtfile/
cpdir  exam1.txt  exam2.txt  exam3.txt  temp.txt
[root@localhost ztg]# dir txtfile/cpdir/
exam1.txt  exam2.txt  exam3.txt  temp.txt  www
[root@localhost ztg]# █
```

图 4-35　使用 gunzip 命令

执行第 2 条命令(dir txtfile),查看 txtfile 目录中的内容,会发现以.gz 为后缀的文件已经被解压缩了。

执行第 3 条命令(dir txtfile/cpdir/),查看 txtfile/cpdir 目录中的内容,会发现以.gz 为后缀的文件已经被解压缩了。

4.7.2　bzip2、bunzip2 命令

bzip2、bunzip2 命令是更新的 Linux 压缩工具,比 gzip 命令有着更高的压缩率。

1. bzip2 命令

语法如下:

```
bzip2 [选项] [文件名]
```

功能:压缩文件。

参数说明如下。

-c:将压缩的过程产生的数据输出到屏幕上。

-d:解压缩的参数。

-z:压缩的参数。

-#:与 gzip 命令是一样的,都是在计算压缩比的参数,－9 压缩效果最好,－1 压缩最快。

2. bunzip2 命令

bzip2、bunzip2 命令示例如下:

```
#bzip2 -z man.config        //将 man.config 文件以 bzip2 压缩,此时 man.config 文件变
                              成 man.config.bz2 文件
#bzip2 -9 -c man.config >man.config.bz2
                            //将 man.config 文件用最佳压缩比压缩,并保留源文件
#bzip2 -d man.config.bz2    //将 man.config.bz2 文件解压缩,可用 bunzip2 取代 bzip2  -d
#bunzip2 man.config.bz2     //将 man.config.bz2 文件解压缩
```

4.7.3　显示压缩文件的内容:zcat、zless、bzcat、bzless

1. zcat、zless 命令

对于用 gzip 命令压缩的文件,zcat、zless 命令可以在不解压的情况下,直接显示文件的内容。

- zcat:直接显示压缩文件的内容。

• zless：直接逐行显示压缩文件的内容。

2. bzcat、bzless 命令

对于用 bzip2 命令压缩的文件，bzcat、bzless 命令可以在不解压情况下，直接显示文件的内容。

• bzcat：直接显示压缩文件的内容。

• bzless：直接逐行显示压缩文件的内容。

例如：

```
#bzcat man.config.bz2            //在屏幕上显示 man.config.bz2 文件解压缩之后的内容
```

4.7.4　tar 命令

语法如下：

```
tar [选项] [打包文件名] [文件|目录]
```

功能：tar 命令将文件或目录打包成.tar 的打包文件或将打包文件解开。

gzip 命令有一个致命的缺点：仅能压缩一个文件。即使对子目录压缩，也是对子目录里的文件分别压缩，并没有把它们压成一个包。在 Linux 上，这个打包的任务由 tar 程序来完成。tar 并不是压缩程序，因为它打包之后的大小跟原来一样大，所以它不是压缩程序，而是打包程序。而习惯上会先打包，产生一个.tar 文件，再把这个包拿去压缩，这就是.tar.gz 文件名称的由来。.tar.gz 文件名称的简短形式为.tgz。tar 命令各选项及其功能说明见表 4-61。

表 4-61　tar 命令各选项及其功能说明

选项	功　能
-b	该选项是为磁带机设定的，其后跟一数字，用来说明区块的大小，系统预设值为 20(即 20×512B)
-c	创建新的备份文件。如果用户想备份一个目录或是一些文件，就要选择这个选项
-C	将文件备份到指定的目录
-f	指定备份文件名称，这个选项通常是必选的
-j	用 bzip2 命令来压缩/解压缩文件
-J	用 xz 命令来压缩/解压缩文件
-k	保存已经存在的文件。例如，把某个文件还原，在还原的过程中遇到相同的文件不会进行覆盖
-m	在还原文件时，把所有文件的修改时间设定为现在
-M	创建多卷的备份文件，以便在几个磁盘中存放
-r	把要存档的文件追加到备份文件的末尾。例如，用户已经做好备份文件，又发现还有一个目录或是一些文件忘记备份了，这时可以使用该选项，将忘记的目录或文件追加到备份文件中
-t	列出备份文件的内容，查看已经备份了哪些文件
-T	从指定的文件中读取欲打包的文件路径
-u	更新文件。也就是说，用新增的文件取代原备份文件，如果在备份文件中找不到要更新的文件，则把它追加到备份文件的最后
-v	显示处理文件信息的进度

续表

选项	功　　能
-w	每一步都要求确认
-x	从备份文件中释放文件
-z	用 gzip 命令来压缩/解压缩文件，加上该选项后可以将备份文件进行压缩，但还原时也一定要使用该选项进行解压缩

【实例 4-22】 使用 tar 命令。

第 1 步：如图 4-36 所示，执行第 2 条命令，对 ztg 目录中的子目录 txtfile 进行打包和压缩，将打包压缩文件放在/root/Desktop 目录中(即桌面上)。

```
[root@localhost ztg]# dir
school  txtfile
[root@localhost ztg]# tar -czvf /root/Desktop/txtfile.tar.gz txtfile
```

图 4-36　使用 tar 命令

第 2 步：如图 4-37 所示，执行第 2 条命令，对 txtfile.tar.gz 目录进行解压、解包。

第 3 步：如图 4-38 所示，执行 dir 命令，查看桌面上的内容。

```
[root@localhost Desktop]# dir
linux_pic  txtfile.tar.gz
[root@localhost Desktop]# tar -xzvf txtfile.tar.gz
```

图 4-37　查看 home 目录内容(1)

```
[root@localhost Desktop]# dir
linux_pic  txtfile  txtfile.tar.gz
[root@localhost Desktop]# 
```

图 4-38　查看 home 目录内容(2)

第 4 步：如图 4-39 所示，执行第 2 条命令，将/root/Desktop/txtfile.tar.gz 目录解压、解包到/home/ztg/school/data 目录中。

```
[root@localhost data]# pwd
/home/ztg/school/data
[root@localhost data]# tar -xzvf /root/Desktop/txtfile.tar.gz
```

图 4-39　查看 home 及 ztg 目录内容

第 5 步：分析如下的例子。

```
#tar -cf exam.tar exam1*.txt
    //把所有 exam1*.txt 的文件打包成一个 exam.tar 文件。其中，-c 是产生新备份文件；
      -f 是输出到默认的设备，可以把它当作一定要加的选项
#tar -rf exam.tar exam2*.txt
    //exam.tar 是一个已经存在的打包文件，再把 exam2*.txt 的所有文件也打包进去。-r
      是再增加文件的意思
```

```
#tar -uf exam.tar exam11.txt
    //刚才 exam1*.txt 文件已经打包进去了,但是其中的 exam11.txt 文件后来又做了更改,
      把新改过的文件再重新打包进去。-u 是更新的意思
#tar -tf exam.tar   //列出 exam.tar 文件中有哪些文件被打包在里面。-t 是列出的意思
#tar -xf exam.tar   //把 exam.tar 打包文件中的全部文件释放出来。-x 是释放的意思
#tar -xf exam.tar exam2*.txt   //只把 exam.tar 打包文件中的所有 exam2*.txt 文件释
                                 放出来。-x 是释放的意思
#tar -zcf exam.tar.gz exam1*.txt
```

注意：tar 命令中加了-z 选项，它会向 gzip 命令借用压缩能力；另外，应注意产生出来的文件名称是 exam.tar.gz，两个过程一次完成。

第 6 步：解压、解包。

```
#tar -xzvf exam.tar.gz
//加一个选项-v,就是显示打包兼压缩或者解压的过程。因为 Linux 上最常见的软件包文件是
  .tar.gz 文件,因此,最常看到的解压方式就是这样了
#tar -xzvf exam.tgz  //.tgz 文件名也是一样的,因性质一样,仅文件名简单一点而已
#tar xzvf exam.tar.gz -C exam/        //解压到 exam 目录中
#tar xjvf exam.tar.bz2 -C exam/       //j 选项使用 bzip2 命令
```

第 7 步：打包压缩。

```
#tar cjvf test.tar.bz2  exam1*.txt
#tar czvf test.tar.gz  exam1*.txt
```

注意：这个-xzvf 的选项几乎可以是固定的，读者最好将-xzvf(解压、解包)记住。.tar.gz 文件的生成如下例所示，读者最好也将-czvf(打包压缩)记住，以后就可以方便地生成这种文件了。

```
#tar -czvf exam.tar.gz *.*   或   #tar -czvf exam.tgz *.*。
```

注意：.bz2、.xz 和.gz 都是 Linux 下压缩文件的格式，.bz2 和.xz 文件比.gz 文件压缩率更高，.gz 文件比.bz2 和.xz 文件花费更少的时间。也就是说，同一个文件压缩后，.bz2 和.xz 文件比.gz 文件更小，但是.bz2 和.xz 文件的小是以花费更多的时间为代价的。读者最好也记住 cjvf 和 cJvf(打包压缩)、xjvf 和 xJvf(解压缩包)。

```
#tar cjvf exam.tar.bz2 exam1*.txt
#tar xjvf exam.tar.bz2 -C exam/
#tar cJvf exam.tar.xz exam1*.txt
#tar xJvf exam.tar.xz -C exam/
```

4.7.5　cpio 命令

语法如下：

```
cpio -ocvB >[file|device]          //备份
```

或

```
cpio -icdvu <[file|device]              //还原
```

或

```
cpio -icvt <[file|device]               //查看
```

功能：cpio 命令是通过重定向的方式将文件进行打包备份、还原恢复的工具，它可以解压以.cpio 或者.tar 结尾的文件。cpio 命令各选项及其功能说明见表 4-62。

表 4-62　cpio 命令各选项及其功能说明

选项	功　能
-B	默认 Blocks 为 512B，可增大到 5120B，好处是可以加快存取速度
-c	以一种较新的便携式的格式将文件储存
-d	在 cpio 命令还原文件的过程中自动建立相应的目录。由于 cpio 命令的内容可能不在同一个目录内，在还原过程中会有问题，加上-d 选项可以解决问题
-i	将打包文件解压或者将设备上的备份还原到系统中
-o	读标准输入以获取路径名列表并且将这些文件连同路径名和状态信息复制到标准输出上
-t	查看 cpio 命令打包的文件内容或者输出到设备上的文件内容
-u	自动地以较新的文件覆盖较旧的文件
-v	详细列出已处理的文件

示例如下：

```
#find ./home -print |cpio -ov >home.cpio   //将 home 目录备份
#cpio -idv </root/home.cpio                //要恢复文件的时候
#cpio -tv <home.cpio                       //查看 home.cpio 文件
#find . -depth | cpio -ocvB >backup.cpio   //找出当前目录下的所有文件，然后将它们打
                                             包进一个 cpio 压缩包文件
```

注意：cpio 命令建立起来的归档文件包括文件头和文件数据两部分。文件头包含了对应文件的信息，如文件的 UID、GID、连接数以及文件大小等。其好处是可以保留硬链接，在恢复时默认情况下保留时间戳，无文件名称长度的限制

将当前目录下名为 inittab 的文件加入 initrd.cpio 包中。

```
#find . -name inittab -depth | cpio -ovcB -A -F initrd.cpio
#find . -name inittab -depth | cpio -ovcB -A -O initrd.cpio
#find . -name inittab -depth | cpio -ovcB -A --quiet  -O  initrd.cpio(--quiet
表示不显示复制块)
```

从 cpio 压缩包中解压出文件，示例如下：

```
#cpio --absolute-filenames  -icvu <test.cpio  //解压到原始位置，解压出来的每个
                                                文件的时间属性改为当前时间
#cpio --absolute-filenames  -icvum <test.cpio //解压到原始位置，同时不改变解压
                                                出来的每个文件的时间属性
```

```
#cpio -icvu <test.cpio        //解压到当前目录下
#cpio -icvum <test.cpio       //解压到当前目录下
#cpio -icvdu  -r <grub.cpio //在解包 cpio 时,对解包出来的文件进行交互地更名
#cpio -icvu  --to-stdout <grub.cpio  //将 cpio 包中的文件解压并输入标准输出。注
                                       意,既然解压到标准输出,所以就不能使用-d
                                       选项参数了
#cpio --absolute-filenames  -vtc <boot.cpio    //不忽略文件列表清单的文件名最
                                                  前面的"/"
#cpio --no-absolute-filenames  -vtc <boot.cpio //默认会忽略文件列表清单的文件
                                                  中最前面的"/"
```

4.8 文件关联

4.8.1 MIME 类型

GNOME 桌面系统通过 MIME(Multipurpose Internet Mail Extensions,多用途 Internet 邮件扩展)类型来识别文件格式,通过使用 MIME 类型可以达到以下目的:①确定默认用哪个应用程序打开某种特定的文件格式;②注册同样能打开某种特定文件格式的其他应用程序;③在"文件属性"对话框中(右击文件,选择"属性"选项,在打开的对话框中选中"基本"选项卡)提供了描述文件类型的字符串和代表某种特定文件格式的图标。

MIME 类型名字遵循指定的格式:media-type/subtype-identifier。

例如,application/pdf 是 MIME 类型的一个例子,其中,application 是媒体类型,pdf 是子类型识别符。

MIME 数据库是 GNOME 系统用来存储关于已知 MIME 类型信息的所有 MIME 类型说明文件的集合。所有 MIME 类型信息都存储在位于/usr/share/mime/目录中的数据库里。从系统管理员的角度来看,MIME 数据库最重要的部分是/usr/share/mime/packages/目录,其中存储着对已知 MIME 类型信息进行说明的 MIME 类型相关文件。MIME 数据库包含大量的通用 MIME 类型,存储在/usr/share/mime/packages/freedesktop. org. xml 文件中,该文件对默认设置下系统中可用的标准 MIME 类型的信息做了说明。应用程序可把新 MIME 类型添加到 MIME 数据库中。

应用程序通过下列方式,使用 MIME 数据库检测文件的 MIME 类型。

(1) 应用程序检查文件内容,然后使用 MIME 数据库标识相应的 MIME 类型。MIME 数据库包含由 magic 元素指定的文件内容探测指令信息。文件内容探测指令信息提供文件中特定样式的详细信息。MIME 数据库将此样式与一种 MIME 类型相关联。应用程序检查文件的样式。如果应用程序在文件内容中找到了与该样式的匹配,则该文件的 MIME 类型就是与该样式相关联的 MIME 类型。

(2) 应用程序检查文件名,然后使用 MIME 数据库标识相应的 MIME 类型。MIME 数据库将由 glob 元素指定的文件名样式和文件扩展名样式与特定的 MIME 类型相关联。应用程序检查文件名,在其中搜索特定的样式。如果找到了与该文件名相匹配的项,则该文件的 MIME 类型就是与该扩展名或样式相关联的 MIME 类型。

MIME 数据库还包含每个 MIME 类型的文本描述。MIME 数据库可以包含用于查看

或编辑 MIME 类型的应用程序列表。

/usr/share/applications/mimeapps. list 文件列出了 MIME 类型所对应的默认注册应用程序。例如，mimeapps. list 文件中说明了 text/plain、text/html 和 application/xhtml+xml 这些 MIME 类型所对应的默认注册应用程序，文件内容如下：

```
[Default Applications]
text/plain=org.gnome.gedit.desktop
text/html=firefox.desktop
application/xhtml+xml=firefox.desktop
```

4.8.2 添加自定义 MIME 类型

如需为系统上的所有用户添加一个自定义的 MIME 类型，并为该 MIME 类型注册一个默认的应用程序，需要在/usr/share/mime/packages/目录下创建一个新的 MIME 类型说明文件，在/usr/share/applications/目录下创建一个. desktop 文件。

例如，为所有用户添加自定义的 MIME 类型 application/newtype。

1. 创建/usr/share/mime/packages/newtype. xml 文件

文件内容如下：

```
<?xml version='1.0' encoding='utf-8'?>
<mime-info xmlns="http://www.freedesktop.org/standards/shared-mime-info">
   <mime-type type="application/newtype">
      <comment>new mime type</comment>
      <glob pattern="*.×××"/>
   </mime-type>
</mime-info>
```

上述 newtype. xml 文件定义了一种新的 MIME 类型 application/newtype，并指定拓展名是. ×××的文件为该 MIME 类型。

2. 创建/usr/share/applications/newapp. desktop 文件

文件内容如下：

```
[Desktop Entry]
Version=1.0
Type=Application
Name=My Application for Testing
#Exec=myapplication
Exec=/usr/bin/wps %f
MimeType=application/newtype
```

MimeType 字段说明了这个程序支持的 MIME 类型，Exec 字段说明了程序的打开方式。Exec 字段最后的%U 或%f 很重要，其决定了这个程序能显示在文件管理器右键菜单的清单中。上述 newapp. desktop 文件将 MIME 类型 application/newtype 与一个名为 myapplication 的应用程序(这里使用了/usr/bin/wps，读者需要根据实际情况设置该值)相关联，指定了文件的打开方式。

3. 更新数据库

以 root 用户身份更新 MIME 数据库以使更改生效。

```
#update-mime-database /usr/share/mime
```

以 root 用户身份更新应用程序数据库。

```
#update-desktop-database /usr/share/applications
```

4. 创建、测试×××文件

首先创建一个文件 tmp. ×××。

```
#touch tmp.×××
```

然后运行 mimetype 命令查看文件的类型；运行 mimeopen 命令并使用 WPS 打开 tmp. ×××文件。然后右击该文件，右键菜单中有“用 My Application for Testing 打开”命令。

命令及执行效果如下：

```
[root@localhost ~]# mimetype tmp.xxx
tmp.xxx: application/newtype
[root@localhost ~]# mimeopen tmp.xxx
Opening "tmp.xxx" with My Application for Testing  (application/newtype)
[root@localhost ~]# 
```

注意：执行 dnf install perl-File-MimeInfo 命令并安装 perl-File-MimeInfo 软件包，该软件包提供了 mimetype 和 mimeopen 命令。

为个别用户添加自定义 MIME 类型的步骤如下：

(1) 创建～/. local/share/mime/packages/newtype. xml 文件。

(2) 创建～/. local/share/applications/newapp. desktop 文件。

(3) 更新数据库。

更新 MIME 数据库以使更改生效的命令如下：

```
$update-mime-database ~/.local/share/mime
```

更新应用程序数据库的命令如下：

```
$update-desktop-database ~/.local/share/applications
```

(4) 创建并测试×××文件。

4.9 本章小结

作为一个通用的操作系统，磁盘与文件管理是必不可少的功能。本章介绍了磁盘管理命令，如 mount、umount、df 和 du 等命令的用法；介绍了文件与目录管理命令，如 ls、mkdir、 rmdir、find 和 grep 等命令的用法。为了保证系统的安全性,还要为不同用户分配不同的权限,权限管理中主要介绍了 chmod 和 chown 两个命令。另外,还介绍了强制位与粘贴位、文件隐藏属性、访问控制列表。对于文件的压缩与解压缩,也是经常要进行的操作,主要介绍了 gzip、gunzip 和 tar 三个常用的命令。最后介绍了文件关联的相关知识和 MIME 类型。

4.10 习题

1. 填空题

(1) Linux 操作系统中使用最多的文件系统是________________。

(2) 列出磁盘分区信息的命令是________。

(3) 将设备挂载到挂载点处的命令是________。

(4) 命令查看块设备(包括交换分区)的文件系统类型的命令是________。

(5) 查看或设置 ext2/ext3/ext4 分区的卷标的命令是________。

(6) 查看或设置 xfs 分区的卷标的命令是________。

(7) 检查文件系统的磁盘空间占用情况的命令是________。

(8) 统计目录(或文件)所占磁盘空间大小的命令是________。

(9) 格式化指定分区的命令是________。

(10) 将磁盘分区或文件设为 Linux 的交换区的命令是________。

(11) 检查文件系统并尝试修复错误的命令是________。

(12) 用来显示虚拟内存统计信息的命令是________。

(13) 对系统的磁盘操作活动进行监视,汇报磁盘活动统计情况的命令是________。

(14) ________命令用指定大小的块复制一个文件,支持在复制文件的过程中转换文件格式,并且支持指定范围的复制。将内存缓冲区内的数据写入磁盘的命令是________。

(15) 显示目录内容的命令有________________。

(16) 查看文件内容的命令有________________________。

(17) cat 命令的功能有________________________。

(18) ________命令通过探测文件内容判断文件类型。

(19) ________命令以文本的格式来显示索引节点的内容。

(20) 为文件建立在其他路径中的访问方法(链接)的命令是________。链接有两种:________和________。

(21) 改变文件或目录的读/写权限和执行权限的命令是________。

(22) 指定在创建文件或目录时预设权限掩码的命令是________。

(23) 改变文件或目录所有权的命令是________。

(24) ________命令改变文件或目录时间,包括存取时间和更改时间。如果不存在,会在当前目录下新建一个空白文件。

(25) ________以指定模式逐行搜索指定的文件,并显示匹配到的每一行。

(26) ________命令的工作方式:按顺序逐行将文件读入内存中。然后它执行为该行指定的所有操作,并在完成请求的修改之后将该行放回到内存中,以将其转储至终端。

(27) ________命令从标准输入设备读取数据，经过字符转换后，输出到标准输出设备。

(28) ________命令合并文件中相邻的重复的行，对于那些连续重复的行则只显示一次。

(29) ________命令取出文件中指定的字段。

(30) ________命令合并文件的列。

(31) ________命令找出两个文件中指定栏位内容相同的行并加以合并，再输出到标准输出设备。________命令将一个文件分成多个较小的文件。

(32) ________命令将文本文件内容以行为单位排序。

(33) ________命令用来建立所需的设备文件。

(34) ________是标准 UNIX 文件属性(r、w、x)的附加扩展，给予用户和管理员更好地控制文件读/写和权限赋予的能力。

(35) ACL 可以为某个文件单独设置该文件具体的某用户或组的权限。需要掌握的命令也只有三个：________、________和________。

(36) 不解压，显示压缩文件的内容的命令有________、________、________和________。

(37) gzip 命令的功能是________________。

(38) 使用 tar 命令时，应该记住的两个选项组合是________和________，它们的功能分别是________和________。

2. 选择题

(1) 用于文件系统挂载的命令是________。

A. fdisk　　B. mount　　C. df　　D. man

(2) 比较文件的差异要用到的命令是________。

A. diff　　B. cat　　C. wc　　D. head

(3) 可以为文件或目录重命名的命令是________。

A. mkdir　　B. rmdir　　C. mv　　D. rm

3. 简答题

(1) /etc/fstab 文件中每条记录中的各个字段的作用是什么？

(2) 有哪些措施可以提高文件与目录的安全性？

4. 上机题

(1) 选择一个文件系统并对其进行挂载，然后访问其中的内容，之后对其卸载。

(2) 查看目前磁盘空间的使用情况。

(3) 选用本章介绍的命令建立目录，并对文件和目录进行移动、复制、删除以及改名等操作。

(4) 使用 chown 命令改变某一文件或目录的属主，然后使用 chmod 命令设置其他用户对该文件或目录的可读、可写和可执行权限。

(5) 使用 find 命令查找某一文件。

(6) 使用 gzip 命令对文件进行压缩。

(7) 使用 tar 命令对文件进行压缩与解压缩。

第5章 软件包管理

本章学习目标

- 了解软件包的命名方式。
- 了解 RPM 和 YUM 命令的语法与功能。
- 了解二进制包和源代码包的区别以及源代码包的安装过程。
- 熟练掌握用 RPM 命令进行软件的安装、升级、卸载和查询。
- 熟练掌握用 YUM 命令进行软件的安装、升级、卸载和查询。

5.1 RPM

RPM(Red Hat Package Manager)是由 Red Hat 公司开发的软件包安装和管理程序,用户通过使用 RPM 可以自行安装和管理 RHEL 上的应用程序与系统工具。本节主要介绍如何使用 RPM 进行软件包的安装、升级和删除等操作。

5.1.1 RPM 简介

RPM 可以很容易地对 RPM 软件包进行安装、升级、卸载、校验和查询等操作。RPM 可以让用户直接以二进制方式安装软件包,并且可替用户查询是否已经安装了有关的库文件。在用 RPM 删除程序时,它会询问用户是否要删除有关的程序。如果使用 RPM 升级软件,RPM 会保留原先的配置文件,这样用户就不用重新配置新的软件了。RPM 保留一个数据库,其中包含了所有软件包的信息,用户通过该数据库可以进行软件包的查询。

RPM 设计目的如下。

(1) 方便的升级功能:可对单个软件包进行升级,保留用户原先的配置。

(2) 强大的查询功能:可以针对整个软件包的数据或是某个特定的文件进行查询,也可以轻松地查出某个文件是属于哪个软件包。

(3) 系统校验:不小心删除了某个重要文件,但不知道是哪个软件包需要此文件时,可以使用 RPM 查询已经安装的软件包中少了哪些文件,是否需要重新安装,并且可以检验出安装的软件包是否已经被别人修改过。

软件包可以使用以下三种命名方式。

1. 典型的命名格式(常用)

典型的命名格式如下:

```
软件名-版本号-释出号.体系号.rpm
```

体系号是指执行程序适用的处理器体系，举例如下。

- i386体系：适用于任何Intel 80386以上的x86架构(IA32)的计算机。
- i686体系：适用于任何Intel 80686(奔腾Pro以上)的x86架构的计算机。i686软件包的程序通常针对CPU进行了优化。
- x86_64体系：适用于64位架构的计算机。
- ppc体系：适用于PowerPC或Apple Power Macintosh。
- noarch：没有架构要求，即这个软件包与硬件架构无关，可以通用。有些脚本(比如Shell脚本)被打包进独立于架构的RPM包。

如果体系号为src时，表明为源代码包，否则为执行程序包。如xyz-5.6.3-7.i386.rpm为执行程序包，软件名为xyz，主版本号为5，次版本号为6，修订版本号为3，释出号(发布号)为7，适用体系为i386，rpm为扩展名。而xyz-5.6.3-7.src.rpm则为源代码包。

在Internet上，用户经常会看到RPMS/和SRPMS/这样的目录。RPMS/目录下存放的就是一般的RPM软件包，这些软件包是由软件的源代码编译成的可执行文件，再包装成RPM软件包。而SRPMS/目录下存放的都是以.src.rpm结尾的文件，这些文件是由软件的源代码包装成的。

2. URL方式的命名格式(较常用)

(1) FTP方式的命名格式

```
ftp://[用户名[:密码]@]主机[:端口]/包文件
```

[ ]括住的内容表示可选。主机可以是主机名，也可以是IP地址。包文件可包含目录信息。如未指定用户名，则RPM采用匿名方式传输数据(用户名为anonymous)。如未指定密码，则RPM会根据实际情况提示用户输入密码；如未指定端口，则RPM使用默认端口(一般为21)。

如ftp://ftp.xxx.com/yyy.rpm(使用匿名传输，主机为ftp.xxx.com，包文件为yyy.rpm)。

如ftp://11.22.33.44:1100/pub/yyy.rpm(匿名FTP传输，主机IP为11.22.33.44，使用1100端口，包文件在/pub目录下)。

用户要安装这类RPM软件包，必须使用如下命令。

```
#rpm -ivh ftp://ftp.xxx.com/yyy.rpm
#rpm -ivh ftp://11.22.33.44:1100/pub/yyy.rpm
```

(2) HTTP方式的命名格式

```
http://主机[:端口]/包文件
```

[ ]括住的内容可选。主机可以是主机名，也可以是IP地址。包文件可包含目录信息。如未指定端口，则RPM默认使用80端口。例如，http://www.xxx.com/yyy.rpm通过HTTP协议获取www.xxx.com主机上的yyy.rpm文件。又比如，http://www.xxx.com:8080/pub/yyy.rpm通过HTTP协议(端口号是8080)获取www.xxx.com主机上/

pub 目录下的 yyy.rpm 文件。

用户可以使用如下命令安装这类 RPM 软件包。

```
#rpm  -ivh  http://www.xxx.com/yyy.rpm
#rpm  -ivh  http://www.xxx.com:8080/pub/yyy.rpm
```

3. 其他格式(很少使用)

其他格式的命名为任意。

如果将 xyz-5.6-7.i386.rpm 改名为 xyz.txt,用 RPM 命令也会安装成功,其根本原因是 RPM 判定一个文件是否是 RPM 格式,不是看名字,而是看内容,看其是否符合特定的格式。

5.1.2 RPM 的使用

1. 使用 RPM 安装软件

从一般意义上说,软件包的安装其实就是文件的复制,即把软件所用到的各个文件复制到特定目录。RPM 安装软件包也是如此。但 RPM 要更进一步,在安装前,它通常要执行以下操作。

(1) 检查软件包的依赖:RPM 格式的软件包中可包含对依赖关系的描述,如软件执行时需要什么动态链接库,需要什么程序存在以及版本号要求等。当 RPM 检查时发现所依赖的动态链接库或程序等不存在或不符合要求时,默认的做法是中止软件包的安装。

(2) 检查软件包的冲突:有的软件与某些软件不能共存,软件包的创作者会将这种冲突记录到 RPM 软件包中。安装时,若 RPM 发现有冲突存在,将会中止安装。

(3) 执行安装前脚本程序:此类程序由软件包的创作者设定,需要在安装前执行。通常是检测操作环境,建立有关目录,清理多余文件等,为顺利安装做准备。

(4) 处理配置文件:RPM 对配置文件有着特别的处理,因为用户常常需要根据实际情况对软件的配置文件做相应的修改。如果安装时简单地覆盖了此类文件,则用户又得重新手动设置,很麻烦。这种情况下,RPM 做得比较明智:它将原配置文件换个名字保存了起来(原文件名后缀加上.rpmorig),用户可根据需要再恢复,避免重新设置的尴尬。

(5) 解压软件包并存放到相应位置:这是最重要的部分,也是软件包安装的关键所在。在这一步,RPM 将软件包解压缩,将其中的文件一个个存放到正确的位置,同时,文件的操作权限等属性相应地要设置正确。

(6) 执行安装后脚本程序:此类程序为软件的正确执行设定相关资源。

(7) 更新 RPM 数据库:安装后,RPM 将所安装的软件及相关信息记录到数据库中,便于以后升级、查询、校验和卸载。

(8) 执行安装时触发脚本程序:触发脚本程序是指软件包满足某种条件时才触发执行的脚本程序,它用于软件包之间的交互控制。

注意:“软件包名”和“软件名”是不同的,例如,cockpit-184-1.fc29.x86_64.rpm 是软件包名,而 cockpit 是软件名。

命令格式如下:

```
rpm -i [安装选项 1 安装选项 2 ...] [包文件 1] [包文件 2] ...
```

参数:包文件 1、包文件 2 是将要安装的 RPM 包的文件名(即软件包名)。

安装选项及其说明见表5-1;通用选项和其他RPM选项及其说明见表5-2。

表5-1 安装选项及其说明

安装选项	说 明	安装选项	说 明
--excludedocs	不安装软件包中的文档文件	--nodeps	不检查依赖关系
--force	忽略软件包及文件的冲突	--noscripts	不运行预安装脚本和后安装脚本
--ftpport port	指定FTP的端口号为port	--percent	以百分比的形式显示安装的进度
--ftpproxy host	用host作为FTP代理	--prefix path	安装到由path指定的路径下
-h (or --hash)	安装时输出hash记号(#)	--replacefiles	替换属于其他软件包的文件
--ignorearch	不校验软件包的结构	--replacepkgs	强制重新安装已安装的软件包
--ignoreos	不检查软件包运行的操作系统	--test	只对安装进行测试,不实际安装
--includedocs	安装软件包中的文档文件		

表5-2 通用选项和其他RPM选项及其说明

通用选项		其他RPM选项	
选 项	说 明	选 项	说 明
--dbpath path	设置RPM资料库所在的路径为path	--help	显示帮助文件
--rcfile rcfile	设置rpmrc文件为rcfile	--initdb	创建一个新的RPM资料库
--root path	让RPM将path指定的路径作为"根目录",这样预安装程序和后安装程序都会安装到这个目录下	--quiet	尽可能地减少输出
-v	显示附加信息	--rebuilddb	重建RPM资料库
-vv	显示调试信息	--version	显示RPM的当前版本

【实例5-1】 安装.rpm软件包。

执行如下命令来安装cockpit。

```
#rpm -ivh cockpit-184-1.fc29.x86_64.rpm  cockpit-ws-184-1.fc29.x86_64.rpm
cockpit-bridge-184-1.fc29.x86_64.rpm  cockpit-system-184-1.fc29.noarch.rpm
```

可以从https://rpmfind.net/下载上面4个RPM软件包。

2. 使用RPM删除软件

命令格式如下:

```
rpm -e [删除选项1 删除选项2 ...] [软件名1] [软件名2] ...
```

参数:软件名1、软件名2是将要删除的RPM包的软件名。

删除选项及其说明见表5-3。

表5-3 删除选项及其说明

删除选项	说 明
--nodeps	不检查依赖关系
--noscripts	不运行预安装脚本和后安装脚本
--test	只对安装进行测试,并不实际安装

【实例 5-2】 使用 RMP 删除软件。

执行如下命令删除 cockpit。

```
#rpm -e cockpit cockpit-bridge cockpit-system cockpit-ws
```

如果不执行上面的命令，而执行下面的命令，会出现依赖检测失败。

```
#rpm -e cockpit-bridge
```

由于 cockpit-bridge 被 cockpit-system-184-1. fc29. noarch 和 cockpit-184-1. fc29. x86_64 依赖，因此仅使用-e 选项时是不能删除的，一定要删除则应使用--nodeps 选项，命令如下：

```
#rpm -e cockpit-bridge --nodeps
```

注意：使用"rpm -e 软件名"命令时，软件名可以包含版本号等信息，但是不可以有 .rpm 后缀。比如，卸载软件 cockpit-bridge，可以使用下列格式。

```
rpm -e cockpit-bridge-184-1.fc29.x86_64
rpm -e cockpit-bridge-184-1.fc29
rpm -e cockpit-bridge-184
rpm -e cockpit-bridge
//不可以是下列格式
rpm -e cockpit-bridge-184-1.fc29.x86_64.rpm
rpm -e cockpit-bridge-184-1.fc29.x86
rpm -e cockpit-bridge-184
```

3. 使用 RPM 升级软件

命令格式如下：

```
rpm -U [升级选项 1 升级选项 2 ...] [包文件 1] [包文件 2] ...
```

参数：包文件 1、包文件 2 是将要升级的 RPM 包的文件名(即软件包名)。可用--upgrade 代替-U，效果相同。升级选项及其说明见表 5-4。

表 5-4 升级选项及其说明

升级选项	说 明	升级选项	说 明
--excludedocs	不安装软件包中的文档文件	--nodeps	不检查依赖关系
--force	忽略软件包及文件的冲突	--noscripts	不运行预安装脚本和后安装脚本
--ftpport port	指定 FTP 的端口号为 port	--oldpackage	允许"升级"到一个老版本
--ftpproxy host	用 host 作为 FTP 代理	--percent	以百分比的形式显示升级安装的进度
-h (or --hash)	升级时输出 hash 记号(#)	--prefix path	将软件包升级到由 path 指定的路径下
--ignorearch	不校验软件包的结构	--replacefiles	替换属于其他软件包的文件
--ignoreos	不检查软件包运行的操作系统	--replacepkgs	强制重新升级安装已安装的软件包
--includedocs	安装软件包中的文档文件	--test	只对升级安装进行测试，不实际安装

【实例 5-3】 使用 RPM 升级软件。

执行如下命令升级 cockpit-bridge。

```
#rpm -Uvh cockpit-bridge-184-1.fc29.x86_64.rpm
```

如果 cockpit 软件已经安装,可以使用-Uvh --force 选项进行强行升级。

4. 使用 RPM 查询软件

命令格式如下:

```
rpm -q [查询选项 1 查询选项 2 ...] <软件名|软件包名|文件名>
```

可用--query 代替-q,效果相同。查询选项及其说明见表 5-5。

表 5-5　查询选项及其说明

类别	查询选项	说明
信息选项	-c	显示配置文件列表
	-d	显示文档文件列表
	-i	i 表示 info,显示软件包的概要信息
	-l	l 表示 list,显示软件包中的文件列表
	-s	显示软件包中文件列表并显示每个文件的状态
	<null>	显示软件包的全部标识
	--dump	显示每个文件的所有已校验信息
	--provides	显示软件包提供的功能
	--queryformat(or --qf)	以用户指定的方式显示查询信息
	--requires (or -R)	显示软件包所需的功能
	--scripts	显示安装、卸载、校验脚本
详细选项	-a	a 表示 all,查询所有安装的软件包
	-f <file>	f 表示 file,查询<file>属于哪个软件包
	-g <group>	查询属于<group>组的软件包
	-p <file>(or "-")	p 表示 package,查询软件包的文件
	--whatprovides <x>	查询提供了<x>功能的软件包
	--whatrequires <x>	查询所有需要<x>功能的软件包

常用查询选项如下:

```
#rpm -qa                       //列出当前系统所有已安装的包
#rpm -qa | grep sql            //查找所有安装过的包含字符串 sql 的软件包
#rpm -q cockpit                //查询某一个 RPM 包是否已安装。注意:参数是软件名
#rpm -qi cockpit               //查询某一个 RPM 包的详细信息
#rpm -ql cockpit               //列出某一个 RPM 包中所包含的文件
#rpm -qf /usr/share/cockpit/systemd/manifest.json
                               //查询某文件属于哪个 RPM 包。注意:参数是文件名
#rpm -qip ./cockpit-184-1.fc29.x86_64.rpm
                               //列出指定 RPM 包的详细信息。注意:参数是软件包名
#rpm -qlp ./cockpit-184-1.fc29.x86_64.rpm  //列出指定 RPM 包中的文件
#rpm -qpR ./cockpit-184-1.fc29.x86_64.rpm  //列出指定 RPM 包的依赖列表
```

5. 使用 rpm2cpio、cpio 提取 RPM 包中的特定文件

如果不小心把/etc/mail/sendmail. mc 修改坏了，又没有备份最原始文件，此时可以从 RPM 包中提取出最原始文件。

(1) 确定/etc/mail/sendmail. mc 属于哪个 RPM 包。

执行命令 rpm -qf /etc/mail/sendmail. mc，输出为：sendmail-8. 15. 2-29. el8. x86_64。

(2) 从 ISO 中提取出 sendmail-8. 15. 2-29. el8. x86_64. rpm(或者其他方式获得)。

```
#mount /opt/rhel-8.0-x86_64-dvd.iso /mnt/iso/
```

(3) 确认 sendmail. mc 的路径。执行如下命令。

```
#rpm -qlp /mnt/iso/AppStream/Packages/sendmail-8.15.2-29.el8.x86_64.rpm |
grep sendmail.mc
```

输出为：/etc/mail/sendmail. mc。

在提取 sendmail. mc 之前，执行如下命令确认一下它的相对路径。

```
#rpm2cpio /mnt/iso/AppStream/Packages/sendmail-8.15.2-29.el8.x86_64.rpm |
cpio -t |grep sendmail.mc
```

输出为：./etc/mail/sendmail. mc。

现在可以提取 sendmail. mc 了。执行如下命令，可提取到当前目录。

```
#rpm2cpio/mnt/iso/AppStream/Packages/sendmail-8.15.2-29.el8.x86_64.rpm |
cpio -idv ./etc/mail/sendmail.mc
```

注意：cpio 选项后的文件路径. /etc/mail/sendmail. mc 必须和前面查询的相对路径一样，否则提取失败。

cpio 选项说明如下。

-t：列出的意思，与--list 等同。注意，此时列出的是"相对路径"。

-i：抽取的意思，与--extract 等同。

-d：建立目录，与--make-directories 等同。

-v：冗余信息输出，与--verbose 等同。

RPM 选项说明如下。

-q：查询。

-l：列出。

-f：指定文件。

-p：指定 RPM 包。

6. 源代码包

以. src. rpm 结尾的软件包是源代码包，安装时需要进行编译。执行如下命令下载 busybox 源代码包 busybox-1. 28. 3-2. fc29. src. rpm。

```
wget https://dl.fedoraproject.org/pub/fedora/linux/releases/29/Workstation/
source/tree/Packages/b/ busybox-1.28.3-2.fc29.src.rpm
```

执行如下命令,安装 busybox 所依赖的软件包。

```
#dnf install glibc-static
#dnf install libselinux-static
#dnf install libsepol-static
#dnf install uClibc-static
```

【实例 5-4】 安装源代码包 busybox-1.28.3-2.fc29.src.rpm。

安装过程如下(在 Fedora 29 中测试,和 RHEL 8/CentOS 8 中的过程一样):

```
#rpm --showrc | grep topdir                        //查看_topdir的路径,即~/rpmbuild
#rpm -ivh busybox-1.28.3-2.fc29.src.rpm
#cd ~/rpmbuild/SPECS
#rpmbuild -ba busybox.spec
    //rpmbuild -ba 会执行 RPM 创建过程中涉及的所有步骤,~/rpmbuild 目录中的子目录有
      BUILD、BUILDROOT、RPMS、SOURCES、SPECS、SRPMS。生成的二进制包是~/rpmbuild/
      RPMS/x86_64/busybox-1.28.3-2.fc29.x86_64.rpm
#cd ~/rpmbuild/RPMS/x86_64/
#rpm -ivh busybox-1.28.3-2.fc29.x86_64.rpm    //安装 busybox
```

5.2 YUM 与 DNF

虽然 RPM 是一个功能强大的软件包管理工具,但是它有一个缺点:若要正常安装软件包,就要满足它的依赖关系。一个 RPM 包的依赖信息存放在这个 RPM 包中。当检测到软件包的依赖关系时,只能手动解决,而 YUM 可以自动解决软件包间的依赖关系,使用软件包中的依赖关系信息,保证这个软件包在安装前,首先满足相应的条件,然后自动安装软件包。如果发生冲突,YUM 会自动放弃安装,不对系统做任何修改。YUM 通常通过网络安装和升级软件包。

5.2.1 YUM 与 DNF 简介

在 RHEL 5/6/7/8 中采用 YUM 作为软件包管理器,YUM 用 Python 语言写成,其宗旨是收集 RPM 软件包的相关信息,检查依赖关系,自动化升级、安装、删除 RPM 软件包。

YUM 的关键之处是要有可靠的仓库(repository),repository 管理着一部分或整个 Linux 发行版本中应用程序的依赖关系,根据计算出来的依赖关系进行相关软件包的升级、安装、删除等操作,解决了 Linux 用户一直头痛的依赖关系问题。repository 可以是 HTTP 或 FTP 站点,也可以是本地软件仓库,但必须包含 RPM 的 header(头),header 包含了 RPM 包的各种信息(描述、功能、提供的文件、依赖关系等)。正是收集了这些 header 并加以分析,才能自动化地完成升级、安装软件包等任务。客户端在第一次安装时,会下载 header 文件并加以分析,这样才能自动从服务端下载相关软件,并自动完成安装任务。

作为 RHEL 测试版的 Fedora,从版本 22 开始,YUM 已被移除,被 DNF 代替。DNF 包管理器克服了 YUM 包管理器的一些瓶颈,改进了用户体验、内存占用、依赖分析、运行速度

等。RHEL 8 提供了基于 Fedora 28 中 DNF 的包管理系统 YUM v4,这个 YUM 新版本避免了 YUM 之前版本的很多问题并且兼容 RHEL 7 中的 YUM v3。

注意:RHEL/CentOS 中使用 YUM 命令,Fedora 中使用 DNF 命令。

5.2.2 使用 YUM 命令

YUM 的基本操作包括软件包的安装、升级、卸载、查询。

1. 安装、删除软件包

用 YUM 安装、删除软件包的命令见表 5-6。

如果要使用 YUM 安装 Firefox,可以执行命令:yum install firefox。

如果本地有 RPM 软件包,比如×××. rpm,可以执行 # yum localinstall ×××. rpm 命令来安装。

表 5-6 安装、删除软件包的命令

命　　令	功　　能
yum [-y] install ＜package_name＞	安装指定的软件包,会查询 repository。如果有这个软件包,则检查其依赖冲突关系,如果没有依赖冲突,那么下载安装;如果有,则会给出提示,询问是否要同时安装依赖,或删除冲突的包。-y 表示同意此操作,所有提问(yes/no)回答 yes,不用手动确认
yum [-y] reinstall ＜package_name＞	重新安装指定的软件包
yum [-y] remove ＜package_name＞	删除指定的软件包。同安装一样,YUM 命令也会查询 repository,给出解决依赖关系的提示
yum [-y] erase ＜package_name＞	删除指定的软件包。erase 是过时的命令,建议使用 remove
yum [-y] autoremove	移除所有"树叶"软件包(安装其他软件包时所依赖的软件包)
yum [-y] localinstall ＜软件名＞	安装一个本地已经下载的软件包
yum [-y] groupinstall ＜组名＞	通过组来完成安装这个组里面的所有软件包
yum [-y] groupremove ＜组名＞	卸载组里面所包括的软件包

注意:如果不是 root,可以执行 su -c 'yum install firefox'命令。

2. 检查、升级、降级软件包

用 YUM 检查、升级、降级软件包的命令见表 5-7。

表 5-7 检查、升级、降级软件包的命令

命　　令	功　　能
yum check-update	检查可以升级的 RPM 软件包
yum upgrade	升级所有可以升级的 RPM 软件包
yum update	update 是过时的命令,建议使用 upgrade
yum update ＜package_name＞	仅升级指定的软件
yum upgrade kernel kernel-source	升级指定的 RPM 包,如升级内核和内核源
yum groupupdate ＜组名＞	升级组里面的所有软件包
yum downgrade ＜package_name＞	软件包降级

3. 搜索、查询软件包

用 YUM 搜索、查询软件包的命令见表 5-8。

表 5-8　搜索、查询软件包的命令

命　　令	功　　能
yum search ＜keyword＞	搜索匹配特定字符的 RPM 包
yum list	列出 repository 中所有可以安装或更新的 RPM 包
yum list updates	列出 repository 中所有可以更新的 RPM 包
yum list installed	列出所有已安装的 RPM 包
yum list extras	列出所有已安装但不在 repository 中的软件包
yum list ＜package_name＞	列出所指定的软件包
yum deplist ＜软件名＞	查看程序的依赖情况
yum info	列出 repository 中所有可以安装或更新的 RPM 包的信息。输出内容太多,建议使用下一行的命令查看具体软件包的信息
yum info ＜package_name＞	获取软件包信息
yum info updates	列出 repository 中所有可以更新的 RPM 包的信息,输出内容太多
yum info installed	列出所有已安装的软件包的信息,输出内容太多
yum info extras	列出所有已安装但不在 repository 中的软件包信息,输出内容太多
yum provides ＜file_name＞	列出哪些软件包提供了文件,例如,yum provides systemctl
yum[-v] grouplist	列出所有软件包组
yum [-v] groupinfo ＜组名＞	显示组信息

4. 更新、清除 YUM 缓存

YUM 会把下载的软件包和 header 存储在缓存中,而不会自动删除。如果觉得它们占用了磁盘空间,可以对它们进行清除。更新、清除 YUM 缓存的命令见表 5-9。

表 5-9　更新、清除 YUM 缓存的命令

命　　令	功　　能
yum makecache	更新本地缓存,常与 yum clean all 命令连用
yum clean all	该命令与以下所有命令组合等价
yum clean dbcache	删除由 repository 元数据生成的缓存文件。YUM 下次运行时将重新生成缓存文件
yum clean expire-cache	将 repository 元数据标记为过期。YUM 将在下次使用每个 repository 时对其进行重新验证
yum clean metadata	删除 repository 元数据
yum clean packages	从系统中删除任何缓存的 RPM 软件包,缓存目录为/var/cache/yum

5. YUM 历史命令

YUM 历史命令见表 5-10。

表 5-10　YUM 历史命令

命　　令	功　　能
yum history list	列出 YUM 历史命令(包含 ID、命令、日期和时间、操作)
yum history list start_id..end_id	列出 YUM 某个区间的历史命令,例如,yum history list 1..6
yum history undo id	恢复到 ID 所表示的 YUM 命令执行前的状态
yum history redo id	再次执行 ID 所表示的 YUM 命令

5.2.3 YUM 的配置文件

YUM 的主配置文件是/etc/yum.conf(DNF 的主配置文件是/etc/dnf/dnf.conf),该文件包含一个必需的“[main]”小节(保存全局配置信息),还可以包含一个或多个“[repository]”小节(保存针对具体仓库的配置信息)。但是,建议在/etc/yum.repos.d/文件夹下的.repo 文件中定义各个存储库(“[repository]”小节)。注意,在/etc/yum.conf 中定义的“[repository]”小节将会覆盖/etc/yum.repos.d/*.repo 文件中设置的值。

注意:在 RHEL 8 中,/etc/yum.conf 文件是指向/etc/dnf/dnf.conf 文件的符号链接文件,而 DNF 的主配置文件是/etc/dnf/dnf.conf,由此可知 RHEL 8 中的包管理系统 YUM 基于 Fedora 中的 DNF。

1. 认识 YUM 的主配置文件 yum.conf

YUM 主配置文件/etc/yum.conf 中“[main]”小节的可用配置参数的说明如下。

cachedir=value:YUM 缓存的目录,YUM 会将下载的 RPM 软件包存放在 cachedir 指定的目录,value 的默认值是/var/cache/yum/。

keepcache=value:确定是否保存缓存,1 保存,0 不保存。

metadata_expire=value:过期时间。

debuglevel=value:除错级别(0～10),value 的默认值是 2。

logdir=value:YUM 日志文件存放的位置,默认是/var/log/。

gpgcheck=value:value 有 1 和 0 两个设置值,分别代表是否进行 GPG 签名检查。

plugins=value:是否允许使用插件,0 表示不允许,1 表示允许。但一般会用 yum-fastestmirror 这个插件。

retries=value:网络连接发生错误后的重试次数。如果设为 0,则会无限重试。value 的默认值是 10。

exclude=package_name more_package_names:将某些软件包排除在升级名单之外。可用通配符,列表中各个项目要用空格隔开。

installonlypkgs=space separated list of packages:提供 YUM 可以安装的空格分隔的软件包列表,但是这些软件包永远不会更新。

installonly_limit=value:value 是一个整数,表示 installonlypkgs 中列出的任何单个软件包可以被同时安装的最大版本数。

clean_requirements_on_remove=value:当依赖软件包(是通过 YUM 自动安装的,而不是在用户明确请求下安装的)不再被使用时,在 YUM 清除阶段(yum remove)将被移除。仅在此参数设为 True 时,依赖软件包才会被移除。value 的默认值是 True。

/etc/yum.conf 文件中的默认配置如下:

```
[main]
gpgcheck=1
installonly_limit=3
clean_requirements_on_remove=True
```

更详细的配置参数及其说明请使用 man yum 和 man yum.conf 命令。

2. YUM 客户端的配置文件

YUM 客户端的配置文件是/etc/yum.repos.d/ * .repo。

3. 修改 YUM 源(repository)

所有 repository 的设置都遵循如下格式。

```
[updates]
name=CentOS-$releasever -Updates
mirrorlist = http://mirrorlist. centos. org/? release = $releasever&arch =
$basearch&repo=updates
#baseurl=http://mirror.centos.org/centos/$releasever/updates/$basearch/
enabled=1
gpgcheck=1
gpgkey=file:///etc/pki/rpm-gpg/RPM-GPG-KEY-CentOS-8
```

部分选项说明如下。

updates：区别各个不同的 repository，必须有一个独一无二的名称。

name：这是对 repository 的描述。

enabled：值为 0 表示禁止 YUM 使用这个 repository，值为 1 表示可以使用这个 repository。如果没有使用 enabled 选项，那么相当于 enabled=1。

gpgcheck：值为 0 表示安装前不对 RPM 包进行检测，值为 1 表示安装前对 RPM 包进行检测。

gpgkey：表示文件的位置。

baseurl：这是服务器设置中最重要的部分，只有设置正确，才能获取软件包。它的格式如下：

```
baseurl=url://server1/path/to/repository/
url://server2/path/to/repository/
url://server3/path/to/repository/
```

其中，url 支持的协议有 http://、ftp://和 file://三种。baseurl 后可以跟多个 url，可以改为速度比较快的镜像站点。但是 baseurl 只能有一个，也就是说不能像如下格式。

```
baseurl=url://server1/path/to/repository/
baseurl=url://server2/path/to/repository/
baseurl=url://server3/path/to/repository/
```

其中，url 指向的目录必须是这个 repository 目录的父目录，它也支持 $releasever、$basearch 这样的变量。$releasever 指当前发行的版本；$basearch 指 CPU 体系，如 i386 体系。

注意：每个镜像站点中 repository 文件夹的路径可能不一样，设置 baseurl 之前一定要首先登录相应的镜像站点，查看 repository 文件夹所在的位置，然后才能设置 baseurl。

4. 导入密钥

使用 YUM 之前，先要导入每个 repository 的 GPG 密钥，YUM 使用 GPG 对软件包进行校验，确保下载包的完整性，所以要到各个 repository 站点找到 GPG 密钥文件，文件名一般是 RPM-GPG-KEY＊之类的文本文件，将它们下载，然后用 rpm --import ×××. txt 命令将它们导入，也可以执行如下命令导入 GPG 密钥。

```
#rpm --import http://mirror.centos.org/centos/RPM-GPG-KEY-CentOS-8
```

其中，http：//mirror. centos. org/centos/RPM-GPG-KEY-CentOS-8 是 GPG 密钥文件 URL。

5.2.4 BaseOS 和 AppStream

在 RHEL 8 中，Red Hat 提出了一个新设计理念，即 AppStream(应用程序串流)，这样就可以比以往更轻松地升级用户空间软件包，同时保留核心操作系统软件包。AppStream 的工作原理是支持 Red Hat 经典 RPM 打包格式的新扩展——模块。这使用户能够安装同一个程序的多个主要版本(主要是最新版本)。Red Hat 解释，在 RHEL 8 中，用户空间软件包不必等待操作系统的大版本更新，通过打包成安装包，即可执行更新。

RHEL 8 中软件包的发布通过两个主要的仓库(repositories)：BaseOS 和 AppStream。①BaseOS：BaseOS 仓库以传统 RPM 软件包的形式提供操作系统底层软件的核心集，包含操作系统必备的功能，BaseOS 仓库中软件包的生命周期和 RHEL 发行版本一致。②AppStream：它以模块或传统 RPM 软件包的形式提供具有不同生命周期的软件。

模块(Module)：AppStream 包含模块，一个模块描述了一个具有相互关系的 RPM 软件包的集合。

模块流(Module Stream)：每个模块可以包含一个流或多个流，同一个软件的不同流包含该软件的不同版本，并且流的升级相互独立。对于每个模块，只有一个流能够被启用。通常，具有最新版本的流被标记为默认。

注意：BaseOS 和 AppStream 是 RHEL 8 系统的必要组成部分。

执行如下命令检查是否启用了 BaseOS 和 AppStream。

```
#yum repolist
Updating Subscription Management repositories.
Red Hat Enterprise Linux 8 for x86_64 -AppStream Beta (RPMs)
Red Hat Enterprise Linux 8 for x86_64 -BaseOS Beta (RPMs)
```

对模块进行操作的命令如下。

(1) 列出本系统可用的模块流。

命令格式如下：

```
$yum module list
```

(2) 查看一个模块的详细信息。

命令格式如下：

```
$yum module info module-name
$yum module info --profile module-name
```

例如：

```
yum module info nodejs
yum module info nodejs:10
yum module info --profile nodejs:10
```

(3) 查看一个模块的当前状态。

命令格式如下：

```
$yum module list module-name
```

例如：

```
yum module list nodejs
```

(4) 安装模块。

命令格式如下：

```
#yum install @module-name:stream(version)/profile(purpose)
#yum module install module-name:stream(version)/profile(purpose)
```

例如：

```
#yum install @nodejs:10
#yum module install nodejs:10
```

(5) 删除模块。

命令格式如下：

```
#yum remove @module-name:stream(version)/profile(purpose)
#yum module remove module-name:stream(version)/profile(purpose)
```

例如：

```
#yum remove @nodejs:10
#yum module remove nodejs:10
```

5.2.5　安装第三方源

管理 YUM/DNF 仓库的相关命令见表 5-11。

表 5-11　管理 YUM/DNF 仓库的相关命令

命　　令	功　　能
yum-config-manager --add-repo repository_url，dnf config-manager --add-repo repository_url	YUM 仓库通常提供它们自己的. repo 文件，repository_url 是该文件的 URL

续表

命　　令	功　　能
yum-config-manager --set-enabled repository，dnf config-manager --set-enabled repository	启用 YUM 仓库，repository 是指仓库标识，通过 yum repolist --all 命令可以查看仓库标识
yum-config-manager --set-disabled repository，dnf config-manager --set-disabled repository	禁用 YUM 仓库
yum repolist --all dnf repolist --all	查看仓库标识

下面介绍几种操作。

1. 安装第三方源：rpmfusion

Fedora 中使用如下命令安装 rpmfusion 仓库。

```
dnf install https://download1.rpmfusion.org/free/fedora/rpmfusion-free-
release-29.noarch.rpm
dnf install https://download1.rpmfusion.org/nonfree/fedora/rpmfusion-nonfree-
release-29.noarch.rpm
```

或

```
dnf install https://download1.rpmfusion.org/free/fedora/rpmfusion-free-
release-$(rpm -E %fedora).noarch.rpm
dnf install https://download1.rpmfusion.org/nonfree/fedora/rpmfusion-nonfree-
release-$(rpm -E %fedora).noarch.rpm
```

RHEL/CentOS 中使用如下命令安装 rpmfusion 仓库。

```
yum install https://download1.rpmfusion.org/free/el/rpmfusion-free-release-
8.noarch.rpm
yum install https://download1.rpmfusion.org/nonfree/el/rpmfusion-nonfree-
release-8.noarch.rpm
```

或

```
yum install https://download1.rpmfusion.org/free/el/rpmfusion-free-release-
$(rpm -E %el).noarch.rpm
yum install https://download1.rpmfusion.org/nonfree/el/rpmfusion-nonfree-
release-$(rpm -E %el).noarch.rpm
```

系统中安装仓库的配置文件都存在于/etc/yum. repos. d/中。

Fedora 中使用如下命令启用或禁用某个仓库，命令如下：

```
dnf config-manager --set-disabled rpmfusion-free rpmfusion-free-updates
rpmfusion-nonfree
dnf config-manager --set-enabled rpmfusion-free rpmfusion-free-updates
rpmfusion-nonfree
```

使用 yum repolist 或 yum repolist --all 命令查看系统中可用仓库的情况。

2. 安装第三方源：FZUG

```
yum-config-manager --add-repo http://repo.fdzh.org/FZUG/FZUG.repo
```

上面这条命令等价于下面两条命令。

```
cd /etc/yum.repos.d/
wget -c http://repo.fdzh.org/FZUG/FZUG.repo
```

使用下面的命令更加方便地实现了上面的功能。

```
yum install https://repo.fdzh.org/FZUG/free/27/x86_64/noarch/fzug-release-
27-0.2.noarch.rpm
```

3. 安装第三方源：google-chrome

执行如下命令安装 google-chrome 源。

```
cat <<EOF >/etc/yum.repos.d/google-chrome.repo
[google-chrome]
name=google-chrome -\$basearch
baseurl=http://dl.google.com/linux/chrome/rpm/stable/\$basearch
enabled=1
gpgcheck=0
gpgkey=https://dl-ssl.google.com/linux/linux_signing_key.pub
EOF
```

然后执行如下命令安装 Google Chrome。

```
yum install google-chrome-stable
yum install google-chrome-beta
yum install google-chrome-unstable
```

不能以 root 用户身份运行 Google Chrome 的解决方法如下：将文件/usr/share/applications/google-chrome. desktop 的 108 行修改为 Exec =/usr/bin/google-chrome-stable %U -user-data-dir --no-sandbox。

如果不能解决问题，编辑/usr/bin/google-chrome 文件，将 exec -a "$0" "$HERE/chrome" "$@"修改为 exec -a "$0" "$HERE/chrome" "$@" --user-data-dir --no-sandbox。

4. 使用 163 的 YUM 源

(1) 如果是 CentOS 8，则备份/etc/yum. repos. d/CentOS-Base. repo，内容如下：

```
mv /etc/yum.repos.d/CentOS-Base.repo /etc/yum.repos.d/CentOS-Base.
repo.backup
```

(2) 下载对应版本的 repo 文件。

```
wget http://mirrors.163.com/.help/CentOS8-Base-163.repo
cp CentOS8-Base-163.repo /etc/yum.repos.d/
```

(3) 生成缓存。

```
yum clean all
yum makecache
```

5.2.6 创建本地仓库

如果要在断网的情况下使用 YUM 命令安装软件,此时可以使用 createrepo 命令创建本地仓库。操作步骤如下。

第 1 步:创建挂载 ISO 文件的目录。

```
mkdir -p /mnt/cdrom/iso
```

第 2 步:挂载 ISO 镜像文件。

```
mount -o loop /opt/centos-8.0-x86_64-dvd.iso /mnt/cdrom/iso
```

第 3 步:创建一个仓库。

创建仓库之前需要确认系统已经安装了 createrepo 软件包,这个软件包是一个非强制安装包,系统默认不会安装这个软件包。

```
cd /mnt/cdrom
createrepo .                              //注意:命令行的参数是一个点
yum clean all
```

第 4 步:创建 local.repo 文件。

```
cat /etc/yum.repos.d/local.repo     //local.repo 文件内容如下
[CentOS-local]                      //注意:[]中的字符串不能有空格
name=CentOS local repo
baseurl=file:///mnt/cdrom
enabled=1
priority=1
gpgcheck=0
yum repolist all                    //查看拥有的源
已加载插件:langpacks, product-id, subscription-manager
源标识              源名称                状态
CentOS-local        CentOS local repo     启用: 4,389
repolist: 4,389
```

这样,YUM 工具就可以使用 ISO 镜像文件作为安装源了。

5.2.7 升级系统(Fedora)

升级系统，从 Fedora 29 升级到 Fedora 30。操作步骤如下。

第1步：更新 Fedora 29 软件包，然后重启系统。

```
dnf upgrade -y
reboot
```

第2步：安装 DNF 插件。

```
dnf install -y dnf-plugin-system-upgrade
```

第3步：开始升级。

```
dnf system-upgrade -y download --refresh --releasever=30 --allowerasing
dnf system-upgrade reboot
```

5.3 软件包管理 GUI: gnome-software

读者可以使用图形界面的软件包管理工具，在终端窗口执行 gnome-software 命令，打开“软件”窗口，或者依次选择桌面左上角的“应用程序”→“系统工具”→“软件”选项。

5.4 本章小结

RPM(Red Hat Package Manager)即 Red Hat 软件包管理器。一个 Linux 软件常由多个文件组成，这些文件要安装在不同的目录下。另外，安装软件要改变某些系统配置文件，RPM 能够完成所有这些任务。虽然 RPM 是一个功能强大的软件包管理工具，但是该命令有一个缺点，就是当检测到软件包的依赖关系时只能手动配置，而 YUM/DNF 可以自动解决软件包间的依赖关系，并且可以通过网络安装、升级软件包。

5.5 习题

1. 填空题

(1) 使用 RPM 可以很容易地对 RPM 形式的软件包进行________、升级、________、校验和查询等操作。

(2) 以________结尾的文件是由软件的源代码包装成的。

(3)“软件包名”和“软件名”是不同的，例如，软件包名 cockpit-184-1.fc29.x86_64.rpm 中的软件名是________。

(4) YUM 的关键之处是要有可靠的________。

(5) RHEL/CentOS 中的 yum 命令对应于 Fedora 中的命令是________。

(6) YUM 的主配置文件是________。

(7) 在 RHEL 8 中,有了________,就可以比以往更轻松地升级用户空间软件包,同时保留核心操作系统软件包。

(8) RHEL 8 中软件包的发布通过两个主要的仓库:________和________。

(9) 如果要在断网的情况下使用 yum 命令安装软件,此时可以使用________命令创建本地仓库。

2. 选择题

(1) RPM 是由________公司开发的软件包安装和管理程序。

A. Microsoft　　B. Red Hat　　C. Intel　　D. DELL

(2) 使用 rpm 命令安装软件包时,所用的选项是________。

A. -i　　B. -e　　C. -U　　D. -q

(3) 使用 rpm 命令删除软件包时,所用的选项是________。

A. -i　　B. -e　　C. -U　　D. -q

(4) 使用 rpm 命令升级软件包时,所用的选项是________。

A. -i　　B. -e　　C. -U　　D. -q

(5) 使用 rpm 命令查询软件包时,所用的选项是________。

A. -i　　B. -e　　C. -U　　D. -q

(6) RHEL 8 中的包管理器是________。

A. YUM　　B. DNF　　C. dpkg　　D. apt

3. 简答题

(1) 软件包可以使用哪些命名方式?

(2) 简述源代码包的安装过程。

(3) 简述 rpm 和 yum 命令的异同点。

(4) 简述创建本地仓库的过程。

4. 上机题

(1) 使用 rpm 命令进行软件的安装、删除、升级和查询。

(2) 使用 yum/dnf 命令进行软件的安装、删除、升级和查询。

(3) 使用 createrepo 命令创建本地仓库。

第 6 章　Linux 中的 Shell 编程

本章学习目标

- 理解 Shell 脚本的建立与执行方法。
- 理解 Shell 变量的种类和作用。
- 理解测试命令、算术与逻辑运算以及内部命令。
- 理解 Shell 程序设计的流程控制。
- 理解 Shell 脚本中的函数。
- 熟练掌握 Shell 脚本的执行方法。
- 熟练掌握 Shell 程序设计的流程控制。
- 熟练掌握 Shell 脚本中函数定义、函数调用、函数参数的使用方法。

Shell 的功能之一是交互式地解释执行用户输入的命令；Shell 的另一个非常重要的功能是可以用来进行程序设计，它提供了定义变量和参数的手段以及丰富的程序控制结构。使用 Shell 编写的程序被称为 Shell Script，又叫做 Shell 程序或 Shell 脚本程序。

6.1　Shell 编程基础

同传统的编程语言一样，Shell 提供了很多特性，这些特性可以使 Shell 脚本程序的编写更为方便，如数据变量、参数传递、判断、流程控制、数据输入/输出和函数等。

Linux 环境中，Shell 不但是常用的命令解释程序，而且是高级编程语言。用户可以通过编写 Shell 程序来实现大量任务的自动化。Shell 脚本程序有变量、关键字以及各种控制语句，比如 if、case、while、for 等语句，支持函数模块，有自己的语法结构。利用 Shell 脚本程序可以编写出功能很强、但代码简单的程序。特别是它把相关的 Linux 命令有机地组合在一起，可大大提高编程的效率。充分利用 Linux 系统的性能，能够设计出适合自己要求的 Shell 脚本程序。

6.1.1　Shell 脚本的建立和执行

当一个 Shell 脚本程序编写好后，就可以直接执行这个脚本了，它不像其他程序（如 C 语言程序）需要编译后才能执行。用户可以用任何编辑器来编写 Shell 脚本程序。因为 Shell 脚本程序是解释执行的，所以不需要编译成目标程序。按照 Shell 编程的惯例，以 bash 为例，程序的第一行一般为 #!/bin/bash，其中 # 表示该行是注释，! 告诉 Shell 让/bin/bash 去执行 Shell 脚本文件中的内容。执行 Shell 脚本程序有 3 种方法。

方法 1：使用 bash 或 sh 命令。

命令格式如下：

```
bash <脚本所在的路径> [参数]
```

或

```
sh <脚本所在的路径> [参数]
```

这实际上是调用一个新的 bash 命令解释程序，而把 Shell 程序文件名作为参数传递给它。新启动的 Shell 将去读指定的文件，执行文件中列出的命令，当所有的命令都执行完后，便结束新的 bash 命令解释程序。该方法的优点是可以利用 Shell 的调试功能。

方法 2：使用 bash 命令。

命令格式如下：

```
bash <Shell 程序名
```

这种方法是利用输入重定向，使 Shell 命令解释程序的输入是来自指定的 Shell 程序文件。

方法 3：使用 chmod 命令。

用 chmod 命令使 Shell 程序成为可执行文件。

一个文件能否运行，取决于该文件的内容本身是否可执行，且该文件是否具有可执行权限。对于 Shell 程序，当用编辑器生成一个文件时，系统赋予的许可权都是 644(rw-r-r--)。因此，当用户需要执行这个文件时，需要用 chmod 命令为它设置可执行权，然后在命令提示符后输入 Shell 程序名即可。注意，此时该脚本所在的目录应该被包含在命令搜索路径中(如/bin、/usr/bin、/sbin、/usr/sbin 等)，否则，应该通过“脚本绝对路径”或“./Shell 程序名”的方式来执行。

在这 3 种运行 Shell 程序的方法中，最好按下面的方式选择：当刚创建一个 Shell 程序，对它的正确性还没有把握时，应当使用方法 1 进行调试。当一个 Shell 程序已经调试好时，应当使用方法 2 把它固定下来，以后只要输入相应的文件名即可，并可被另一个程序所调用。

【实例 6-1】 编写简单的文件备份程序，然后用 3 种方法执行该脚本。

如图 6-1 所示，编写一个简单的文件备份程序，文件名为 backup.sh，读者可以自行分析该程序。

提示：在编写 Shell 脚本程序时，最好加入必要的注释，以便于以后的阅读与维护。.sh 默认为 Shell 脚本的扩展名。

第 1 步：使用方法 1，执行 bash /root/sh_script/backup.sh 命令，结果如图 6-2 所示(ztg.txt 文件最初为空)。

```
#!/bin/bash
#this is a example
cd /root/txtfile/
echo "-----------------" >> bac_ztg.txt
date >> bac_ztg.txt
cat ztg* >> bac_ztg.txt
echo "" >> bac_ztg.txt
```

图 6-1 backup.sh Shell 脚本文件

```
-----------------
2014年 05月 17日 星期六 11:47:59 CST
这是文件ztg1.txt中的内容
这是文件ztg2.txt中的内容
```

图 6-2 方法 1 执行后 bac_ztg.txt 文件的内容

第 2 步：使用方法 2，执行 bash < /root/sh_script/backup.sh 命令，结果如图 6-3 所示。

第 3 步：使用方法 3，首先执行 chmod +x /root/sh_script/backup.sh 命令，然后进入/root/sh_script 目录，执行./backup.sh 命令，结果如图 6-4 所示。

```
----------------
2014年 05月 17日 星期六 11:47:59 CST
这是文件ztg1.txt中的内容
这是文件ztg2.txt中的内容

----------------
2014年 05月 17日 星期六 11:49:02 CST
这是文件ztg1.txt中的内容
这是文件ztg2.txt中的内容
```

图 6-3 方法 2 执行后 bac_ztg.txt 文件的内容

```
----------------
2014年 05月 17日 星期六 11:47:59 CST
这是文件ztg1.txt中的内容
这是文件ztg2.txt中的内容

----------------
2014年 05月 17日 星期六 11:49:02 CST
这是文件ztg1.txt中的内容
这是文件ztg2.txt中的内容

----------------
2014年 05月 17日 星期六 11:50:04 CST
这是文件ztg1.txt中的内容
这是文件ztg2.txt中的内容
```

图 6-4 方法 3 执行后 bac_ztg.txt 文件的内容

6.1.2 有效期与环境配置文件

1. 有效期

默认情况下，在 Shell 下的用户变量、别名等，只在此次登录中有效。一旦关闭终端或注销后，设置将会恢复初始值。用户可以将这些设置放入一个系统环境配置文件中，使其长期生效。每个用户都有一个登录 Shell，默认为 bash，当用户打开一个 bash 时，系统就去读取~/.bashrc 配置文件。因此可以将相关的用户设置放入此文件中。

2. 环境配置文件

bash 会在用户登录时，读取下列 4 个环境配置文件。

- 全局环境变量配置文件：/etc/profile、/etc/bashrc。
- 用户环境变量配置文件：~/.bash_profile、~/.bashrc。

读取 4 个文件的顺序为：/etc/profile；~/.bash_profile；~/.bashrc；/etc/bashrc。

(1) /etc/profile：此文件为系统的每个用户设置环境信息，系统中每个用户登录时都要执行这个脚本，如果系统管理员希望某个设置对所有用户都生效，可以写在这个脚本里，该文件也会从/etc/profile.d 目录中的配置文件中收集 Shell 的设置。

(2) ~/.bash_profile：每个用户都可使用该文件设置专用于自己的 Shell 信息，当用户登录时，该文件仅执行一次。默认情况下，该文件设置一些环境变量，执行~/.bashrc 文件。

(3) ~/.bashrc：该文件包含专用于自己的 Shell 信息。当登录时以及每次打开新 Shell 时，该文件被读取。

(4) /etc/bashrc：为每一个运行 bash Shell 的用户执行此文件。当 bash Shell 被打开时，该文件被读取。

6.1.3 Shell 变量

变量是代表某些值的符号,在计算机语言中可以使用变量进行多种运算和控制。Shell 有 4 种变量:用户自定义变量、环境变量、预定义变量(内部变量)和位置变量。

1. 用户自定义变量

用户定义自己变量的语法规则是:变量名=变量值。

在定义变量时,变量名前不应加符号 $,在引用变量值时则应在变量名前加 $;在给变量赋值时,等号两边一定不能有空格,若变量值包含空格,则整个字符串都要用双引号括起来。在编写 Shell 程序时,为了使 Shell 变量名和命令名相区别,建议所有的 Shell 变量名都用大写字母来表示。

有条件的变量替换:在 bash 中可以使变量替换在特定条件下执行,即有条件的变量替换。这种变量替换总是用大括号括起来的。

【实例 6-2】 使用用户自定义变量以及变量替换功能。

如图 6-5 所示,请读者分析变量值的显示情况。

```
[root@localhost ~]# MYNAME=ZTG
[root@localhost ~]# echo $MYNAME
ZTG
[root@localhost ~]# MYNAME="ZTG"
[root@localhost ~]# echo $MYNAME
ZTG
[root@localhost ~]# VAR=123
[root@localhost ~]# echo $VAR
123
[root@localhost ~]# MYNAME=ZT G
bash: G: command not found
[root@localhost ~]# MYNAME="ZT G"
[root@localhost ~]# echo $MYNAME
ZT G
[root@localhost ~]# echo ${MYNAME}UANG
ZT GUANG
[root@localhost ~]# 
```

图 6-5　使用用户自定义变量

如图 6-6 所示,Linux 中变量之间可以相互赋值,但是应该注意的是从左向右进行赋值。可以使用 unset 命令删除一个变量。

Shell 提供了参数置换功能,以便用户可以根据不同的条件来给变量赋不同的值。参数置换的变量有 4 种,这些变量通常与某一个位置参数相联系,根据指定的位置参数是否已经设置来决定变量的取值,它们的语法及其功能说明见表 6-1。

所有这 4 种形式中的"参数"既可以是位置参数,也可以是另一个变量,只是用位置参数的情况比较多。

```
[root@localhost ~]# A="a2b" B=$A
[root@localhost ~]# echo $A
a2b
[root@localhost ~]# echo $B
a2b
[root@localhost ~]# C=$D D="d2c"
[root@localhost ~]# echo $C

[root@localhost ~]# echo $D
d2c
[root@localhost ~]# unset A
[root@localhost ~]# unset B
[root@localhost ~]# unset D
[root@localhost ~]# echo $A $B $D

[root@localhost ~]# █
```

图 6-6 变量的赋值顺序及使用 unset 命令

表 6-1 参数置换的语法及其功能说明

语 法	功 能
变量＝${参数：－word}	如果设置了参数,则用参数的值置换变量的值,否则用 word 置换。即这种变量的值等于某一个参数的值,如果该参数没有设置,则变量就等于 word 的值
变量＝${参数：＝word}	如果设置了参数,则用参数的值置换变量的值,否则把变量设置成 word,然后再用 word 替换参数的值。注意,位置参数不能用于这种方式,因为在 Shell 程序中不能为位置参数赋值
变量＝${参数：? word}	如果设置了参数,则用参数的值置换变量的值,否则就显示 word 并从 Shell 中退出,如果省略了 word,则显示标准信息。这种变量要求一定等于某一个参数的值。如果该参数没有设置,就显示一个信息,然后退出,因此这种方式常用于出错指示
变量＝${参数：＋word}	如果设置了参数,则用 word 置换变量,否则不进行置换

【实例 6-3】 使用参数置换功能。

对于表 6-1 的 4 种形式均给出了相应的例子,请读者依次分析图 6-7～图 6-10。

```
[root@localhost ~]# MYNAME=ZTG
[root@localhost ~]# echo ${MYNAME:-ztg}
ZTG
[root@localhost ~]# echo $MYNAME
ZTG
[root@localhost ~]# unset MYNAME
[root@localhost ~]# echo ${MYNAME:-ztg}
ztg
[root@localhost ~]# echo $MYNAME

[root@localhost ~]# █
```

图 6-7 参数置换(一)

```
[root@localhost ~]# MYNAME=ZTG
[root@localhost ~]# echo ${MYNAME:=ztg}
ZTG
[root@localhost ~]# echo $MYNAME
ZTG
[root@localhost ~]# unset MYNAME
[root@localhost ~]# echo ${MYNAME:=ztg}
ztg
[root@localhost ~]# echo $MYNAME
ztg
[root@localhost ~]# █
```

图 6-8 参数置换(=)

```
[root@localhost ~]# MYNAME=ZTG
[root@localhost ~]# echo ${MYNAME:+ztg}
ztg
[root@localhost ~]# echo $MYNAME
ZTG
[root@localhost ~]# unset MYNAME
[root@localhost ~]# echo ${MYNAME:+ztg}

[root@localhost ~]# echo $MYNAME

[root@localhost ~]# █
```

图 6-9 参数置换(+)

```
[root@localhost ~]# MYNAME=ZTG
[root@localhost ~]# echo ${MYNAME:?ztg}
ZTG
[root@localhost ~]# echo $MYNAME
ZTG
[root@localhost ~]# unset MYNAME
[root@localhost ~]# echo ${MYNAME:?ztg}
bash: MYNAME: ztg
[root@localhost ~]# echo $MYNAME

[root@localhost ~]# █
```

图 6-10 参数置换(?)

2. 环境变量

Linux 是一个多用户的操作系统。多用户意味着每个用户登录系统后,都有自己专用的运行环境(也称为 Shell 环境)。而这个环境是由一组变量及其值组成,它们决定了用户环境的外观,这组变量被称为环境变量。环境变量和 Shell 紧密相关,用户可以通过 Shell 命令对自己的环境变量进行修改以达到对环境的要求。环境变量又可以被所有当前用户所运行的程序使用。对于 bash 来说,可以通过变量名来访问相应的环境变量,例如,echo

$ HOME。

Shell 在开始执行时，就已经定义了一些和系统工作环境有关的变量，用户还可以重新定义这些变量，也可以通过修改一些相关的环境定义文件来修改环境变量，在 RHEL 中，与环境变量相关的文件有/etc/profile、/etc/bashrc、~/. bash_profile 和~/. bashrc 等，修改后，重新登录或者执行命令 source filename，即可使修改的环境变量生效。

常用的 Shell 环境变量及其功能说明见表 6-2。

注意：如果要使用环境变量或其他 Shell 变量的值，必须在变量名之前加上一个 $ 符号，不能直接使用变量名。显示环境变量的命令有 env 和 set 等。

表 6-2 常用的 Shell 环境变量及其功能说明

环境变量	功 能
BASH	当前运行的 Shell 的实例的路径名
BASH_VERSINFO	Shell 的版本号
CDPATH	用于 cd 命令的搜索路径。“.”不用单独设置，永远被包含
COLUMNS	终端的列数
EDITOR	编辑器
HOME	用于保存当前用户主目录的完全路径名
HISTFILE	指示当前的 bash 所用的历史文件
HISTSIZE	历史命令记录数
HOSTNAME	主机的名称
IFS	设置内部字段分隔符，默认为空格、Tab 及换行符
LANG	这是语言相关的环境变量，多语言可以修改此环境变量
LINES	终端的行数
LOGNAME	当前用户的登录名
MAIL	当前用户的邮件存放目录
OLDPWD	上一个工作目录
PATH	用于保存用冒号分隔的目录路径名，决定了 Shell 将到哪些目录中寻找命令或程序，Shell 将按 PATH 变量中给出的顺序搜索这些目录，找到的第一个与命令名称一致的可执行文件将被执行
PS1	主提示符。root 用户的默认主提示符是 #，普通用户的默认主提示符是 $
PS2	在 Shell 接收用户输入命令的过程中，如果用户在输入行的末尾输入“\”然后按 Enter 键，或者当用户按 Enter 键时 Shell 判断出用户输入的命令没有结束时，就显示这个辅助提示符，提示用户继续输入命令的其余部分。默认的辅助提示符是“>”
PWD	当前工作目录的绝对路径名，该变量的取值随 cd 命令的使用而变化
SECONDS	启动的秒数
SHELL	当前用户的 Shell 类型，也指出 Shell 解释程序放在什么地方
TERM	终端的类型
UID	当前用户的识别码

预定义变量和环境变量类似，也是在 Shell 一开始时就定义的变量。所不同的是，用户只能根据 Shell 的定义来使用这些变量，而不能重定义它们。所有预定义变量都是由 $ 符号和另一个符号组成的。常用的 Shell 预定义变量及其含义见表 6-3。

表 6-3　常用的 Shell 预定义变量及其含义

预定义变量	含　义
$0	当前执行的进程名
$!	后台运行的最后一个进程的进程号(PID)
$?	命令执行后返回的状态，即上一个命令的返回代码，用于检查上一个命令执行是否正确。命令退出状态为 0 表示该命令正确执行，任何非 0 值表示命令出错
$*	表示所有位置参数(命令行参数)的值，即传递给程序的所有参数共同组成的字符串，如执行 sh test.sh a b c 命令后，$ * 为 a b c
$#	表示所有位置参数(命令行参数)的值，即传递给程序的所有参数组成的字符串，如执行 sh test.sh a b c 命令后，$ # 为 3
$$	表示当前进程的进程号(PID)
$-	记录当前设置的 Shell 选项，这些选项由 set 命令设置。如执行 echo $-命令，输出结果是 himBHs，其中包含字符 i 表示此 Shell 是交互的。可以通过 set 命令来设置或取消一个选项配置，如执行 set -x 命令，$-的值为 himxBHs(多了个 x)，执行 set +x 命令，$-的值为 himBHs(少了个 x)。
$@	表示所有位置参数(命令行参数)的值，分别用双引号括起来。如执行 sh test.sh a b c 命令后，$@为 a、b、c 注意：$@强调位置参数的独立性，$ * 强调位置参数的整体性

3. 位置变量

位置变量是一种在调用 Shell 程序的命令行中按照各自的位置决定的变量，是在程序名之后输入的参数。位置变量之间用空格分隔，Shell 取第一个位置变量替换程序文件中的 $1，第二个位置变量替换程序文件中的 $2，以此类推。$0 是一个特殊的变量，它的内容是当前这个 Shell 程序的文件名，所以，$0 不是一个位置变量，在显示当前所有的位置变量时是不包括 $0 的。

6.1.4　控制 Shell 提示符

可以指定一个或多个特殊字符作为提示符变量。特殊字符及其含义见表 6-4。

表 6-4　特殊字符及其含义

特殊字符	含　义
\!	显示该命令的历史记录编号
\#	显示当前命令的编号
\$	显示 $ 符作为提示符。如果用户是 root 用户，则显示 # 号
\\	显示反斜杠
\@	12h 制时间，带 am/pm
\d	日期，格式为 weekday month date
\h	主机名的第一部分(第一个“.”前面的部分)
\H	主机名的全称
\n	回车和换行
\s	当前用户使用的 Shell 的名字
\t	时间，格式为 hh：mm：ss，24h 格式

续表

特殊字符	含　义
\T	时间,格式为 hh：mm：ss,12h 格式
\u	当前用户的用户名
\v	Shell 的版本号
\V	Shell 的版本号(包括补丁级别)
\W	当前的工作目录

请读者结合表 6-4 对下面的内容进行分析。

```
[root@localhost sh_script]#PS1='\s-\v\$'   //设置了 PS1 的值后,命令行提示符如下行
bash-3.2#echo  $PS1
\s-\v\$
bash-3.2#PS1='[\u@\h \W]\$'              //重新设置了 PS1 的值后,命令行提示符如下行
[root@localhost sh_script]#echo  $PS1
[\u@\h \W]\$
[root@localhost sh_script]#
```

6.1.5　测试命令：test

与传统语言不同的是,Shell 不是用布尔运算表达式来指定条件值,而是用命令和字符串。使用 test 命令进行条件测试,格式如下：

```
test 测试表达式
```

test 命令在以下 4 种情况下使用。

(1) 两个整数值的比较。

(2) 字符串的比较。

(3) 文件操作,如文件是否存在及读/写权限等状态。

(4) 逻辑操作,可以进行逻辑“与”“或”操作,通常与其他条件联合使用。

常用的测试符及其相应的功能见表 6-5。

表 6-5　常用的测试符及其相应的功能

数值测试		字符串测试		文件测试	
选项	功　能	选项	功　能	选　项	功　能
-eq	等于,则为真	=	等于,则为真	-b 文件名	如果文件存在且为块特殊文件,则为真
-ge	大于等于,则为真	!=	不相等,则为真	-c 文件名	如果文件存在且为字符型特殊文件,则为真
-gt	大于,则为真	-z 字符串	字符串长度为零,则为真	-d 文件名	如果文件存在且为目录,则为真
-le	小于等于,则为真	-n 字符串	字符串长度不为零,则为真	-e 文件名	如果文件存在,则为真
-lt	小于,则为真			-f 文件名	如果文件存在且为普通文件,则为真

续表

数值测试		字符串测试		文件测试	
选项	功 能	选项	功 能	选 项	功 能
-ne	不等于,则为真			-r 文件名	如果文件存在且可读,则为真
				-s 文件名	如果文件存在且至少有一个字符,则为真
				-w 文件名	如果文件存在且可写,则为真
				-x 文件名	如果文件存在且可执行,则为真

【实例 6-4】 使用测试命令。

1. 两个整数值的比较

如图 6-11 所示,对两个变量进行测试。echo \$? 值为 0,表示测试结果为真,否则表示测试结果为假。

```
[root@localhost ~]# NUM1=66
[root@localhost ~]# NUM2=0066
[root@localhost ~]# test $NUM1 -eq  $NUM2
[root@localhost ~]# echo $?
0
[root@localhost ~]# test $NUM1 -ne  $NUM2
[root@localhost ~]# echo $?
1
[root@localhost ~]# 
```

图 6-11 整数值比较的 test 测试

2. 字符串的比较

如图 6-12 所示,对字符串进行测试。

```
[root@localhost ~]# STR1=abc
[root@localhost ~]# STR2=ab
[root@localhost ~]# test $STR1 =  $STR2
[root@localhost ~]# echo $?
1
[root@localhost ~]# STR2=abc
[root@localhost ~]# test $STR1 =  $STR2
[root@localhost ~]# echo $?
0
[root@localhost ~]# 
```

图 6-12 字符串比较的 test 测试

3. 文件操作

如图 6-13 所示,对文件及目录进行测试。

4. 逻辑操作

在 Shell 脚本中,一般情况下一条命令占一行,但有时也可以多条命令在一行中,它们可能顺序执行,也可能在相邻的命令之间存在逻辑关系。

```
[root@localhost ~]# test -d /etc/httpd/conf/httpd.conf
[root@localhost ~]# echo $?
1
[root@localhost ~]# test -d /etc/httpd/conf/
[root@localhost ~]# echo $?
0
[root@localhost ~]# test -w /root/sh_script/backup.sh
[root@localhost ~]# echo $?
0
[root@localhost ~]# su ztg
[ztg@localhost root]$ test -w /root/sh_script/backup.sh
[ztg@localhost root]$ echo $?
1
[ztg@localhost root]$ test ! -w /root/sh_script/backup.sh
[ztg@localhost root]$ echo $?
0
[ztg@localhost root]$ █
```

图 6-13　文件操作的 test 测试

(1) &&

格式如下：

```
command1 && command2
```

在一个命令行中，命令之间也可以用逻辑"与"操作符 && 连接起来，实现命令执行时的逻辑"与"运算。仅当前一条命令执行成功时才执行后一条命令。

(2) ||

格式如下：

```
command1 || command2
```

在一个命令行中，命令之间也可以用逻辑"或"操作符||连接起来，实现命令执行时的逻辑"或"运算。仅当前一条命令执行出错时才执行后一条命令。

(3) 混合逻辑

混合逻辑格式 1：

```
command1 && command2 && command3
```

仅当 command1、command2 执行成功时才执行 command3。

混合逻辑格式 2：

```
command1 && command2 || comamnd3
```

仅当 command1 执行成功且 command2 执行失败时才执行 command3。

读者可以根据实际需要进行多种条件命令的组合。

如图 6-14 所示，对逻辑操作进行测试。

```
[root@localhost ~]# test -w sh_script/backup.sh && test -d /root && echo OK
OK
[root@localhost ~]# test -w sh_script/backup.sh && test ! -d /root || echo OK
OK
[root@localhost ~]#
```

图 6-14　逻辑操作的 test 测试

5. 使用 test 测试的标准方法

因为 test 命令在 Shell 编程中占有很重要的地位，为了使 Shell 能同其他编程语言一样便于阅读和组织，bash 在使用 test 测试时使用了另一种方法，用方括号将整个 test 测试括起来。

格式如下：

```
[ test 测试 ]
```

注意：[后与]前一定要有空格。

图 6-15 所示为使用 test 测试的标准方法。

```
[root@localhost ~]# [-w /root/sh_script/backup.sh] && echo OK
bash: [-w: command not found
[root@localhost ~]# [ -w /root/sh_script/backup.sh ] && echo OK
OK
[root@localhost ~]# [ -w sh_script/backup.sh ] && [ -d /root ] && echo OK
OK
[root@localhost ~]# [ -w sh_script/backup.sh ] && [ ! -d /root ] || echo OK
OK
[root@localhost ~]#
```

图 6-15　使用 test 测试的标准方法

6.1.6　算术运算

bash 提供了简单的整数算术运算，格式如下：

```
$[表达式]
```

表达式是由整数、变量和运算符组成的有意义的式子。

bash 也提供 3 种逻辑运算符，用来将命令连接起来，分别为逻辑非“!”，逻辑与“&&”和逻辑或“||”。它们的优先级为：“!”最高，“&&”次之，“||”最低。

bash 也允许使用圆括号使一个表达式成为整体，圆括号优先级最高。

【实例 6-5】　进行算术运算。

图 6-16 所示为进行算术运算的显示。

```
[root@localhost ~]# NUM1=1
[root@localhost ~]# NUM2=5
[root@localhost ~]# NUM=$[NUM1+NUM2*3]
[root@localhost ~]# echo $NUM
16
[root@localhost ~]#
```

图 6-16　算术运算

如图 6-17 所示，使用 expr 命令对 Shell 变量进行算术运算。使用该命令时为避免出错，在命令书写中在操作数与运算符之间要有空格，如果运算符是乘号“ * ”或除号“/”时，就要对它们做转义处理，如“\ * ”和“\/”。如果使用了圆括号，也要做转义处理，如“\(”和“\)”。

```
[root@localhost ~]# expr 3+5
3+5
[root@localhost ~]# expr 3 + 5
8
[root@localhost ~]# expr ( 3 + 5 ) / 4
bash: syntax error near unexpected token `3'
[root@localhost ~]# expr \( 3 + 5 \) / 4
2
[root@localhost ~]# expr \(3 + 5\) / 4
expr: 非数值参数
[root@localhost ~]# expr \( 3 + 5 \) / 4 \* 3
6
[root@localhost ~]# █
```

图 6-17　使用 expr 命令进行算术运算

6.1.7　内部命令

bash 命令解释程序包含一些内部命令，内部命令在目录列表是看不见的，它们由 Shell 本身提供。常用的内部命令有 echo、printf、eval、exec、exit、export、read、readonly、shift、wait、source 或“.”等。下面简单介绍它们的命令格式和功能。

1. echo 命令

命令格式如下：

```
echo arg
```

功能：在屏幕上显示出由 arg 指定的字符串。

2. printf 命令

命令格式如下：

```
printf 格式串
```

功能：产生各种格式的输出，如 printf "hello\nworld\n"。

3. eval 命令

命令格式如下：

```
eval args
```

功能：当 Shell 程序执行到 eval 语句时，Shell 读入参数 args，并将它们组合成一个新的命令，然后执行。

4. exec 命令

命令格式如下：

```
exec 命令参数
```

功能：当 Shell 执行到 exec 语句时，不会去创建新的子进程，而是转去执行指定的命令。当指定的命令执行完成时，该进程(也就是最初的 Shell)就终止了，所以 Shell 程序中 exec 后面的语句将不再被执行。

5. exit 命令

功能：退出 Shell 程序。可以在 exit 后指定一个数(退出码)作为返回状态。

6. export 命令

命令格式如下：

```
export 变量名
```

或

```
export 变量名=变量值
```

功能：定义全局变量，在任何时候，创建的变量都只是当前 Shell 的局部变量，所以不能被 Shell 运行的其他命令或子 Shell 所利用，而 export 命令可以将一个局部变量提供给 Shell 执行的其他命令使用。可以在给变量赋值的同时使用 export 命令。使用 export 命令说明的变量，在 Shell 以后运行的所有命令或程序中都可以访问到，即 Shell 可以用 export 命令把它的变量传递给子 Shell，从而让子进程继承父进程中的环境变量。

注意：不带任何变量名的 export 语句将列出当前所有的 export 变量。

7. read 命令

命令格式如下：

```
read 变量名表
```

功能：从标准输入设备读入一行，分解成若干个字，赋值给 Shell 程序内部定义的变量。例如：

```
read -p "Enter a filename: " FILE
```

其中，-p 表示输出提示字符。

8. readonly 命令

命令格式如下：

```
readonly 变量名
```

功能：将一个用户定义的 Shell 变量设置为只读。不带任何参数的 readonly 命令将列出所有只读的 Shell 变量。

9. shift 命令

功能：shift 语句按如下方式重新命名所有的位置参数变量，即 \$2 成为 \$1、\$3 成为 \$2 等。在程序中每使用一次 shift 语句，都使所有的位置参数依次向左移动一个位置，并

使位置参数 $ # 减 1，直到减到 0 为止。

10. wait 命令

功能：使 Shell 等待在后台启动的所有子进程结束。wait 的返回值总是真。

11. source 或“.”(点)命令

命令格式如下：

```
source  Shell  脚本文件名
```

或

```
. Shell  脚本文件名
```

功能：使 Shell 读入指定的 Shell 程序文件，并依次执行文件中的所有语句。这种方法可以使脚本文件没有可执行权限时仍然可以被执行。

注意：格式中的“.”和“Shell 脚本文件名”之间有空格。另外，这种执行脚本的方式和./command 是不同的，./command 执行当前目录下的 command，并且 command 要有可执行权限。

6.2　Shell 程序设计的流程控制

与其他高级程序设计语言一样，Shell 提供了用来控制程序执行流程的命令，包括条件分支和循环结构，用户可以用这些命令创建非常复杂的程序。

6.2.1　复合结构：{}、()

bash 中可以使用一对花括号{}或圆括号()将多条命令组合在一起，使它们在逻辑上成为一条命令。

1. 使用“{}”

使用“{}”括起来的多条命令在逻辑上成为一条命令，bash 将从左到右依次执行各条命令。如果“{}”出现在管道符“|”左边，bash 会将各条命令的输出结果汇集在一起，形成输出流，作为“|”后面的输入。

注意：“{”之后要有一个空格，“}”之前要有一个分号。

2. 使用“()”

bash 执行“()”中的命令时，会再创建一个新的子进程，然后由这个子进程去执行“()”中的命令。如果不想让命令运行时对状态集合(如环境变量、位置参数等)的改变影响到下面语句的执行，就应该把这些命令放在“()”中。

注意：“(”之后的空格可有可无，“)”之前的分号可有可无。

【实例 6-6】 使用复合结构。

图 6-18 所示为使用了“{}”形式的复合结构的效果。

图 6-19 所示为使用了“()”形式的复合结构的效果，请读者自行分析。

```
[root@localhost ~]# read STR1 STR2 STR3
abc def ghi
[root@localhost ~]# { echo $STR1
> echo $STR2
> echo $STR3;}
abc
def
ghi
[root@localhost ~]# { echo $STR1;echo $STR2;echo $STR3;}
abc
def
ghi
[root@localhost ~]# { echo $STR1 echo $STR2 echo $STR3;}
abc echo def echo ghi
[root@localhost ~]#
```

图 6-18 “{}”复合结构

```
[root@localhost ~]# NUM1=1;NUM2=2
[root@localhost ~]# expr $NUM1 + $NUM2
3
[root@localhost ~]# (NUM2=5;expr $NUM1 + $NUM2)
6
[root@localhost ~]# expr $NUM1 + $NUM2
3
[root@localhost ~]# ( NUM2=5;expr $NUM1 + $NUM2)
6
[root@localhost ~]# ( NUM2=5;expr $NUM1 + $NUM2;)
6
[root@localhost ~]# expr $NUM1 + $NUM2
3
[root@localhost ~]#
```

图 6-19 “()”复合结构

6.2.2 条件分支：if、case

1. if 条件语句

Shell 程序中的条件分支是通过 if 条件语句来实现的，其一般格式如图 6-20 和图 6-21 所示，分别是 if-then 语句和 if-then-else 语句。

在 if-then 语句中使用了命令返回码“$?”，即当“条件命令串”执行成功时才执行“条件为真时的命令串”。在 if-then-else 语句中，当“条件命令串”执行成功时才执行“条件为真时的命令串”，否则执行“条件为假时的命令串”。

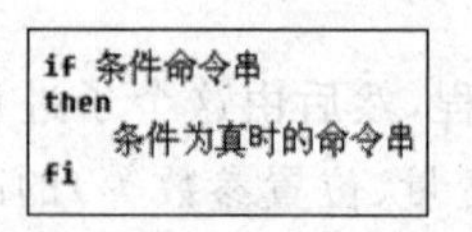

图 6-20 if-then 语句

```
if 条件命令串
then
    条件为真时的命令串
else
    条件为假时的命令串
fi
```

图 6-21 if-then-else 语句

2. if 嵌套及 elif-then 结构

elif 结构同 if 结构类似，但结构更清晰，其执行结果完全相同。其一般格式如图 6-22 和图 6-23 所示。

```
if 条件命令串
then
     条件为真时的命令串
else //条件为假时的操作
     if 条件命令串
     then
          条件为真时的命令串
     else //条件为假时的操作
          if 条件命令串
          then
                条件为真时的命令串
          fi
     fi
fi
```

图 6-22　if 嵌套

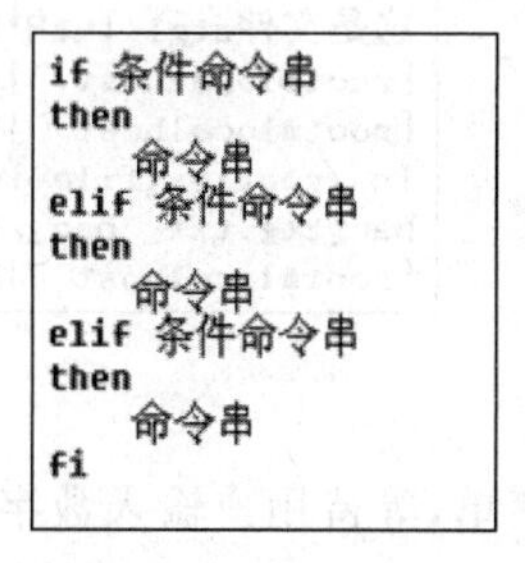

图 6-23　elif-then 结构

注意：由于 Shell 对命令中的多余空格不做任何处理，读者最好对自己的程序采用统一的缩进格式，以增强程序的可读性。

3. case 条件选择

if 条件语句用于在两个选项中选定一项，而 case 条件选择为用户提供了根据字符串或变量值从多个选项中选择一项的方法，结构较 elif-then 结构更简洁、清晰，其格式如图 6-24 所示。

Shell 通过计算字符串 string 的值，将其结果依次和运算式 pattern1、pattern2 等进行比较，直到找到一个匹配的运算式为止。如果找到了匹配项，则执行它下面的命令，直到遇到一对分号"；；"为止。

在 case 运算式中也可以使用 Shell 的通配符"*、?、[ ]"。通常用*作为 case 命令的最后运算式，以便在前面找不到任何相应的匹配项时执行"其他命令串"的命令。

【实例 6-7】 使用 if 条件语句编写一个 Shell 程序。

Shell 程序如图 6-25 所示。该程序的功能是：如果/root/txtfile 目录下有 ztg1.txt 文件，则将其内容显示，否则将该目录中的内容显示。保存该文件，文件名为 if.sh。if.sh 的执行效果如图 6-26 所示。

```
case string in
    pattern1)
        命令串;;
    pattern2)
        命令串;;
    ...
    *)
        其他命令串
esac
```

图 6-24　case 语句

```
#!/bin/bash
#this is a example for if
cd /root/txtfile/
if [ -f ztg1.txt ]
then
   echo ztg1.txt is a file:
   cat ztg1.txt
elif [ -d /root/txtfile ]
then
   echo in /root/txtfile is:
   dir /root/txtfile
fi
```

图 6-25　if.sh Shell 脚本文件

【实例 6-8】 使用 case 语句编写一个 Shell 程序。

Shell 程序如图 6-27 所示，其功能为：首先进入/root/txtfile 目录，然后在屏幕上显示

```
[root@localhost ~]# bash /root/sh_script/if.sh
ztg1.txt is a file:
这是文件ztg1.txt中的内容
[root@localhost ~]# mv txtfile/ztg1.txt txtfile/ztg1.txt.bac
[root@localhost ~]# bash /root/sh_script/if.sh
in /root/txtfile is:
bac_ztg.txt  bac_ztg.txt~  ztg1.txt.bac  ztg2.txt
[root@localhost ~]# █
```

图 6-26 if. sh 的执行效果

一个选择菜单,等待用户输入数字 1 或 2,若输入正确,则显示相应文件的内容。保存文件,文件名为 case. sh。case. sh 的执行效果如图 6-28 所示。

```
#!/bin/bash
#this is a example for case
cd /root/txtfile
echo please give your choice to display a file:
echo "1) display ztg1.txt"
echo "2) display ztg2.txt"

echo enter your choice:
read var

case $var in
   1) cat ztg1.txt;;
   2) cat ztg2.txt;;
   *) echo wrong;;
esac
```

图 6-27 case. sh Shell 脚本文件

```
[root@localhost ~]# bash /root/sh_script/case.sh
please give your choice to display a file:
1) display ztg1.txt
2) display ztg2.txt
enter your choice:
2
这是文件ztg2.txt中的内容
[root@localhost ~]# bash /root/sh_script/case.sh
please give your choice to display a file:
1) display ztg1.txt
2) display ztg2.txt
enter your choice:
3
wrong
[root@localhost ~]# █
```

图 6-28 case. sh 的执行效果

6.2.3 循环结构:for、while、until

1. for 循环

for 循环对一个变量的所有取值都执行一个命令序列。赋给变量的几个数值既可以在程序内以数值列表的形式提供，也可以在程序外以位置参数的形式提供。for 循环的次数是由 in 后面参数的个数来决定的，并且每次循环时都将相应的参数值赋予 for 后面的变量。每次循环都会执行 do-done 之间的语句序列。for 循环的一般格式如图 6-29 所示。

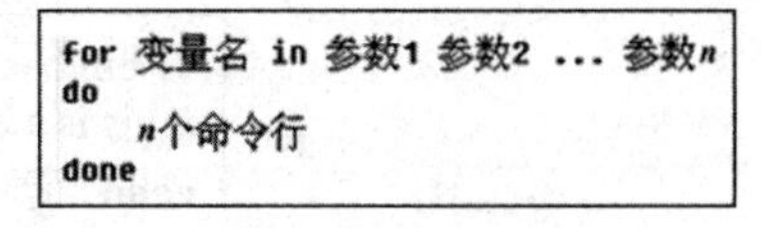

图 6-29　for 语句

【实例 6-9】 使用 for 语句编写一个 Shell 程序。

Shell 程序如图 6-30 所示，其功能为：显示 1～6 中每一个数的平方值。保存文件，文件名为 for. sh。for. sh 的执行效果如图 6-31 所示。

```
#!/bin/bash
#this is a example for for
for num in 1 2 3 4 5 6
do
   echo $num的平方:
   expr $num \* $num
#  { echo $num的平方:;expr $num \* $num;}
done
```

图 6-30　for. sh Shell 脚本文件

```
[root@localhost ~]# bash /root/sh_script/for.sh
1的平方:
1
2的平方:
4
3的平方:
9
4的平方:
16
5的平方:
25
6的平方:
36
[root@localhost ~]# 
```

图 6-31　for. sh 的执行效果

2. while 和 until 循环

while 和 until 循环都是用命令的返回状态值来控制循环的。while 和 until 循环的一般格式分别如图 6-32 和图 6-33 所示。

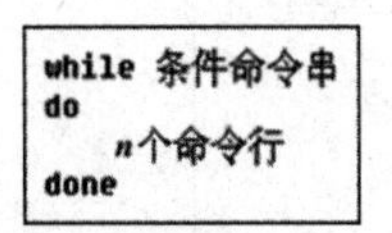

图 6-32　while 语句

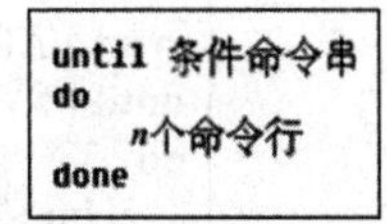

图 6-33　until 语句

【实例 6-10】 使用 while 语句编写一个 Shell 程序。

Shell 程序如图 6-34 所示，其功能为：读用户输入的数字，若小于 100，则显示其平方值，否则退出。保存文件，文件名为 while. sh。while. sh 的执行效果如图 6-35 所示。

```
#!/bin/bash
#this is a example for while
echo "请输入数字(大于等于100将退出):"
read VAR
while [ $VAR -lt 100 ]
do
    echo $VAR的平方:
    expr $VAR \* $VAR
#   { echo $VAR的平方:;expr $VAR \* $VAR;}
    echo "请输入数字(大于等于100将退出):"
    read VAR
done
```

图 6-34　while. sh Shell 脚本文件

```
[root@localhost ~]# bash /root/sh_script/while.sh
请输入数字(大于等于100将退出):
6
6的平方:
36
请输入数字(大于等于100将退出):
98
98的平方:
9604
请输入数字(大于等于100将退出):
100
[root@localhost ~]#
```

图 6-35　while. sh 的执行效果

【实例 6-11】 使用 until 语句编写一个 Shell 程序。

Shell 程序如图 6-36 所示，其功能为：先让用户输入一个新文件名，如 temp. txt，然后让用户输入文件的内容，当输入 end!时退出。保存文件，文件名为 until. sh。until. sh 的执行效果如图 6-37 所示。

```
#!/bin/bash
#this is a example for until
cd /root/txtfile
echo 请输入文件名:
read FNAME
echo 请输入文件内容,输入end!退出:
read VAR
until [ $VAR = end! ]
do
    echo $VAR >> $FNAME
    echo 请输入文件内容,输入end!退出:
    read VAR
done
```

图 6-36　until. sh Shell 脚本文件

until 循环和 while 循环的区别在于：while 循环在条件为真时继续执行循环，而 until

```
[root@localhost ~]# bash /root/sh_script/until.sh
请输入文件名:
newfile.txt
请输入文件内容,输入end!退出:
newfile11111111111111111
请输入文件内容,输入end!退出:
newfile22222222222222222222222
请输入文件内容,输入end!退出:
end!
[root@localhost ~]# cat /root/txtfile/newfile.txt
newfile11111111111111111
newfile22222222222222222222222
[root@localhost ~]# █
```

图 6-37 until. sh 的执行效果

循环则是在条件为假时继续执行循环。

Shell 还提供了 true 和 false 两条命令,用于创建无限循环结构,其一般格式分别如图 6-38 和图 6-39 所示。它们的返回状态分别是总为 0 或总为非 0。

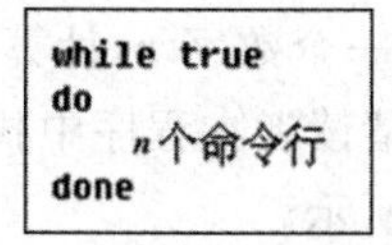

图 6-38 true 无限循环

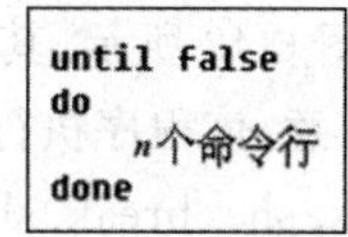

图 6-39 false 无限循环

【实例 6-12】 使用 shift 命令编写一个 Shell 程序。

Shell 程序如图 6-40 所示,其功能为:若位置参数的个数为 0,则退出,否则求出各位置参数之和。保存文件,文件名为 shift_add. sh。shift_add. sh 的执行效果如图 6-41 所示。

```
#!/bin/bash
#this is a example for shift_add
if [ $# -eq 0 ]
then
   echo no number!
   exit 1
fi
export TOTAL=0
until [ $# -eq 0 ]
do
   TOTAL=$[TOTAL+$1]
   shift
done
echo $TOTAL
```

图 6-40 shift_add. sh Shell 脚本文件

```
[root@localhost sh_script]# ./shift_add.sh
no number!
[root@localhost sh_script]# ./shift_add.sh 1 2 3 4 5 6 7 8 9 10 11 12
78
[root@localhost sh_script]# ./shift_add.sh 1 2 3
6
[root@localhost sh_script]# █
```

图 6-41 shift_add. sh 的执行效果

bash 定义了 9 个位置变量,即 \$1～\$9,但是这并不意味着在命令行只能使用 9 个参数,借助 shift 命令可以访问多于 9 个的参数。

shift 命令一次移动参数的个数由其所带的参数指定。如 shift 3,一次移动 3 个参数。另外,如果当 Shell 程序处理完前 9 个命令行参数后,可以使用 shift 9 命令把 \$10 移到 \$1 处。

6.2.4 循环退出: break、continue

在 Shell 编程中有时要用到无限循环的技巧,也就是说,这种循环一直执行,碰到 break 或 continue 命令才结束。这种无限循环通常是使用 true 或 false 命令开始的。

- break: 立即退出循环。
- continue: 忽略本循环中的其他命令,继续下一次循环。

注意: Linux 操作系统中的 true 总是 0 值,而 false 则是非 0 值。使用 break 和 continue 语句只有放在 do-done 之间才有效。

【实例 6-13】 使用 break 语句编写一个 Shell 程序。

Shell 程序如图 6-42 所示,其功能为:在命令后输入一个数字 *n*,计算 1+2+…+*n* 之和并显示出来。注意,该程序执行时只需一个位置参数,请读者在程序中找到原因。保存文件,文件名为 break.sh。break.sh 的执行效果如图 6-43 所示。

```
#!/bin/bash
#this is a example for break
echo 请在命令后输入一个数字n,然后会得到1+2+…+n之和
if [ $# -ne 1 ]
then
    echo 请输入并且仅输入一个数字
    exit 1
fi
TOTAL=0
VAR=$1
while true
do
    TOTAL=$[TOTAL+VAR]
    VAR=$[VAR-1]
    if [ $VAR -eq 0 ]
    then
        break
    fi
done
echo $TOTAL
```

图 6-42 break.sh Shell 脚本文件

【实例 6-14】 使用 continue 语句编写一个 Shell 程序。

Shell 程序如图 6-44 所示,其功能为:在命令后输入的一个数字 n,计算 1～*n* 的奇数之和,然后显示出来。求奇数之和功能的实现由 do-done 之间的语句完成。保存文件,文件名为 continue.sh。continue.sh 的执行效果如图 6-45 所示。

```
[root@localhost ~]# bash /root/sh_script/break.sh
请在命令后输入一个数字n,然后会得到1+2+ … +n之和
请输入并且仅输入一个数字
[root@localhost ~]# bash /root/sh_script/break.sh 9 88
请在命令后输入一个数字n,然后会得到1+2+ … +n之和
请输入并且仅输入一个数字
[root@localhost ~]# bash /root/sh_script/break.sh 5
请在命令后输入一个数字n,然后会得到1+2+ … +n之和
15
[root@localhost ~]# ▌
```

图 6-43 break. sh 的执行效果

```
#!/bin/bash
#this is a example for continue
echo 请输入一个数字n, 求1~n的奇数之和
if [ $# -ne 1 ]
then
   echo 请输入并且仅输入一个数字
   exit 1
fi
TOTAL=0
VAR=$1
while true
do
   if [ $VAR -eq 0 ]
   then
      break
   elif [ $[VAR%2] -eq 0 ]
   then
      VAR=$[VAR-1]
      continue
   elif true
   then
      TOTAL=$[TOTAL+VAR]
      VAR=$[VAR-1]
   fi
done
echo $TOTAL
```

图 6-44 continue. sh Shell 脚本文件

```
[root@localhost ~]# bash /root/sh_script/continue.sh
请在命令后输入一个数字n,然后会得到1~n奇数之和
请输入并且仅输入一个数字
[root@localhost ~]# bash /root/sh_script/continue.sh 9 88
请在命令后输入一个数字n,然后会得到1~n奇数之和
请输入并且仅输入一个数字
[root@localhost ~]# bash /root/sh_script/continue.sh 5
请在命令后输入一个数字n,然后会得到1~n奇数之和
9
[root@localhost ~]# ▌
```

图 6-45 continue. sh 的执行效果

6.3 Shell 脚本中的函数

在 Shell 中还可以定义函数，函数实际上也是由若干条 Shell 命令组成。Shell 函数与 Shell 程序形式上非常相似，不同的是 Shell 函数不是一个单独的进程，是 Shell 程序的一部分。使用函数的好处就是可以在一个程序中的不同地方执行相同的命令序列（函数）。函数定义格式和函数调用格式如图 6-46 所示。

```
#可在函数名前加上关键字function

[function] funcName(){
    command1
    command2
    ...
    commandN
    [return value]
}

#函数返回值：可以显式增加return语句，
#如果不加，则将最后一条命令的运行
#结果作为返回值，一般为0，如果执行
#失败则返回错误代码
#return后跟数值（value）的范围：0~255

#------------------------------------------
#函数调用格式
funcName 参数1 参数2 ...
```

图 6-46　函数定义格式和函数调用格式

在函数定义时不用带参数说明，但在调用函数时可以带有参数，此时 Shell 将把这些参数分别赋予相应的位置参数 $1、$2、…。

注意：在对函数命名时最好能使用有意义的名字，即函数名能够比较准确地描述函数所完成的任务。为了程序的维护方便，请尽可能使用注释。

【实例 6-15】 使用函数的功能。

第一个 Shell 脚本程序如图 6-47 所示，主要定义并且调用了求和函数。

第二个 Shell 脚本程序如图 6-48 所示，定义函数后，带参数调用该函数。$10 不能获取第 10 个参数值，此时需要使用 ${10}。当 $n>=10$ 时，需要使用 ${n} 来获取参数值。

第三个 Shell 脚本程序如图 6-49 所示，该程序首先定义了一个函数 display()，其功能为：若其后的参数为一目录，则将该目录中的内容显示；若其后的参数为一文件名，则将该文件中的内容显示。最后一条语句是函数的调用，其后跟了一个位置参数（键盘输入）。function.sh 的执行效果如图 6-50 所示。

```
#!/bin/bash
sum(){          #函数定义
    echo "该函数求两个数的和"
    echo -n "输入第一个数："
    read num1     #键盘输入
    echo -n "输入第二个数："
    read num2     #键盘输入
    echo "输入的两个数是：$num1 和 $num2"
    #函数的返回值在调用该函数后通过$?获得
    return $(($num1+$num2))
}
sum       #函数调用
echo "两个数的和是：$?"
#执行过程如下：
#    [root@localhost 第6章源码]# . 6-47.sh
#    该函数求两个数的和
#    输入第一个数：2
#    输入第二个数：4
#    输入的两个数是：2 和 4
#    两个数的和是：6
```

图 6-47　第一个 Shell 脚本程序

```
#!/bin/bash
function funcParam(){
  echo "参数1的值：$1"
  echo "参数2的值：$2"
  echo "参数10的值：$10"
  echo "参数10的值：${10}"
  echo "参数11的值：${11}"
  echo "参数个数：$#"
  echo "参数列表：$*"
}
funcParam 1 2 3 4 5 6 7 8 9 210 211 212
#执行过程如下：
#    [root@localhost 第6章源码]# . 6-48.sh
#    参数1：1
#    参数2：2
#    参数10：10
#    参数10的值：210
#    参数11的值：211
#    参数个数：12
#    参数列表：1 2 3 4 5 6 7 8 9 210 211 212
```

图 6-48　第二个 Shell 脚本程序

```
#!/bin/bash
#this is a example for function
display()
{
   if [ $# -ne 1 ]
   then
      echo 请在命令后输入一个文件名或目录名
      exit 1
   fi
   if [ -d $1 ]
   then
      dir $1
   elif [ -f $1 ]
   then
      cat $1
   elif true
   then
      echo 没有该文件名或目录名
   fi
   echo 请在命令后输入一个文件名或目录名
}
display $1
```

图 6-49　第三个 Shell 脚本程序

```
[root@localhost ~]# bash /root/sh_script/function.sh
请在命令后输入一个文件名或目录名
[root@localhost ~]# bash /root/sh_script/function.sh /root/txtfile/
bac_ztg.txt  bac_ztg.txt~  newfile.txt  ztg1.txt  ztg2.txt
请在命令后输入一个文件名或目录名
[root@localhost ~]# bash /root/sh_script/function.sh /root/txtfile/aaa
没有该文件名或目录名
请在命令后输入一个文件名或目录名
[root@localhost ~]# ▌
```

图 6-50 function.sh 的执行效果

6.4 Shell 脚本的调试

在编程过程中难免会出错，有时候，调试程序比编写程序花费的时间还要多。Shell 脚本程序同样如此。Shell 脚本程序的调试主要是利用 bash 命令解释程序的选项。

调用 bash 的形式如下：

```
bash 选项 Shell 脚本程序的文件名
```

bash 命令解释程序的选项及其功能说明见表 6-6。

表 6-6 bash 命令解释程序的选项及其功能说明

选项	功 能
-e	如果一个命令失败就立即退出
-n	读一遍脚本中的命令但不执行，用于检查脚本中的语法错误
-u	置换时把未设置的变量看作出错
-v	一边执行脚本，一边将执行过的脚本命令打印到标准错误输出
-x	提供跟踪执行信息，将执行的每一条命令和结果依次打印出来

调试 Shell 脚本程序的主要方法是，利用 Shell 命令解释程序的-v 或-x 选项来跟踪程序的执行。-v 选项使 Shell 在执行程序的过程中把它读入的每一条命令行都显示出来，而-x 选项使 Shell 在执行程序的过程中在每一条执行的命令前加一个“+”号，然后显示出来，并把每一个变量和该变量所取的值也显示出来。因此，它们的主要区别在于：在执行命令行之前无-v 选项时则显示出命令行的原始内容，而有-v 选项时则显示出经过替换后的命令行的内容。

除了使用 Shell 的-v 和-x 选项以外，还可以在 Shell 脚本程序内部采取一些辅助调试的措施。例如，可以在 Shell 脚本程序的一些关键地方使用 echo 命令把必要的信息显示出来，它的作用相当于 C 语言中的 printf 语句，这样就可以知道程序运行到什么地方及程序目前的状态。

使用这些选项有 3 种方法，第 1 种方法是在命令行提供参数。

```
$sh -x ./script.sh
```

第 2 种方法是在脚本文件开头提供参数。

```
#! /bin/sh -x
```

第 3 种方法是在脚本文件中使用 set 命令启用或禁用参数。

```
#! /bin/sh
if [ -z "$1" ]; then
   set -x
   echo "ERROR: Insufficient Args."
   exit 1
   set +x
fi
```

set -x、set +x 分别表示启用和禁用-x 选项，这样可以只对脚本中的某一段进行跟踪调试。

6.5 本章小结

Shell 既是一种命令解释器，又是一种程序设计语言。本章主要介绍了 Linux 中的 Shell 脚本编程。首先，介绍了 Shell 脚本的执行、Shell 变量、测试命令和算术与逻辑运算等；其次，介绍了 Shell 脚本程序设计的 4 种流程控制，如复合结构、条件分支、循环结构和循环退出；最后，简要介绍了 Shell 脚本中的函数以及 Shell 脚本程序的调试。

6.6 习题

1. 填空题

(1) Shell 有 4 种变量：________、________、________和________。

(2) 在定义变量时，变量名前不应加符号________，在引用变量的内容时则应在变量名前加该符号。

(3) Shell 中的函数实际上是由________________组成的。

2. 选择题

(1) Shell 中的测试命令是________。

A. testparm　　B. test　　C. read　　D. man

(2) test 测试的标准方法是________。

A. [test 测试]　　B. [test 测试]　　C. [test 测试]　　D. [test 测试]

(3) bash 提供了简单的整数算术运算，格式是________。

A. [表达式]　　B. ![表达式]　　C. ?[表达式]　　D. $[表达式]

(4) 可以使用________命令对 Shell 变量进行算术运算。

A. readonly　　B. export　　C. expr　　D. read

(5) 在 Shell 脚本程序中,要访问命令行第 9 个参数之后的参数,就必须使用________命令。

A. export　　B. shift　　C. expr　　D. read

3. 简答题

(1) 简述执行 Shell 程序的 3 种方法。

(2) 两种复合结构“{}”和“()”有何异同?

(3) 条件分支语句有哪些?它们各自的优点是什么?

(4) 循环控制语句有哪些?它们各自的优点是什么?

(5) break 语句和 continue 语句的异同点是什么?

4. 上机题

(1) 使用执行 Shell 脚本程序的 3 种方法分别执行一个 Shell 脚本程序。

(2) 测试某一命令的执行情况。

(3) 编写一个 Shell 脚本程序,包含复合结构。

(4) 编写一个 Shell 脚本程序,包含条件分支。

(5) 编写一个 Shell 脚本程序,包含循环结构,并且使用 break 语句和 continue 语句。

(6) 编写一个 Shell 脚本程序,包含函数定义、函数调用、函数参数的使用。

(7) 编写一个 Shell 脚本程序,能够根据键盘输入的学生成绩显示相应的成绩等级(优、良、中、差)。

第7章　网络服务与管理

本章学习目标

- 了解DHCP、Samba、Apache服务器的功能。
- 熟练掌握网络接口的设置方法。
- 熟练掌握DHCP服务器和客户机的设置方法。
- 熟练掌握Samba服务器的设置方法。
- 熟练掌握Apache服务器的设置方法。
- 熟练掌握防火墙的设置方法。

7.1　网络接口配置

7.1.1　GUI方式：gnome-control-center、nm-connection-editor

RHEL中配置网络接口的简单方法是：单击图形界面(GNOME)的右上角，单击"设置"按钮，或者在命令行执行gnome-control-center命令，打开"设置"对话框，如图7-1所示。单击左侧栏Wi-Fi，进行无线网络设置；单击左侧栏"网络"，进行有线网络设置。

执行nm-connection-editor命令，打开"网络连接"对话框，如图7-2所示，可以对某个网络接口进行网络参数设置。网络连接对应的配置文件在/etc/sysconfig/network-scripts/目录中。

7.1.2　CLI方式：ifconfig、dhclient、route、/etc/resolv.conf

本小节涉及的命令有ifconfig、dhclient、route、/etc/resolv.conf、ping、traceroute。

1. 配置网络接口：ifconfig、ifdown、ifup

- # ifconfig　　//查看当前活动的网络接口状态
- # ifconfig 设备名　　//查看某个具体的网络接口的状态
- # ifconfig 网络接口 IP地址　　//设置IP地址
- # ifconfig 网络接口：NUM IP地址　　//设置IP地址
- # ifconfig 网络接口 up/down　　//激活/关闭网络接口
- # ifup 网络接口　　//激活网络接口
- # ifdown 网络接口　　//关闭网络接口

在CLI方式下，配置网络接口最常用的命令是ifconfig。与网络接口相关的配置文件位

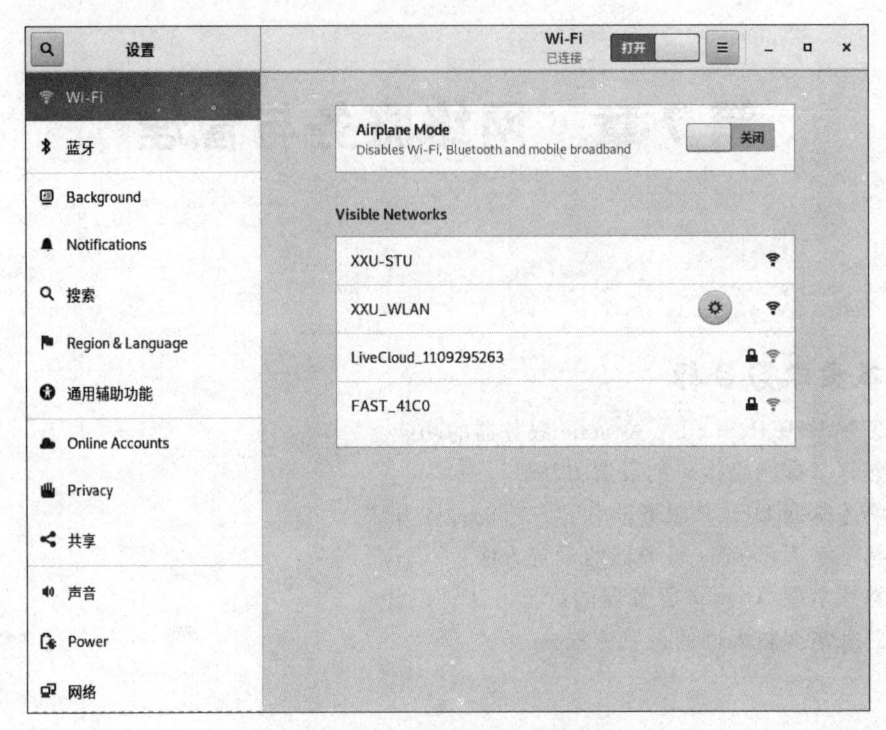

图 7-1 “设置”对话框

图 7-2 “网络连接”对话框

于/etc/sysconfig/network-scripts 目录中，如 ifcfg-enp8s0、ifcfg-enp3s2 等。

ifconfig 是一个用来查看、配置、启用或禁用网络接口的工具，可以用来临时配置网络接口的 IP 地址、掩码、网关、物理地址等的工具，该工具极为常用。

注意：用 ifconfig 为网卡指定 IP 地址，并不会更改网卡的配置文件。

ifconfig 命令可以用来配置网络接口，语法如下：

```
ifconfig 网络接口 IP 地址 hw 物理地址 netmask 网络掩码 broadcast 广播地址
[up/down]
```

如图 7-3 所示，ifconfig 输出指定网络接口的相关信息。网络接口是网络硬件设备在操作系统中的表示方法，在 RHEL 6 及以前版本中，以太网接口是用 ethx 表示的，如 eth0、 eth1 等。普通 Modem(调制解调器)和 ADSL 接口是 ppp×,如 ppp0、ppp1 等。

```
[root@localhost ~]# ifconfig enp8s0
enp8s0: flags=4099<UP,BROADCAST,MULTICAST>  mtu 1500
        ether 1c:39:47:d8:61:a8  txqueuelen 1000  (Ethernet)
        RX packets 0  bytes 0 (0.0 B)
        RX errors 0  dropped 0  overruns 0  frame 0
        TX packets 0  bytes 0 (0.0 B)
        TX errors 0  dropped 0 overruns 0  carrier 0  collisions 0

[root@localhost ~]# ifconfig wlp9s0
wlp9s0: flags=4163<UP,BROADCAST,RUNNING,MULTICAST>  mtu 1500
        inet 10.98.152.25  netmask 255.255.0.0  broadcast 10.98.255.255
        inet6 fe80::8ef9:9125:99e5:5b02  prefixlen 64  scopeid 0x20<link>
        ether e4:02:9b:14:79:6d  txqueuelen 1000  (Ethernet)
        RX packets 1714240  bytes 1078694096 (1.0 GiB)
        RX errors 0  dropped 0  overruns 0  frame 0
        TX packets 285136  bytes 115003893 (109.6 MiB)
        TX errors 0  dropped 0 overruns 0  carrier 0  collisions 0
```

图 7-3　当前网络接口

在 RHEL 7/8 中,systemd 和 udevd 支持几种不同的网络接口命名方案。默认是基于固件、拓扑结构或位置信息来指派固定的名字。这样做的优点是名字是全自动生成且完全可预测的,即使添加或移除硬件,名字可以保留不变;缺点是新的名字有时不像以前的名字(eth0、wlan0)好读,如 enp8s0。

以下是 udevd 支持的不同的网络接口命名方案。

(1) 包含板载设备编号的名称(例如 eno1)。

(2) 包含 PCI Express 热插拔插槽编号的名称(例如 ens1)。

(3) 包含硬件接口物理位置信息的名称(例如 enp2s0)。

(4) 包含 MAC 地址名称(例如 enx78e7d1ea46da)。

(5) 传统的命名(例如 eth0)。

更多 ifconfig 命令的常用方式如下:

```
#ifconfig enp8s0 up                              //用来激活 enp8s0,该命令等同于#ifup enp8s0
#ifconfig enp8s0 192.168.0.2 hw ether 00:11:22:EA:D3:21 netmask 255.255.255.0
broadcast 192.168.0.255 up
//用来设置 enp8s0 的 IP 地址、物理地址、网络掩码和广播地址,并且激活它。hw 后面所接的是
  网络接口类型,ether 表示以太网
```

有时为了满足不同的需求,还需要配置虚拟网络接口,虚拟网络接口是指为一个网络接口指定多个 IP 地址,虚拟网络接口的表示形式为 enp8s0:0、enp8s0:1、enp8s0:2 等。

下面是 enp8s0 的网络接口,设置了两个虚拟网络接口,每个虚拟网络接口都有自己的 IP 地址、物理地址、网络掩码和广播地址。

```
#ifconfig enp8s0:0 192.168.0.3 hw ether 00:11:22:EA:D3:A1 netmask 255.255.255.0
broadcast 192.168.0.255 up
#ifconfig enp8s0:1 192.168.0.4 hw ether 00:11:22:ED:D3:E2 netmask 255.255.255.0
broadcast 192.168.0.255 up
```

示例如下:

```
[root@localhost ~]#ping www.xxxxx.edu.cn
PING www.xxxxx.edu.cn (211.84.160.6) 56(84) bytes of data.
64 bytes from www.xxxxx.edu.cn (211.84.160.6): icmp_seq=1 ttl=60 time=0.568 ms
64 bytes from www.xxxxx.edu.cn (211.84.160.6): icmp_seq=2 ttl=60 time=0.318 ms
^C
---www.xxxxx.edu.cn ping statistics ---
2 packets transmitted, 2 received, 0%packet loss, time 1001ms
rtt min/avg/max/mdev =0.318/0.443/0.568/0.125 ms
[root@localhost ~]#ifdown enp8s0
[root@localhost ~]#ping www.xxxxx.edu.cn
ping: unknown host www.xxxxx.edu.cn
[root@localhost ~]#ifup enp8s0
Connection successfully activated (D-Bus active path: /org/freedesktop/
NetworkManager/ActiveConnection/2)
[root@localhost ~]#ping www.xxxxx.edu.cn
PING www.xxxxx.edu.cn (211.84.160.6) 56(84) bytes of data.
64 bytes from www.xxxxx.edu.cn (211.84.160.6): icmp_seq=1 ttl=60 time=0.592 ms
64 bytes from www.xxxxx.edu.cn (211.84.160.6): icmp_seq=2 ttl=60 time=0.301 ms
^C
---www.xxxxx.edu.cn ping statistics ---
2 packets transmitted, 2 received, 0%packet loss, time 1001ms
rtt min/avg/max/mdev =0.301/0.446/0.592/0.147 ms
[root@localhost ~]#ifconfig enp8s0 down
[root@localhost ~]#ping www.xxxxx.edu.cn
ping: unknown host www.xxxxx.edu.cn
[root@localhost ~]#ifconfig enp8s0 up
[root@localhost ~]#ping www.xxxxx.edu.cn
ping: unknown host www.xxxxx.edu.cn
[root@localhost ~]#route -n
Kernel IP routing table
Destination     Gateway         Genmask         Flags Metric Ref    Use Iface
192.168.122.0   0.0.0.0         255.255.255.0   U     0      0        0 virbr0
211.84.168.0    0.0.0.0         255.255.255.0   U     0      0        0 enp8s0
[root@localhost ~]#route  add  default  gw  211.84.168.126
[root@localhost ~]#route  -n
Kernel IP routing table
Destination     Gateway         Genmask         Flags Metric Ref    Use Iface
0.0.0.0         211.84.168.126  0.0.0.0         UG    0      0        0 enp8s0
192.168.122.0   0.0.0.0         255.255.255.0   U     0      0        0 virbr0
211.84.168.0    0.0.0.0         255.255.255.0   U     0      0        0 enp8s0
[root@localhost ~]#ping www.xxxxx.edu.cn
PING www.xxxxx.edu.cn (211.84.160.6) 56(84) bytes of data.
64 bytes from www.xxxxx.edu.cn (211.84.160.6): icmp_seq=1 ttl=60 time=0.576 ms
64 bytes from www.xxxxx.edu.cn (211.84.160.6): icmp_seq=2 ttl=60 time=0.304 ms
^C
---www.xxxxx.edu.cn ping statistics ---
2 packets transmitted, 2 received, 0%packet loss, time 1001ms
rtt min/avg/max/mdev =0.304/0.440/0.576/0.136 ms
[root@localhost ~]#
```

2. 通过 DHCP 获取网络参数

如果局域网中存在 DHCP 服务器，则客户机网络接口的网络参数可以通过 DHCP 协议动态获取。命令如下：

```
dhclient <设备>              //让网卡动态获取一个临时 IP 地址
```

或直接修改网络接口配置文件，去掉 IPADDR 参数，加入参数 BOOTPROTO＝dhcp 即可。

3. 设置网关：route

route 命令用来查看或编辑内核路由表。

添加默认网关的命令如下：

```
route add  default gw 211.84.168.126
```

或直接修改/etc/sysconfig/network 文件，可在文件中设置 GATEWAY＝＜IP 地址＞。

4. 设置 DNS 客户端：/etc/resolv. conf

设置 DNS 服务器的 IP 地址的配置文件是/etc/resolv. conf，内容如下：

```
#Generated by NetworkManager
nameserver 10.55.0.8
```

5. ping 命令

ping 命令可以用于检查网络的连接情况，有助于分析判定网络故障。

ping 命令的用法：

```
ping -c 次数 ip 地址
```

禁止别人 ping 本台计算机的方法如下。

(1) 临时修改。命令如下：

```
#echo 1 >/proc/sys/net/ipv4/icmp_echo_ignore_all              //临时更改内核参数
```

或

```
#sysctl -w net.ipv4.icmp_echo_ignore_all=1
```

(2) 永久修改。

上面的命令只是临时修改内核参数，若重启系统后也能禁止别人 ping 本计算机，则需修改/etc/sysctl. conf 文件，在文件中写入以下内容：net. ipv4. icmp_echo_ignore_all＝1。修改 sysctl. conf 文件后，需执行 sysctl -p 命令让系统重新读取内核配置。

6. traceroute 命令

traceroute 命令可用于显示从本机到目标机的数据包所经过的路由。例如：

```
#traceroute www.baidu.com
```

7. 修改网络接口配置文件并设置网络接口参数

与网络接口相关的配置文件位于/etc/sysconfig/network-scripts 目录中，如 ifcfg-enp8s0、ifcfg-XXU_WLAN。/etc/sysconfig/network-scripts/ifcfg-enp8s0 的内容如下：

```
TYPE=Ethernet
BOOTPROTO=none
DEFROUTE=yes
IPV4_FAILURE_FATAL=no
IPV6INIT=yes
IPV6_AUTOCONF=yes
IPV6_DEFROUTE=yes
IPV6_FAILURE_FATAL=no
NAME=enp8s0                                          //物理设备的名字
UUID=e0e988ef-54e1-477a-8748-cc3bcf26e598            //UUID
ONBOOT=yes                                           //启动时激活该网络接口
IPADDR0=10.98.194.197                                //该网络接口的 IP 地址
PREFIX0=24                                           //网络掩码
GATEWAY0=211.84.168.126                              //网关
DNS1=211.84.160.8
HWADDR=00:16:76:CB:BA:CE                             //MAC 地址
IPV6_PEERDNS=yes
IPV6_PEERROUTES=yes
```

修改好网络接口配置文件并保存，然后执行如下命令，重新启动系统后网络接口才能生效。

```
#systemctl restart NetworkManager.service
```

7.1.3 NetworkManager 与 nmcli

NetworkManager(网络管理器)是检测网络、自动连接网络的程序，可以管理无线/有线连接。对于无线网络，NetworkManager 可以自动切换到最可靠的无线网络，可以自由切换在线和离线模式。NetworkManager 最初由 Red Hat 公司开发，现在由 GNOME 基金会管理。

NetworkManager 的优点：简化网络连接的工作，让桌面本身和其他应用程序能感知网络。

NetworkManager 相关命令有 nmcli、nm-connection-editor、nm-online、nmtui、nmtui-connect、nmtui-edit、nmtui-hostname。读者可以使用 man 命令查看这些命令的用法。

1. 启用 NetworkManager

NetworkManager 守护进程启动后，会自动连接到已经配置的网络连接。用户连接或未配置的连接需要通过 nmcli 或桌面工具进行配置和连接。

开机启动 NetworkManager 的命令如下：

```
systemctl enable NetworkManager
```

立即启动 NetworkManager 的命令如下：

```
systemctl start NetworkManager
```

2. nmcli

nmcli 命令是 NetworkManager 的命令行界面工具。使用 nmcli 命令可以查询网络的连接状态，也可以用来管理网络接口。nmcli 命令的语法如下：

```
nmcli [OPTIONS] OBJECT { COMMAND | help }
```

OBJECT 常用的值有 general、device、connection，可以分别缩写为 gen、dev、con。其他选项的说明可以执行 nmcli -h 命令查看。

示例如下：

```
#nmcli general -h                    //显示 nmcli general 命令的语法
#nmcli general status                //显示 NetworkManager 的总体状态
#nmcli general hostname ztg          //修改主机名
#nmcli general permissions           //显示所有连接许可

#nmcli device -h                     //显示 nmcli device 命令的语法
#nmcli device show                   //列举系统中网络接口的详细信息
#nmcli device show wlp9s0            //列举指定网络接口的详细信息
#nmcli device wifi                   //列出系统中可用的 Wi-Fi 热点
#nmcli device wifi list              //列出系统中可用的 Wi-Fi 热点
#nmcli device status                 //查看网络设备的简单信息
#nmcli -p -f general,wifi-properties device show wlp9s0
                                     //显示网络接口的一般信息和属性
#nmcli device disconnect wlp9s0      //停止网络接口,参数为网络设备名
#nmcli device connect wlp9s0         //激活网络接口

#nmcli connection -h                 //显示 nmcli connection 命令的语法
#nmcli connection show               //显示简单的网络连接信息
#nmcli connection show XXU_WLAN      //显示指定网络连接的详细信息
#nmcli connection down XXU_WLAN      //停止网络接口,参数为网络连接名
#nmcli connection up XXU_WLAN        //激活网络接口
//创建网络连接的命令如下
#nmcli connection add type ethernet con-name 连接名 ifname 设备名
#nmcli connection add type ethernet con-name 连接名 ifname 设备名 ip4 IP 地址 gw4
网关地址
```

以交互模式添加一个以太网网络接口的示例如下：

```
[root@localhost ~]#nmcli connection edit type ethernet

===| nmcli interactive connection editor |===
Adding a new '802-3-ethernet' connection
Type 'help' or '?' for available commands.
Type 'describe [<setting>.<prop>]' for detailed property description.
You may edit the following settings: connection, 802-3-ethernet (ethernet), 802
-1x, ipv4, ipv6, dcb
nmcli>goto ethernet
```

```
You may edit the following properties: port, speed, duplex, auto-negotiate, mac
-address, cloned-mac-address, mac-address-blacklist, mtu, s390-subchannels,
s390-nettype, s390-options
nmcli 802-3-ethernet>set mtu 1492
nmcli 802-3-ethernet>back
nmcli>goto ipv4.addresses
nmcli ipv4.addresses>describe
[nmcli specific description]
Enter a list of IPv4 addresses formatted as:
  ip[/prefix] [gateway], ip[/prefix] [gateway],...
Missing prefix is regarded as prefix of 32.
Example: 192.168.1.5/24 192.168.1.1, 10.0.0.11/24
nmcli ipv4.addresses>set 192.168.0.22/24 192.168.0.254
Do you also want to set 'ipv4.method' to 'manual'? [yes]: y
nmcli ipv4.addresses>print
addresses: { ip =192.168.0.22/24, gw =192.168.0.254 }
nmcli ipv4.addresses>back
nmcli ipv4>b
nmcli>verify
Verify connection: OK
nmcli>print
===========================================================================
                    Connection profile details (ethernet)
===========================================================================
connection.id:                         ethernet
connection.uuid:                       ee239218-f81a-4def-85fd-d63f20f0e2e9
connection.interface-name:             --
connection.type:                       802-3-ethernet
connection.autoconnect:                yes
//省略
===========================================================================
ipv4.method:                           manual
ipv4.dns:
ipv4.dns-search:
ipv4.addresses:                        { ip =192.168.0.22/24, gw =192.168.0.254 }
ipv4.routes:
//省略
===========================================================================
nmcli>save
Saving the connection with 'autoconnect=yes'. That might result in an immediate
activation of the connection.
Do you still want to save? [yes] y
Connection 'ethernet' (ee239218-f81a-4def-85fd-d63f20f0e2e9) successfully
saved.
nmcli>quit
[root@localhost ~]#
```

7.1.4　net-tools 与 iproute2

ifconfig、route、arp 和 netstat 等命令行工具统称为 net-tools，net-tools 起源于 BSD 的 TCP/IP 工具包，后来成为老版本 Linux 内核中配置网络功能的工具。自 2001 年起 Linux 社区已经对其停止维护。iproute2 是 Linux 下管理控制 TCP/IP 网络和流量控制的新一代工具包，支持新版 Linux 内核中最新、最重要的网络特性，旨在替代旧的工具包 net-tools。net-tools 通过 proc 文件系统(/proc)和 ioctl 系统调用去访问与修改内核网络配置，iproute2 通过 netlink 套接字接口与内核通信。net-tools 与 iproute2 工具包中命令的对应关系见表 7-1。

表 7-1　net-tools 与 iproute2 工具包中命令的对应关系

net-tools 工具包	iproute2 工具包	说　明
arp -na arp	ip neigh	arp 表管理
ifconfig	ip link ip addr	地址和链路配置
ifconfig -a	ip addr show	显示所有可用的网络接口信息，包括不活动网络接口
ifconfig --help	ip help	帮助
ifconfig -s netstat -i	ip -s link	显示详细信息，-s 选项显示更为详细的信息
ifconfig eth0 up ifconfig eth0 down	ip link set eth0 up ip link set eth0 down	激活或禁止网络接口
ipmaddr	ip maddr	组播
iptunnel	ip tunnel	隧道配置
netstat	ss	查看套接字统计数据
netstat -g	ip maddr	显示多重广播功能群组组员名单
netstat -l	ss -l	列出监听服务状态
netstat -r route route -n	ip route ip route show	查看路由表
route add	ip route add	添加路由
route del	ip route del	删除路由
vconfig	ip link	增删 VLAN

net-tools 工具包与 iproute2 工具包中的命令示例如下。

1. 显示所有连接的网络接口

```
ifconfig -a
ip link show
```

2. 激活或禁止网络接口

```
ifconfig eth0 up
ifconfig eth0 down
```

```
ip link set eth0 down
ip link set eth0 up
```

3. 将一个或多个 IPv4 地址分配给网络接口

```
ifconfig eth0 10.0.0.1/24
ip addr add 10.0.0.1/24 dev eth0
```

使用 ip 命令可以将多个 IP 地址分配给某个接口，ifconfig 命令无法做到这一点。对 ifconfig 命令来说，一个变通方法是使用 IP 别名。

```
ip addr add 10.0.0.1/24 broadcast 10.0.0.255 dev eth0
ip addr add 10.0.0.2/24 broadcast 10.0.0.255 dev eth0
ip addr add 10.0.0.3/24 broadcast 10.0.0.255 dev eth0
```

4. 从网络接口删除 IPv4 地址

如果使用 ifconfig 命令，除了分配 0 给网络接口外，没有合适的方法从网络接口删除 IPv4 地址。ip 命令可以明确地从网络接口删除 IPv4 地址。

```
ifconfig eth0 0
ip addr del 10.0.0.1/24 dev eth0
```

5. 显示网络接口的一个或多个 IPv4 地址

```
ifconfig eth0
ip addr show dev eth0
```

如果有多个 IP 地址分配给了某个网络接口，ip 命令会显示所有 IP 地址，而 ifconfig 命令只能显示一个 IP 地址。

6. 分配 IPv6 地址给网络接口

ifconfig 命令和 ip 命令都可以将多个 IPv6 地址添加给某个网络接口。

```
ifconfig eth0 inet6 add 2019::cd71:a5fd:3882:13d5/64
ifconfig eth0 inet6 add 2020::cd71:a5fd:3882:13d5/64
ip -6 addr add 2019::cd71:a5fd:3882:13d5/64 dev eth0
ip -6 addr add 2020::cd71:a5fd:3882:13d5/64 dev eth0
```

7. 显示网络接口的一个或多个 IPv6 地址

ifconfig 命令和 ip 命令都能显示某一个网络接口已分配的所有 IPv6 地址。

```
ifconfig eth0
ip -6 addr show dev eth0
```

8. 删除网络接口的 IPv6 地址

使用 ifconfig 命令和 ip 命令即可删除某个网络接口不必要的 IPv6 地址。

```
ifconfig eth0 inet6 del 2019::cd71:a5fd:3882:13d5/64
ip -6 addr del 2019::cd71:a5fd:3882:13d5/64 dev eth0
```

9. 更改网络接口的 MAC 地址

```
ifconfig eth0 hw ether 1c:39:47:d8:61:a8
ip link set dev eth0 address 1c:39:47:d8:61:a9
```

10. 查看 IP 路由表

net-tools 有两个命令可用于显示内核 IP 路由表，即 route 和 netstat。iproute2 只需使用 ip route 命令即可。

```
route -n
netstat -rn
ip route show
```

11. 添加、修改或删除默认路由

下面的命令可以添加或修改内核 IP 路由表中的默认路由。

```
route add default gw 192.168.0.254 eth0
route del default gw 192.168.0.1 eth0
ip route add default via 192.168.0.254 dev eth0
ip route replace default via 192.168.0.254 dev eth0
ip route change default via 192.168.0.254 dev eth0
ip route del default
```

12. 添加或删除静态路由

命令如下：

```
route add -net 172.16.1.0/24 gw 192.168.0.1 dev eth0
route del -net 172.16.1.0/24
ip route add 172.16.1.0/24 via 192.168.0.1 dev eth0
ip route del 172.16.1.0/24
```

13. 查看套接字统计数据

命令如下：

```
netstat
netstat -l
ss
ss -l
```

14. 查看 ARP 表

可以使用下面的命令显示内核 ARP 表。

```
arp -an
ip neigh
```

15. 添加或删除静态 ARP 项

可通过如下命令添加或删除本地 ARP 表中的静态 ARP 项。

```
arp -s 192.168.0.10 1c:39:47:d8:61:a8
arp -d 192.168.0.10
ip neigh add 192.168.0.10 lladdr 1c:39:47:d8:61:a8 dev eth0
ip neigh del 192.168.0.10 dev eth0
```

16. 添加、删除或查看多播地址

命令如下：

```
ipmaddr add 11:22:33:00:00:66 dev eth0
ipmaddr del 11:22:33:00:00:66 dev eth0
ipmaddr show dev eth0
netstat -g
ip maddr add 11:22:33:00:00:66 dev eth0
ip maddr del 11:22:33:00:00:66 dev eth0
ip maddr list dev eth0
```

17. ip 命令常用的功能

命令如下：

```
ip link show                          //显示链路
ip addr show                          //显示地址
ip route show                         //显示路由
ip neigh show                         //显示 ARP 表
ip route del default                  //删除默认路由
ip rule show                          //显示默认规则
ip route show table local             //查看本地静态路由
ip route show table main              //查看直连路由
```

7.2 DHCP 服务及配置

Linux 是一个网络功能强大的操作系统，使用它可以轻松地搭建一台高性能的 DHCP 服务器，DHCP(Dynamic Host Configuration Protocol，动态主机配置协议)可以使 DHCP 客户端自动从 DHCP 服务器得到一个 IP 地址及其他网络参数。

7.2.1 DHCP 概述

1. DHCP 简介

DHCP 基于 C/S(客户/服务器)模式。当 DHCP 客户端启动时，会自动与 DHCP 服务器通信，由 DHCP 服务器为 DHCP 客户端自动分配网络参数。安装了 DHCP 服务软件的机器称为 DHCP 服务器。DHCP 服务器是以地址租约的方式为 DHCP 客户机提供服务的，有两种方式：限定租期和永久租用。

DHCP的目的是为了减轻网络管理员在网络规划、管理和维护等方面工作的负担。在TCP/IP网络上，要使每个工作站能存取网络上的资源，都必须进行基本的网络参数配置，一些主要参数如IP地址、子网掩码、默认网关和DNS等必不可少，还可能需要一些附加的信息如IP管理策略之类。对于一个稍微大点的网络而言，网络的管理和维护任务是相当繁重的，为了把网络管理员从繁重的网络管理和维护任务中解脱出来，可以使用DHCP服务器。DHCP服务器把TCP/IP网络设置集中起来，动态配置网络中工作站的网络参数。DHCP服务器使用了DHCP租约和预置IP地址的策略。DHCP租约提供了自动在TCP/IP网络上安全地分配和租用IP地址的机制，实现IP地址的集中式管理，基本上不需要网络管理员人为干预，预置IP地址可以满足需要固定IP地址的系统。

2. DHCP服务器为DHCP客户机分配IP地址的过程

具体过程如下：

(1) 发现阶段，即DHCP客户端寻找DHCP服务器的阶段。客户端以广播方式发送DHCPDISCOVER包，只有DHCP服务器才会响应。

(2) 提供阶段，即DHCP服务器提供IP地址的阶段。DHCP服务器接收到客户端的DHCPDISCOVER报文后，从IP地址池中选择一个尚未分配的IP地址分配给客户端，向该客户端发送包含租借的IP地址和其他配置信息的DHCPOFFER包。

(3) 选择阶段，即DHCP客户端选择IP地址的阶段。如果有多台DHCP服务器向该客户端发送DHCPOFFER包，客户端从中随机挑选，然后以广播形式向各DHCP服务器回应DHCPREQUEST包，宣告使用它挑中的DHCP服务器提供的地址，并正式请求该DHCP服务器分配地址。其他所有发送DHCPOFFER包的DHCP服务器接收到该数据包后，将释放已经预分配(OFFER)给客户端的IP地址。如果发送给DHCP客户端的DHCPOFFER包中包含无效的配置参数，客户端会向服务器发送DHCPCLINE包拒绝接收已经分配的配置信息。

(4) 确认阶段，即DHCP服务器确认所提供IP地址的阶段。当DHCP服务器收到DHCP客户端回答的DHCPREQUEST包后，便向客户端发送包含它所提供的IP地址及其他配置信息的DHCPACK确认包，然后DHCP客户端将接收并使用IP地址及其他TCP/IP配置参数。

3. DHCP客户端续租IP地址的过程

DHCP服务器分配给客户端的动态IP地址通常有一定的租借期限，期满后服务器会收回该IP地址。如果DHCP客户端希望继续使用该地址，需要更新IP租约。实际使用中，在IP地址租借期限达到一半时，DHCP客户端会自动向DHCP服务器发送DHCPREQUEST包，以完成IP租约的更新。如果此IP地址有效，则DHCP服务器回应DHCPACK包，通知DHCP客户端已经获得新IP租约。如果DHCP客户端续租地址时发送的DHCPREQUEST包中的IP地址与DHCP服务器当前分配给它的IP地址(仍在租期内)不一致，DHCP服务器将发送DHCPNAK消息给DHCP客户端。

4. DHCP客户端释放IP地址的过程

DHCP客户端已从DHCP服务器获得地址，并在租期内正常使用。如果该DHCP客户端不想再使用该地址，则需主动向DHCP服务器发送DHCPRELEASE包，以释放该地址，同时将其IP地址设为0.0.0.0。

7.2.2 实例——配置 DHCP 服务器

DHCP 服务器进程的名字、启动脚本、所使用的端口号及配置文件如下。

- 后台进程：dhcpd(/usr/sbin/dhcpd)。
- 启动脚本：/usr/lib/systemd/system/dhcpd.service。
- 使用端口：UDP 67、UDP 68。
- 配置文件：/etc/dhcp/dhcpd.conf。

DHCP 服务器的配置文件是/etc/dhcp/dhcpd.conf，对 DHCP 服务器的配置其实就是对 dhcpd.conf 文件的修改。

如果没有安装 DHCP，可执行 yum install dhcp 命令安装。

配置 DHCP 服务器的具体操作步骤如下。

第 1 步：复制 dhcpd.conf 文件。

默认情况下/etc/dhcp/dhcpd.conf 文件不存在，或者没有内容。当安装了 DHCP 服务器后，便提供了一个配置文件模板，即/usr/share/doc/dhcp-server/dhcpd.conf.example 文件，可以使用如下命令将 dhcpd.conf.example 文件复制到/etc/dhcp 目录中。

```
#cp /usr/share/doc/dhcp-server/dhcpd.conf.example /etc/dhcp/dhcpd.conf
```

第 2 步：修改 dhcpd.conf 文件。

修改后的/etc/dhcp/dhcpd.conf 文件的内容如图 7-4 所示。保存该文件，然后执行如下命令启动 DHCP 服务器。

```
systemctl start dhcpd.service
systemctl restart dhcpd.service
systemctl stop dhcpd.service
```

```
 1 ddns-update-style interim;
 2 ignore client-updates;
 3 subnet 192.168.0.0 netmask 255.255.255.0 {
 4 # --- default gateway
 5     option routers              192.168.0.1;
 6     option subnet-mask          255.255.255.0;
 7     option broadcast-address  192.168.0.255;
 8 #   option nis-domain           "domain.org";
 9     option domain-name          "test.edu.cn";
10     option domain-name-servers    192.168.0.5;
11     option time-offset          -18000;
12 #   option ntp-servers          192.168.1.1;
13 #   option netbios-name-servers  192.168.1.1;
14 # --- Selects point-to-point node (default is hybrid). Don't change this unless
15 # -- you understand Netbios very well
16 #   option netbios-node-type 2;
17 #   range dynamic-bootp 192.168.0.128 192.168.0.254;
18     default-lease-time 21600;
19     max-lease-time 43200;
20 
21     range 192.168.0.20 192.168.0.254;
22 
23     host ztg{
24         option host-name "ztg.test.edu.cn";
25         hardware ethernet 00:0C:F1:D5:85:B5;
26 #       hardware ethernet 00:0A:EB:13:FC:6F;
27         fixed-address 192.168.0.66;
28     }
29 }
```

图 7-4 修改 dhcpd.conf 文件

注意：DHCP 服务器的 IP 地址要和/etc/dhcp/dhcpd.conf 文件中 range 是同一网段。

测试将按照 7.2.3 小节的实例进行。

第 3 步：认识客户租约文件/var/lib/dhcpd/dhcpd.leases。

要运行 DHCP 服务器，还需要一个名为 dhcpd.leases 的文件，保持所有已经分发出去的 IP 地址。在红帽系列的 Linux 发行版本中，该文件位于/var/lib/dhcpd/目录中。如果通过 RPM 安装 DHCP，那么该文件应该已经存在。如果不是通过 RPM 安装 DHCP，也可以执行如下命令手动建立一个空文件。

```
#touch /var/lib/dhcpd/dhcpd.leases
```

首次运行 DHCP 服务器时，dhcpd.leases 是一个空文件，也不用人为修改。在 DHCP 服务器运行的过程中，dhcpd 会自动将租用信息保存在/var/lib/dhcpd/dhcpd.leases 文件中，该文件不断被更新，从这里面可以查到 IP 地址分配的情况。

dhcpd.leases 文件的格式如下：

```
leases address {statement}
```

一个典型的 dhcpd.leases 文件的内容如下：

```
lease 192.168.0.254 {        //重启第 1 块网络接口卡后，从 DHCP 服务器获取的网络配置信息
  starts 2 2008/05/20 04:13:00;             //lease 开始租约时间
  ends 2 2008/05/20 10:13:00;               //lease 结束租约时间
  binding state active;
  next binding state free;
  hardware ethernet 00:0a:eb:13:fc:6f; //客户机 ztg17 第 1 块网卡的 MAC 地址
  uid "\001\000\012\353\023\374";           //用来验证客户机的 UID 标识
  client-hostname "ztg17";                  //客户机名称
}
lease 192.168.0.253 {        //重启第 2 块网络接口卡后(将该网卡与 DHCP 服务器相连)
                               从 DHCP 服务器获取的网络配置信息
  starts 2 2008/05/20 04:14:25;
  ends 2 2008/05/20 10:14:25;
  binding state active;
  next binding state free;
  hardware ethernet 00:0a:e6:a1:e3:e8;   //客户机 ztg17 第 2 块网卡的 MAC 地址
  uid "\001\000\012\346\241\343\350";
  client-hostname "ztg17";
}
```

对图 7-4 中 dhcpd.conf 文件的说明见表 7-2，并且后面将对该文件的语法进行讲解。

表 7-2 对配置文件/etc/dhcp/dhcpd.conf 文件的说明

行号	代 码	说 明
1	ddns-update-style interim;	配置使用过渡性 DHCP-DNS 互动更新模式（必选）
2	ignore client-updates;	忽略客户端更新

续表

行号	代　码	说　明
3	subnet 192.168.0.0 netmask 255.255.255.0 {	设置子网声明。dhcpd 为了向一个子网提供服务,需要知道子网的网络地址和网络掩码
5	option routers 192.168.0.1;	为 DHCP 客户设置默认网关
6	option subnet-mask 255.255.255.0;	为 DHCP 客户设置子网掩码
7	option broadcast-address 192.168.0.255;	为 DHCP 客户设置广播地址
9	option domain-name "test.edu.cn";	为 DHCP 客户设置 DNS 域
10	option domain-name-servers 192.168.0.5;	为 DHCP 客户设置 DNS 服务器地址
11	option time-offset -18000;	设置与格林尼治时间的偏移时间
18	default-lease-time 21600;	为 DHCP 客户设置默认的地址租约时间
19	max-lease-time 43200;	为 DHCP 客户设置最长的地址租约时间
21	range 192.168.0.20 192.168.0.254;	允许 DHCP 服务器为 DHCP 客户分配 IP 地址的范围(地址池)
23～28	(略)	用来给客户机分配一个永久的 IP 地址,可以将网卡和某个 IP 地址绑定

1. dhcpd.conf 文件组成

DHCP 配置文件 dhcpd.conf 的格式如下:

```
选项/参数                        //这些选项/参数全局有效
声明 1{
    选项/参数                    //这些选项/参数局部有效
}
声明 2{
    选项/参数                    //这些选项/参数局部有效
}
```

dhcpd.conf 文件由参数类语句、声明类语句和选项类语句构成。

(1) 参数类语句:主要告诉 dhcpd 网络参数,如租约时间、网关和 DNS 等。表明如何执行任务,是否要执行任务,或将哪些网络配置选项发送给客户。

(2) 声明类语句:是描述网络的拓扑,用来表明网络上的客户、要提供给客户的 IP 地址以及提供一个参数组给一组声明等。描述网络拓扑的声明语句有 shared-network 和 subnet。如果要给一个子网里的客户动态指定 IP 地址,那么在 subnet 声明里必须有一个 range 声明,说明地址范围。如果要给 DHCP 客户静态指定 IP 地址,那么每个这样的客户都要有一个 host 声明。对于每个要提供服务的与 DHCP 服务器连接的子网都要有一个 subnet 声明,即使这是个没有 IP 地址要动态分配的子网。

(3) 选项类语句:用来配置 DHCP 可选参数,全部用 option 关键字作为开始。

2. 参数类语句

(1) ddns-update-style 语句

语法如下:

```
ddns-update-style interim;
```

功能：配置 DHCP-DNS 互动更新模式。

(2) default-lease-time 语句

语法如下：

```
default-lease-time time;
```

功能：指定默认的租约时间，这里的 time 是以 s 为单位的。如果 DHCP 客户在请求一个租约但没有指定租约的失效时间，租约时间就是默认的租约时间。

(3) max-lease-time 语句

语法如下：

```
max-lease-time time;
```

功能：最大的租约时间。如果 DHCP 在请求租约时间时有发出特定的租约失效时间的请求，则用最大的租约时间。

(4) hardware 语句

语法如下：

```
hardware hardware-type  hardware-address;
```

功能：指明物理硬件接口类型和硬件地址。硬件地址由 6 个 8 位组构成，每个 8 位组以"："隔开。例如 00：11：22：AB：6D：88。

(5) server-name 语句

语法如下：

```
server-name "name";
```

功能：用于告诉客户服务器的名字。

(6) fixed-address 语句

语法如下：

```
fixed-address address [, address ... ];
```

功能：用于给 DHCP 客户指定一个或多个固定 IP 地址，只能出现在 host 声明里。

3. 声明类语句

(1) share-network 语句

语法如下：

```
shared-network name {
    [参数]
    [声明]
}
```

功能：share-network 语句用于告诉 DHCP 服务器，某些 IP 子网其实是共享同一个物理网络。任何一个在共享物理网络里的子网都必须声明在 share-network 语句里。当属于其子网里的客户启动时,将获得在 share-network 语句里指定参数,除非这些参数被 subnet 或 host 声明里的参数覆盖。用 share-network 语句是一种权宜之计,例如某公司用 B 类网络 111.222,公司里的部门 A 被划在子网 111.222.1.0 里,子网掩码为 255.255.255.0,这里子网号为8 个 bit(比特),主机号也为 8 个 bit。如果部门 A 急速增长,超过了 254 个节点,而物理网络还来不及增加,就要在原来这个物理网络上有两个 8bit 掩码的子网存在,而这两个子网其实是在同一个物理网络上。

shared-network 语句可以如下:

```
shared-network share1 {
    subnet 111.222.1.0 netmask 255.255.255.0 {
        range 111.222.1.20 111.222.1.240;
    }
    subnet 111.222.2.0 netmask 255.255.255.0 {
        range 111.222.2.20 111.222.2.240;
    }
}
```

这里的 share1 是个共享网络名。

(2) subnet 语句

语法如下:

```
subnet 子网 ID netmask 子网掩码 {
    range 起始 IP 地址 结束 IP 地址;   //指定可分配给客户端的 IP 地址范围
    IP 参数;                          //定义客户端的 IP 参数,如子网掩码、默认网关等
}
```

功能:subnet 语句用于提供足够的信息来阐明一个 IP 地址是否属于该子网。也可以提供指定的子网参数,指明哪些属于该子网的 IP 地址可以动态分配给客户,这些 IP 地址必须在 range 声明里指定。subnet-number 可以是个 IP 地址,或者能被解析到这个子网的子网号的域名。netmask 可以是个 IP 地址,或者能被解析到这个子网的掩码的域名。

(3) range 语句

语法如下:

```
range [dynamic-bootp] low-address [high-address];
```

功能:对于任何一个有动态分配 IP 地址的 subnet 语句里,至少要有一个 range 语句,用来指明要分配的 IP 地址的范围。如果只指定一个 IP 地址,那么认为高地址部分被省略了。dynamic-bootp 标志表示会为 BOOTP 客户端动态分配 IP 地址,就像为 DHCP 客户端分配 IP 地址一样。

(4) host 语句

语法如下:

```
host hostname {
    [参数]
```

```
    [声明]
}
```

功能：host 语句的作用是为特定的客户机提供网络信息。

(5) group 语句

语法如下：

```
group {
    [参数]
    [声明]
}
```

功能：该语句给一组声明提供参数，这些参数会覆盖全局设置的参数。

(6) allow 和 deny 语句

语法如下：

```
allow unknown-clients;
deny unknown-clients;
```

功能：allow 和 deny 语句用来控制 dhcpd 对客户的请求处理，unknown-clients 为关键字。allow unknown-clients 允许 dhcpd 动态分配 IP 给未知的客户，而 deny　unknown-clients 则不允许，默认是允许的。

语法如下：

```
allow bootp;
deny bootp;
```

功能：bootp 为关键字，指明 dhcpd 是否响应 bootp 查询，默认是允许的。

4. 选项类语句

选项类语句以 option 开头，后面跟一个选项名，选项名后是选项数据。选项非常多，表 7-3 列出一些常用的选项。

表 7-3　选项类语句常用的选项

语　法	功　能
option subnet-mask ip-address;	为客户端指定子网掩码
option routers ip-address[, ip-address];	为客户端指定默认网关，可以有多个
option time-servers ip-address[, ip-address...];	指明时间服务器的地址
option domain-name-servers ip-address[,ip-address...];	为客户端指定 DNS 服务器的 IP 地址
option host-name string;	为客户端指定主机名称
option domain-name string;	为客户端指定域名
option interface-mtu mtu;	指明网络界面的 MTU(最大传输单元)，这里 mtu 是个正整数
option broadcast-address ip-address;	为客户端指定广播地址

7.2.3 实例——配置 DHCP 客户端

DHCP 客户端可以从 DHCP 服务器获得相关的网络配置信息。

DHCP 客户端可以是 Linux 操作系统,也可以是 Windows 操作系统。

1. Linux 客户端

在 Linux 终端窗口中可执行的相关命令如下:

```
dhclient eth0                                    //获取网络参数
ifconfig eth0                                    //查看获取的网络参数
cat /var/lib/dhclient/dhclient.leases            //查看获取的更详细的网络参数
dhclient -r                                      //释放网络参数
```

dhclient -r 没有真正释放网络参数,下次执行 dhclient eth0 命令时,没有发现阶段(DHCPDISCOVER),而是直接进入选择阶段(DHCPREQUEST)。如果获取不到网络参数,需要删除/var/lib/dhclient/dhclient.leases 文件,再次执行 dhclient eth0 命令即可。

2. Windows 客户端

在 Windows 10 操作系统上,右击桌面上的"网络"图标,在右键菜单中选择"属性"命令,出现"网络和共享中心"面板,如图 7-5 所示。单击右侧的"以太网",在弹出的对话框中单击"属性"按钮,在下一个弹出的对话框中双击"Internet 协议版本 4(TCP/IPv4)",并单击"属性"按钮。在弹出的对话框中选择"常规"选项卡,然后选择"自动获得 IP 地址"即可。

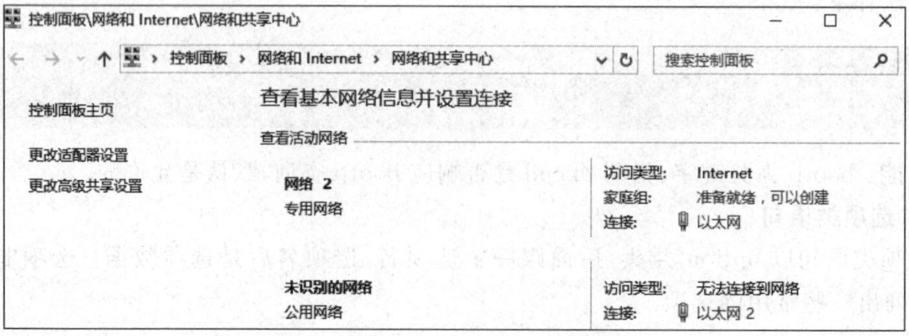

图 7-5 "网络和共享中心"面板

本主机有两块网卡。具体设置如下。

第 1 步:在 Windows 客户端,重启第 1 块网卡后,从 DHCP 服务器获取的网络配置信息见客户租约文件/var/lib/dhcpd/dhcpd.leases。

第 2 步:在 DHCP 服务器端修改 dhcpd.conf 文件,将图 7-4 的 25 行换成 26 行,重启 DHCP 服务器;在 Windows 客户端重启第 1 块网卡后,从 DHCP 服务器获取的网络配置信息如图 7-6 所示。

第 3 步:在 Windows 客户端将第 2 块网卡与 DHCP 服务器相连,重启第 2 块网卡后,从 DHCP 服务器获取的网络配置信息如图 7-7 所示。

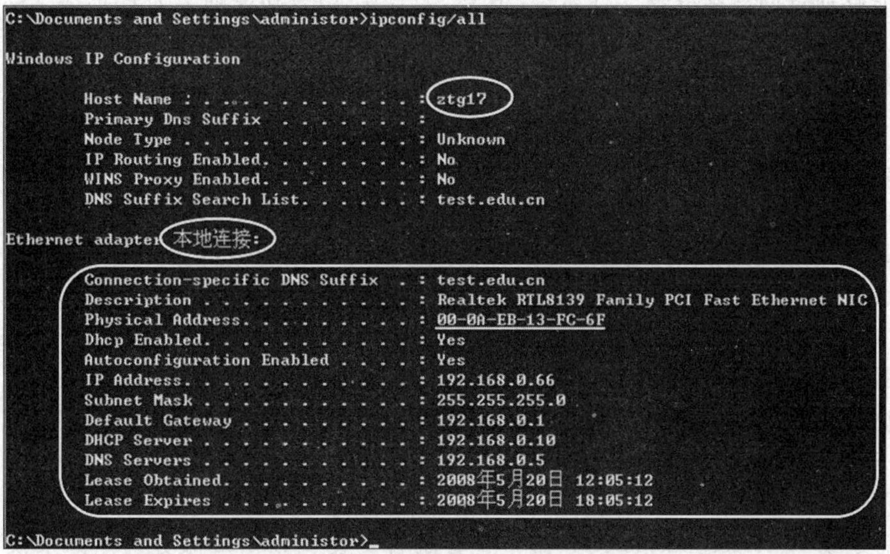

```
C:\Documents and Settings\administor>ipconfig/all

Windows IP Configuration

        Host Name . . . . . . . . . . . . : ztg17
        Primary Dns Suffix  . . . . . . . :
        Node Type . . . . . . . . . . . . : Unknown
        IP Routing Enabled. . . . . . . . : No
        WINS Proxy Enabled. . . . . . . . : No
        DNS Suffix Search List. . . . . . : test.edu.cn

Ethernet adapter 本地连接:

        Connection-specific DNS Suffix  . : test.edu.cn
        Description . . . . . . . . . . . : Realtek RTL8139 Family PCI Fast Ethernet NIC
        Physical Address. . . . . . . . . : 00-0A-EB-13-FC-6F
        Dhcp Enabled. . . . . . . . . . . : Yes
        Autoconfiguration Enabled . . . . : Yes
        IP Address. . . . . . . . . . . . : 192.168.0.66
        Subnet Mask . . . . . . . . . . . : 255.255.255.0
        Default Gateway . . . . . . . . . : 192.168.0.1
        DHCP Server . . . . . . . . . . . : 192.168.0.10
        DNS Servers . . . . . . . . . . . : 192.168.0.5
        Lease Obtained. . . . . . . . . . : 2008年5月20日 12:05:12
        Lease Expires . . . . . . . . . . : 2008年5月20日 18:05:12

C:\Documents and Settings\administor>_
```

图 7-6　第 1 块网卡动态获得 IP 地址

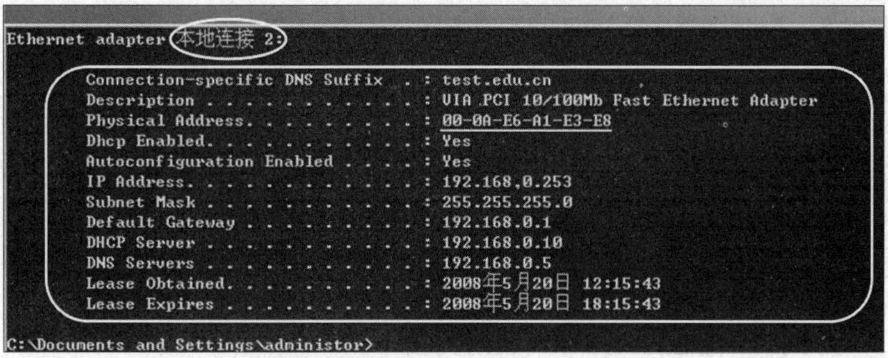

```
Ethernet adapter 本地连接 2:

        Connection-specific DNS Suffix  . : test.edu.cn
        Description . . . . . . . . . . . : VIA PCI 10/100Mb Fast Ethernet Adapter
        Physical Address. . . . . . . . . : 00-0A-E6-A1-E3-E8
        Dhcp Enabled. . . . . . . . . . . : Yes
        Autoconfiguration Enabled . . . . : Yes
        IP Address. . . . . . . . . . . . : 192.168.0.253
        Subnet Mask . . . . . . . . . . . : 255.255.255.0
        Default Gateway . . . . . . . . . : 192.168.0.1
        DHCP Server . . . . . . . . . . . : 192.168.0.10
        DNS Servers . . . . . . . . . . . : 192.168.0.5
        Lease Obtained. . . . . . . . . . : 2008年5月20日 12:15:43
        Lease Expires . . . . . . . . . . : 2008年5月20日 18:15:43

C:\Documents and Settings\administor>
```

图 7-7　第 2 块网卡动态获得 IP 地址

7.3　Samba 服务器的设置

本节介绍 Samba 服务器的设置方法，利用 Samba 可以实现在 Windows 和 Linux 共存的局域网中，不同主机之间能够进行资源共享。

7.3.1　Samba 概述

1. Samba 简介

Samba 是整合了 SMB(Server Message Block)协议及 Netbios 协议的服务器。SMB 是 1987 年由 Microsoft 和 Intel 共同制定的网络通信协议，主要是作为 Microsoft 网络的通信协议。SMB 协议使用了 NetBIOS 的 API，因此它是基于 TCP-NetBIOS 的一个协议。它与 UNIX/Linux 下的 NFS(Network File System，网络文件系统)在功用上相似，都是让客户端机器能够通过网络来分享文件系统，但是 SMB 比 NFS 功能强大而且复杂。Samba 将 Windows 使用的 SMB 通信协议通过 NetBIOS over TCP/IP 搬到了 UNIX/Linux 中。正是由于 Samba 的存在，使得 Windows 和 Linux 可以方便地进行资源共享。

Samba 的核心是两个守护进程 smbd 和 nmbd。smbd(139、445)和 nmbd(137、138)使用的全部配置信息保存在/etc/samba/smb.conf 文件中。该文件向 smbd 和 nmbd 两个守护进程说明共享哪些资源，以及如何进行共享。smbd 守护进程的作用是处理到来的 SMB 数据包、建立会话、验证客户、提供文件系统服务及打印服务等。nmbd 守护进程使得其他主机能够浏览 Linux 服务器。

Samba 服务器能在网络上共享目录，无论是 Linux 还是 Windows 都能访问，就好像一台文件服务器一样，可以决定共享目录的访问权限，可以设定只让某个用户、某些用户或组成员来访问，也能够通过网络共享打印机，并且决定打印机的访问权限。

2. 安装 Samba

若不清楚 RHEL 系统中是否安装了 Samba 服务器，可以在终端窗口执行 rpm -qa|grep samba 命令或 systemctl status smb 命令查看是否安装了 Samba 服务器。如果没有安装 Samba 服务器，执行 yum install samba 命令进行安装。

3. 启动 Samba

安装好 Samba 服务器之后，就可以启动它了。

```
#systemctl start|restart smb          //用来启动/重启 smbd 服务
#systemctl start|restart nmb          //用来启动/重启 nmbd 服务
#systemctl status smb                 //用来查看 smbd 服务的运行状态
#systemctl status nmb                 //用来查看 nmbd 服务的运行状态
#netstat -tlnp|grep smb               //用来查看 smbd 服务的监听端口
#netstat -ulnp|grep nmb               //用来查看 nmbd 服务的监听端口
```

7.3.2 实例——配置 Samba 服务器

Samba 服务器进程的名字、启动脚本、所使用的端口号及配置文件如下。

- 后台进程：smbd(/usr/sbin/smbd)、nmbd(/usr/sbin/nmbd)。
- 启动脚本：/usr/lib/systemd/system/smb.service。
- 使用端口：137、138、139、445。
- 配置文件：/etc/samba/smb.conf。

配置 Samba 服务器的具体操作步骤如下。

第 1 步：修改 Samba 服务器配置文件。

执行 gedit /etc/samba/smb.conf 命令。

在 smb.conf 文件中 security = user 下一行的后面添加如下一行。

```
map to guest =bad user
```

该行的作用是将所有 Samba 服务器主机不能正确识别的用户都映射成 guest(访客)用户，这样其他主机访问 Samba 服务器共享的目录时就不再需要用户名和密码了。

在 smb.conf 文件的最后部分添加如下内容。

```
[share]                       //每一个共享目录都由[目录名]开始,在方框中的目录名是客户
                                端真正看到的共享目录名
    comment =tmp share        //设置共享目录的描述
    path =/share              //设置共享目录的绝对路径,非常重要
    writeable =yes            //设置所有用户是否可以在目录中写入数据
    browseable =yes           //设置用户是否可以在浏览器中看到目录
    guest ok =yes             //设置共享目录是否支持匿名访问
```

保存文件,然后可以执行 testparm 命令检测配置文件 smb. conf 语法的正确性。testparm 命令只能检查关键字段的拼写错误,对于配置值错误需要根据日志文件来判断。

第 2 步:连续执行多个操作命令。

```
#systemctl restart  smb                  //重启 Samba 服务器
#mkdir /share/
#chmod -R 777 /share/
#chcon -R -t public_content_rw_t /share/
#iptables -F
#setsebool -P samba_export_all_rw on
```

如果共享的是/home 目录,则要开启相关的 SELinux 布尔值,命令如下:

```
[root@localhost ~]#getsebool  -a | grep  samba
samba_create_home_dirs -->off
samba_domain_controller -->off
samba_enable_home_dirs -->off
samba_export_all_ro -->off
samba_export_all_rw -->off
[root@localhost ~]#setsebool  -P  samba_enable_home_dirs  1
```

或

```
[root@localhost ~]#setsebool  -P  samba_enable_home_dirs  on
```

第 3 步:Windows 访问 Samba 共享的资源。

在 Windows 中按 Win+R 组合键,在命令运行框内输入"\\10. 98. 194. 197"(假如 Samba 服务器的 IP 地址是 10. 98. 194. 197),按 Enter 键后可以访问 Samba 共享的资源。

注意:Windows 访问 Samba 的共享资源时,需要将 smb. conf 文件中的如下一行取消注释。

```
;netbios name =MYSERVER
```

若一切设置正确,Windows 仍无法访问 Samba 共享的资源,要考虑"计算机名"重名的问题。

第 4 步:在 RHEL 命令行访问 Samba 共享的资源。

使用 smbclient 命令访问共享资源,格式有三种。

格式 1 如下:

```
smbclient  //NetBIOS 名或 IP 地址/共享名 -U 用户名
```

该格式用于访问指定主机的指定共享。当访问 Windows 共享时,-U 选项后的用户名是所访问的 Windows 计算机中的用户账号;当访问 Linux 提供的 Samba 共享时,-U 选项后的用户名是所访问的 Linux 操作系统中的 Samba 用户账号。例如:

```
smbclient        //10.98.194.197/share
```

格式 2 如下:

```
smbclient -L NetBIOS 名或 IP 地址
```

该格式将指定主机所提供的共享列表显示出来。例如:

```
smbclient -L 10.98.194.197
```

格式 3 如下:

```
mount -t cifs -o username= 账号,password= 密码 //ip/目录 挂载点
```

该格式用于挂载远端共享目录。例如:

```
mount -t cifs //10.98.194.197/share /mnt/smb
```

RHEL 桌面环境下访问 Samba 共享的资源时,可以单击"位置"→"浏览网络"按钮。

第 5 步:在/etc/samba/smb.conf 文件中注释掉 map to guest = bad user 一行,重启 Samba 服务器。

第 6 步:添加 Samba 账号,Samba 服务器配置工具要求在添加 Samba 账号之前,在充当 Samba 服务器的系统上必须存在一个有效的用户账号与 Samba 账号相关联。命令如下:

```
#useradd ztg
#passwd ztg
#smbpasswd -a ztg
```

Windows 访问 Samba 共享的资源时会弹出一个对话框,输入用户名 ztg 和密码××××××,即可进行访问。

7.3.3 Samba 服务器的配置文件

Samba 服务器的配置文件是/etc/samba/smb.conf,对 Samba 服务器的配置其实就是对该文件的修改。smb.conf 文件由两部分构成:Global Settings(全局参数设置)和 Share Definitions(共享定义)。

Global Settings:都是与 Samba 服务整体运行环境有关的选项,针对所有共享资源。

Share Definitions:只对当前的共享资源起作用。

smb.conf 文件的语法格式包含了许多区段(section),每个区段都有一个名字,用方括

号括起来，其中比较重要的区段是[global]、[homes]和[printers]。[global]区段定义了全局参数，[homes]区段定义了用户的主目录文件，[printers]区段定义了打印机共享。每个区段里都定义了许多参数，格式为“参数名=参数值”，等号两边的空格被忽略，参数值两边的空格也被忽略，但是参数值里面的空格有意义。如果一行太长，用“\”进行换行。

配置文件 smb.conf 的详细说明如下：

```
#=======================Global Settings ==========================
[global]
    workgroup =MYGROUP
        #这是设置服务器所要加入的工作组的名称，在 Windows 的“网上邻居”中能看到
         MYGROUP 工作组，可以在此设置所需要的工作组的名称
    server string =Samba Server Version %v
        #Samba 使用的变量(%v)说明(见表 7-4)，这是设置服务器主机的说明信息，当在 Windows
         10 的“网络”中打开 Samba 上设置的工作组时，在资源管理器窗口会列出“名称”和“备注”
         栏，其中“名称”栏会显示出 Samba 服务器的 NetBios 名称，而“备注”栏则显示出此处设置
         的 Samba Server。当然，可以修改默认的 Sambe Server，使用自己的描述信息
;netbios name =MYSERVER
        #设置出现在“网络”中的主机名。若要在 Windows 中访问 Samba 服务器共享的资源，必
         须取消注释；另外在同一个网络中若有多台
Samba 服务器，那么，netbios name 的值不要相同
;interfaces =lo eth0 192.168.12.2/24 192.168.13.2/24  #若有多块网卡，要设置监听的网卡
;hosts allow =127. 192.168.12. 192.168.13.
        #这里是设置允许什么样 IP 地址的主机访问 Samba 服务器。默认情况下，hosts allow
         选项被注释，表示允许所有 IP 地址的主机访问
;max protocol =SMB2
#---------------------------Logging Options ---------------------
#log file =specify where log files are written to and how they are split.
#max log size =specify the maximum size log files are allowed to reach. Log
#files are rotated when they reach the size specified with "max log size".
    #log files split per-machine:
    log file =/var/log/samba/log.%m
        #要求 Samba 服务器为每一台连接的机器使用一个单独的日志文件，指定文件的位置、名
         称。Samba 会自动将%m 转换成连接主机的 NetBios 名称
    #maximum size of 50KB per log file, then rotate:
    max log size =50  #指定日志文件最大容量(以 KB 为单位)，设置为 0 表示没有限制
#-----------------------Standalone Server Options -----------------
#security =the mode Samba runs in. This can be set to user, share
#(deprecated), or server (deprecated).
#passdb backend =the backend used to store user information in. New
#installations should use either tdbsam or ldapsam. No additional configuration
#is required for tdbsam. The "smbpasswd" utility is available for backwards
#compatibility.
    security =user
;map to guest =bad user
    passdb backend =tdbsam
#=========================Share Definitions ==================
[homes]  #每个共享目录都由[目录名]开始，方框中的目录名是客户端真正看到的共享目录名
    comment =Home Directories  #针对共享资源所做的说明、注释部分
    browseable =no
```

```
        #设置用户是否可以看到此共享资源。默认值为 yes,若将此参数设置为 no,用户虽看不
          到此资源,但拥有权限的用户仍可直接输入资源的网址来访问
    writable =yes        #设置共享资源是否可以写。若共享资源是打印机则不需要设置此参数
;valid users =%S         #设置可访问的用户。系统会自动将%S 转换成登录账号
;valid users =MYDOMAIN\%S
[printers]
    comment =All Printers   #针对共享资源所做的说明、注释部分
    path =/var/spool/samba   #若共享资源是目录,则指定目录的位置;若为打印机,则指定
                              打印机队列的位置
    browseable =no
    guest ok =no
    writable =no
    printable =yes
#Un-comment the following and create the netlogon directory for Domain Logons:
;[netlogon]
;comment =Network Logon Service
;path =/var/lib/samba/netlogon
;guest ok =yes
;writable =no
;share modes =no
#Un-comment the following to provide a specific roving profile share.
#The default is to use the user's home directory:
;[Profiles]
;path =/var/lib/samba/profiles
;browseable =no
;guest ok =yes         #指定是否允许 guest 账户访问
#A publicly accessible directory that is read only, except for users in the "
 staff" group (which have write permissions):
;[public]
;comment =Public Stuff
;path =/home/samba      #若共享资源是目录,则指定目录的位置;若为打印机,则指定打印机队
                          列的位置
;public =yes  #等同于 guest ok 选项,表示是否允许用户不使用账号和密码便能访问此资源。
               如果使用此功能,当用户没有账号和密码时,则会利用 guest account=所设
               置的账号登录。该选项默认值为 no,即不允许没有账号及密码的用户使用此
               资源
;writable =yes
;printable =no
;write list =+staff      #设置具有写权限的用户列表。这里只允许 zhang 组的成员有写的权限
[share]  #每个共享目录都由[目录名]开始,在方框中的目录名是客户端真正看到的共享目录名
    comment =tmp share   #设置共享目录的描述
    path =/share         #设置共享目录的绝对路径,非常重要
    writeable =yes       #设置是否所有用户可以在目录中写入数据
    browseable =yes      #设置用户是否可以在浏览器中看到目录
    guest ok =yes        #设置共享目录是否支持匿名访问
```

Samba 使用的变量见表 7-4。

表 7-4 Samba 使用的变量

客户端变量		用户变量		共享变量	
%a	客户端体系	%g	用户%u 主要组	%P	当前共享的根目录
%I	客户端 IP 地址	%H	用户%u home 目录	%S	当前的共享名服务器变量
%m	客户端 NetBIOS 名	%U	UNIX 当前用户名	%h	Samba 服务器的 DNS 名字
%M	客户端 DNS 名			%L	Samba 服务器的 NetBIOS 名字
				%v	Samba 版本号
				%T	当前日期和时间
				%N	NIS 共享的目录

7.3.4 SELinux：getsebool、setsebool、chcon、restorecon

传统 Linux 的不足：存在特权用户 root、对于文件的访问权的划分不够细、SUID 程序的权限升级、DAC(Discretionary Access Control，自主访问控制)问题。对于这些不足，防火墙和入侵检测系统都无能为力，在这种背景下出现了 SELinux。

SELinux(Security-Enhanced Linux，安全增强型 Linux)是美国国家安全局(NAS)对于强制访问控制(Mandatory Access Control, MAC)的一种实现，在这种强制访问控制体系下，进程只能访问那些在它的任务中所需要的文件。SELinux 在类型强制服务器中合并了多级安全性或一种可选的多类策略，并采用了基于角色的访问控制概念。

目前，多数 Linux 发行版本，如 Fedora、RHEL、Debian 或 Ubuntu 等，都在内核中启用了 SELinux，并且提供了一个可定制的安全策略，还提供很多库和工具来帮助用户使用 SELinux。

SELinux 系统比传统 Linux 操作系统安全性要高得多，它最小化用户和进程权限，即使受到攻击，也不会对整个系统造成重大影响。

SELinux 的常用命令见表 7-5。

表 7-5 SELinux 的常用命令

命令	功能
sestatus	查询 SELinux 目前的状态
selinuxenabled	查询 SELinux 是否已经启用
getenforce	获得 SELinux 当前的模式：enforcing、permissive、disabled
setenforce	设置 SELinux 模式
getsebool	列出所有 SELinux 布尔值
setsebool	设置 SELinux 布尔值
chcon	修改文件或目录的 SELinux 安全上下文
restorecon	恢复文件或目录的预设 SELinux 安全上下文

1. sestatus

示例如下：

```
[root@localhost ~]#sestatus
SELinux status:                 enabled
```

```
SELinuxfs mount:                    /sys/fs/selinux
SELinux root directory:             /etc/selinux
Loaded policy name:                 targeted
Current mode:                       enforcing
Mode from config file:              enforcing
Policy MLS status:                  enabled
Policy deny_unknown status:         allowed
Max kernel policy version:          28
[root@localhost ~]#
```

2. selinuxenabled

示例如下：

```
#selinuxenabled
#echo $?        //0 表示已经启动 SELinux,1 表示已经关闭 SELinux
0
```

3. getenforce

示例如下：

```
#getenforce
Enforcing
```

4. setenforce

示例如下：

```
#setenforce 0               //设置 SELinux 成为 Permissive 模式,临时关闭 SELinux
#setenforce 1               //设置 SELinux 成为 Enforcing 模式,开启 SELinux
#setenforce Permissive      //设置 SELinux 成为 Permissive 模式,临时关闭 SELinux
#setenforce Enforcing       //设置 SELinux 成为 Enforcing 模式,开启 SELinux
```

目前 SELinux 支持三种模式,分别如下：

Enforcing：强制模式,只要 SELinux 不允许,就无法执行。

Permissive：警告模式,将该事件记录下来,依然允许执行。

Disabled：关闭 SELinux。停用或启用都需要重启计算机。

5. getsebool

语法如下：

```
getsebool [-a] [boolean]
```

SELinux 规范了许多布尔型的数值文件,可以开启或关闭某些功能,这些值存放在/selinux/booleans/目录的相关文件中,这些文件里的值只有 1(启用)或 0(关闭)两种。

示例如下：

```
#getsebool -a             //列出所有的 SELinux 布尔值
#getsebool samba_export_all_rw
samba_export_all_rw -->off
```

6. setsebool

语法如下：

```
setsebool [OPTION] boolean value | bool1=val1 bool2=val2...
```

功能：设置 SELinux 布尔值。

-P 选项表示永久性设置，会将值写入/etc/selinux/targeted/policy/policy. 31 文件中，否则重启系统后又恢复预设值。

示例如下：

```
#setsebool [-P] boolname=val                    //val 为 on/off 或 1/0
#setsebool samba_export_all_rw on               //写入/sys/fs/selinux/booleans/
                                                  samba_export_all_rw 中
#setsebool -P samba_export_all_rw on            //写入/etc/selinux/targeted/
                                                  policy/policy.31 中
```

7. chcon

语法如下：

```
chcon [OPTION]... CONTEXT FILE...
```

或

```
chcon [OPTION]... [-u USER] [-r ROLE] [-l RANGE] [-t TYPE] FILE...
```

或

```
chcon [OPTION]... --reference= RFILE FILE...
```

功能：修改对象(文件)的 SELinux 安全上下文，比如用户、角色、类型、安全级别。

相关参数说明如下。

CONTEXT：为要设置的 SELinux 安全上下文。

FILES：对象(文件)。

--reference：指出参照的对象。

RFILE：参照该文件的 SELinux 安全上下文。

相关选项说明如下。

-f：强迫执行。

-R：递归地修改对象的安全上下文。

-r ROLE：修改安全上下文角色的配置。

-t TYPE：修改安全上下文类型的配置。

-u USER：修改安全上下文用户的配置。

-l，--range=RANGE：修改安全上下文中的安全级别。

示例如下：

```
#chcon -R -t public_content_rw_t /share/
```

8. restorecon

语法如下：

```
restorecon [-iFnprRv0] [-e excludedir] pathname...
```

或

```
restorecon [-iFnprRv0] [-e excludedir] -f filename
```

功能：恢复文件或目录的预设 SELinux 安全上下文。

常用选项说明如下。

-r | -R：包含目录及其子目录，递归操作。

-F：恢复使用预设的预设 SELinux 安全上下文。

-v：显示执行过程。

规格来源：/etc/selinux/targeted/contexts/files/目录内的 file_contexts 与 file_contexts.local。

```
#cd /etc/selinux/targeted/contexts/; ls *context   //默认的 context 设置
failsafe_context  initrc_context  removable_context
userhelper_context  virtual_domain_context  virtual_image_context

#cd /etc/selinux/targeted/contexts/files/; ls      //精确的 context 类型划分
file_contexts file_contexts.homedirs  file_contexts.local  file_contexts.
subs_dist
file_contexts.bin  file_contexts.homedirs.bin  file_contexts.subs  media

#ls /etc/selinux/targeted/policy/                  //策略文件
/etc/selinux/targeted/policy/policy.31
```

示例如下：

```
#restorecon -R /var/www/html/
```

注意：与 SELinux 有关的主要操作有 ls -Z、ps -Z、id -Z 等命令，这几个命令的-Z 选项专用于 SELinux，可以查看文件、进程和用户的 SELinux 安全上下文。chcon 命令用来改变文件的 SELinux 安全上下文。SELinux 的访问规则定义在策略中，只有文件的安全上下文符合策略中的规定时才能够被成功访问。

策略的设置：①目标策略(targeted policy)用于保护常见的网络服务，是 SELinux 的默认值；②严格策略(strict policy)用于提供 RBAC 的策略，具备完整的保护功能，可以保护网络服务、一般指令及应用程序。

策略改变后需要重启计算机。可以通过命令修改相关的具体策略值，也就是修改安全上下文来提高策略的灵活性。

策略的位置是"/etc/selinux/<策略名>/policy/安全上下文"。当启动 SELinux 时,所有文件与对象都有安全上下文。安全上下文由"用户:角色:类型"表示,即 user:role:type。

1. user

user 类似于系统中的 UID,用于身份识别。三种常见的 user 如下。

user_u-:普通用户登录系统后的预设值。

system_u-:开机过程中系统进程的预设值。

root-:root 用户登录后的预设值。

user 在目标策略中不是很重要,但在严格策略中比较重要,所有预设的 SELinux user 都以"_u"结尾,root 用户除外。

2. role

文件与目录的角色(role)通常是 object_r。

程序的角色通常是 system_r。

用户的角色目标策略为 system_r,严格策略为 sysadm_r、staff_r、user_r。

用户的角色类似于系统中的 GID,不同角色具备不同权限,用户可以具备多个角色,但是同一时间内只能使用一角色。

3. type

type(类型)用来将主体与客体划分为不同的组,每个主体和系统中的客体定义了一种类型,为进程运行提供最低的权限环境。当一种类型与执行的进程关联时,该类型也称为域(domain),也叫安全上下文。域或安全上下文是一个进程允许操作的列表,决定一个进程可以对哪种类型进行操作。

7.4　WWW 服务器的设置

现在 Internet 上最热门的服务之一就是 WWW 服务。如果想通过主页向世界介绍自己或自己的公司,就必须将主页放在一台 Web 服务器上,当然可以使用一些免费的主页空间来发布。但是如果有条件,可以注册一个域名,申请一个 IP 地址,并且让 ISP 将这个 IP 地址解析到自己的 Linux 主机上。然后,在 Linux 主机上架设一台 Web 服务器,这样就可以将主页存放在这台自己的 Web 服务器上,通过它把自己的主页向外发布。

Web 服务的实现采用浏览器/服务器(B/S)模型。①客户机运行 WWW 客户端程序(网页浏览器,注意,不是文件浏览器),它提供良好、统一的用户界面。网页浏览器的作用是解释和显示 Web 页面,响应用户的输入请求,并通过 HTTP 协议将用户请求传递给 Web 服务器。②Web 服务器最基本的功能是侦听和响应客户端的 HTTP 请求,向客户端发出请求处理结果信息。Web 服务通常可以分为两种:静态 Web 服务和动态 Web 服务。

Web 服务工作原理:Web 浏览器使用 HTTP 命令向一台特定的服务器发出 Web 页面请求。若该服务器在特定端口(通常是 TCP 80 端口)处接收到 Web 页面请求后,就发送一个应答并在客户和服务器之间建立连接。Web 服务器查找客户端所需文档,若 Web 服务器查找到所请求的文档,就会将所请求的文档传送给 Web 浏览器;若该文档不存在,则服务器会发送一个相应的错误提示文档给客户端。Web 浏览器接收到文档后,就将它显示出来。当客户端浏览完成后,就断开与服务器的连接。

RHEL 8 中提供的 Web 服务器包括 Apache 服务器和 nginx。本书主要介绍 Apache 服务器。

7.4.1 Apache

Apache 服务器是世界排名第一的 Web 服务器。根据 Netsraft(www.netsraft.co.uk)所做的调查,世界上 50%以上的 Web 服务器在使用 Apache。Apache 服务器源自美国国家超级技术计算应用中心(NCSA)的 Web 服务器项目中。目前已在互联网中占据了主导地位。Apache 服务器需要经过精心配置之后才能使它适应高负荷、大吞吐量的互联网工作。Apache 服务器快速、可靠,并且完全免费,源代码完全开放。

1995 年 4 月,最早的 Apache(0.6.2 版)由 Apache Group 公布发行。Apache Group 是一个完全通过 Internet 进行运作的非营利性机构,由它来决定 Apache Web 服务器的标准发行版本中应该包含哪些内容。准许任何人修改隐错,提供新的特征和将它移植到新的平台上,以及其他的工作。当新的代码被提交给 Apache Group 时,该团体审核它的具体内容并进行测试,如果认为满意,该代码就会被集成到 Apache 的主要发行版本中。RHEL 8 的 Apache httpd 服务器升级到了 2.4.35 版本,默认采用 event 模式(多线程高性能模式),替换了之前一直采用的 prefork 模式(多进程模式)。

Apache 服务器进程的名字、启动脚本、所使用的端口号及配置文件如下。

- 后台进程:httpd(/usr/sbin/httpd)。
- 启动脚本:/usr/lib/systemd/system/httpd.service。
- 使用端口:80(http)。
- 主配置文件:/etc/httpd/conf/httpd.conf。
- 默认网站存放目录:/var/www/html/。
- 启动 Apache 服务器:systemctl start httpd.service。

7.4.2 Apache 服务器的默认配置

Apache 服务器的主配置文件是/etc/httpd/conf/httpd.conf,该文件所有配置语句的语法形式为“配置参数名称　参数值”。httpd.conf 中每行包含一条语句,行末使用反斜杠(\)可以换行,但是反斜杠与下一行中间不能有任何其他字符(包括空白)。httpd.conf 的配置语句除了选项的参数值以外,所有选项指令均不区分大小写,可以在每一行前用井号(#)表示注释。原始/etc/httpd/conf/httpd.conf 文件中部分全局配置语句如下:

```
ServerRoot "/etc/httpd"
    #设置服务器的根目录。用于指定守护进程 httpd 的运行目录,httpd 在启动之后自动将进
     程的当前目录改变为这个目录,因此如果设置文件中指定的文件或目录是相对路径,那么真
     实路径就位于这条路径之下
Listen 80                              #设置服务器的监听端口号
User apache                            #设置运行 Apache 服务器的执行者与属组
Group apache
ServerAdmin root@localhost             #设置 Apache 服务器管理员的 E-mail 地址
```

```
#ServerName www.example.com:80     #设定服务器的名称
#默认情况下并不需要指定这个 ServerName 参数,服务器将自动通过名字解析过程来获得自己的
 名字。但如果服务器的名字解析有问题(通常为反向解析不正确),或者没有正式的 DNS 名字,也
 可以在这里指定 IP 地址。如果 ServerName 设置不正确,服务器将不能正常启动

#设置 Apache 服务器根的访问权限。注意:Apache 对一个目录的访问权限的设置能够被下一级
 目录继承
<Directory />
    AllowOverride none
    Require all denied
</Directory>

DocumentRoot "/var/www/html"
        #设置服务器的文档根目录,通常这个目录里有一个 index.html 文件,默认的根文档目
         录是/var/www/html,该选项对应配置文件中的 DirectoryIndex 指令
<Directory "/var/www/html">            #设置根文档目录的访问权限
    Options Indexes FollowSymLinks
        #Indexes:若在目录中找不到 DirectoryIndex 列表中指定的文件,就生成当前的文件
         列表
        #FollowSymLinks:允许符号链接,可以访问不在根文档目录下的文件
        #Apache 服务器可以针对目录进行文档的访问控制。然而访问控制可以通过两种方式来
         实现,一种方法是在 httpd.conf 配置文件中针对每个目录进行设置;另一种方法是在
         每个目录下设置访问控制文件,通常访问控制文件名字为.htaccess。虽然使用这两种
         方法都能用于控制浏览器的访问,但是使用配置文件的方法要求每次修改后要重启
         Apache 服务器,因此该方法主要用于配置服务器系统的整体安全控制策略,而使用每
         个目录下的.htaccess 文件设置具体目录的访问控制更为灵活、方便
    AllowOverride None                 #禁止读取.htaccess 配置文件的内容
    Require all granted                #允许所有链接
</Directory>

<IfModule dir_module>
    DirectoryIndex index.html
        #一般情况下,访问某个网站时,URL 中并没有指定网页文件名,而只是给出了一个目录名
         或网址,Apache 服务器就自动返回这个目录下由 DirectoryIndex 定义的文件。在这
         个目录下可以指定多个文件名,系统会根据指定顺序搜索,当所有由 DirectoryIndex
         指定的文件都不存在时,Apache 服务器可以根据系统设置,生成这个目录下的所有文
         件列表,提供用户选择。此时该目录的访问控制选项中的 Indexes 选项(Options
         Indexes)必须打开,以使得服务器能够生成目录列表,否则将拒绝访问。当访问服务器
         时,会查找 index.html 页面
</IfModule>

AddDefaultCharset UTF-8
IncludeOptional conf.d/*.conf          #包含/etc/httpd/conf.d/*.conf
```

对 Apache 服务器的配置其实就是对 httpd.conf 文件的修改。执行如下命令设置最简单的 Web 服务器。

```
#cd /var/www/html/                    //进入默认网站的存放目录
#gedit index.html                     //编辑 Apache 默认主页文件,内容如下
<h1>hello web world</h1>
#systemctl start httpd                //启动 Apache 服务器
```

测试：在浏览器地址栏输入 10.98.194.197,按 Enter 键后可以看到默认主页。如果因为防火墙的原因不能访问 Apache 服务器,则需执行如下命令。

```
#firewall-cmd  --permanent  --add-service=http      //针对 HTTP 的防火墙策略
#firewall-cmd  --reload                             //重新加载防火墙
#firewall-cmd  --list-all                           //查看防火墙策略
```

7.4.3 实例——静态网站建设

1. 将所有必要的文件复制到 DocumentRoot 目录下

将一个网站(static_web 文件夹)复制到 DocumentRoot 目录(/var/www/html)下。/var/www/html/static_web 内容如下：

```
[root@localhost ~]#ls /var/www/html/static_web/
da.htm files grda.htm index.html jn.htm kkn.htm mzdsc1.htm
mzdsc.htm photo qq.htm wxxs.htm
```

2. 修改/etc/httpd/conf/httpd.conf

修改主配置文件的默认发布目录,将

```
DocumentRoot "/var/www/html"
```

修改为

```
DocumentRoot "/var/www/html/static_web"
```

3. 启动 Apache

执行如下命令,重启 Apache 服务器。

```
httpd -t                        //检测配置文件/etc/httpd/conf/httpd.conf 语法的正确性
systemctl restart  httpd        //重启 Apache 服务器
chcon -R -t httpd_sys_content_t /var/www/html/static_web
                                //设置 SELinux 安全上下文
```

4. 测试

在浏览器地址栏输入 10.98.194.197,按 Enter 键后可以看到默认主页,如图 7-8 所示。由此可知,使用默认配置的 Apache 服务器便可提供基本的 WWW 服务。

如果主配置文件的默认发布目录仍然是/var/www/html,此时需要在浏览器地址栏输入 10.98.194.197/static_web,按 Enter 键后可以看到默认主页。

图 7-8　访问 Web 站点

7.4.4　实例——为每个用户配置 Web 站点

为每个用户配置 Web 站点，可以使得在安装了 Apache 服务器的本地计算机上拥有有效用户账号的每个用户都能够架设自己单独的 Web 站点，配置步骤如下。

第 1 步：修改/etc/httpd/conf.d/userdir.conf 配置文件。

按照如下设置对 userdir.conf 文件中的相应内容进行修改，保存 userdir.conf 文件，然后执行 systemctl restart httpd 命令重启 Apache 服务器。

```
<IfModule mod_userdir.c>
    UserDir disable root    //禁止 root 用户使用自己的个人站点，这主要是出于安全性考虑
    UserDir public_html     //对每个用户 Web 站点目录的设置
</IfModule>

<Directory /home/*/public_html>   //该小节用来设置每个用户 Web 站点目录的访问权限
    AllowOverride FileInfo AuthConfig Limit Indexes
    Options MultiViews Indexes SymLinksIfOwnerMatch IncludesNoExec
    Require method GET POST OPTIONS
</Directory>
```

可以使用<Directory 目录路径>和</Directory>这对语句为主目录或虚拟目录设置权限。它们是一对容器语句，必须成对出现，它们之间封装的是具体的设置目录权限的语句，这些语句仅对被设置目录及其子目录起作用。对 Directory 指令内的 Options 指令中的目录选项的说明见表 7-6。

表 7-6　Options 目录选项及其说明

选　项	说　明
All	All 包含了除 MultiViews 之外的所有特性,如果没有 Options 语句,默认为 All
ExecCGI	允许在该目录下执行 CGI 脚本。若不选择该项,则所有的 CGI 脚本都不会被执行
FollowSymLinks	可以在该目录中使用符号链接
Includes	允许服务器端(Server-Side Includes,SSI)的包含
IncludesNOEXEC	允许服务器端的包含,但是在 CGI 脚本中禁用 # exec 和 # include 命令。按照默认设置,SSI 模块不能执行命令。除非在极端必要的情况下,建议不要改变这个设置,因为它有可能使攻击者能够在系统上执行命令
Indexes	允许目录浏览。当客户仅指定要访问的目录,但没有指定要访问目录下的哪个文件,且目录下不存在 index.html(由 DirectoryIndex 指定)时,Apache 以超文本形式返回目录中的文件和子目录列表(虚拟目录不会出现在目录列表中)
Multiview	允许内容协商的多重视图。MultiViews 其实是 Apache 的一个智能特性。当客户访问目录中一个不存在的对象时,如访问 http://192.168.16.177/icons/a 时,则 Apache 会查找这个目录下所有的 a.* 文件。由于 icons 目录下存在 a.gif 文件,因此 Apache 会将 a.gif 文件返回给客户,而不是返回出错信息。该选项默认被禁用
SymLinksIfOwnerMatch	如果一个符号链接的源和目标同属于一个拥有者,则允许跟进符号链接

第 2 步:为每个用户的 Web 站点目录配置访问控制。

以 ztg 用户为例,依次执行如下的命令。

```
[root@localhost ~]#su -ztg
[ztg@localhost ~]$mkdir public_html
[ztg@localhost ~]$cd ..
[ztg@localhost home]$chmod 711 /home/ztg //或 chmod a+x /home/ztg/
[ztg@localhost home]$chmod 755 /home/ztg/public_html
                                        //或 chmod a+rx /home/ztg/public_html/
[ztg@localhost home]$exit
[root@localhost ~]#chcon -R -t httpd_sys_content_t /home/ztg/public_html/
[root@localhost ~]#setsebool -P httpd_enable_homedirs 1
                                        //RHEL 8 中可以不执行该命令
```

第 1 条命令用于回到 ztg 用户的根目录,第 2 条命令(mkdir)创建 public_html 目录,第 4、5 条命令(chmod)修改 ztg、public_html 目录的权限,第 6 条命令返回 root 用户,第 7 条命令改变 public_html 目录的属性。

第 3 步:将网页文件 index.html 复制到/home/ztg/public_html/中。

第 4 步:重启 Apache 服务器,命令为 systemctl restart httpd。

第 5 步:测试效果,命令如下。

```
[root@localhost ~]#echo  ztg  web >/home/ztg/public_html/index.html
```

在浏览器地址栏中输入 http://10.98.194.197/~ztg,即可访问用户 ztg 的个人网站。

注意：读者一定不要忘记修改 ztg 和 public_html 目录的权限，否则将会出现拒绝访问的错误提示。修改了 userdir.conf 文件后，一定要重启 Apache 服务器。

7.4.5 实例——配置基于 IP 的虚拟主机

所谓虚拟主机，是指将一台机器虚拟成多台 Web 服务器。利用虚拟主机技术，可以把一台真正的 Web 主机分割成许多虚拟的 Web 主机，多台虚拟 Web 主机共享物理资源，从而实现多用户对硬件资源、网络资源的共享，大幅度降低了用户的建站成本。

举个例子来说，一家公司想提供主机代管服务，它为其他企业提供 Web 服务，那么它肯定不是为每一家企业都各准备一台物理上的服务器，而是用一台功能较强大的大型服务器，然后用虚拟主机的形式提供多个企业的 Web 服务，虽然所有的 Web 服务都是这台服务器提供的，但是让访问者看起来如同在不同的服务器上获得 Web 服务一样。可以利用虚拟主机服务将两个不同公司 www1.test.edu.cn 与 www2.test.edu.cn 的主页内容都存放在同一台主机上。而访问者只需输入公司的域名就可以访问到主页内容。

虚拟主机功能允许用户在不同 IP 地址、不同域名或不同端口运行不同的服务器，也可以让不同的域名指向相同的服务器。若没有设置虚拟主机的属性，则使用默认设置。

用 Apache 设置虚拟主机服务通常可以采用两种方案：基于 IP 地址的虚拟主机和基于域名的虚拟主机，这两种配置方法都要使用 VirtualHost 容器，本书介绍基于 IP 地址的虚拟主机。

虚拟主机容器中有以下 5 条指令，作用见表 7-7。

```
#<VirtualHost *:80>
#    ServerAdmin webmaster@dummy-host.example.com
#    DocumentRoot /www/docs/dummy-host.example.com
#    ServerName dummy-host.example.com
#    ErrorLog logs/dummy-host.example.com-error_log
#    CustomLog logs/dummy-host.example.com-access_log common
#</VirtualHost>
```

表 7-7 VirtualHost 容器中指令的说明

指令名称	作用
ServerAdmin	指定虚拟主机管理员的 E-mail
DocumentRoot	指定虚拟主机的根文档目录
ServerName	指定虚拟主机的名称和端口号
ErrorLog	指定虚拟主机的错误日志存放路径
CustomLog	指定虚拟主机的访问日志存放路径

注意：每台虚拟主机都会从主服务器继承相关的配置，因此当使用 IP 地址或域名访问虚拟站点时，能够显示相应目录中的 index.html 主页内容。

这种方式需要在主机上设置 IP 别名，也就是在一台主机的网卡上绑定多个 IP 地址去为多台虚拟主机服务。

第 1 步：设置 IP 地址。

首先在一块网卡上绑定多个 IP 地址，执行如下命令即可。

```
#ifconfig enp8s0:0 222.11.22.22  up
#ifconfig enp8s0:1 222.11.22.33  up
```

第 2 步：创建虚拟主机目录。

执行如下命令，在/var/www/目录中创建两个目录，分别为 virtualhost_ip1 和 virtualhost_ip2，然后将网页文件分别复制到这两个目录中。

```
#mkdir /var/www/virtualhost_ip1
#mkdir /var/www/virtualhost_ip2
```

第 3 步：新建配置文件/etc/httpd/conf.d/virtualhost.conf。

在/etc/httpd/conf.d/virtualhost.conf 文件中添加如下内容，保存 virtualhost.conf 文件，然后执行 systemctl restart httpd 命令重启 Apache 服务器。

```
#NameVirtualHost   *:80    //将此行注释掉
<VirtualHost 222.11.22.22>
   DocumentRoot /var/www/virtualhost_ip1
</VirtualHost>
<VirtualHost 222.11.22.33>
   DocumentRoot /var/www/virtualhost_ip2
</VirtualHost>
```

第 4 步：测试。

```
#echo virtualhost_ip1 >/var/www/virtualhost_ip1/index.html
#echo virtualhost_ip2 >/var/www/virtualhost_ip2/index.html
```

在浏览器地址栏中输入 http://222.11.22.22，即可访问虚拟主机 virtualhost_ip1。

在浏览器地址栏中输入 http://222.11.22.33，即可访问虚拟主机 virtualhost_ip2。

7.4.6 实例——基于主机的授权

Apache 服务器的管理员需要对一些关键信息进行保护，即只能是合法用户才能访问这些信息。Apache 服务器提出了两种方法：一种是基于主机的授权，该方法在此任务中介绍；另一种是基于用户的认证，将在 7.4.7 小节中介绍。基于主机的授权通过修改 httpd.conf 文件即可完成。

基于主机的授权的操作步骤如下。

第 1 步：创建目录 secret。

执行如下命令，在/var/www/html/目录中创建一个 secret 目录，然后将网页文件复制到这个目录中。

```
#mkdir /var/www/html/secret
```

第 2 步：修改主配置文件 httpd.conf。

在 httpd.conf 文件末尾添加如下内容，保存 httpd.conf 文件，然后执行 systemctl

restart httpd 命令重启 Apache 服务器。

```
<Directory "/var/www/html/secret">
    #Require all granted
    Require ip 10.98.71.165
</Directory>
```

第 3 步：测试。

```
#systemctl restart  httpd
#echo secret web >/var/www/html/secret/index.html
```

在 IP 地址为 10.98.194.197 的主机上访问该 WWW 服务器，在浏览器地址栏中输入 http://10.98.194.197/secret，访问被拒绝（注意，此处是本机测试，主要说明配置指令的用法）。

读者可以对第 2 步的配置进行调整，要记着保存 httpd.conf 文件后重启 Apache 服务器。

Require 配置指令的使用说明见表 7-8。

表 7-8　Require 配置指令的使用说明

指　　令	作　　用
Require all granted	允许所有请求访问资源
Require all denied	拒绝所有请求访问资源
Require env env-var [env-var] …	当指定环境变量设置时允许访问
Require method http-method [http-method] …	允许指定的 HTTP 请求方法访问资源
Require expr expression	当 expression 返回 true 时允许访问资源
Require user userid [userid] …	允许指定的用户 ID 访问资源
Require group group-name [group-name] …	允许指定的组内的用户访问资源
Require valid-user	所有有效的用户可访问资源
Require ip 10 172.20 192.168.2	允许指定 IP 的客户端可访问资源
Require not group select	select 组内的用户不可访问资源

7.4.7　实例——基于用户的认证

对于安全性要求较高的场合，一般采用基于用户的认证方法，该方法与基于主机的授权方法有一定关系。当用户访问 Apache 服务器的某个目录时，会先根据 httpd.conf 文件中 Directory 小节的设置来决定是否允许用户访问该目录。如果允许，还会继续查找该目录或其父目录中是否存在.htaccess 文件，用来决定是否要对用户进行身份认证。基于用户的认证方法可以在 httpd.conf 文件中进行配置，也可以在.htaccess 文件中进行配置，下面分别介绍它们的配置过程。

1. 在主配置文件中配置认证和授权

第 1 步：创建目录 auth。

执行如下命令，在/var/www/html/目录中创建一个目录 auth，然后将网页文件复制到这个目录中。

```
#mkdir /var/www/html/auth
```

第 2 步：修改主配置文件 httpd. conf，配置用户认证。

在 httpd. conf 文件末尾添加如下内容，保存 httpd. conf 文件，然后执行 systemctl restart httpd 命令重启 Apache 服务器。

```
<Directory "/var/www/html/auth">
    AllowOverride None   //不使用.htaccess 文件，直接在 httpd.conf 文件中进行认证和
                         授权
    AuthType Basic
    AuthName "auth"
    AuthUserFile /etc/httpd/conf/authpasswd
    Require user auth me
</Directory>
```

第 3 步：创建 Apache 用户。

只有合法的 Apache 用户才能访问相应目录下的资源，Apache 服务器软件包中有一个用于创建 Apache 用户的工具 htpasswd，执行如下命令，添加了一个名为 auth 的 Apache 用户。

```
#htpasswd -c /etc/httpd/conf/authpasswd auth
```

htpasswd 命令的参数-c，表示创建一个新的用户密码文件(authpasswd)，这只是在添加第一个 Apache 用户时是必需的，此后再添加 Apache 用户或修改 Apache 用户密码时就可以不加该参数了，按照此方法，再为 Apache 添加一个用户 me。

```
#htpasswd /etc/httpd/conf/authpasswd me
#cat /etc/httpd/conf/authpasswd
auth:$apr1$r2b9rZpe$O.Rz1w.lA5RCRPOtujbTN0
me:$apr1$n6vQu7a1$QFJS2aeTppuEySC9bQGXa1
#chown apache.apache /etc/httpd/conf/authpasswd
```

第 4 步：测试。

```
#systemctl restart httpd.service
#echo auth web >/var/www/html/auth/index.html
```

在其他主机上访问该 WWW 服务器，在浏览器地址栏中输入 http://10.98.194.197/auth，会弹出对话框，要求输入用户名和密码。输入合法的 Apache 用户名和密码，单击“确定”按钮，如果用户名和密码是第 3 步创建的，那么就可访问相应的网页了。

2. 在.htaccess 文件中配置认证和授权

如果选定了让.htaccess 文件取代目录选项，在目录.htaccess 中的配置文件优先得到执行。

第 1 步：修改主配置文件 httpd. conf。

将前面第 2 步的设置修改为如下内容，保存 httpd.conf 文件，然后执行 systemctl restart httpd 命令重启 Apache 服务器。

```
<Directory "/var/www/html/auth">
    AllowOverride AuthConfig
    #AllowOverride None
    #AuthType Basic
    #AuthName "auth"
    #AuthUserFile /etc/httpd/conf/authpasswd
    #Require user auth me
</Directory>
```

第 2 步：生成.htaccess 文件。

新建/var/www/html/auth/.htaccess 文件，文件内容如下：

```
AuthType Basic
AuthName "auth"
AuthUserFile /etc/httpd/conf/authpasswd
Require user auth me
```

第 3 步：测试。

在其他主机上访问该 WWW 服务器，在浏览器地址栏中输入 http://10.98.194.197/auth 进行测试。

注意：所有的认证配置指令既可以出现在主配置文件 httpd.conf 的 Directory 容器中，也可以出现在.htaccess 文件中。该文件中常用的配置指令及其作用见表 7-9。

表 7-9 .htaccess 文件中常用的配置指令及其作用

配置指令	作用
AuthName	指定认证区域名称，该名称是在提示对话框中显示给用户的
AuthType	指定认证类型
AuthUserFile	指定一个包含用户名和密码的文本文件
AuthGroupFile	指定包含用户组清单和这些组的成员清单的文本文件
Require	指定哪些用户或组能被授权访问。Require user ztg me 表示只有 ztg 和 me 用户可以访问；Require group ztg 表示只有 ztg 组中成员可以访问；Require valid-user 表示在 AuthUserFile 指定文件中的任何用户都可以访问

7.4.8 实例——组织和管理 Web 站点

WWW 服务器中的内容会随着时间的推移越来越多，这样就会给服务器的维护带来一些问题，比如，在根文档目录空间不足的情况下如何继续添加新的站点内容，在文件移动位置之后如何使用户仍然能够访问。下面给出了几种解决方法。

1. 符号链接

在 Apache 的默认配置中已经包含了符号链接的指令(Options FollowSymLinks)，故只需依次执行如下命令创建符号链接即可。第 1 条命令是进入根文档目录，第 2 条命令用来创建符号链接。

```
[root@localhost ~]#cd /var/www/html
[root@localhost html]#mkdir /opt/www_extend
[root@localhost html]#ln -s /opt/www_extend symlinks
                                              //在根文档目录下创建符号链接
[root@localhost html]#echo www extend >/opt/www_extend/index.html
```

在/etc/httpd/conf.d/virtualhost.conf 文件的最后添加如下内容，保存 virtualhost.conf 文件，然后执行 systemctl restart httpd 命令重启 Apache 服务器。

```
<VirtualHost 10.98.194.197>
    Options Indexes FollowSymLinks
    DocumentRoot /var/www/html
</VirtualHost>
```

在客户端浏览器地址栏中输入 http://10.98.194.197/symlinks 进行测试。

2. 页面重定向

当用户经常访问某个站点的目录时，便会记住这个目录的 URL。如果站点进行了结构更新，那么用户再使用原来的 URL 访问时就会出现“页面没找到”的错误提示信息。为了让用户可以继续使用原来的 URL 访问，就需要配置页面重定向。例如，一个静态站点中用一个目录 years 存放当前季度的信息，如春季 spring。当到了夏季，就将 spring 目录移到 years.old 目录中，此时 years 目录中存放 summer，此时就应该将 years/spring 重定向到 years.old/spring。

详细步骤如下。

第 1 步：在/var/www/html 中创建两个目录 years 和 years.old，然后再在 years 中创建目录 spring，并且在 spring 目录中创建网页文件。

在客户端浏览器地址栏中输入 http://10.98.194.197/years/spring 进行测试。

第 2 步：若到了夏季，spring 被移到 years.old 中，则应修改 httpd.conf 文件，在文件尾加上 Redirect 303 /years/spring http://10.98.194.197/years.old/spring 一行指令。保存文件，重启 Apache 服务器。

再在客户端浏览器地址栏中输入 http://10.98.194.197/years/spring 进行测试。

提示：要在 httpd.conf 文件尾加上重定向指令。

7.4.9 CGI 运行环境的配置

Web 浏览器、Web 服务器和 CGI 程序之间的工作流程如下：

(1) 用户通过 Web 浏览器访问 CGI 程序。

(2) Web 服务器接收用户的请求，并交给 CGI 程序处理。

(3) CGI 程序根据输入数据执行操作，如查询数据库、计算数值或调用系统中的其他程序。

(4) CGI 程序产生某种 Web 服务器能理解的输出结果。

(5) Web 服务器接收来自 CGI 程序的输出并且把它传回 Web 浏览器。

1. Perl 语言解释器

默认情况下，Red Hat Enterprise Linux 安装程序会将 Perl 语言解释器安装在系统上。如果没有安装，请自行安装。

2. 测试 CGI 运行环境

新建/var/www/cgi-bin/test.cgi 文件，内容如下：

```
#!/usr/bin/perl
print "Content-type: text/html\n\n";
print "Hello World!\n";
```

执行命令＃ chmod ＋x /var/www/cgi-bin/test.cgi，为 test.cgi 文件添加运行权限。

在浏览器地址栏中输入 http://10.98.194.197/cgi-bin/test.cgi 进行测试。

3. 配置 httpd.conf 来支持 CGI

修改 httpd.conf 文件，将＃AddHandler cgi-script .cgi 修改为 AddHandler cgi-script .cgi .pl。该语句告诉 Apache 扩展名为.cgi、.pl 的文件是 CGI 程序。在 httpd.conf 文件最后添加如下内容。

```
<Directory "/var/www/html/cgi">
   Options ExecCGI
</Directory>
```

保存 httpd.conf 文件，然后执行 systemctl restart httpd 命令重启 Apache 服务器。

创建目录。

```
#mkdir  /var/www/html/cgi
```

新建/var/www/html/cgi/test.cgi 和/var/www/html/cgi/test.pl 文件，这两个文件的内容一样。

```
#chmod +x /var/www/html/cgi/test.*
#chcon -R -t httpd_sys_script_exec_t  /var/www/html/cgi/
```

在浏览器地址栏中输入 http://10.98.194.197/cgi/test.pl 进行测试。

在浏览器地址栏中输入 http://10.98.194.197/cgi/test.cgi 进行测试。

7.5　防火墙的设置——iptables

通过使用防火墙可以实现的功能：①保护易受攻击的服务；②控制内外网之间的互访；③集中管理内网的安全性，降低管理成本；④提高网络的保密性和私有性；⑤记录网络的使用状态，为安全规划和网络维护提供依据。

防火墙技术根据防范方式和侧重点的不同而分为多种类型，但总体来讲可分为包过滤防火墙、应用代理（网关）防火墙和状态（检测）防火墙。

包过滤防火墙工作在网络层,对数据包的源及目的 IP 地址具有识别和控制作用。对于传输层,也只能识别 TCP/UDP 所用的端口信息。由于只对数据包的 IP 地址、TCP/UDP 协议和端口进行分析,包过滤防火墙的处理速度较快,并且易于配置。

在 RHEL 8 之前的几个版本中,RHEL 提供了一款非常优秀的防火墙工具——netfilter/iptables,它免费且功能强大,可以对流入/流出的信息进行灵活控制,并且可以在一台低配置机器上很好地运行。

在 RHEL 8 中,nftables 替代 iptables 成为默认的网络过滤框架,并且如 iptables 一样使用表来存储 INPUT、OUTPUT 和 FORWARD 链。可以将已存在的 iptables 或 ip6tables 规则转换为 nftables 规则。nftables 是 firewalld 守护进程的默认后端。

7.5.1 netfilter/iptables 简介

Linux 在 2.4 以后的内核中包含 netfilter/iptables,系统这种内置的 IP 数据包过滤工具使得配置防火墙和数据包过滤变得更加容易,使用户可以完全控制防火墙配置和数据包过滤。netfilter/iptables 允许为防火墙建立可定制的规则来控制数据包过滤,并且还允许配置有状态的防火墙。另外,netfilter/iptables 还可以实现 NAT(网络地址转换)和数据包的分割等功能。

netfilter 组件存在于内核空间,是 Linux 内核的一部分,由一些数据包过滤表组成,这些表包含内核用来控制数据包过滤的规则集。

iptables 组件存在于用户空间,它使插入、修改和删除数据包过滤表中的规则变得容易。使用 iptables 构建自己定制的规则存储在内核空间的过滤表中,这些规则中的目标(target)告诉内核,对满足条件的数据包采取相应的措施。根据规则处理数据包的类型,将规则添加到不同的链中。

数据包过滤表(filter)中内置的默认主规则链有以下三个。

INPUT 链:添加处理入站数据包的规则。

OUTPUT 链:添加处理出站数据包的规则。

FORWARD 链:添加处理正在转发的数据包的规则。

每个链都可以有一个策略,即要执行的默认操作。当数据包与链中的所有规则都不匹配时,将执行此操作(理想的策略是应该丢弃该数据包)。

数据包经过过滤表的过程如图 7-9 所示。

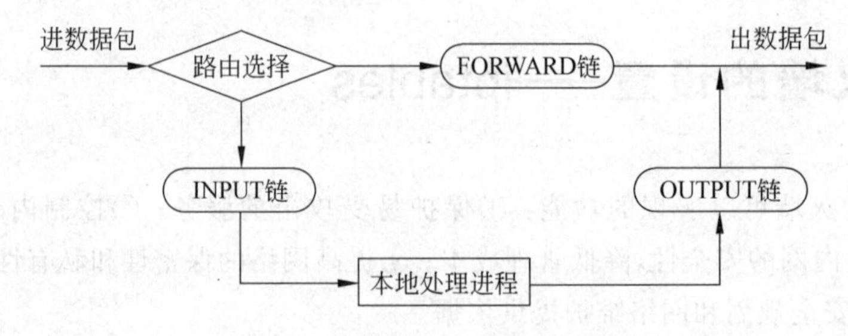

图 7-9　数据包经过过滤表的过程

7.5.2 iptables的语法及其使用

通过使用 iptables 命令建立过滤规则，并将这些规则添加到内核空间过滤表中的链里。添加、删除和修改规则的命令的语法如下：

```
iptables [-t table] command [match] [target]
```

1. table

[-t table]有三种可用的表选项：filter、nat 和 mangle。这些选项不是必需的，如未指定，则将 filter 作为默认表。

filter 表用于一般的数据包过滤，包含 INPUT、OUTPUT 和 FORWARD 链。

nat 表用于要转发的数据包，包含 PREROUTING、OUTPUT 和 POSTROUTING 链。

mangle 表用于数据包及其头部的更改，包含 PREROUTING 和 OUTPUT 链。

2. command

command 是 iptables 命令中最重要的部分，它告诉 iptables 命令要进行的操作，如插入规则、删除规则、将规则添加到链尾等。iptables 命令常用的一些子命令见表 7-10。

表 7-10 iptables 命令常用的一些子命令

子命令	功能
-A	该子命令将一条规则附加到链的末尾
-D	通过用-D 指定要匹配的规则或者指定规则在链中的位置编号。该子命令从链中删除当前规则
-I	在指定的位置插入一条规则
-R	替换规则列表中的某条规则
-P	设置链的默认目标，即策略。所有与链中任何规则都不匹配的包将被强制使用此策略
-N	用子命令中所指定的名称创建一条新链
-F	若指定链名，该子命令删除链中的所有规则；若未指定链名，该子命令删除所有链中的所有规则
-X	清除预设过滤表中使用者自定义链中的规则
-L	列出指定链中的所有规则

示例如下：

```
#iptables -A INPUT -s 192.168.0.10 -j ACCEPT
  //将一条规则附加到 INPUT 链的末尾，来自源地址 192.168.0.10 的数据包可以接收(ACCEPT)
#iptables -D INPUT --dport 80 -j DROP                    //从 INPUT 链删除规则
#iptables -P INPUT  DROP
  //将 INPUT 链的默认目标设为 DROP，将丢弃所有与 INPUT 链中任何规则都不匹配的包
```

3. match

match 指定数据包与规则匹配所应具有的特征，比如源 IP 地址、目的 IP 地址、协议等。常用的规则匹配器见表 7-11。

表 7-11　iptables 命令常用的规则匹配器

选　项	功　能
-p ＜协议＞	用于检查某些特定协议，有 TCP、UDP、ICMP、用逗号分隔的任何这三种协议的组合列表以及 ALL(用于所有协议)。ALL 是默认匹配。可以使用"!"符号，表示不与该项匹配
-s ＜ip 地址 | 网段 | 域名＞	用于根据数据包的源 IP 地址来与它们匹配。该匹配还允许对某一范围内的 IP 地址进行匹配，可以用"!"符号，表示不与该项匹配
-d ＜ip 地址 | 网段 | 域名＞	用于根据数据包的目的 IP 地址来与它们匹配。该匹配还允许对某一范围内的 IP 地址进行匹配，可以使用"!"符号，表示不与该项匹配
--dport ＜端口＞	目的端口，需指定-p 选项
--sport ＜端口＞	源端口，需指定-p 选项
-i	是指进入方向的网络接口
-o	是指出去方向的网络接口

示例如下：

```
#iptables -A INPUT -p TCP -j ACCEPT
#iptables -A INPUT -p !ICMP -j ACCEPT
#iptables -A INPUT -d 192.168.1.1 -j DROP
#iptables -A OUTPUT -d 192.168.0.10 -j DROP
#iptables -A OUTPUT -d !210.43.1.100 -j ACCEPT
```

4. target

目标是由规则指定的操作，对与规则相匹配的数据包执行这些操作。iptables 命令常用的一些目标及其功能说明见表 7-12。

表 7-12　iptables 命令常用的目标及其功能说明

目　标	功　能
ACCEPT	当数据包与具有 ACCEPT 目标的规则完全匹配时会被接收(允许它前往目的地)，并且它将停止遍历链。该目标被指定为-j ACCEPT
DROP	当数据包与具有 DROP 目标的规则完全匹配时会阻塞该数据包，并且不对它做进一步处理。该目标被指定为-j DROP
REJECT	该目标的工作方式与 DROP 目标类似，不同之处在于 REJECT 不会在服务器和客户机上留下死套接字，REJECT 将错误消息发送给数据包发送方。该目标被指定为-j REJECT
RETURN	在规则中设置的 RETURN 目标让与该规则匹配的数据包停止遍历包含该规则的链。若链是如 INPUT 之类的主链，则使用该链的默认策略处理数据包。该目标被指定为-j RETURN

5. 规则匹配的顺序

规则从上到下进行匹配，如果规则允许访问则直接通过，如果上一个规则明确禁止访问则直接拒绝。当上一个规则没有定义的时候则会比较下一个规则。

6. 保存规则

用上述方法建立的规则被保存到内核中，这些规则在系统重启时将丢失。如果希望在系统重启后还能使用这些规则，则必须使用 iptables-save 命令将规则保存到某个文件

(iptables-script)中。

```
#iptables-save >iptables-script
```

执行如上命令后,数据包过滤表中的所有规则都被保存到 iptables-script 文件中。当系统重启时,可以执行 iptables-restore iptables-script 命令将规则从 iptables-script 文件中恢复到内核空间的数据包过滤表中。

7.5.3 实例——防火墙的设置:iptables

在终端窗口执行 iptables -L 命令,输出内容如下:

```
[root@localhost ~]#iptables -L -t
filter mangle nat
[root@localhost ~]#iptables -L
Chain INPUT (policy ACCEPT)
target        prot opt source   destination
ACCEPT        udp  --  anywhere anywhere    udp dpt:domain
ACCEPT        tcp  --  anywhere anywhere    tcp dpt:domain
ACCEPT        udp  --  anywhere anywhere    udp dpt:bootps
ACCEPT        tcp  --  anywhere anywhere    tcp dpt:bootps
ACCEPT        all  --  anywhere anywhere    ctstate RELATED,ESTABLISHED
ACCEPT        all  --  anywhere anywhere
INPUT_direct all  --  anywhere anywhere
INPUT_ZONES  all  --  anywhere anywhere
DROP          all  --  anywhere anywhere    ctstate INVALID
REJECT        all  --  anywhere anywhere    reject-with icmp-host-prohibited

Chain FORWARD (policy ACCEPT)
target  prot  opt  source    destination
ACCEPT  all   --   anywhere  192.168.122.0/24  ctstate RELATED,ESTABLISHED

Chain OUTPUT (policy ACCEPT)
target  prot  opt  source    destination
ACCEPT  udp   --   anywhere  anywhere     udp dpt:bootpc

Chain INPUT_ZONES (1 references)
target                 prot  opt  source    destination
IN_FedoraWorkstation  all   --   anywhere  anywhere      [goto]

Chain IN_FedoraWorkstation (2 references)
target                       prot  opt  source    destination
IN_FedoraWorkstation_allow  all   --   anywhere  anywhere
Chain IN_FedoraWorkstation_allow (1 references)
target prot opt source   destination
ACCEPT tcp  --  anywhere anywhere   tcp dpt:ssh ctstate NEW,UNTRACKED
ACCEPT udp  --  anywhere anywhere   udp dpt:netbios-ns ctstate NEW,UNTRACKED
ACCEPT udp  --  anywhere anywhere   udp dpt:netbios-dgm ctstate NEW,UNTRACKED
```

下面是一个 iptables 的脚本实例,读者要根据自己的环境需求进行相应的调整。

```
#!/bin/bash
#INET_IF="ppp0"                          #外网接口
INET_IF="eth1"                           #外网接口
LAN_IF="eth0"                            #内网接口
INET_IP="218.29.22.56"
LAN_IP_RANGE="192.168.1.0/24"            #内网 IP 地址范围,用于 NAT
LAN_WWW="192.168.1.22"
IPT="/sbin/iptables"                     #定义变量
MODPROBE="/sbin/modprobe"

$MODPROBE ip_tables                      #下面 9 行加载相关模块
$MODPROBE iptable_nat
$MODPROBE ip_nat_ftp
$MODPROBE ip_nat_irc
$MODPROBE ipt_mark
$MODPROBE ip_conntrack
$MODPROBE ip_conntrack_ftp
$MODPROBE ip_conntrack_irc
$MODPROBE ipt_MASQUERADE

for TABLE in filter nat mangle ; do      #清除所有防火墙规则
$IPT -t $TABLE -F
$IPT -t $TABLE -X
done

$IPT -P INPUT  DROP                      #下面 6 行设置 filter 表和 nat 表的默认策略
$IPT -P OUTPUT  ACCEPT
$IPT -P FORWARD  DROP
$IPT -t nat -P PREROUTING  ACCEPT
$IPT -t nat -P POSTROUTING  ACCEPT
$IPT -t nat -P OUTPUT  ACCEPT

#DNAT
$IPT -t nat -A PREROUTING -d $INET_IP -p tcp --dport 80 -j DNAT --to-
destination $LAN_WWW:80

#SNAT
if [ $INET_IF ="ppp0" ] ; then
$IPT -t nat -A POSTROUTING -o $INET_IF -s $LAN_IP_RANGE -j MASQUERADE
else
$IPT -t nat -A POSTROUTING -o $INET_IF -s $LAN_IP_RANGE -j SNAT --to-source
$INET_IP
fi
#允许内网 SAMBA、SMTP 和 POP3 连接
$IPT -A INPUT -m state --state ESTABLISHED,RELATED -j ACCEPT
$IPT -A INPUT -p tcp -m multiport --dports 1863,443,110,80,25 -j ACCEPT
$IPT -A INPUT -p tcp -s $LAN_IP_RANGE --dport 139 -j ACCEPT

#允许 DNS 连接
```

```
$IPT -A INPUT -i $LAN_IF -p udp -m multiport --dports 53 -j ACCEPT

#为了防止 DoS 攻击,可以最多允许 15 个初始连接,超过的将被丢弃
$IPT -A INPUT -s $LAN_IP_RANGE -p tcp -m state --state ESTABLISHED,RELATED -
j ACCEPT
$IPT -A INPUT -i $INET_IF -p tcp --syn -m connlimit --connlimit-above 15 -
j DROP
$IPT -A INPUT -s $LAN_IP_RANGE -p tcp --syn -m connlimit --connlimit-above 15
-j DROP

#设置 ICMP 阈值,记录攻击行为
$IPT -A INPUT -p icmp -m limit --limit 3/s -j LOG --log-level INFO --log-prefix
"ICMP packet IN: "
$IPT -A INPUT -p icmp -m limit --limit 6/m -j ACCEPT
$IPT -A INPUT -p icmp -j DROP

#开放的端口
$IPT -A INPUT -p TCP -i $INET_IF --dport 21 -j ACCEPT     #FTP
$IPT -A INPUT -p TCP -i $INET_IF --dport 22 -j ACCEPT     #SSH
$IPT -A INPUT -p TCP -i $INET_IF --dport 25 -j ACCEPT     #SMTP
$IPT -A INPUT -p UDP -i $INET_IF --dport 53 -j ACCEPT     #DNS
$IPT -A INPUT -p TCP -i $INET_IF --dport 53 -j ACCEPT     #DNS
$IPT -A INPUT -p TCP -i $INET_IF --dport 80 -j ACCEPT     #WWW
$IPT -A INPUT -p TCP -i $INET_IF --dport 110 -j ACCEPT    #POP3

#禁止 BT 连接
$IPT -I FORWARD -m state --state ESTABLISHED,RELATED -j ACCEPT
$IPT -A FORWARD -m ipp2p --edk --kazaa --bit -j DROP
$IPT -A FORWARD -p tcp -m ipp2p --ares -j DROP
$IPT -A FORWARD -p udp -m ipp2p --kazaa -j DROP

#只允许每组 IP 同时 15 个 80 端口转发
$IPT -A FORWARD -p tcp --syn --dport 80 -m connlimit --connlimit-above 15 --
connlimit-mask 24 -j DROP

#MAC、IP 地址绑定
$IPT -A FORWARD -s 192.168.1.9 -m mac --mac-source 44-87-FC-AD-05-71 -j ACCEPT
$IPT -A FORWARD -d 192.168.1.9 -j ACCEPT
$IPT -A FORWARD -s 192.168.1.37 -m mac --mac-source 00-E0-4C-1A-7B-AF -
j ACCEPT
$IPT -A FORWARD -d 192.168.1.37 -j ACCEPT
#禁止 192.168.0.22 使用 QQ

$IPT -t mangle -A POSTROUTING -m layer7 --l7proto qq -s 192.168.1.12/32 -j DROP
$IPT -t mangle -A POSTROUTING -m layer7 --l7proto qq -d 192.168.1.12/32 -j DROP

#禁止 192.168.0.22 使用 MSN
#$IPT -t mangle -A POSTROUTING -m layer7 --l7proto msnmessenger -s 192.168.0.
22/32 -j DROP
```

```
#$IPT -t mangle -A POSTROUTING -m layer7 --l7proto msnmessenger -d 192.168.0.
22/32 -j DROP

#限制 192.168.0.22 流量
$IPT -t mangle -A PREROUTING -s 192.168.0.22 -j MARK --set-mark 30
$IPT -t mangle -A POSTROUTING -d 192.168.0.22 -j MARK --set-mark 30
```

7.5.4 实例——NAT 的设置：iptables

NAT(Network Address Translation,网络地址转换)可以将局域网内的私有 IP 地址转换成 Internet 上公有 IP 地址;反之亦然。

代理服务是指由一台拥有公有 IP 地址的主机代替若干台没有公有 IP 地址的主机,和 Internet 上的其他主机打交道,提供代理服务的这台机器称为代理服务器。若干台拥有私有 IP 地址的机器组成内部网。代理服务器的作用就是沟通内部网和 Internet。代理服务器放置在内网与外网之间,用于转发内外主机之间的通信。拥有内部地址的主机访问 Internet 上的资源时,先把这个请求发给拥有公有 IP 地址的代理服务器,由代理服务器把这个请求转发给目标服务器。然后目标服务器把响应的结果发给代理服务器,代理服务器再将结果转发给内部主机。由于 Internet 上的主机不能直接访问拥有私有 IP 地址的主机,因此,这样就保障了内部网络的安全性。

当内部网络要连接到 Internet 上,却没有足够的公有 IP 地址分配给内部主机时,就要用到 NAT。NAT 的功能是通过改写数据包的源和目的 IP 地址,以及源和目的端口号实现的。

1. 源 NAT 和目的 NAT

(1) 源 NAT(Source NAT,SNAT)：修改一个数据包的源地址,改变连接的来源地,源 NAT 会在包发出之前的最后时刻进行修改。

(2) 目的 NAT(Destination NAT,DNAT)：修改一个数据包的目的地址,改变连接的目的地,目的 NAT 会在包进入之后立刻进行修改。

2. filter、nat 和 mangle

在 Linux 操作系统中,NAT 是由 netfilter/iptables 系统实现的。netfilter/iptables 内核空间中有 3 个默认的表：filter、nat 和 mangle。filter 表用于包过滤,mangle 表用于对数据包做进一步的修改,nat 表用于 IP NAT。netfilter/iptables 由两个组件组成：netfilter 和 iptables。

(1) netfilter：存在于内核空间,是内核的一部分,由一些表组成,每个表由若干链组成,每条链中有若干条规则。

(2) iptables：存在于用户空间,是一种工具,用于插入、修改和删除包过滤表中的规则。

NAT 中的链有 PREROUTING、OUTPUT 和 POSTROUTING,可使用的动作有 SNAT、DNAT、REDIRECT 和 MASQUERADE。

与源 NAT 相关的规则被添加到 POSTROUTING 链中。

与目的 NAT 相关的规则被添加到 PREROUTING 链中。

直接从本地出站的信息包的规则被添加到 OUTPUT 链中。

数据包穿过 nat 表的过程如图 7-10 所示。

3. 认识内网客户机访问外网服务器的过程

局域网内的客户机使用 NAT 访问 Internet 的示意图如图 7-11 所示。

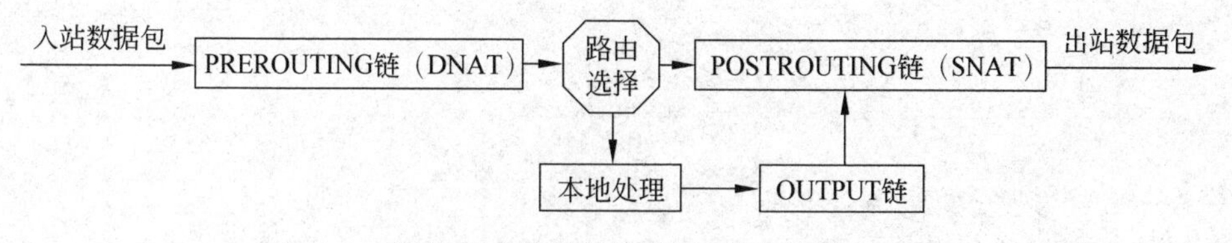

图 7-10　数据包穿过 nat 表的过程

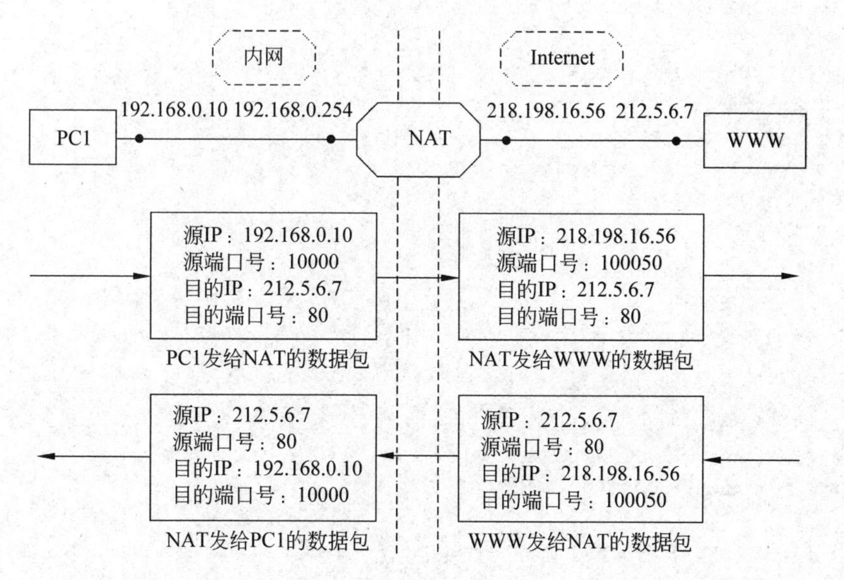

图 7-11　使用 NAT 访问 Internet 的示意图

内网客户机访问外网服务器的过程如下：

(1) PC1 将访问 WWW 服务器的请求包发给 NAT。

(2) NAT 修改请求包的源 IP 地址和源端口号。

(3) NAT 将修改后的请求包发给 WWW 服务器。

(4) WWW 服务器将响应包发给 NAT。

(5) NAT 修改响应包的目的 IP 地址和目的端口号。

(6) NAT 将修改后的响应包发给 PC1。

4. 使用 NAT 带动局域网上网

(1) 服务器端的设置。

第 1 步：执行 touch /etc/rc.d/snat.sh 命令，生成空的脚本文件。

第 2 步：执行 chmod +x /etc/rc.d/snat.sh 命令，使该文件可执行。

第 3 步：编辑 snat.sh 文件，内容如下。

```
1  #!/bin/sh
2  INET_IF="ppp0"
3  LAN_IF="eth1"
4  LAN_IP_RANGE="192.168.0.0/24"
5
6  IPT="/sbin/iptables"
```

```
 7  MODPROBE="/sbin/modprobe"
 8
 9  echo "1" >/proc/sys/net/ipv4/ip_forward
10
11  /sbin/depmod -a
12  $MODPROBE ip_tables
13  $MODPROBE ip_conntrack
14  $MODPROBE ip_conntrack_ftp
15  $MODPROBE iptable_nat
16  $MODPROBE ip_nat_ftp
17  $MODPROBE ipt_LOG
18
19  for TABLE in filter nat mangle ; do
20  $IPT -t $TABLE -F
21  $IPT -t $TABLE -X
22  done
23
24  $IPT -P INPUT ACCEPT
25  $IPT -P OUTPUT ACCEPT
26  $IPT -P FORWARD ACCEPT
27  $IPT -t nat -P PREROUTING ACCEPT
28  $IPT -t nat -P OUTPUT ACCEPT
29  $IPT -t nat -P POSTROUTING ACCEPT
30
31  $IPT -A FORWARD -i $INET_IF -o $LAN_IF -m state --state ESTABLISHED,RELATED
    -j ACCEPT
32  $IPT -A FORWARD -i $LAN_IF -o $INET_IF -j ACCEPT
33  $IPT -t nat -A POSTROUTING -s $LAN_IP_RANGE -o $INET_IF -j MASQUERADE
```

第 4 步：保存该文件，再执行#./snat.sh 命令。如果想使该脚本在系统启动时自动执行，需要执行 echo "/etc/rc.d/snat.sh" >> /etc/rc.d/rc.local 命令。

第 5 步：执行 less /etc/resolv.conf 命令，查看拨号连接时获得的 DNS 的 IP 地址。DNS 的 IP 地址将在设置客户端时使用。

下面对 snat.sh 文件中的一些命令行进行说明。

第 2 行：定义外部网络接口变量 INET_IF。

第 3 行：定义内部网络接口变量 LAN_IF。

第 4 行：定义内部网络 IP 地址范围。

第 6、7 行：定义相关变量，定义这些变量是为了后面书写的简洁。

第 9 行：打开内核的包转发功能。

第 11 行：整理内核所支持的模块清单。

第 12～17 行：加载要用到的模块。

第 19～22 行：如果本主机以前设置了防火墙，那么这些命令将清除已设规则，还原到没有设置防火墙的状态。

第 24～29 行：设置 filter 表和 nat 表的默认策略为 ACCEPT。

第 33 行：如果不是拨号接入互联网(即不是用 ppp0，而是用 ethx)，则应该将该行换为

$IPT -t nat -A POSTROUTING -s $LAN_IP_RANGE -o $INET_IF -j SNAT --to $INET_IP,其中 $INET_IP 为外部网络接口 IP 地址。

(2) Windows 客户端的设置

在 Windows 10 操作系统中右击桌面上的"网络"图标,在右键菜单中选择"属性"命令,出现"网络和共享中心"面板,单击右侧"以太网",在弹出的对话框中单击"属性"按钮,在下一个弹出的对话框中双击"Internet 协议版本 4(TCP/IPv4)",设置好网络参数后(读者需根据实际情况静态设置 IP 地址、子网掩码、网关、DNS 服务器,或者通过 DHCP 服务器获取),就可以访问 Internet 上的服务了。

7.6　防火墙的设置——firewalld

7.6.1　firewalld 简介

RHEL 8 中有几种防火墙共存,即 iptables、ip6tables、ebtables 和 nftables。它们其实并不具备防火墙功能,它们的作用都是在用户空间中管理和维护规则,不过它们的规则结构和使用方法不一样,真正利用规则进行数据包过滤是由内核中的 netfilter 子系统负责。它们之间的关系如图 7-12 所示。

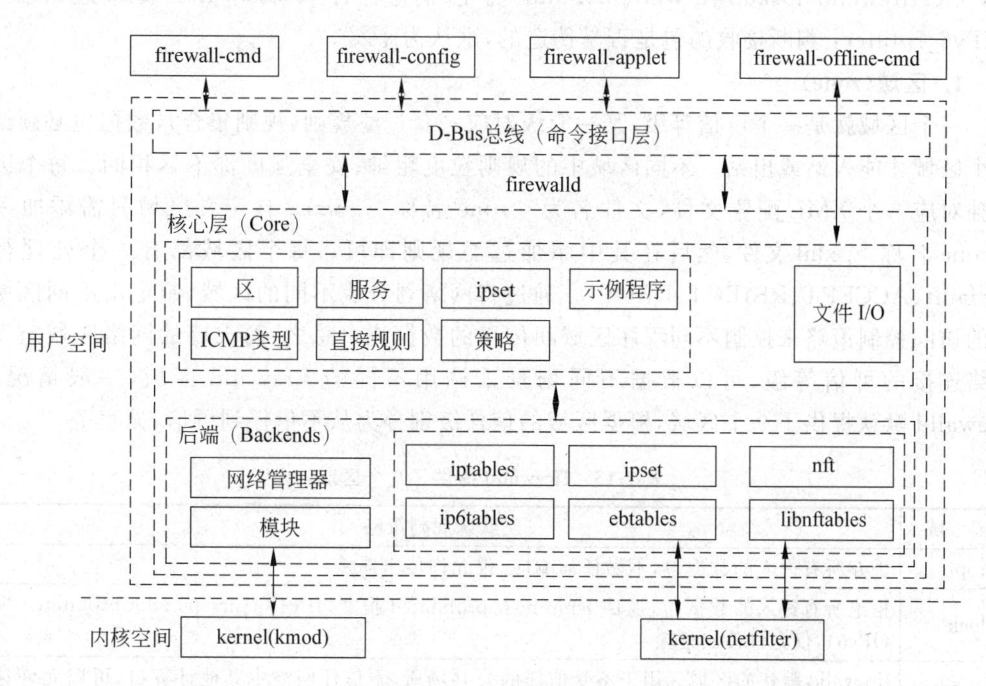

图 7-12　firewalld 整体架构

RHEL 8 采用 firewalld 管理 netfilter 子系统,默认情况下,firewalld 的后端是 nftables。而非 iptables。底层调用的是 nft 命令,而非 iptables 命令。不同的防火墙软件相互间存在冲突,使用某个防火墙软件时应禁用其他的防火墙软件。从 RHEL 7 开始,用 firewalld 服务替代了 iptables 服务。firewalld 更为简单、易用。firewalld 相对于 iptables

的主要优点有：①firewalld 可以动态修改单条规则，不需要像 iptables 那样，修改规则后必须全部刷新才可生效；②firewalld 在使用上比 iptables 更人性化，即便不明白“五张表五条链”，不理解 TCP/IP 协议，也可以实现大部分功能。

firewalld 的配置文件一般有两个存储位置：①/etc/firewalld/(存放修改过的配置，优先查找，找不到再找默认的配置)；②/usr/lib/firewalld/(存放默认的配置)。当需要一个配置文件时，firewalld 会优先使用第一个目录中的。如果要修改 firewalld 配置，只需将/usr/lib/firewalld 中的配置文件复制到/etc/firewalld 中，然后进行修改。如果要恢复配置，直接删除/etc/firewalld 中的配置文件即可。

在这两个配置目录(/etc/firewalld/、/usr/lib/firewalld/)中主要是两个文件(firewalld.conf、lockdown-whitelist.xml)和三个目录(zones、services、icmptypes)。zones 目录中存放 zone 配置文件，services 目录中存放 service 配置文件，icmptypes 目录中存放 icmp 类型相关的配置文件。

firewalld 主配置文件/etc/firewalld/firewalld.conf 的前 5 个配置项。①DefaultZone：默认使用的 zone，默认值为 public。② MinimalMark：标记的最小值，默认为 100。③CleanupOnExit：确定退出后是否清除防火墙规则，默认为 yes。④Lockdown：确定是否限制别的程序通过 D-BUS 接口直接操作 firewalld，默认为 no。当 Lockdown 设置为 yes 时，/etc/firewalld/lockdown-whitelist.xml 规定哪些程序可以对 firewalld 进行操作。⑤IPv6_rpfilter：判断接收的包是否是伪造的，默认为 yes。

1. 区域(zone)

一个区域就是一个可信等级，某一等级对应一套过滤规则(规则集合)，数据包必须经过某个区域才能入站或出站。不同区域中的规则粒度粗细、安全强度都不尽相同。每个区域单独对应一个 XML 配置文件，文件名为＜zone 名称＞.xml。自定义区域只需添加一个＜zone 名称＞.xml 文件，然后在其中添加过滤规则即可。每个区域都有一个处理行为(default、ACCEPT、REJECT、DROP)。通过将网络划分成不同的区域，制定出不同区域之间的访问控制策略来控制不同程序区域间传送的数据流。总之，防火墙的网络区域定义了网络连接的可信等级，可以根据不同场景来调用不同的 firewalld 区域，一般情况下，firewalld 默认提供了 9 个区域，根据区域的信任级别分为从不信任到可信，见表 7-13。

表 7-13　firewalld 提供了 9 个区域

区　域	默认规则策略
drop	丢弃所有进入的数据包，不做任何响应，仅允许传出连接
block	拒绝所有进入的数据包，返回 icmp-host-prohibited 报文(IPv4)或 icmp6-adm-prohibited 报文(IPv6)，仅允许传出连接
public	firewalld 默认的区域。用于不受信任的公共场所，不信任网络中其他计算机，可以允许选定的传入连接
external	用在路由器等启用伪装(NAT)的外部网络，仅允许选定的传入连接
internal	用在(NAT)内部网络，网络中的其他系统通常是可信的，仅允许选定的传入连接
dmz	允许非军事区(DMZ，内外网络之间增加的一层网络，起到缓冲作用)中的计算机有限制地被外界网络访问，仅允许选定的传入连接
work	用在工作网络中的其他计算机通常是可信的，仅允许选定的传入连接

续表

区　域	默认规则策略
home	用在家庭网络中的其他计算机通常是可信的,仅允许选定的传入连接
trusted	接收所有网络连接,信任网络中的所有计算机

这 9 个区域配置文件都保存在/usr/lib/firewalld/zones/目录下。大致用法是:把可信任的 IP 地址添加到 trusted 区域,把不可信任的 IP 地址添加到 block 区域,把要公开的网络服务添加到 public 区域。比如,/usr/lib/firewalld/zones/public. xml 文件内容如下:

```
<?xml version="1.0" encoding="utf-8"?>
<zone>
  <short>Public</short>
  <description>For use in public areas. You do not trust the other computers on
   networks to not harm your computer. Only selected incoming connections are
   accepted.</description>
  <service name="ssh"/>
  <service name="mdns"/>
  <service name="dhcpv6-client"/>
</zone>
```

/usr/lib/firewalld/zones/trusted. xml 内容如下:

```
<?xml version="1.0" encoding="utf-8"?>
<zone target="ACCEPT">
  <short>Trusted</short>
  <description>All network connections are accepted.</description>
</zone>
```

/usr/lib/firewalld/zones/block. xml 内容如下:

```
<?xml version="1.0" encoding="utf-8"?>
<zone target="%%REJECT%%">
  <short>Block</short>
  <description>Unsolicited incoming network packets are rejected. Incoming
   packets that are related to outgoing network connections are accepted.
   Outgoing network connections are allowed.</description>
</zone>
```

trusted. xml 和 block. xml 文件中的 target 属性为区域的默认处理行为,可选值为 default、ACCEPT、%%REJECT%%、DROP。

2. 服务(service)

iptables 使用端口号来匹配规则,但是如果某个服务的端口号改变了,就要同时更改 iptables 规则,很不方便,同时也不便于阅读。一个服务中可以配置特定的端口(将端口和服务的名字关联)。区域中加入服务规则就等效于直接加入了 port 规则,但是使用服务更容易管理和理解。服务配置文件的命名为<service 名称>. xml,在其中加入要关联的端口即可,比如 ssh 的配置文件是 ssh. xml。/usr/lib/firewalld/services/ssh. xml 文件内容如下：

```
<?xml version="1.0" encoding="utf-8"?>
<service>
  <short>SSH</short>
  <description>Secure Shell (SSH) is a protocol for logging into and executing
   commands on remote machines. It provides secure encrypted communications.
   If you plan on accessing your machine remotely via SSH over a firewalled
   interface, enable this option. You need the openssh - server package
   installed for this option to be useful.</description>
  <port protocol="tcp" port="22"/>
</service>
```

3. 区域文件中的过滤规则

区域文件中的过滤规则见表 7-14。过滤规则优先级：①source(最高)；②interface(次之)；③firewalld. conf 文件中配置的默认区域(最低)。

表 7-14　区域文件中的过滤规则

规　　则	作　　用
source	根据数据包源地址过滤,相同的 source 只能在一个区域中配置
interface	根据接收数据包的网卡过滤
service	根据服务名过滤(实际是查找服务关联的端口,根据端口过滤),一个 service 可以配置到多个区域中
port	根据端口过滤
icmp-block	ICMP 报文过滤,可按照 ICMP 类型设置
masquerade	IP 地址伪装,即将接收到的请求的源地址设置为转发请求网卡的地址(路由器的工作原理)
forward-port	端口转发
rule	自定义规则,与 iptables 配置接近。rule 结合--timeout 选项可以实现一些有用的功能,比如可以写个自动化脚本,发现异常连接时添加一条规则将相应地址减掉,并使用--timeout 选项设置时间段,过了之后再自动开放

4. 数据包的处理流程

firewalld 提供了 9 个区域,过滤规则优先级决定进来的数据包会由哪个区域来处理,处理进来数据包的流程如下：

(1) 如果进来的数据包的源地址被 drop 或 block 这两个区域的 source 规则匹配,那么这个数据包不会再去匹配 interface 规则。如果数据包的源地址没有被 drop 和 block 这两个区域的 source 规则匹配,而是被其他区域的 source 规则匹配,那么数据包将会被该区域处理。

(2) 如果数据包通过的接口被 drop 或 block 这两个区域的 interface 规则匹配,则不会交给默认区域处理。如果数据包通过的接口没有被 drop 和 block 这两个区域的 interface 规则匹配,而是被其他区域的 interface 规则匹配,那么数据包将会被该区域处理。

(3) 如果数据包没有被 source 规则和 interface 规则匹配,将会被默认区域处理(由/etc/firewalld/firewalld. conf 文件中的配置项 DefaultZone 设置)。

7.6.2　firewalld 配置：firewall-config、firewall-cmd

firewalld 的配置方法主要有三种，即使用 firewall-config 或 firewall-cmd 命令和直接编辑 XML 文件。

（1）firewall-config 是 GUI 工具，在终端窗口执行 firewall-config 命令，或者在 GNOME 桌面依次选择“应用程序”→“杂项”→“防火墙”命令，打开“防火墙配置”窗口。

（2）firewall-cmd 是命令行工具，建议读者尽量使用命令行方式配置防火墙。

（3）直接编辑 XML 文件，编辑后需要重载使修改生效。

1. 运行时配置和永久配置

firewalld 使用两个独立的配置集：运行时（RunTime）配置和永久（Permanent）配置。运行时配置是当前实际运行的、正在生效的配置，并且在重启后失效（不持久）。当 firewalld 服务启动时，它会加载永久配置，从而成为运行时配置。默认情况下，使用 firewall-cmd 更改 firewalld 配置时，更改将应用于运行时配置。如果要使更改成为永久配置，需要使用--permanent 选项。当修改的是永久配置的规则记录时，需使用--reload 选项后才能立即生效，否则要重启后才能生效。

2. 安装、运行 firewalld

执行如下命令安装 firewalld。

```
#yum install firewalld firewall-config
```

运行、停止、禁用 firewalld 的命令如下：

```
#systemctl start firewalld        //启动
#systemctl status firewalld       //查看状态
#systemctl disable firewalld      //停止
#systemctl stop firewalld         //禁用
#systemctl mask firewalld         //屏蔽服务，让它不能启动，等价于 ln -s /dev/null /
                                    etc/systemd/system/firewalld.service
#systemctl unmask firewalld       //取消对服务的屏蔽，等价于 rm -f /etc/systemd/
                                    system/firewalld.service
```

3. firewall-cmd 命令

用法示例如下：

```
firewall-cmd  --version                //查看版本
firewall-cmd  --help                   //查看帮助信息
firewall-cmd  --state                  //查看状态
firewall-cmd  --reload                 //修改配置文件后再动态加载，不会断开连接这是
                                         firewalld 的特性之一
firewall-cmd  --complete-reload        //完全重新加载，会断开连接，类似重启服务
firewall-cmd  --panic-on               //开启 panic 模式，丢弃所有出入计算机的数据
                                         包，超时则中断连接
firewall-cmd  --panic-off              //关闭 panic 模式
firewall-cmd  --query-panic            //查询 panic 模式
```

4. 使用 firewall-cmd 命令设置防火墙规则

firewall-cmd 命令中用到的部分参数说明如下。

--zone=ZONE：指定命令作用的区域，若默认则作用于区域。

--permanent：此参数表示命令只是修改配置文件，需要重载配置文件才能生效。无此参数则立即在当前运行的实例中生效，不过不会修改配置文件，重启 firewalld 服务后会失效。

--timeout=seconds：表示命令的持续时间，到期后自动移除，不能和--permanent 参数同时使用。

部分区域相关的命令如下：

```
firewall-cmd  --permanent [--zone=ZONE] --get-target
firewall-cmd  --permanent [--zone=ZONE] --set-target=target
firewall-cmd  --get-active-zones         //查看区域信息
firewall-cmd  --set-default-zone=ZONE
//设置默认的区域,立即生效而无须重启,等价于修改 firewalld.conf 文件中的 DefaultZone 选项
firewall-cmd  --zone=ZONE --list-all
firewall-cmd  --get-zone-of-interface=interface
                                         //反向查询:查询指定接口所属区域
firewall-cmd  --get-zone-of-source=source[/mask]
                                         //反向查询:根据 source 查询对应的区域
```

下面介绍 8 类过滤规则。

(1) 根据源地址(source)过滤

```
firewall-cmd  [--permanent]  [--zone=ZONE]  --list-sources
                                           //显示绑定的 source
firewall-cmd  [--permanent]  [--zone=ZONE]  --query-source=source[/mask]
                                           //查询是否绑定了 source
firewall-cmd  [--permanent]  [--zone=ZONE]  --add-source=source[/mask]
                                           //绑定 source,若已有绑定则取消
firewall-cmd  [--zone=ZONE]  --change-source=source[/mask]
                                           //修改 source,若原来未绑定则添加绑定
firewall-cmd  [--permanent]  [--zone=ZONE]  --remove-source=source[/mask]
                                           //删除绑定
```

(2) 根据网络接口(interface)过滤

```
firewall-cmd  [--permanent]  [--zone=ZONE]  --list-interfaces
firewall-cmd  [--permanent]  [--zone=ZONE]  --add-interface=interface
                                                         //将接口添加到区域中
firewall-cmd  [--zone=ZONE]  --change-interface=interface
firewall-cmd  [--permanent]  [--zone=ZONE]  --query-interface=interface
firewall-cmd  [--permanent]  [--zone=ZONE]  --remove-interface=interface
```

(3) 根据服务名(service)过滤

```
firewall-cmd  [--permanent]  [--zone=ZONE]  --list-services
firewall-cmd  [--permanent]  [--zone=ZONE]  --add-service=service  [--
timeout=seconds]
```

```
firewall-cmd [--permanent] [--zone=ZONE] --remove-service=service
                                                        //移除服务
firewall-cmd [--permanent] [--zone=ZONE] --query-service=service
```

(4) 根据端口(port)过滤

```
firewall-cmd [--permanent] [--zone=ZONE] --list-ports
                                                  //查看所有打开的端口
firewall-cmd [--permanent] [--zone=ZONE] --add-port=portid[-portid]/
protocol [--timeout=seconds]                      //加入一个端口到区域中
firewall-cmd [--permanent] [--zone=ZONE] --remove-port=portid[-portid]
/protocol
firewall-cmd [--permanent] [--zone=ZONE] --query-port=portid[-portid]
/protocol
```

(5) 根据ICMP类型(ICMP-block)过滤

```
firewall-cmd --get-icmptypes                      //查看所有支持的ICMP类型
firewall-cmd [--permanent] [--zone=ZONE] --list-icmp-blocks
firewall-cmd [--permanent] [--zone=ZONE] --add-icmp-block=icmptype
[--timeout=seconds]
firewall-cmd [--permanent] [--zone=ZONE] --remove-icmp-block=icmptype
firewall-cmd [--permanent] [--zone=ZONE] --query-icmp-block=icmptype
```

(6) IP地址伪装(masquerade)

```
firewall-cmd [--permanent] [--zone=ZONE] --add-masquerade [--timeout
=seconds]
firewall-cmd [--permanent] [--zone=ZONE] --remove-masquerade
firewall-cmd [--permanent] [--zone=ZONE] --query-masquerade
```

(7) 端口转发(forward-port)

```
firewall-cmd [--permanent] [--zone=ZONE] --list-forward-ports
firewall-cmd [--permanent] [--zone=ZONE] --add-forward-port=port=PORT
[-PORT]:proto=PROTOCAL [:toport=PORT[-PORT]][:toaddr=ADDRESS[/MASK]]
[--timeout=SECONDS]
firewall-cmd [--permanent] [--zone=ZONE] --remove-forward-port=port=
PORT[-PORT]:pro to=PROTOCAL[:toport=PORT[-PORT]][:toaddr=ADDRESS[/MASK]]
firewall-cmd [--permanent] [--zone=ZONE] --query-forward-port=port=
PORT[-PORT]:proto =PROTOCAL[:toport=PORT[-PORT]][:toaddr=ADDRESS[/MASK]]
```

(8) 自定义规则(rule)

rule是将XML配置中的<和/>符号去掉后的字符串,如rule family="ipv4" source address="1.2.3.4" drop。

```
firewall-cmd [--permanent] [--zone=ZONE] --list-rich-rules
firewall-cmd [--permanent] [--zone=ZONE] --add-rich-rule='rule' [--
timeout=seconds]
firewall-cmd [--permanent] [--zone=ZONE] --remove-rich-rule='rule'
firewall-cmd [--permanent] [--zone=ZONE] --query-rich-rule='rule'
//下面的命令允许指定 IP 的所有流量
firewall-cmd --add-rich-rule="rule family="ipv4" source address="<ip>"
accept"
//下面的命令允许指定 IP 的指定协议
firewall-cmd --add-rich-rule="rule family="ipv4" source address="<ip>"
protocol value="<protocol>" accept"
//下面的命令允许指定 IP 访问指定服务
firewall-cmd --add-rich-rule="rule family="ipv4" source address="<ip>"
service name="<service name>" accept"
//下面的命令允许指定 IP 访问指定端口
firewall-cmd --add-rich-rule="rule family="ipv4" source address="<ip>"
port protocol="<port protocol>" port="<port>" accept"
```

示例 1：设置区域。

① 使用 firewalld 区域。

```
firewall-cmd --get-default-zone          //查看默认区域
firewall-cmd --set-default-zone=public   //设置 public 为默认的信任级别
firewall-cmd --get-zones                 //获取所有可用区域的列表
firewall-cmd --get-active-zones          //默认情况,为所有网络接口分配默认区域,
                                           该命令检查网络接口使用的区域类型
firewall-cmd --zone=public --list-all    //查看区域配置
firewall-cmd --list-all-zones            //检查所有可用区域的配置
```

执行 firewall-cmd --get-active-zones 命令，输出如下：

```
FedoraWorkstation
  interfaces: enp8s0
```

输出说明接口 enp8s0 分配给 FedoraWorkstation 区域。

执行命令 firewall-cmd --zone=public --list-all，输出如下：

```
public (active)
  target: default
  icmp-block-inversion: no
  interfaces: enp8s0
  sources:
  services: dhcpv6-client mdns samba-client ssh
  ports: 1025-65535/udp 1025-65535/tcp
  protocols:
  masquerade: no
  forward-ports:
  source-ports:
  icmp-blocks:
  rich rules:
```

输出说明公共区域处于活动状态并设置为默认值,由 enp8s0 接口使用。还允许 DHCP 客户端和 SSH 相关的连接。

② 更改接口区域。

可以使用--zone 标志结合--change-interface 标志更改接口区域。示例命令如下:

```
firewall-cmd  --zone=work  --change-interface=eth1
                                                    //将 eth1 接口分配给工作区
firewall-cmd  --get-active-zones                    //验证更改
firewall-cmd  --zone=public  --list-interfaces       //列出公共区域中所有的网
                                                      络接口
firewall-cmd  --zone=public  --add-interface=eth0  --permanent
                    //将某网络接口添加至某信任等级,比如添加 eth0 至公共区域中,永久修改
firewall-cmd  --zone=public --permanent  --add-interface=eth0
                                               //将 eth0 添加至公共区域中,永久修改
firewall-cmd  --zone=work --permanent  --change-interface=eth0
                                               //eth0 存在于公共区域中,将该网络接
                                                 口添加至工作区域,并将之从公共区
                                                 域中删除
firewall-cmd  --zone=public  --permanent  --remove-interface=eth0
                                               //删除公共区域中的 eth0,永久修改
```

③ 更改默认区域。

要更改默认区域,使用--set-default-zone 标志,后面跟要作为默认区域的名称。

```
firewall-cmd  --set-default-zone=home    //将默认区域更改为 home
firewall-cmd  --get-default-zone         //验证更改
```

示例 2:开放端口或服务。

```
firewall-cmd  --zone=dmz  --add-port=8080/tcp  //添加 TCP 端口 8080 至工作 DMZ
firewall-cmd  --zone=dmz  --list-ports          //列出 DMZ 级别的被允许的进入
                                                  端口
firewall-cmd  --zone=dmz  --add-port=5060-5059/udp  --permanent
              //将规则添加到永久设置中,添加 UDP 端口 5060~5059 至工作 DMZ,并永久生效
firewall-cmd  --zone=dmz  --remove-port=8080/tcp
                                             //删除工作 DMZ 中的 TCP 端口 8080
firewall-cmd  --zone=work  --add-service=HTTPS //添加 HTTPS 服务至工作区域
firewall-cmd  --zone=work  --list-services     //验证是否已成功添加服务
firewall-cmd  --zone=work  --remove-service=https
                                             //删除工作区域中的 HTTPS 服务
firewall-cmd  --get-services                 //要获取所有默认可用服务类型的
                                               列表
firewall-cmd  --permanent  --zone=work  --add-service=https
                                             //在重启后保持端口 443 打开
firewall-cmd  --permanent  --zone=work  --list-services
                                             //验证更改
firewall-cmd  --zone=work  --remove-service=https  --permanent
                                             //删除工作区域中的 HTTPS 服务
```

可以通过在/usr/lib/firewalld/services 目录中打开关联的.xml 文件来查找有关每个服务的更多信息。例如/usr/lib/firewalld/services/https.xml 文件。

示例 3：设置转发端口。

要将流量从一个端口转发到另一个端口或地址，首先使用--add-masquerade 标志为所需区域启用伪装。

```
firewall-cmd --zone=external --add-masquerade          //启用伪装
firewall-cmd --zone=external --query-masquerade        //查看
firewall-cmd --zone=external --remove-masquerade       //关闭伪装
firewall-cmd --zone=external --add-forward-port=port=80:proto=tcp:
toport=8080
  //在同一服务器上将流量从一个端口 80 转发到另一个端口 8080
firewall-cmd --zone=external --add-forward-port=port=80:proto=tcp:
toaddr=192.168.1.2
  //将流量转发到其他服务器,例如将流量从端口 80 转发到 192.168.1.2 服务器上的端口 80
firewall-cmd --zone=external --add-forward-port=port=80:proto=tcp:
toport=8080:toaddr=192.168.1.2
  //将流量转发到其他服务器的其他端口
```

示例 4：设置 public 区域的 ICMP 规则。

```
firewall-cmd --get-icmptypes                           //查看所有支持的 ICMP 类型
firewall-cmd --zone=public --list-icmp-blocks          //列出
firewall-cmd --zone=public --add-icmp-block=echo-request [--timeout=
seconds]                                               //添加 echo-request 屏蔽
firewall-cmd --zone=public --remove-icmp-block=echo-reply
                                                       //移除 echo-reply 屏蔽
```

示例 5：允许 DMZ 区域中的 Web 服务器流量通过，要求立即生效且永久有效。

假设 DMZ 中的 Web 服务器只有一个接口 eth0，并且希望仅在 SSH、HTTP 和 HTTPS 端口上允许传入流量。默认情况下 DMZ 区域只允许 SSH 流量。

① 将默认区域更改为 DMZ 并将其分配给 eth0 接口，命令如下：

```
firewall-cmd --set-default-zone=dmz
firewall-cmd --zone=dmz --add-interface=eth0
```

② 向 DMZ 区域添加永久服务规则，打开 HTTP 和 HTTPS 端口，命令如下：

```
firewall-cmd --permanent --zone=dmz --add-service=http
firewall-cmd --permanent --zone=dmz --add-service=https
firewall-cmd --reload      //通过重新加载防火墙立即使更改生效
```

③ 要检查 DMZ 区域配置设置，验证更改，命令如下：

```
firewall-cmd --zone=dmz --list-all
```

输出如下：

```
dmz (active)
  target: default
  icmp-block-inversion: no
  interfaces: eth0
  sources:
  services: ssh http https
```

上面的输出显示DMZ是默认区域,应用于eth0接口,SSH(22)、HTTP(80)和HTTPS(443)端口会打开。

示例6:允许HTTPS服务流量通过public区域,要求立即生效且永久有效。

方法1:分别设置立即生效与永久有效的规则记录。

```
firewall-cmd  --zone=public  --add-service=https
firewall-cmd  --permanent  --zone=public  --add-service=https
```

方法2:设置永久生效的规则记录后重新加载。

```
firewall-cmd  --permanent  --zone=public  --add-service=https
firewall-cmd  --reload
```

示例7:不再允许HTTPS服务流量通过public区域,要求立即生效且永久生效。

```
firewall-cmd  --permanent  --zone=public  --remove-service=https
firewall-cmd  --reload
```

示例8:允许8080与8081端口流量通过public区域,立即生效且永久生效。

```
firewall-cmd  --permanent  --zone=public  --add-port=8080-8081/tcp
firewall-cmd  --reload
firewall-cmd  --zone=public  --list-ports          //查看上面的端口操作是否成功
firewall-cmd  --permanent  --zone=public  --list-ports
                                                    //查看上面的端口操作是否成功
```

示例9:设置富规则。

firewalld服务的富规则用于对服务、端口、协议进行更详细的配置,规则的优先级最高。

如下命令拒绝10.1.1.0/24网段的用户访问SSH服务。

```
firewall-cmd  --add-rich-rule="rule family="ipv4" source address="10.1.1.0/
24" service name="ssh" reject"
```

如下命令允许来自10.1.2.1的所有流量。

```
firewall-cmd  --add-rich-rule="rule family="ipv4" source address="10.1.2.1"
accept"
```

如下命令允许10.1.2.20主机的ICMP协议,即允许10.1.2.20主机ping。

```
firewall-cmd  --add-rich-rule="rule family="ipv4" source address="10.1.2.
20" protocol value="icmp" accept"
```

如下命令允许 10.1.2.20 主机访问 SSH 服务。

```
firewall-cmd  --add-rich-rule="rule family="ipv4" source address="10.1.2.
20" service name="ssh" accept"
```

如下命令允许 10.1.2.1 主机访问 22 端口。

```
firewall-cmd  --add-rich-rule="rule family="ipv4" source address="10.1.2.1"
port protocol="tcp" port="22" accept"
```

如下命令允许 10.1.2.0/24 网段的主机访问 22 端口。

```
firewall-cmd  --zone=drop  --add-rich-rule="rule family="ipv4" source
address="10.1.2.0/24" port protocol="tcp" port="22" accept"
```

如下命令禁止 10.1.2.0/24 网段的主机访问 22 端口。

```
firewall-cmd  --zone=drop  --add-rich-rule="rule family="ipv4" source
address="10.1.2.0/24" port protocol="tcp" port="22" reject"
```

7.6.3 实例——NAT 的设置：firewall-cmd

1. 服务器端的设置

第 1 步：执行 touch /etc/rc.d/snat-fwc.sh 命令，生成空的脚本文件。

第 2 步：执行 chmod +x /etc/rc.d/snat-fwc.sh 命令，使该文件可执行。

第 3 步：编辑 snat-fwc.sh 文件，内容如下。

提示：读者可根据自己实际网络环境的需求添加 firewall-cmd 命令。

```
 1  #!/bin/bash
 2
 3  INET_IF="ppp0"                                        //内网接口
 4  LAN_IF="eth1"                                         //外网接口
 5  servicelist="http ssh dns"                            //服务列表
 6  tcplist="22 80 443"                                   //TCP 端口列表示例
 7  udplist="53 67 68"                                    //UDP 端口列表示例
 8
 9  echo net.ipv4.ip_forward =1 >>/etc/sysctl.conf        //启用内核 IP 转发功能
10  sysctl -p
11
12  //设置内网接口
13  firewall-cmd  --change-interface=$INET_IF  --zone=internal  --permanent
14  //设置外网接口
15  firewall-cmd  --change-interface=$LAN_IF  --zone=external  --permanent
```

```
16 //设置 internal 为默认区
17 firewall-cmd --set-default-zone=internal --permanent
18
19 //添加服务
20 if [ -n "$servicelist" ]; then
21   for service in $servicelist; do
22     firewall-cmd --zone=internal --add-service=$service --permanent
23   done
24 fi
25
26 //添加 TCP 端口
27 if [ -n "$tcplist" ]; then
28   for tcp in $tcplist; do
29     firewall-cmd --zone=internal --add-service=$tcp --permanent
30   done
31 fi
32
33 //添加 UDP 端口
34 if [ -n "$udplist" ]; then
35   for udp in $udplist; do
36     firewall-cmd --zone=internal --add-service=$udp --permanent
37   done
38 fi
39
40 firewall-cmd --complete-reload
41 exit 0
```

第 4 步：保存该文件，再执行#./snat-fwc.sh 命令。如果想使该脚本在系统启动时自动执行，需要执行 echo "/etc/rc.d/snat-fwc.sh" >> /etc/rc.d/rc.local 命令。

第 5 步：执行 less /etc/resolv.conf 命令，查看拨号连接时获得的 DNS 的 IP 地址，DNS 的 IP 地址将在设置客户端时使用。

2. Windows 客户端的设置

在 Windows 10 操作系统中右击桌面上的"网络"图标，在右键菜单中选择"属性"命令，出现"网络和共享中心"面板，单击右侧的"以太网"，在弹出的对话框中单击"属性"按钮，在下一个弹出的对话框中双击"Internet 协议版本 4(TCP/IPv4)"，设置好网络参数后(读者需根据实际情况静态设置 IP 地址、子网掩码、网关、DNS 服务器，或者通过 DHCP 服务器获取)，就可以访问 Internet 上的服务了。

7.7 防火墙的设置——TCP_Wrappers

1. TCP_Wrappers 原理

TCP_Wrappers 是一个工作在第四层(传输层)的安全工具，对有状态连接的特定服务

(如 vsftpd、sshd、telnet)进行安全检测并实现访问控制。TCP_Wrappers 服务的防火墙策略由两个控制列表文件所控制,用户可以编辑允许控制列表文件(/etc/hosts.allow)来放行对服务的请求,也可以编辑拒绝控制列表文件(/etc/hosts.deny)来阻止对服务的请求。控制列表文件修改后会立即生效,系统将会先检查/etc/hosts.allow,如果匹配到相应的允许策略则放行请求;如果没有匹配,则进一步匹配/etc/hosts.deny,若找到匹配项则拒绝该请求。如果这两个文件都没有匹配到,则默认放行请求。默认情况下,/etc/hosts.allow 和/etc/hosts.deny 为空。

2. TCP_Wrappers 配置文件

TCP_Wrappers 使用上述两个文件来限制客户机的访问,此文件修改并保存后立即生效。配置文件格式如下:

```
daemon_list@host: client_list [:options :option...]
```

参数说明如下。

- daemon_list:守护进程列表是服务的可执行文件名,允许指定多项服务,使用逗号隔开。后台进程应该是服务的可执行文件名。例如,telnet-server 服务的可执行文件名是 in.telnetd,因此在/etc/hosts.allow 及/etc/hosts.deny 中应该写成 in.telnetd,而不是 telnet 或 telnetd。
- @host:可以没有,是限制的网络接口,设置允许或禁止他人从自己的那个网络接口进入。该项不写则代表全部。
- client_list:客户端列表是访问者的地址,如果需要控制的用户较多,可以使用空格或逗号隔开,可以是 IP 地址(192.168.0.254)、域名或主机名(.example.com、www.baidu.com)、子网掩码(192.168.0.0/255.255.255.0 或 192.168.0.)。内置 ACL 可以是 ALL(所有主机)、LOCAL(本地主机)、KNOWN(可以双向解析的主机)、UNKNOWN(主机名无法解析成 IP 的主机)、PARANOID(正向解析与反向解析不匹配的主机)。EXCEPT 表示可用于守护进程列表与客户端列表。

在配置 TCP_Wrappers 服务时需要遵循两个原则:①编写拒绝策略规则时,填写的是服务名称,而非协议名称;②建议先编写拒绝策略规则,再编写允许策略规则,以便直观地看到相应的效果。

示例 1:/etc/hosts.deny 的内容如下。

```
ALL:ALL  EXCEPT  192.168.1.0/255.255.255.0
```

除了 192.168.1.0/24 网段的主机可以访问本机的服务外,其他主机都不能访问。

示例 2:/etc/hosts.deny 的内容如下。

```
sshd: *
```

禁止访问本机 SSHD 服务的所有流量。

示例 3:/etc/hosts.allow 的内容如下。

```
sshd:192.168.10.
```

来自 192.168.10.0/24 网段的主机访问本机 SSHD 服务的所有流量都被放行。

7.8 基于 xinetd 的服务

xinetd 服务支持两种访问限制：基于主机和基于时间。

在 xinetd 与 TCP_Wrappers 都限制的情况下：①先检查 TCP_Wrappers；②如果 TCP_Wrappers 允许，再检查 xinetd 是否也允许；③如果 TCP_Wrappers 不允许，则不会再检查基于 xinetd 的服务限制。

配置 xinetd 访问限制，有两种方法。

（1）可以修改/etc/xinetd.d/目录下的文件。

（2）可以修改/etc/xinetd.conf 文件，其中的控制语句为 only_from、no_access、access_times。

- only_from：只有在其后描述的主机(IP 为 192.168.1.22；网段为 192.168.1.0/24 或 192.168.1.0；域为.example.com；域名为 ztg1.test.com)才可以使用服务。
- no_access：禁止在其后描述的主机使用服务。
- access_times：客户允许使用服务的时间。

7.9 本章小结

Linux 在计算机网络领域的应用越来越普遍。本章首先介绍了网络接口的配置；其次详细介绍了 DHCP 服务器、Samba 服务器和 WWW 服务器的设置；最后详细介绍了防火墙的设置。在 RHEL 8 中，nftables 替代 iptables 成为默认的网络过滤框架，nftables 是 firewalld 守护进程的默认后端。firewalld 的配置方法主要有三种：firewall-config、firewall-cmd 和直接编辑 XML 文件。建议读者熟练使用 firewall-config 和 firewall-cmd 配置防火墙。

7.10 习题

1. 填空题

（1）RHEL 中配置网络接口的简单方法是：在图形界面(GNOME)中单击右上角，再单击“设置”按钮，或者在命令行执行________命令，打开“设置”窗口。

（2）执行________命令，打开“网络连接”窗口。网络连接对应的配置文件在/etc/sysconfig/network-scripts/目录中。

（3）________是一个用来查看、配置、启用或禁用网络接口的工具。

(4) 如果局域网中存在 DHCP 服务器,则客户机网络接口的网络参数可以通过 DHCP 协议动态获取,命令是________。

(5) ________命令用来查看或编辑内核路由表。

(6) 设置 DNS 服务器的 IP 地址的配置文件是________。

(7) ________命令可以用于检查网络的连接情况,有助于分析判定网络故障。

(8) ________命令可用于显示从本机到目标机的数据包所经过路由。

(9) ________是检测网络、自动连接网络的程序,可以管理无线/有线连接。它的 CLI 工具是________。

(10) ________是 Linux 下管理控制 TCP/IP 网络和流量控制的新一代工具包,支持新版 Linux 内核中最新、最重要的网络特性,旨在替代旧的工具包________。

(11) DHCP 的全称是________________,它的配置文件是________。

(12) dhcpd. conf 文件由________、________和________构成。

(13) 利用________可以实现 Windows 和 Linux 共存的局域网中,不同主机之间进行资源共享。它的两个核心守护进程是________和________。

(14) ________命令用来检测配置文件 smb. conf 语法的正确性。

(15) 添加 Samba 账号要用到的命令是________。

(16) Samba 服务器的配置文件是________________,对 Samba 服务器的配置其实就是对该文件的修改。

(17) ________是美国国家安全局(NAS)对于强制访问控制(MAC)的一种实现。

(18) RHEL 上的 WWW 服务器是________。

(19) Apache 服务器的主配置文件是________________。

(20) 默认网站存放路径是________。

(21) 在 RHEL 8 中,________替代________成为默认的网络过滤框架,使用表来存储 INPUT、OUTPUT 和 FORWARD 链。

(22) iptables 网络过滤框架中,数据包过滤表(filter)中内置的默认主规则链有________、________和________。

(23) iptables 命令语法中,[-t table]有三种可用的表选项为________、________和________。

(24) ________将局域网内私有 IP 地址转换成 Internet 上公有 IP 地址;反之亦然。

(25) RHEL 8 采用________管理 netfilter 子系统。默认情况下,它的后端是 nftables,而非 iptables。底层调用的是 nft 命令,而非 iptables 命令。

(26) firewalld 的配置方法主要有三种:________、________和________。

(27) firewalld 使用两个独立的配置集:________和________。

(28) ________是一个工作在第四层(传输层)的安全工具,对有状态连接的特定服务(如 vsftpd、sshd、telnet)进行安全检测并实现访问控制。

(29) TCP_Wrappers 服务的防火墙策略由两个控制列表文件所控制,是________和________。

2. 简答题

(1) 简述 DHCP 服务器为 DHCP 客户机分配 IP 地址的过程。

（2）如何安装和启动 Samba？

（3）smb.conf 文件包含了哪些重要区段？功能是什么？

3. 上机题

（1）执行 nm-connection-editor 命令，打开“网络连接”窗口，对某个网络接口进行网络参数设置。

（2）使用 ifconfig 命令和 ip 命令对网络接口进行网络参数设置。

（3）设置 DHCP 服务器及客户机。

（4）使用 smbclient 命令访问 Windows 共享资源。

（5）组建一个有 2 台计算机的最简单的局域网，操作系统分别为 Windows 和 Linux，使它们能够共享资源。

（6）为每个用户配置 Web 站点，配置基于 IP 的虚拟主机，并且要有基于主机的授权或基于用户的认证。

（7）使用 firewall-config 和 firewall-cmd 进行防火墙的设置。

第8章　高级系统管理

本章学习目标

- 了解逻辑卷管理的概念和磁盘阵列的概念。
- 了解磁盘配额的概念和虚拟化技术的概念。
- 了解 cgroups、namespace 的概念。
- 了解容器、云的概念。
- 了解服务器管理软件 Cockpit 的用法。
- 掌握逻辑卷的设置方法。
- 掌握磁盘配额的设置方法。

本章大概介绍了 Linux 操作系统管理的 7 个方面的内容：逻辑卷管理、磁盘阵列、磁盘配额、虚拟化技术、cgroups 和 namespace、容器和云、Cockpit。

8.1　逻辑卷管理

8.1.1　逻辑卷管理概述

每个 Linux 使用者在安装 Linux 时都会遇到这样的困境：在为系统分区时，如何精确评估和分配各个硬盘分区的容量，因为系统管理员不仅要考虑到当前某个分区需要的容量，还要预见该分区以后可能需要的容量的最大值。如果估计不准确，当遇到某个分区不够用时，管理员可能要备份整个系统、清除硬盘、重新对硬盘分区，然后恢复数据到新分区中。

逻辑卷管理器(Logical Volume Manager，LVM)可以对硬盘存储设备进行管理，可以实现硬盘空间的动态划分和调整。

8.1.2　逻辑卷管理的组成部分

逻辑卷管理由三部分组成：物理卷(Physical Volume，PV)、卷组(Volume Group，VG)、逻辑卷(Logical Volume，LV)，它们的关系如图 8-1 所示。

物理卷：物理卷在逻辑卷管理中处于最底层，它可以是实际物理硬盘上的分区，也可以是整个物理硬盘。

卷组：卷组建立在物理卷之上，一个卷组中至少要包括一个物理卷，在卷组建立之后可动态添加物理卷到卷组中。一个逻辑卷管理系统工程中可以只有一个卷组，也可以拥有多

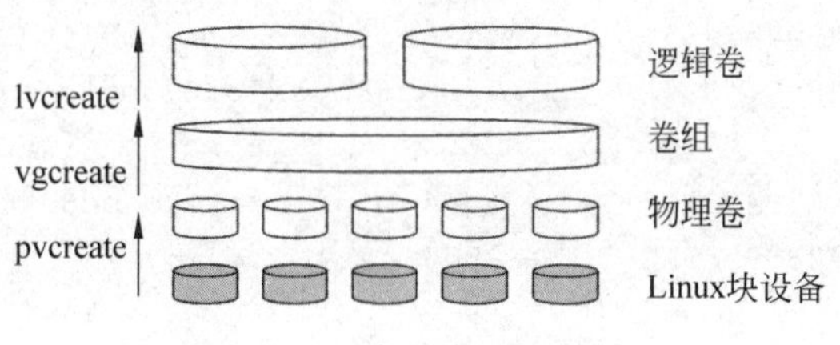

图 8-1　逻辑卷管理的组成

个卷组。

逻辑卷：逻辑卷建立在卷组之上，卷中的未分配空间可用于建立新的逻辑卷，逻辑卷建立后可以动态地扩展和缩小空间。系统中的多个逻辑卷可以属于同一个卷组，也可以属于不同的多个卷组。

8.1.3　逻辑卷创建过程：pvcreate、pvdisplay、vgcreate、vgdisplay、lvcreate、lvdisplay

逻辑卷具体创建过程如下。

第 1 步：首先使用 fdisk -l 和 blkid 命令确定空白分区。

下面是某台计算机上的分区情况。读者一定要根据自己的具体情况判断。

```
[root@localhost 桌面]#fdisk -l
设备         Boot  Start       End         Blocks     Id  System
/dev/sda1          110318355   1953520064  921600855  f   W95 Ext'd (LBA)
/dev/sda2          69353472    110313471   20480000   83  Linux
/dev/sda3          28386855    69352604    20482875   83  Linux
/dev/sda4    *     63          28386854    14193396   7   HPFS/NTFS/exFAT
/dev/sda5          110318418   171766979   30724281   b   W95 FAT32
/dev/sda6          171767043   233215604   30724281   b   W95 FAT32
/dev/sda7          233215668   438028289   102406311  7   HPFS/NTFS/exFAT
/dev/sda8          438028353   642840974   102406311  83  Linux
/dev/sda9          642841038   1052450279  204804621  83  Linux
/dev/sda10         1052450343  1462059584  204804621  b   W95 FAT32
/dev/sda11         1462059648  1871668889  204804621  b   W95 FAT32
/dev/sda12         1871668953  1873725209  1028128+   83  Linux
/dev/sda13         1873725273  1875781529  1028128+   82  Linux swap / Solaris
/dev/sda14         1875781593  1953520064  38869236   b   W95 FAT32
```

执行 blkid 命令的效果如下：

```
[root@localhost 桌面]#blkid
/dev/sda2: LABEL="rhel7" UUID="50ce223f-a1c2-4b6c-9288-448cb9ed34e8" TYPE=
"xfs"
/dev/sda3: UUID="a7a028b9-1f6f-4261-ab4d-d2333b7de75f" TYPE="ext4"
/dev/sda4: UUID="5A54CD0554CCE53B" TYPE="ntfs"
/dev/sda5: LABEL="TOOLS" UUID="997E-50D2" TYPE="vfat"
/dev/sda6: LABEL="DATA" UUID="E63D-7941" TYPE="vfat"
/dev/sda7: LABEL="SCHOOL" UUID="0A27A8791083E690" TYPE="ntfs"
```

```
/dev/sda8: UUID="904a2335-0e3c-42d2-bc15-2438cea2c044" TYPE="ext3"
/dev/sda9: UUID="9f98fd30-78db-475b-b68c-e27ba673bdfc" SEC_TYPE="ext2" TYPE=
"ext3"
/dev/sda12: UUID="59a9499f-4e9a-4d44-b152-03a14db6bc33" TYPE="ext3"
/dev/sda13: UUID="8295c378-3cc4-4503-a754-d37d359170eb" TYPE="swap"
```

由上可知,/dev/sda10、/dev/sda11、/dev/sda14 是空白分区。

第 2 步:在磁盘分区上建立物理卷。

```
#pvcreate /dev/sda14                      //在已经建立好的分区或硬盘上建立物理卷
  Physical volume "/dev/sda14" successfully created
#pvdisplay | pvs                          //查看系统中已经创建的物理卷
      PV        VG Fmt   Attr   PSize    PFree
  /dev/sda14   lvm2    a--   37.07g  37.07g
```

第 3 步:使用物理卷建立卷组。

```
#vgcreate MYVG /dev/sda14     //建立卷组,日后可以根据需要添加新的物理卷到已有卷组中
  Volume group "MYVG" successfully created
#vgdisplay | vgs               //查看系统中已经创建的卷组
   VG    #PV  #LV  #SN    Attr     VSize   VFree
  MYVG    1    0    0   wz--n-  37.07g  37.07g
```

第 4 步:在卷组中建立逻辑卷。

```
#lvcreate -L 00M -n mylv1 MYVG //从已有卷组建立逻辑卷,通常只分配部分空间给该逻辑卷
  Logical volume "mylv1" created
#lvdisplay | lvs                  //查看系统中已经创建的逻辑卷
 LV     VG       Attr       LSize   Pool Origin Data%  Move Log Cpy%Sync Convert
mylv1  MYVG  -wi-a-----  100.00m
```

可以用以下命令查看 MYVG-mylv1。

```
[root@localhost 桌面]#fdisk  -l
磁盘 /dev/sda:1000.2 GB, 1000204886016 字节,1953525168 个扇区
Units =扇区 of 1 * 512 =512 bytes
扇区大小(逻辑/物理):512 字节 / 512 字节
I/O 大小(最小/最佳):512 字节 / 512 字节
磁盘标签类型:DOS
磁盘标识符:0xf0b1ebb0

   设备     Boot     Start        End        Blocks     Id       System
 /dev/sda1          110318355  1953520064  921600855    f    W95 Ext'd (LBA)
   …
/dev/sda14         1875781593  1953520064   38869236    b      W95 FAT32
```

```
磁盘 /dev/mapper/MYVG-mylv1:104 MB, 104857600 字节,204800 个扇区
Units =扇区 of 1 * 512 =512 bytes
扇区大小(逻辑/物理):512 字节 / 512 字节
I/O 大小(最小/最佳):512 字节 / 512 字节
```

第 5 步：在逻辑卷上建立文件系统。

```
[root@localhost 桌面]#mkfs.ext3  /dev/mapper/MYVG-mylv1
mke2fs 1.42.9 (28-Dec-2013)
文件系统标签=
OS type: Linux
块大小=1024 (log=0)
分块大小=1024 (log=0)
Stride=0 blocks, Stripe width=0 blocks
25688 inodes, 102400 blocks
5120 blocks (5.00%) reserved for the super user
第一个数据块=1
Maximum filesystem blocks=67371008
13 block groups
8192 blocks per group, 8192 fragments per group
1976 inodes per group
Superblock backups stored on blocks:
  8193, 24577, 40961, 57345, 73729
Allocating group tables: 完成
正在写入 inode 表: 完成
Creating journal (4096 blocks): 完成
Writing superblocks and filesystem accounting information: 完成
```

第 6 步：将文件系统挂载到 Linux 操作系统的目录树中。

```
[root@localhost 桌面]#mkdir  /mnt/lv
[root@localhost 桌面]#mount  /dev/mapper/MYVG-mylv1  /mnt/lv
[root@localhost 桌面]#df
文件系统                 1K-块     已用     可用      已用% 挂载点
/dev/sda2              20469760 6099580  14370180 30%   /
devtmpfs               928616   0        928616   0%    /dev
tmpfs                  937488   140      937348   1%    /dev/shm
tmpfs                  937488   9112     928376   1%    /run
tmpfs                  937488   0        937488   0%    /sys/fs/cgroup
/dev/sda8              99139188 85969004 8033488  92%   /opt
/dev/sda12             995544   434568   493188   47%   /boot
/dev/sda6              30709264 6854432  23854832 23%   /run/media/root/DATA
/dev/loop0             4138442  4138442  0        100%  /cdrom/iso
/dev/mapper/MYVG-mylv1 95054    1567     86319    2%    /mnt/lv
[root@localhost 桌面]#
```

8.1.4 逻辑卷的扩展与缩小：lvextend、resize2fs、lvreduce

1. 逻辑卷的扩展

进行逻辑卷扩展的相关命令如下：

```
#lvextend -L size[KB,MB,GB]          ///dev/卷组/逻辑卷名
#resize2fs /dev/卷组/逻辑卷名          //重新设置 ext2/ext3 文件系统大小
```

示例如下：

```
[root@localhost 桌面]#lvextend -L 200M /dev/mapper/MYVG-mylv1
  Extending logical volume mylv1 to 200.00 MiB
  Logical volume mylv1 successfully resized
[root@localhost 桌面]#df
文件系统                1K-块     已用     可用      已用%  挂载点
/dev/sda2              20469760 6099580 14370180 30%    /
…
/dev/mapper/MYVG-mylv1 95054    1567    86319    2%     /mnt/lv
[root@localhost 桌面]#resize2fs /dev/mapper/MYVG-mylv1
resize2fs 1.42.9 (28-Dec-2013)
Filesystem at /dev/mapper/MYVG - mylv1 is mounted on /mnt/lv; on - line
resizing required
old_desc_blocks =1, new_desc_blocks =1
The filesystem on /dev/mapper/MYVG-mylv1 is now 204800 blocks long.
[root@localhost 桌面]#df
文件系统                1K-块     已用     可用      已用%  挂载点
/dev/sda2              20469760 6099580 14370180 30%    /
…
/dev/mapper/MYVG-mylv1 194466   1567    181807   1%     /mnt/lv
[root@localhost 桌面]#ls /mnt/lv
lost+found
```

2. 逻辑卷的缩小

```
#resize2fs /dev/卷组/逻辑卷名 size[KB,MB,GB]     //先缩小 ext2/ext3 文件系统大小
#e2fsck -f /dev/卷组/逻辑卷名                   //再执行上步命令
#lvreduce -L size[KB,M,G] /dev/卷组/逻辑卷名
```

8.1.5 卷组的扩展与删除：vgextend、lvremove、vgremove、pvremove

当卷组的空间使用完后，用户则不能再扩展逻辑卷或创建新的逻辑卷，因此我们必须扩展卷组空间。

首先，创建物理卷。然后扩展卷组，命令格式如下：

```
vgextend <卷组名><物理卷名>
```

如果不再使用逻辑卷了，可以将其删除，步骤如下：

(1) 先卸载逻辑卷。

(2) 删除逻辑卷（命令为 lvremove ＜逻辑卷名＞）。

(3) 删除卷组（命令为 vgremove ＜卷组名＞）。

(4) 删除物理卷（命令为 pvremove ＜物理卷名＞）。

(5) 删除物理分区。

8.2　磁盘阵列

8.2.1　RAID 概述及常用的 RAID 规范

RAID 最初是 Redundant Array of Independent Disk（独立磁盘冗余阵列）的缩写，后来由于廉价磁盘的出现，RAID 成为 Redundant Array of Inexpensive Disks（廉价磁盘冗余阵列）的缩写。RAID 技术诞生于 1987 年，由美国加州大学伯克利分校提出。RAID 的基本想法是把多个便宜的小磁盘组合到一起，成为一个磁盘组，使性能达到或超过一个容量巨大、价格昂贵的磁盘。虽然 RAID 包含多块磁盘，但是在操作系统下是作为一个独立的大型存储设备出现。RAID 技术分为几种不同的等级，分别可以提供不同的速度、安全性和性价比。

RAID 技术起初主要应用于服务器高端市场，但是随着 IDE 硬盘性能的不断提升、RAID 芯片的普及、个人用户市场的成熟和发展，正不断向低端市场靠拢，从而为用户提供了一种既可以提升硬盘速度，又能够确保数据安全性的良好的解决方案。

目前，RAID 技术大致分为两种：基于硬件的 RAID 技术和基于软件的 RAID 技术。

RAID 按照实现原理的不同分为不同的级别，不同的级别之间工作模式是有区别的。

1. RAID 0（无差错控制的带区组）

RAID 0 是最简单的一种形式，也称为条带模式（Striped），即把连续的数据分散到多个磁盘上存取，如图 8-2 所示。当系统有数据请求就可以被多个磁盘并行执行，每个磁盘执行属于它自己的那部分数据请求。这种在数据上的并行操作可以充分利用总线的带宽显著提高磁盘整体存取性能。因为数据分布在不同驱动器上，所以数据吞吐率大大提高，驱动器的负载也比较平衡。RAID 0 中的数据映射如图 8-3 所示。

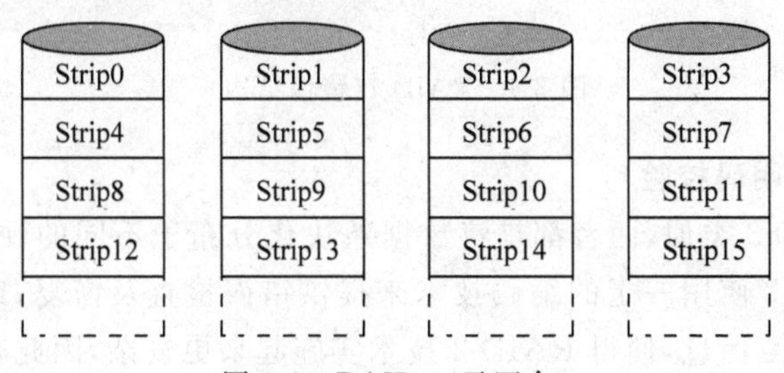

图 8-2　RAID 0（无冗余）

2. RAID 1（镜像结构）

虽然 RAID 0 可以提供更多的空间和更好的性能，但是整个系统是非常不可靠的，

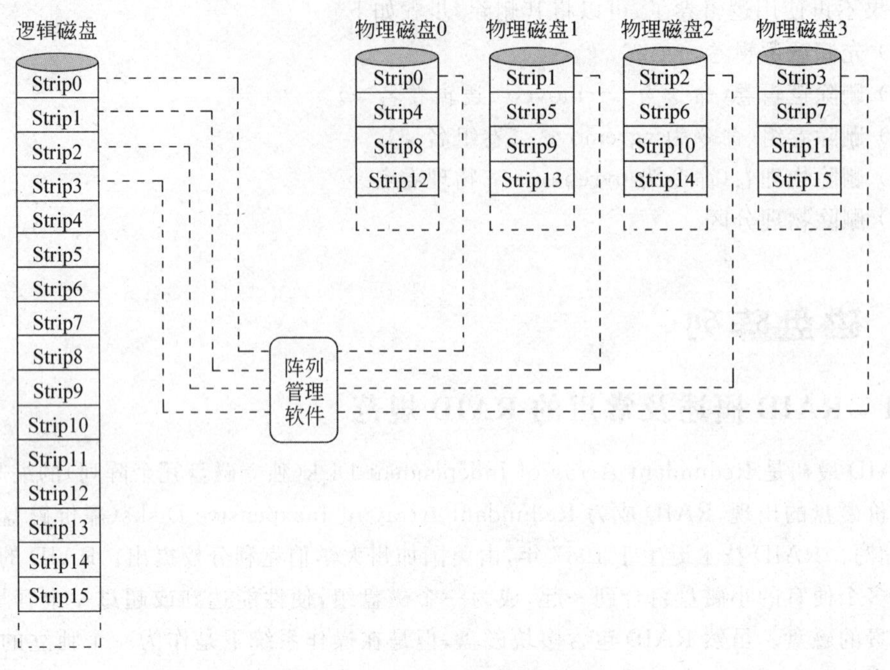

图 8-3　RAID 0 中的数据映射

RAID 1 和 RAID 0 截然不同,其技术重点全部放在如何能够在不影响性能的情况下最大限度地保证系统的可靠性和可修复性上。这种阵列可靠性很高,但其有效容量减小到总容量的一半,同时这些磁盘的大小应该相等,否则总容量只具有最小磁盘的大小。

RAID 1 中每一个磁盘都具有一个对应的镜像盘。对任何一个磁盘的数据写入都会被复制镜像盘中,如图 8-4 所示。RAID 1 是所有 RAID 等级中实现成本最高的一种,因为所能使用的空间只是所有磁盘容量总和的一半。尽管如此,人们还是选择 RAID 1 来保存那些关键性的重要数据。

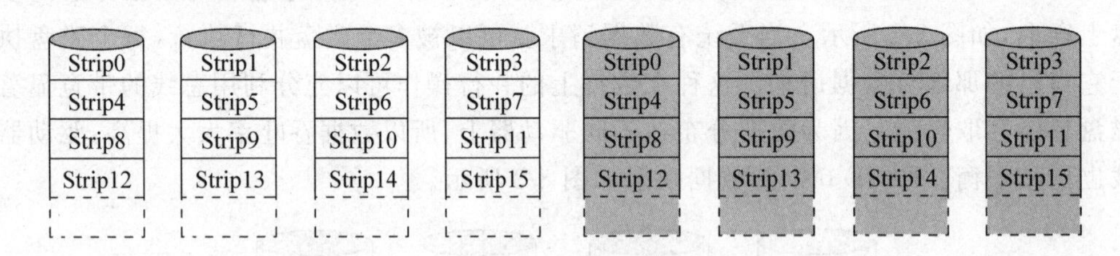

图 8-4　RAID 1(镜像结构)

3. RAID 2(带海明码校验)

RAID 2 与 RAID 3 类似,两者都是将数据条块化分布于不同的硬盘上,条块单位为位或字节。然而 RAID 2 使用一定的编码技术来提供错误检查及恢复,这种编码技术需要多个磁盘存放检查及恢复信息,使得 RAID 2 技术实施起来更复杂,因此在商业环境中很少使用。如图 8-5 所示,左边的各个磁盘上是数据的各个位,由一个数据不同的位运算得到的海明码可以保存到另一组磁盘上。由于海明码的特点,它可以在数据发生错误的情况下将错误校正,以保证输出的正确。

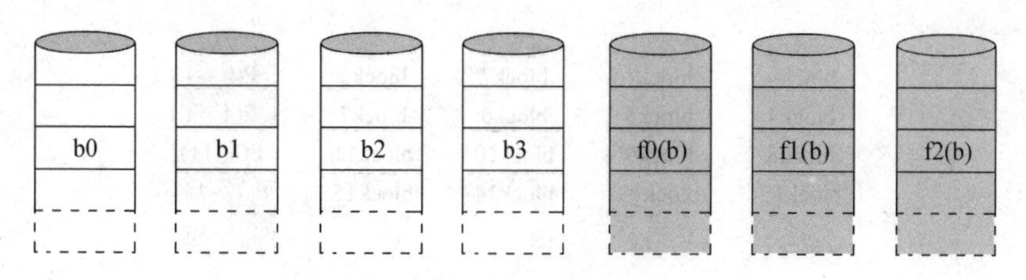

图 8-5 RAID 2(带海明码校验)

4. RAID 3(带奇偶校验码的并行传送)

RAID 3 是以一个硬盘来存放数据的奇偶校验位,数据则分段存储于其余硬盘中。它像 RAID 0 一样以并行的方式来存放数据,但速度没有 RAID 0 快。如果数据盘(物理)损坏,只要将坏硬盘换掉,RAID 控制系统则会根据校验盘的数据校验位在新盘中重建坏盘上的数据。不过,如果校验盘(物理)损坏,则全部数据都无法使用。利用单独的校验盘来保护数据虽然没有镜像的安全性高,但是硬盘利用率得到了很大的提高。

例如,如图 8-6 所示,在一个由 5 个硬盘构成的 RAID 3 系统中,4 个硬盘将被用来保存数据,第 5 个硬盘则专门用于校验。第 5 个硬盘中的每一个校验块所包含的都是其他 4 个硬盘中对应数据块的校验信息。

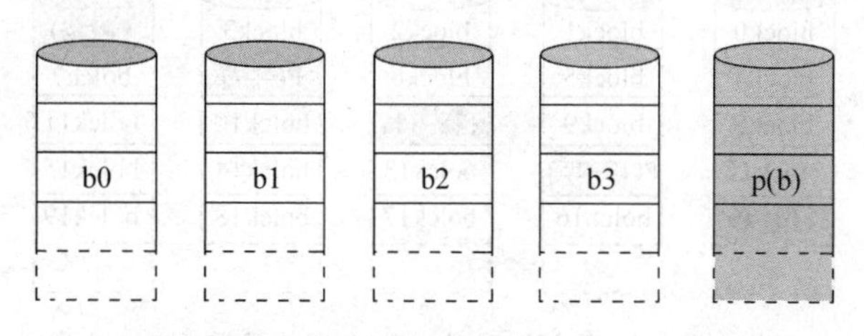

图 8-6 RAID 3(带奇偶校验码的并行传送)

RAID 3 虽然具有容错能力,但是系统会受到影响。当一个磁盘失效时,该磁盘上的所有数据块必须使用校验信息重新建立。如果我们是从好盘中读取数据块,不会有任何变化。但是如果我们所要读取的数据块正好位于已经损坏的磁盘,则必须同时读取同一带区中的所有其他数据块,并根据校验值重建丢失的数据。

当更换了损坏的磁盘之后,系统必须逐个数据块地重建坏盘中的数据。整个过程包括读取带区、计算丢失的数据块和向新盘写入新的数据块,都是在后台自动进行。重建活动最好是在 RAID 系统空闲的时候进行,否则整个系统的性能将会受到严重的影响。

5. RAID 4(块奇偶校验阵列)

RAID 4 与 RAID 3 类似,所不同的是,它对数据的访问是按数据块进行的,即按磁盘进行,每次是一个磁盘。数据以扇区交错方式存储于各个磁盘上,也称块间插入校验,采用单独奇偶校验盘,如图 8-7 所示。

6. RAID 5(块分布奇偶校验阵列)

RAID 5 与 RAID 4 类似,但校验数据不固定在一个磁盘上,而是循环地依次分布在不同的磁盘上,也称块间插入分布校验。它是目前采用最多、最流行的方式,至少需要 3 个硬盘。这样就避免了 RAID 4 中出现的瓶颈问题。如果其中一个磁盘出现故障,由于有校验信息,所以所有数据仍然可以保持不变。如果可以使用备用磁盘,那么在设备出现故障之后

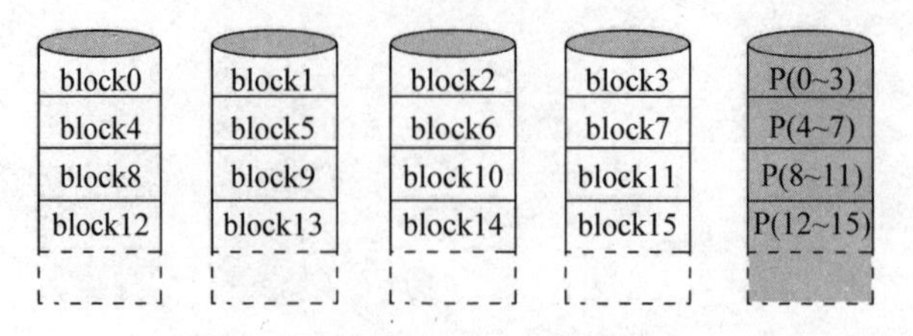

图 8-7 RAID 4(块奇偶校验阵列)

将立即开始同步数据。如果两个磁盘同时出现故障,那么所有数据都会丢失。RAID 5 可以经受一个磁盘故障,但不能经受两个或多个磁盘故障。

如图 8-8 所示,奇偶校验码存在于所有磁盘上,其中的 P0 代表第 0 带区的奇偶校验值,其他的意思也相同。RAID 5 的读出效率很高,写入效率一般,块式的集体访问效率不错。因为奇偶校验码在不同的磁盘上,所以提高了可靠性。但是它对数据传输的并行性解决不好,而且控制器的设计也相当困难。RAID 3 与 RAID 5 相比,重要的区别在于 RAID 3 每进行一次数据传输,需涉及所有的阵列盘。而对于 RAID 5 来说,大部分数据传输只对一个磁盘操作,可进行并行操作。

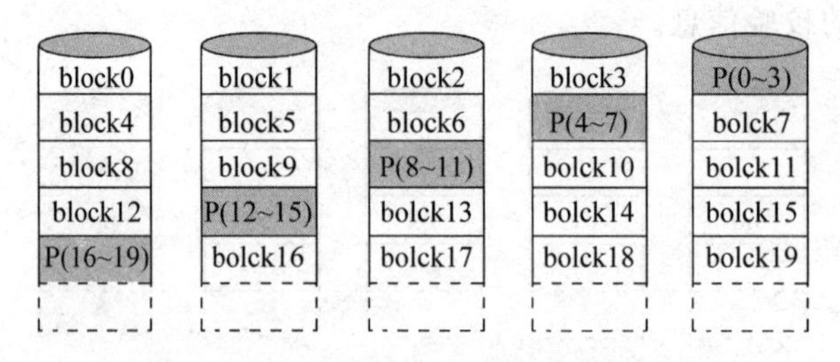

图 8-8 RAID 5(块分布奇偶校验阵列)

7. RAID 6(双重块分布奇偶校验阵列)

RAID 6 是在 RAID 5 基础上扩展而来的。与 RAID 5 一样,数据和校验码都是先被分成数据块,然后分别存储到磁盘阵列的各个硬盘上。只是 RAID 6 中增加了一个校验磁盘,用于备份分布在各个磁盘上的校验码,如图 8-9 所示,这样 RAID 6 磁盘阵列就允许两个磁盘同时出现故障,所以 RAID 6 的磁盘阵列最少需要 4 个硬盘。

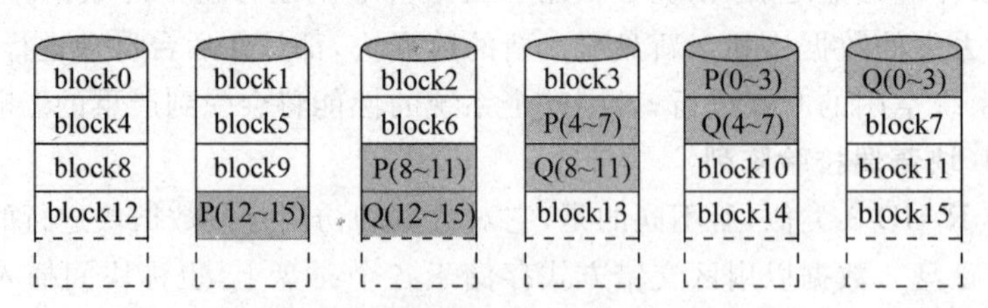

图 8-9 RAID 6(双重块分布奇偶校验阵列)

8. RAID 0+1(高可靠性与高效磁盘结构)

把 RAID 0 和 RAID 1 技术结合起来,即 RAID 0+1,成为具有极高可靠性的高性能磁盘阵列。它将两组磁盘按照 RAID 0 的形式组成阵列,每组磁盘按照 RAID 1 的形式实施容错。数据除分布在多个盘上外,每个盘都有其物理镜像盘,提供全冗余能力,允许一个以下磁盘故障，而不影响数据的可用性，并具有快速读/写能力。要求至少 4 个硬盘才能做成 RAID 0+1。

9. RAID 53（高效数据传送磁盘结构）

这是具有高输入/输出性能的磁盘阵列。它将两组磁盘按照 RAID 0 的形式组成阵列，每组磁盘按照 RAID 3 的形式实施容错，因此它速度比较快，也有容错功能。但价格十分高，不易于实现。

8.2.2　软件 RAID 描述

一般的中高档服务器多使用硬件 RAID 控制器来实现硬件 RAID，但是由于硬件 RAID 控制器的价格昂贵，导致系统成本大大增加。而随着处理器的性能快速发展，使得软件 RAID 的解决方法得到人们的重视。

软件 RAID 即软件磁盘阵列，用软件 RAID 可以将两个或多个块设备（通常是磁盘区）组合为单个 RAID 设备（/dev/mdX）。

例如，假定有三个空分区 hda3、hdb3 和 hdc3。使用软件 RAID 管理工具 mdadm 就能将这些分区组合起来。

8.2.3　mdadm 管理工具

mdadm 管理工具是一个管理软件 RAID 的独立程序，它能完成所有的软件 RAID 的管理功能。

mdadm 常用选项及其功能说明见表 8-1。

表 8-1　mdadm 常用选项及其功能说明

选　　项	功　　能
-A ＜阵列设备名＞，--assemble	加入一个以前定义的阵列
-C ＜阵列设备名＞，--create	创建一个新的阵列
-D ＜阵列设备名＞，--detail	显示 md 设备的详细信息
-a yes	自动创建 md 阵列文件
-l，--level=	设定 RAID 等级
-s，--scan	扫描配置文件或 /proc/mdstat 目录，以搜寻丢失的信息
-n，--raid-devices=	指定阵列中可用设备的数目，这个数目只能用--grow 选项修改
-x，--spare-devices=	指定初始阵列的富余设备的数目

8.2.4　软件 RAID 创建过程

第 1 步：创建软件 RAID 分区，分区类型为 fd。

第 2 步：使用 mdadm 管理工具创建软件 RAID 设备。例如，使用 RAID 0 规范来创建阵列设备 md1 的命令如下：

```
#mdadm -C /dev/md1 -a yes -l 0 -n 2 /dev/sda{5,6}
```

第 3 步：为阵列创建文件系统，例如，mkfs. ext3 /dev/md1。

第 4 步：挂载阵列设备。

8.2.5 软件 RAID 配置文件

mdadm 不采用/etc/mdadm.conf 作为主要配置文件，它不依赖该文件也完全不会影响阵列的正常工作。

该配置文件的主要作用是方便跟踪软件 RAID 的配置。对该配置文件进行修改是有好处的，但不是必需的。推荐对该文件进行修改。

建立方法是首先创建阵列，然后执行如下命令。

```
#mdadm -D -s >>/etc/mdadm.conf
```

或

```
#mdadm --detail --scan >>/etc/mdadm.conf
```

8.2.6 查看、停止与启动软件 RAID

相关操作对应的命令如下。

(1) 查看阵列状态。

```
#mdadm -D /dev/md0
#cat /proc/mdstat
```

(2) 停止阵列设备。

```
#mdadm -S /dev/md0
```

(3) 启动阵列设备。

```
#mdadm -A /dev/md0 /dev/sda{X,Y,Z}
```

8.3 磁盘配额

Linux 内核支持基于文件系统的磁盘限额，它可以限制具体的某一个用户或用户组磁盘的使用量。磁盘限额包括对块的限制与对索引节点的限制，而每一种限制又可以分为软限制与硬限制。

软限制：此限制是一个警告值，是可超出的。当软限制被突破后，经过一段时间就会自动变成硬限制。

硬限制：此限制是用户绝对不能超出的值。

在 Linux 操作系统中，由于是多用户环境，多人共同使用一个硬盘空间，如果其中某个用户占用了大量的硬盘空间，那么将会影响其他用户的使用。因此管理员应该限制用户使用硬盘空间的大小，比如限制Web服务器中每个用户的网页空间容量，限制E-mail服务器中每个用户的邮箱容量，此时可以使用quota命令来完成该任务。

注意：使用quota命令时有几个基本的限制如下。

(1) Linux内核必须支持磁盘配额，较新的Linux发行版本一般都会支持磁盘配额。

(2) 磁盘配额只对普通用户有效，对root用户不起作用。

(3) 磁盘配额只对整个分区进行限制，如/dev/hda4文件挂载在/mnt/quota目录下，则可对/mnt/quota目录进行磁盘配额限制。

8.3.1　相关命令：quota、quotacheck、edquota、quotaon、quotaoff

quota命令有两种用途：一种用于查询，包括quota、quotacheck、quotastats、repquota和warnquota；另一种用于编辑磁盘配额的内容，包括edquota和setquota。

1. quota命令

语法如下：

```
quota [-uvsl] [username]
```

或

```
quota [-gvsl] [groupname]
```

quota命令各选项及其功能说明见表8-2。

表8-2　quota命令各选项及其功能说明

选项	功　　能
-u	后面跟username，显示该用户的磁盘配额限制值。若不跟username，显示执行者的磁盘配额限制值
-g	后面跟groupname，显示出该群组的磁盘配额限制值
-v	显示每个文件系统的磁盘配额限制值
-s	可选择以索引节点或磁盘容量的限制值来显示
-l	仅显示出目前本机上文件系统的磁盘配额限制值

示例如下：

```
#quota -guvs              //显示root用户的磁盘配额限制值
#quota -vs -u ztg         //显示ztg用户的磁盘配额限制值
```

2. quotacheck命令

语法如下：

```
quotacheck [-avug] [/mount_point]
```

quotacheck命令各选项及其功能说明见表8-3。

表 8-3 quotacheck 命令各选项及其功能说明

选项	功能
-a	扫描所有在/etc/mtab 文件内支持磁盘配额的文件系统。加上该选项后,可以不写/mount_point 目录
-u	针对指定用户扫描文件与目录的使用情况,会建立 aquota. user
-g	针对指定群组扫描文件与目录的使用情况,会建立 aquota. group
-v	显示扫描过程的相关信息
-m	强制进行磁盘配额的查验扫描

示例如下:

```
#quotacheck -avug        /对/etc/mtab 文件(见图 8-10)内支持磁盘配额的分区进行扫描
#quotacheck -avug -m     //强制扫描已挂载的文件系统
```

```
/dev/hda3 / ext3 rw 0 0
proc /proc proc rw 0 0
sysfs /sys sysfs rw 0 0
devpts /dev/pts devpts rw,gid=5,mode=620 0 0
tmpfs /dev/shm tmpfs rw 0 0
/dev/hda10 /mnt/dos vfat rw 0 0
none /proc/sys/fs/binfmt_misc binfmt_misc rw 0 0
sunrpc /var/lib/nfs/rpc_pipefs rpc_pipefs rw 0 0
/dev/hda4 /mnt/quota ext3 rw,usrquota,grpquota 0 0
```

图 8-10 /etc/mtab 文件

注意:真正的磁盘配额是读取/etc/mtab 文件中的信息,而/etc/mtab 文件的内容是在系统重启后以/etc/fstab 文件的内容为基础进行改写的。

3. edquota 命令

语法如下:

```
edquota [-u username] [-g groupname]
```

或

```
edquota -t
```

或

```
edquota -p user1 -u user2
```

edquota 命令各选项及其功能说明见表 8-4。

表 8-4 edquota 命令各选项及其功能说明

选项	功能
-u	进入磁盘配额的编辑界面去设置 username 的限制值
-g	进入磁盘配额的编辑界面去设置 groupname 的限制值
-t	修改宽限时间
-p	将 user1 的磁盘配额限制值复制给 user2,user1 为已存在并且已设置了磁盘配额的用户

4. quotaon 命令

语法如下：

```
quotaon [-avug]]
```

或

```
quotaon [-vug] [/mount_point]
```

quotaon 命令各选项及其功能说明见表 8-5。

表 8-5　quotaon 命令各选项及其功能说明

选项	功　能
-a	根据/etc/mtab 文件内的文件系统设定启动有关的磁盘配额。若不加-a,则后面就需要加上特定的分区
-u	针对用户启动磁盘配额(aquota. user)
-g	针对群组启动磁盘配额(aquota. group)
-v	显示启动过程的相关信息

示例如下：

```
#quotaon -auvg            //启动所有具有磁盘配额的文件系统
```

5. quotaoff 命令

语法如下：

```
quotaoff [-a]
```

或

```
quotaoff [-ug] [/mount_point]
```

quotaoff 命令各选项及其功能说明见表 8-6。

表 8-6　quotaoff 命令各选项及其功能说明

选项	功　能
-a	根据/etc/mtab 文件,关闭所有设置磁盘配额功能的文件系统的磁盘配额
-u	仅针对后面接的那个/mount_point 关闭用户的磁盘配额
-g	仅针对后面接的那个/mount_point 关闭群组的磁盘配额

8.3.2　实例——实现磁盘限额

问题描述：将/dev/hda4 分区挂载在/mnt/quota 目录下,在/mnt/quota 目录中对用户(ztg 和 ztguang,这两个用户都在 ztguang 群组里)实行磁盘空间的配额限制。

第 1 步：修改/etc/fstab 文件。

在/etc/fstab 文件中添加如图 8-11 所示的最后一行,对需要进行磁盘配额限制的分区(/dev/hda4)进行设置,其中参数 usrquota 是对用户进行磁盘配额限制,参数 grpquota 是对组群进行磁盘配额限制。

```
LABEL=/              /             ext3    defaults        1 1
tmpfs                /dev/shm      tmpfs   defaults        0 0
devpts               /dev/pts      devpts  gid=5,mode=620  0 0
sysfs                /sys          sysfs   defaults        0 0
proc                 /proc         proc    defaults        0 0
LABEL=SWAP-sda11     swap          swap    defaults        0 0
/dev/hda10           /mnt/dos      vfat    defaults        0 0
/dev/hda4            /mnt/quota    ext3    defaults,usrquota,grpquota 1 2
```

图 8-11　修改/etc/fstab 文件

第 2 步:在/mnt/quota 目录中创建 aquota. user 和 aquota. group 文件。

如图 8-12 所示,执行第 1 条命令,将/dev/hda4 分区挂载在/mnt/quota 目录下,然后用 cd 命令进入/mnt/quota 目录。执行第 2、3 条命令,创建 aquota. user 和 aquota. group 空文件。

注意:此时生成的 aquota. user 和 aquota. group 文件是空的,不符合系统要求。

aquota. user 和 aquota. group 文件分别是用户及组磁盘配额需要的配置文件,记录磁盘配额的限制值。如果没有这两个文件,则磁盘配额不会生效。

第 3 步:使用 quotacheck 命令生成符合系统要求的 aquota. user 和 aquota. group 文件。

如图 8-12 所示,执行第 4 条命令,提示信息说明第 2 步中将/dev/hda4 分区挂载在/mnt/quota 目录下没有使用 usrquota 和 grpquota 参数。虽然第 1 步修改了/etc/fstab 文件,但是由于系统没有重启,所以图 8-12 所示的最后一行没有生效。此时可以执行第 5 条命令重新装载/dev/hda4 分区,这样就成功加入了磁盘配额功能。然后执行第 6 条命令 quotacheck /mnt/quota 目录,扫描一下要使用的分区,生成符合系统要求的 aquota. user。执行第 7 条命令 quotacheck -g /mnt/quota,扫描一下要使用的分区,生成符合系统要求的 aquota. group。

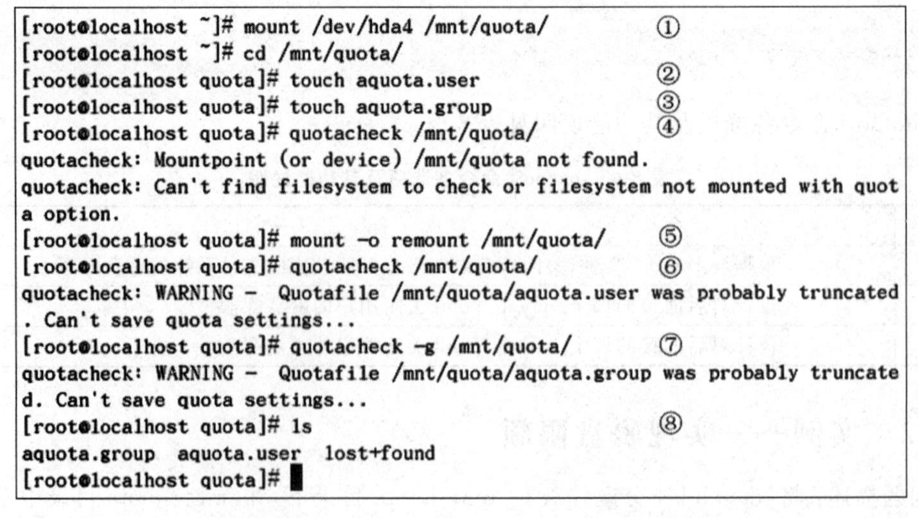

```
[root@localhost ~]# mount /dev/hda4 /mnt/quota/          ①
[root@localhost ~]# cd /mnt/quota/
[root@localhost quota]# touch aquota.user                ②
[root@localhost quota]# touch aquota.group               ③
[root@localhost quota]# quotacheck /mnt/quota/           ④
quotacheck: Mountpoint (or device) /mnt/quota not found.
quotacheck: Can't find filesystem to check or filesystem not mounted with quot
a option.
[root@localhost quota]# mount -o remount /mnt/quota/     ⑤
[root@localhost quota]# quotacheck /mnt/quota/           ⑥
quotacheck: WARNING -  Quotafile /mnt/quota/aquota.user was probably truncated
. Can't save quota settings...
[root@localhost quota]# quotacheck -g /mnt/quota/        ⑦
quotacheck: WARNING -  Quotafile /mnt/quota/aquota.group was probably truncate
d. Can't save quota settings...
[root@localhost quota]# ls                               ⑧
aquota.group  aquota.user  lost+found
[root@localhost quota]#
```

图 8-12　生成 aquota. user 和 aquota. group 文件

注意：生成 aquota.user 和 aquota.group 文件时会有错误提示，不过没关系，因为先前使用 touch 命令生成的是空文件，它们的格式不对。

第 4 步：为用户设置磁盘空间限额。

使用 edquota 命令可以编辑每个用户或组群的可用磁盘空间，如图 8-13 所示。

```
[root@localhost quota]# edquota ztg
[root@localhost quota]# edquota -p ztg ztguang
[root@localhost quota]# edquota -t
[root@localhost quota]# quota -vu ztg ztguang
Disk quotas for user ztg (uid 500):
     Filesystem  blocks   quota   limit   grace   files   quota   limit   grace
      /dev/hda4       0  100000  110000               0       0       0
Disk quotas for user ztguang (uid 501):
     Filesystem  blocks   quota   limit   grace   files   quota   limit   grace
      /dev/hda4       0  100000  110000               0       0       0
[root@localhost quota]# 
```

图 8-13　为用户设置磁盘空间限额

执行第 1 条命令 edquota ztg，打开一个 vi 窗口，为用户 ztg 设置磁盘空间的限额，如下所示。

```
[root@localhost quota]#edquota  ztg
Disk quotas for user ztg (uid 500):
filesystem  blocks  soft    hard    inodes  soft  hard
/dev/hda4   0       100000  110000  0       0     0
```

其中，soft(softlimit，软限制)是磁盘空间限额的警告值，用户在宽限时间之内，它使用的磁盘容量可以超过 soft，但是必须在宽限时间之内将磁盘容量降低到 soft 之下；hard(hardlimit，硬限制)是绝对不能超过的容量。比如网络磁盘空间为 110MB，那么 hard 就设定为 110MB，但是为了提醒用户，当使用的空间超过 100MB 时，系统就会警告用户，让用户可以在宽限时间内将其磁盘使用量降低至 100MB 以内，soft 到 hard 之间的容量就是宽限容量。

注意：因为/dev/hda4 分区里面此时还没有数据，所以 blocks 与 inodes 都是 0。blocks 是用户在/dev/ hda4 分区所用的磁盘容量，inodes 是用户在/dev/ hda4 分区所用的索引节点数，这两个值是 quota 程序自己计算出来的，用户不需要修改。

宽限时间表示用户使用的磁盘容量从超过 soft 这个时刻开始，到必须将磁盘容量降低到 soft 之下的这段时间。

当用户使用的磁盘容量超过了 soft，但是还没有到达 hard，那么在这宽限时间之内，必须将使用的磁盘容量降低到 soft 之下。当用户使用的磁盘容量超过 soft 时，宽限时间就会自动被启动；在用户将使用的磁盘容量降低到 soft 之下时，宽限时间就会自动取消。

执行图 8-13 中的第 2 条命令(edquota -p ztg ztguang)，将 ztg 的 quota 限制值复制给 ztguang 用户(ztg 和 ztguang 用户有相同的磁盘限额)。

执行图 8-13 中的第 3 条命令(edquota -t)，设置宽限时间，如下所示。

```
[root@localhost quota]#edquota  -t
Grace period before enforcing soft limits for users:
```

```
Time units may be: days, hours, minutes, or seconds
filesystem    block grace period    inode grace period
/dev/hda4     7days                 7days
```

预设的宽限时间是 7 天,读者可以根据具体情况进行设置。

执行图 8-13 中的第 4 条命令(quota -vu ztg ztguang),显示 ztg 和 ztguang 用户的磁盘配额。

第 5 步:为群组(ztguang)设置磁盘空间限额。

ztguang 群组包含两个用户 ztg 和 ztguang。

执行 edquota -g ztguang 命令,设置 ztguang 群组的磁盘空间限额,如下所示。

```
[root@localhost quota]#edquota  -g  ztguang
Disk quotas for group ztguang (gid 501):
Filesystem  blocks  soft    hard    inodes  soft  hard
/dev/hda4   0       190000  210000  0       0     0
```

执行 quota -vg ztguang 命令,查看 ztguang 群组的磁盘空间限额,如图 8-14 所示。

```
[root@localhost quota]# quota -vg ztguang
Disk quotas for group ztguang (gid 501):
     Filesystem  blocks   quota   limit   grace   files   quota   limit   grace
      /dev/hda4       0  190000  210000               0       0       0
[root@localhost quota]#
```

图 8-14　查看 ztguang 群组的磁盘空间限额

注意:可以只针对用户进行磁盘空间限额的设置,而不需要额外地对群组进行磁盘空间限额的设置,之所以执行第 5 步,是为了说明为群组设置磁盘空间限额的方法。

第 6 步:启动 quota。

设定好 quota 的限额之后,建议再执行一次 quotacheck 命令,然后执行 quotaon -avug 命令启动 quota,如图 8-15 所示。

```
[root@localhost quota]# quotaon -avug
/dev/hda4 [/mnt/quota]: group quotas turned on
/dev/hda4 [/mnt/quota]: user quotas turned on
[root@localhost quota]#
```

图 8-15　启动 quota 的限额

8.4　虚拟化技术

8.4.1　虚拟化技术概述

虚拟化技术简单来说就是把软件与硬件分离出来,这样系统应用程序在系统上运行的时候好像跟硬件没关系。同时有了这个技术之后,就可以在上面运行不同的虚拟操作系统。

其实虚拟化技术的诞生,最根本的原因是因为硬件发展很快,企业发现整个硬件只有15%或者20%被利用,怎么能让每个企业IT的价值发挥最大?这是现在的企业最关心的问题。而虚拟化技术可以提高企业的硬件利用率。

虚拟化技术优势:①能耗更少。使用虚拟化技术可以减少对实体平台的需求。这等同于机器运行和冷却时减少了能耗,使能源费用降低。通过使用虚拟化技术,可以减少用于购置多个实体平台的初始费用,以及相应的能耗费用和冷却费用。②更少的维护任务。如果在实体系统转移至虚拟系统前做好充分的规划,那么用于维护系统的时间将变少,这意味着用于零部件和人工的花费将变少。③延长已安装软件的寿命。旧版本软件也许不能在最新的裸机上直接运行。然而,通过在更大、更快的系统上虚拟地运行旧版本软件,利用新型系统的性能,使软件寿命得以延长。④可预计成本。RHEL订阅服务为虚拟化技术提供了一个价格固定的支持模式,使成本易于估算。⑤节省空间。把服务器整合到更少机器上意味着所需的物理空间减少,这些节省下来的空间可挪作他用。

Linux操作系统中常见的虚拟化技术包括全虚拟化技术(Full Virtualization)、半虚拟化技术(Part Virtualization)。

全虚拟化利用处理器的硬件特性向客户机提供底层实体系统的总抽象。这创建了新的虚拟系统,被称为一台虚拟机(Virtual Machine),它允许客户机操作系统在无须修改的情况下运行。客户机操作系统和任何在客户机虚拟机中的应用并不会察觉出虚拟化环境而正常运作。在RHEL中是通过KVM(Kernel-based Virtual Machine,基于内核的虚拟机)来实现基于硬件的完全虚拟化的。全虚拟化的优点是不需要对客户机操作系统进行修改,缺点是资源消耗较大。

半虚拟化应用一系列呈现给虚拟机的软件和数据结构,需要客户机操作系统修改以使用半虚拟化环境,客户机操作系统知道自己是运行在虚拟机上。半虚拟化的优点是消耗资源小且性能好,缺点是需要对客户机操作系统进行修改,所以对不能修改的系统(如Windows)不支持。在RHEL中是通过Xen来实现半虚拟化的,但在RHEL 6中已经取消了对Xen支持。

8.4.2 QEMU、KVM、QEMU-KVM、libvirt、virsh和virt-manager

1. QEMU、KVM、QEMU-KVM

QEMU(Quick EMUlator,快速仿真器)是一台主机上的VMM(Virtual Machine Monitor,虚拟机监视器),通过动态二进制转换来模拟CPU,并提供一系列的硬件模拟设备,使客户机操作系统认为自己和硬件直接打交道,其实是同QEMU模拟出来的硬件打交道,QEMU再将这些指令翻译给真正硬件进行操作。通过这种模式,客户机操作系统可以和主机上的硬盘、网卡、CPU、CD-ROM、音频设备和USB设备进行交互。但由于所有指令都需要经过QEMU来翻译,因而性能较差。

KVM是Linux内核提供的虚拟化架构,为AMD 64和Intel 64硬件上的Linux提供完全虚拟化的解决方案,KVM可运行多种无须修改的Windows和Linux客户机操作系统。KVM需要处理器硬件本身支持虚拟化扩展,如Intel VT和AMD AMD-V技术。KVM自内核2.6.20后已合入主干。RHEL的KVM虚拟机监控程序使用libvirt API和libvirt的工具程序(如virt-manager、virsh)进行管理。虚拟机以多线程的Linux进程形式运行,并通过上面提到的工具程序进行管理。KVM 本身不实现任何模拟功能,仅仅是暴露了一个/dev/kvm 接口,宿主机通过该接口主要负责 vCPU 的创建、虚拟内存的地址空间分配、vCPU 寄存器的读/写以及 vCPU 的运行。有了 KVM 后,客户机操作系统的 CPU 指令不用再经过 QEMU 翻译便可直接运行,大大提高了运行速度。但 KVM 只提供了 CPU 和内存的虚拟化,并不能模拟其他设备,还必须有个运行在用户空间的工具才行,KVM 的开发者选择了比较成熟的开源虚拟化软件 QEMU 来作为这个工具,所以 KVM 结合 QEMU 才能构成一套完整的虚拟化技术。

QEMU-KVM 是 KVM 与 QEMU 的结合,KVM 负责 CPU 虚拟化和内存虚拟化,QEMU 模拟其他 I/O 设备。KVM 运行在内核空间,QEMU 运行在用户空间,它们一起对各种虚拟硬件设备的创建、调用进行管理。QEMU 将 KVM 整合了进来,通过 ioctl 程序调用/dev/kvm,从而将 CPU 指令部分交给内核模块来做,KVM 加上 QEMU 后就是完整意义上的服务器虚拟化。

2. libvirt

libvirt 程序包是一个与虚拟机监控程序相独立的虚拟化应用程序接口,它可以与操作系统的一系列虚拟化性能进行交互。libvirt 程序包提供一个稳定的通用层来安全地管理主机上的虚拟机和一个管理本地系统与联网主机的通用接口。在虚拟机监控程序支持的情况下,部署、创建、修改、监测、控制、迁移以及停止虚拟机操作都需要这些 API。尽管 libvirt 程序包可同时访问多台主机,但 API 只限于单节点操作。libvirt 程序包被设计为用来构建高级管理工具和应用程序,例如 virt-manager 与 virsh 命令行管理工具。libvirt 主要的功能是管理单节点主机,并提供 API 来列举、监测和使用管理节点上的可用资源,其中包括 CPU、内存、存储、网络和非一致性内存访问(NUMA)分区。管理工具可以位于独立于主机的物理机上,并通过安全协议和主机进行交流。libvirt 程序包在 GNU 公共许可证下可作为免费软件使用。libvirt 项目旨在为运行在不同虚拟机管理程序技术上的虚拟管理工具提供长期稳定的 C 语言 API。libvirt 程序包支持 RHEL 5 上的 Xen,还支持 RHEL 5/6/7/8 上的 KVM。

3. virsh 和 virt-manager

virsh 是一个基于 libvirt API 创建的用于监控系统程序和客户机虚拟机的命令行工具。普通用户可以使用只读的模式运行 virsh 命令,root 用户可以使用所有的管理功能。virsh 命令可以被用来创建虚拟化任务管理脚本,如安装、启动和停止虚拟机。

virt-manager 是一个用于管理虚拟机的图形工具(在经典 GNOME 桌面上,从左上角开始依次选择如下菜单:应用程序→系统工具→虚拟系统管理器)。它允许访问图形化的客户机控制台,并可以执行虚拟化管理、虚拟机创建、迁移和配置等任务。它也提供了查看虚拟机、主机数据、设备信息和性能图形的功能。本地的虚拟机监控程序可以通过单一接口进行管理。

注意:在 RHEL 8 中,virt-manager 已被 Cockpit 替代。

8.4.3 实例——虚拟机的安装与管理

1. 在 RHEL 8 中安装 KVM

如果要在 RHEL 8 中支持 KVM,首先需要硬件上支持虚拟化功能。查看本机 CPU 是否支持虚拟化的命令如下:

```
#egrep --color '(vmx|svm)' /proc/cpuinfo
```

输出结果如果包含 vmx 或 svm，说明支持虚拟化。vmx 为 Intert 系列的 CPU，svm 为 AMD 系列的 CPU。

在 Fedora 29 中执行 dnf install libvirt 命令安装虚拟化软件包，执行 dnf list installed libvirt * 命令查看是否安装成功。

在 RHEL 8 中执行 yum module install virt 命令安装虚拟化软件包。然后执行 virt-host-validate 命令检测本机是否正确配置以运行虚拟化，如果检测所有项目后返回的都是 PASS，说明本机支持虚拟化。

如果当前语言为英文，则执行如下命令安装所需的软件包。

```
#yum  groupinstall  "Virtualization*"
```

如果当前语言为中文，则执行如下命令安装所需的软件包。

```
#yum  groupinstall  "虚拟化*"
```

执行 yum install qemu-kvm 命令安装 QEMU-KVM 软件包。执行 dnf list installed qemu-kvm 命令查看是否安装成功。

执行 systemctl status libvirtd 命令查看是否启动了 libvitd 服务。如果没有启动，执行 systemctl start libvirtd 命令启动，然后执行 systemctl enable libvirtd 命令设置为开机启动。

2. 安装虚拟操作系统：virt-manager、virt-install

(1) 通过图形化工具创建管理虚拟机。①使用 virt-manager 命令打开图形化界面；②单击“新建虚拟机”按钮，然后根据提示将虚拟机创建出来。

(2) 通过文本界面来创建虚拟机。使用 virt-install 命令。

virt-install 是一个命令行工具，能够为 KVM、Xen 或其他支持 libvirt API 的 hypervisor 软件创建虚拟机并安装 GuestOS。virt-install 基于串行控制台、VNC 或 SDL 支持文本或图形化安装界面，安装过程可以使用本地安装介质如 CD-ROM，也可以通过网络方式如 NFS、HTTP 或 FTP 服务实现。对于通过网络安装的方式，virt-install 可以自动加载必要的文件以启动安装过程而无须额外提供引导工具。virt-install 也支持 PXE 方式的安装过程，能够直接使用现有的磁盘镜像启动安装过程。使用 virt-install 命令安装虚拟机的过程如下：

```
#mkdir /mnt/iso/qcow2-dir
#qemu-img create -f qcow2 -o preallocation=metadata /mnt/iso/qcow2-dir/
fedora29.qcow2 20G
#virt-install \
  --virt-type kvm \
  --name demo-guest1 \
  --memory 2048 --vcpus 1 \
  --network network=default \
  --os-type linux --os-variant fedora29 \
  --cdrom /opt/iso/Fedora-Workstation-Live-x86_64-29-1.2.iso \
  --disk path=/mnt/iso/qcow2-dir/fedora29.qcow2,format=qcow2
```

注意：--cdrom 和--disk 所指的 ISO 和 qcow2 文件放在 ext 分区。

使用 virt-install 命令启动虚拟机的命令如下：

```
#virt-install \
   --virt-type kvm --name fedora29 \
   --memory 1536 --vcpus 1 \
   --video qxl \
   --os-type linux --os-variant fedora29 \
   --import --disk /mnt/iso/qcow2-dir/fedora29.qcow2
```

3. 管理虚拟操作系统

要管理虚拟机可以通过图形化界面，也可以通过命令来管理，下面介绍如何通过命令(virsh)管理虚拟机。

```
virsh list                              //列出活动的虚拟机
virsh start <虚拟机名>                   //启动一台虚拟机
virsh shutdown <虚拟机名>                //关闭一台虚拟机
virsh destroy <虚拟机名>                 //关闭(强制)一台虚拟机
virsh reboot <虚拟机名>                  //重启一台虚拟机
virsh save <虚拟机名><状态文件>           //保存一台虚拟机状态
virsh restore <状态文件>                 //从状态文件中恢复虚拟机
virsh suspend/resume <虚拟机名>          //挂起与恢复虚拟机
virsh dumpxml <虚拟机名>>***.xml         //备份虚拟机配置文件
virsh define ***.xml                    //从一台虚拟机 XML 配置文件中创建虚拟机
```

4. 连接虚拟机

可以在宿主机上执行“virt-viewer ＜虚拟机名＞”命令连接虚拟机的图形化界面。

注意：读者也可以使用 VirtualBox 安装虚拟机。

8.5 cgroups

8.5.1 cgroups 概述

在 Linux 内核中，调度和管理并不对进程与线程进行区分，只是根据克隆系统时传入参数的不同来从概念上区分进程和线程，使用任务(task)来表示系统的一个进程或线程。

cgroups(control groups，控制群组)是 Linux 内核提供的一种可以限制、记录、隔离进程组(process groups)所使用物理资源(如 CPU、内存、I/O 等)的机制。cgroups 中的资源控制以 cgroup 为单元实现。cgroup 是按某种资源控制标准划分而成的任务组，包含一个或多个子系统。一个任务可以加入某个 cgroup，也可以从某个 cgroup 迁移到另一个 cgroup。本质上来说，cgroups 是内核附加在程序上的一系列钩子(hook)，通过程序运行时对资源的调度触发相应的钩子以达到资源追踪和限制的目的。cgroups 最初由 Google 的工程师提出，后来被整合进 Linux 内核。cgroups 也是 LXC(Linux Containers，Linux 容器)为实现虚拟化所使用的资源管理手段，可以说没有 cgroups 就没有 LXC。通过使用 cgroups，系统管理员在分配、排序、拒绝、管理和监控系统资源等方面可以进行精细化控制。

简单地说，cgroups可以限制、记录任务组所使用的物理资源。

cgroups可对进程进行层级式分组并标记，再对其可用资源进行限制。传统情况下，所有的进程分得的系统资源数量相近，管理员用进程niceness值进行调节。而用此方法，包含大量进程的应用程序可以比包含少量进程的应用程序获得更多资源，这与应用程序的重要程度无关。通过将cgroups层级系统与systemd单元树捆绑，RHEL 7/8可以把资源管理设置从进程级别移至应用程序级别。因此，系统管理员可以使用systemctl命令或者通过修改systemd单元文件来管理系统资源。

在RHEL之前的版本中，系统管理员使用libcgroup软件包中的cgconfig命令来建立自定义cgroups层级。现在，这个软件包已经过时，也不推荐使用，因为它很容易与默认的cgroups层级产生冲突。然而，在一些特定情况下，libcgroup仍然可用，如systemd不可用时或使用net-prio子系统时。

实现cgroups的主要目的是为不同用户层面的资源管理提供一个统一化接口。现在的cgroups适用于多种应用场景，从单个任务的资源控制到操作系统层面的虚拟化，cgroups提供的功能有以下几方面。①资源限制：cgroups可以对任务需要的资源总额进行限制。比如，设定任务运行时使用的内存上限，一旦超出就触发Linux内核中的OOM(out of memory，超出内存)机制而被终止。②优先级分配：通过分配的CPU时间片数量和磁盘I/O带宽，实际上就等同于控制了任务运行的优先级。③资源统计：cgroups可以统计系统的资源使用量，比如，CPU使用时长、内存用量等。这个功能非常适合当前云端产品按使用量计费的方式。④任务控制：cgroups可以对任务执行挂起、恢复等操作。

8.5.2 cgroups的默认层级

层级(hierarchy)由一系列cgroups以一个树状结构排列而成，每个层级通过绑定对应的子系统进行资源控制。层级中的cgroup节点可以包含零个或多个子节点，子节点继承父节点挂载的子系统。一个操作系统中可以有多个层级。

cgroups以文件的方式提供应用接口，可以通过mount命令来查看cgroups默认的挂载点。

```
#mount | grep cgroup
tmpfs on /sys/fs/cgroup type tmpfs (ro,nosuid,nodev,noexec,seclabel,mode=755)
cgroup2 on /sys/fs/cgroup/unified type cgroup2 (rw, nosuid, nodev, noexec,
relatime,seclabel,nsdelegate)
cgroup on /sys/fs/cgroup/systemd type cgroup (rw, nosuid, nodev, noexec,
relatime,seclabel,xattr, name=systemd)
cgroup on /sys/fs/cgroup/hugetlb type cgroup (rw, nosuid, nodev, noexec,
relatime,seclabel,hugetlb)
cgroup on /sys/fs/cgroup/perf_event type cgroup (rw, nosuid, nodev, noexec,
relatime,seclabel,perf_event)
cgroup on /sys/fs/cgroup/memory type cgroup (rw,nosuid,nodev,noexec,relatime,
seclabel,memory)
cgroup on /sys/fs/cgroup/pids type cgroup (rw,nosuid,nodev,noexec,relatime,
seclabel,pids)
cgroup on /sys/fs/cgroup/freezer type cgroup (rw, nosuid, nodev, noexec,
relatime,seclabel,freezer)
```

```
cgroup on /sys/fs/cgroup/cpuset type cgroup (rw,nosuid,nodev,noexec,relatime,
seclabel,cpuset)
cgroup on /sys/fs/cgroup/blkio type cgroup (rw,nosuid,nodev,noexec,relatime,
seclabel,blkio)
cgroup on /sys/fs/cgroup/net_cls, net_prio type cgroup (rw, nosuid, nodev,
noexec,relatime,seclabel, net_cls,net_prio)
cgroup on /sys/fs/cgroup/cpu, cpuacct type cgroup (rw, nosuid, nodev, noexec,
relatime,seclabel, cpu,cpuacct)
cgroup on /sys/fs/cgroup/devices type cgroup (rw, nosuid, nodev, noexec,
relatime,seclabel,devices)
```

第 1 行的 tmpfs 说明/sys/fs/cgroup 目录下的文件都存在于内存文件系统中。第 3 行的挂载点/sys/fs/cgroup/systemd 用于 systemd 系统对 cgroups 的支持。其余的挂载点都是内核支持的各个子系统的根级层级结构。

注意：在使用 systemd 的操作系统中，/sys/fs/cgroup 目录是由 systemd 在系统启动的过程中挂载的，并且挂载为只读类型。不建议在/sys/fs/cgroup 目录下创建新的目录并挂载其他子系统。

/sys/fs/cgroup 目录是各个子系统的根目录。比如，内存子系统，/sys/fs/cgroup/memory/目录下的文件就是 cgroups 的内存子系统中的根级设置，比如 memory. limit_in_bytes 中的数字用来限制进程的最大可用内存，memory. swappiness 中保存着使用 swap 的权重。

可以通过创建或修改这些文件的内容来应用 cgroups。可以通过/proc/[pid]/cgroup 来查看指定进程属于哪些 cgroup，示例如下：

```
#cat /proc/1/cgroup
11:devices:/
10:cpu,cpuacct:/
9:net_cls,net_prio:/
8:blkio:/
7:cpuset:/
6:freezer:/
5:pids:/
4:memory:/
3:perf_event:/
2:hugetlb:/
1:name=systemd:/init.scope
0::/init.scope
```

每一行包含用冒号隔开的三列，它们的含义分别是：① cgroup 树的 ID，与/proc/cgroups 文件中的 ID 一一对应。② cgroup 树绑定的所有 subsystem（子系统），多个 subsystem 之间用逗号隔开。name＝systemd 表示没有和任何 subsystem 绑定，只是给它起了个名字叫 systemd。③ 进程在 cgroup 树中的路径，即进程所属的 cgroup，该路径是相对于挂载点的相对路径。

通过将 cgroup 层级系统与 systemd 单元树绑定，systemd 可以把资源管理的设置从进程级别移至应用程序级别。因此，可以使用 systemctl 命令，或者通过修改 systemd

单元的配置文件来管理单元相关的资源。默认情况下，systemd 会自动创建 slice、scope 和 service 单元的层级，来为 cgroup 树提供统一的层级结构。可以通过 systemd-cgls 命令来查看 cgroups 的层级结构。执行 systemd-cgls 命令，部分 cgroup 树的层级结构如图 8-16 所示。

```
[root@localhost ~]# systemd-cgls
Control group /:
-.slice
├user.slice
│ └user-0.slice
│   ├session-2.scope
│   │ ├1714 gdm-session-worker [pam/gdm-password]
│   │ ├1742 /usr/bin/gnome-keyring-daemon --daemonize --login
│   │ └5199 /usr/lib64/firefox/firefox -contentproc
│   └user@0.service
├init.scope
│ └1 /usr/lib/systemd/systemd --switched-root --system --deserialize 32
└system.slice
  ├abrt-journal-core.service
  │ └894 /usr/bin/abrt-dump-journal-core -D -T -f -e
  └abrt-oops.service
```

图 8-16 部分 cgroup 树的层级结构

service 和 scope 包含进程，但被放置在不包含它们自身进程的 slice 里。service、scope 和 slice 单元被直接映射到 cgroup 树中的对象。当这些单元被激活时，它们会直接一一映射到由单元名建立的 cgroup 路径中。使用 systemctl 命令，可以通过创建自定义 slice 进一步修改此结构。systemd 也自动为/sys/fs/cgroup/目录中重要的内核资源控制器挂载层级。

系统中运行的所有进程，都是 systemd 进程的子进程。在资源管控方面，systemd 提供了三种单元类型：service、scope 和 slice。

① service：表示一个或一组进程，由 systemd 依据单元配置文件启动。service 对指定进程进行封装，这样进程可以作为一个整体被启动或终止。service 命名方式为 name. service，其中，name 代表服务名称。

② scope：表示一组外部创建的进程。通过 fork()函数创建，之后被 systemd 在运行时注册的进程，scope 会将其封装。例如，用户会话、容器和虚拟机被认为是 scope。scope 命名方式为 name. scope，其中，name 代表 scope 名称。

③ slice：表示一组按层级排列的单元。slice 并不包含进程，但会组建一个层级，并将 scope 和 service 都放置其中。真正的进程包含在 scope 或 service 中。在这棵被划分层级的树中，每一个 slice 单元的名字对应通向层级中一个位置的路径。小横线("-")起分离路径组件的作用。例如，一个 slice 的名字是 parent-name. slice，说明 parent-name. slice 是 parent. slice 的一个子 slice，这个子 slice 可以再拥有自己的子 slice，命名为 parent-name-name2. slice，以此类推。根 slice 的表示方式为-. slice。

service、scope 和 slice 是由系统管理员手动创建或者由程序动态创建。默认情况下，操作系统会定义一些运行系统必要的内置 service。另外，默认情况下，系统会创建 4 种 slice：①-. slice(根 slice)；②system. slice(所有系统 service 的默认位置)；③user. slice(所有用户会话的默认位置)；④machine. slice(所有虚拟机和 Linux 容器的默认位置)。

注意：所有的用户会话、虚拟机和容器进程会被自动放置在一个单独的 scope 单元中，而且所有的用户会分得一个隐含子 slice(implicit subslice)。除了上述的默认配置外，系统管理员可能会定义新的 slice，并将 service 和 scope 置于其中。

8.5.3 cgroups 的子系统

cgroups 的子系统(subsystem)是一个资源调度控制器，也被称为资源控制器(controllers)，代表一种单一资源(如 CPU 时间、内存)，比如，CPU 子系统可以控制 CPU 的时间分配，内存子系统可以限制内存的使用量。Linux 内核提供了一系列资源控制器，由 systemd 自动挂载。在 RHEL 8 中，执行如下命令可以查看 systemd 默认挂载的子系统。

```
#cat /proc/cgroups
#subsys_name    hierarchy    num_cgroups    enabled
cpuset          7            1              1
cpu             10           1              1
cpuacct         10           1              1
blkio           8            1              1
memory          4            285            1
devices         11           60             1
freezer         6            1              1
net_cls         9            1              1
perf_event      3            1              1
net_prio        9            1              1
hugetlb         2            1              1
pids            5            85             1
```

各个子系统的作用说明如下。

cpuset：该子系统给 cgroups 中的任务分配独立 CPU(在多核系统)和内存节点。

cpu：该子系统用于限制 CPU 时间片的分配，与 cpuacct 挂载在同一目录中。

cpuacct：该子系统自动生成 cgroups 中任务占用 CPU 资源的报告，与 CPU 挂载在同一目录中。

blkio：该子系统为块设备(磁盘、固态硬盘、USB 等)的 I/O 进行限制。

memory：该子系统对 cgroups 中的任务可用内存进行限制，并且自动生成任务占用内存资源报告。

devices：该子系统允许或禁止 cgroups 中的任务访问设备。

freezer：该子系统暂停或恢复 cgroups 中的任务。

net_cls：该子系统使用等级识别符(classid)标记网络数据包，这让 Linux 流量控制器(tc 命令)可以识别来自特定 cgroups 任务的数据包，并进行网络限制。

perf_event：该子系统允许使用 perf 工具来监控 cgroups。

net_prio：该子系统允许基于 cgroups 设置网络流量的优先级。

hugetlb：该子系统允许使用大的虚拟内存页，并且限制可使用内存页的数量。

pids：该子系统用于限制任务的数量。

8.6 cgroups 与 systemd

在 RHEL 7/8 中，systemd 是管理 cgroups 的推荐方式，本节着重介绍其提供的实用工具。RHEL 6 之前版本使用 libcgroup 来管理 cgroups。现在 libcgroup 已过时，为避免冲突，不要将 libcgroup 工具应用于默认资源控制器。不过，为了支持兼容性，libcgroup 数据包目前仍然可用，但 RHEL 之后的版本将不再支持其运行。

当 Linux 的 init 系统发展到 systemd 之后，systemd 与 cgroups 发生了融合，systemd 提供了配置和使用 cgroups 的接口。要理解 systemd 与 cgroups 的关系，需要先区分 cgroups 的两个方面：层级结构和资源控制。cgroups 以层级结构组织并标识进程，在该层级结构上执行资源限制。对于 systemd 来说，层级结构是必需的，如果没有层级结构，systemd 将不能很好地工作。对于 systemd 来说，资源控制是可选的，如果不需要对资源进行控制，那么在编译 Linux 内核时可以去掉资源控制相关的编译选项。在系统的开机阶段，systemd 会把支持的控制器(subsystem)挂载到默认的/sys/fs/cgroup/目录下，除了 systemd 目录外，其他目录都是对应的 subsystem。/sys/fs/cgroup/systemd 目录是 systemd 维护的 cgroups 层级结构，这是 systemd 自己使用的，不允许其他进程改动该目录下的内容。systemd 提供的内在机制、默认设置和相关命令降低了配置和使用 cgroups 的难度。

8.6.1 创建 cgroup：systemd-run

从 systemd 的角度来看，cgroup 会连接到一个系统单元，此单元可用单元文件进行配置、用 systemd 实用工具进行管理。根据应用的类型，资源管理设定可以是临时的或永久的。要为服务创建临时的 cgroup，使用 systemd-run 命令启动此服务，就可以限制此服务在运行时所用资源。对 systemd 进行 API 调用，应用程序可以动态创建临时 cgroup。服务一旦停止，临时单元会被自动移除。要给服务分配永久 cgroup，需要对其单元配置文件进行编写。系统重启后，此项配置会被保留，所以它可以用于管理自动启动的服务。注意，scope 单元不能以此方式创建。

1. 用 systemd-run 创建临时的 cgroup

systemd-run 命令用于创建、启动临时的 service 或 scope 单元，并在此单元中运行自定义指令。在 service 单元中执行的命令在后台非同步启动，它们从 systemd 进程中被调用。在 scope 单元中运行的命令直接从 systemd-run 进程中启动，因此从调用方继承执行状态，此情况下的执行是同步的。

以 root 用户身份在一个指定 cgroup 中执行如下命令。

```
systemd-run --unit=name --scope --slice=slice_name command
```

name 代表此单元被识别的名称。如果--unit 选项没有被指定，单元名称会自动生成。建议选择一个描述性的名字(单元运行期间此名需唯一)。

使用可选的--scope 选项创建临时的 scope 单元来替代默认创建的 service 单元。

--slice 选项让新近创建的 service 或 scope 单元可以成为指定 slice 的一部分。用现存

slice(如 systemctl -t slice 输出所示)的名字替代 slice_name,或者通过传送一个独有名字来创建新 slice。默认情况下,service 和 scope 作为 system. slice 的一部分被创建。

有时希望在 service 单元中运行 command 命令。将 command 命令放置于 systemd-run 的最后,这样,command 命令的参数就不会与 systemd-run 参数混淆。

除上述选项外,systemd-run 也有一些其他可用参数。例如,--description 选项可以创建对单元的描述;service 进程结束后,--remain-after-exit 选项可以收集运行时信息;--machine 选项可以在密闭容器中执行命令。

例如,systemd-run 来启动新 service,以 root 用户身份执行 systemd-run --unit=toptest --slice=test top -b 命令,在名为 test 的新 slice 的 service 单元中运行 top 实用功能。

```
[root@localhost ~]#systemd-run --unit=toptest --slice=test top -b
Running as unit: toptest.service
[root@localhost ~]#
```

现在,toptest. service 名称可以与 systemctl 命令结合,以监控或修改 cgroup。

通过 systemctl status toptest. service 命令获得 PID(15086),然后执行 cat /proc/15086/cgroup 命令查看 top 进程的 cgroup 信息。

执行如下命令设置 toptest. service 的 CPUShares 为 600,可用内存的上限为 550MB。

```
#systemctl set-property toptest.service CPUShares=600 MemoryLimit=500M
```

再次执行 cat /proc/15086/cgroup 命令查看 top 进程的 cgroup 信息,在 CPU 和内存子系统中都出现了 toptest. service 的名字。同时去查看/sys/fs/cgroup/memory/test. slice 和/sys/fs/cgroup/cpu/test. slice 目录,这两个目录下都多出了一个 toptest. service 目录。前面设置的 CPUShares=600 MemoryLimit=500M 被分别写入了这些目录下的对应文件中。

临时 cgroup 的特征是:所包含的进程一旦结束,临时 cgroup 就会被自动释放。首先,执行 kill 15086 命令或 systemctl stop toptest. service 命令停止 toptest 单元的运行;其次,再查看/sys/fs/cgroup/memory/test. slice 和/sys/fs/cgroup/cpu/test. slice 目录,发现其中的 toptest. service 目录没有了。

2. 用 systemd-run 创建 persistent cgroup

若要在系统启动时配置一个自动启动的单元,需要执行 systemctl enable 命令。自动运行此命令会在/usr/lib/systemd/system/目录中创建单元文件。若要对 cgroup 做出永久改变,需要添加或修改其单元文件中的配置参数。

8.6.2 删除 cgroup

临时 cgroup 所包含的进程一旦结束,就会被自动释放。通过将--remain-after-exit 选项传递给 systemd-run,可以在进程结束后让单元继续运行来收集运行时的信息。以 root 用户身份执行如下命令可以停止单元的运行。

```
systemctl stop name.service
systemctl kill name.service --kill-who=PID,... --signal=signal
```

用单元名(如 httpd. service)替代 name。使用--kill-who 选项从 cgroup 中挑选希望结束的进程。如要同时终止多个进程,需要传送一个逗号分隔的 PID 列表。用希望发送至指定进程的信号类型替代 signal,默认是 SIGTERM。

当执行如下命令,单元被禁用并且其配置文件被删除,永久 cgroup 会被释放。

```
systemctl disable name.service
```

8.6.3 修改 cgroup

所有被 systemd 监管的永久单元都在/usr/lib/systemd/system/目录中有一个单元配置文件。可以通过修改单元配置文件的方式设置 service 单元的参数,也可以执行 systemctl set-property 命令来设置 service 单元的参数,这种方式修改的单元配置文件会在重启系统时保存下来。

1. 使用 systemctl set-property 命令

以 root 用户身份执行 systemctl set-property 命令,可在应用程序运行时持续修改资源管控设置。

```
systemctl set-property name parameter=value
```

用希望修改的 systemd 单元名字来替代 name,用希望改动的参数名称来替代 parameter,用希望分配给此参数的新值来替代 value。

并非所有单元参数都能在运行时被修改,但是大多数与资源管控相关的参数是可以的。systemctl set-property 命令可以同时修改多项属性。改动会立即生效并被写入单元文件,并在重启后保留。可以传递--runtime 选项,让改动变成临时的。

```
systemctl set-property --runtime name property=value
```

例如,执行如下命令限定 httpd. service 的 CPU 和内存占用量。

```
#systemctl set-property httpd.service CPUShares=600 MemoryLimit=500M
#systemctl set-property --runtime httpd.service CPUShares=600 MemoryLimit=
500M
```

2. 修改单元配置文件

systemd service 单元配置文件提供一系列对资源管理有帮助的高级配置参数,这些参数用于管理 CPU 管理、内存管理、块设备 I/O 管理等。

(1) CPU 管理:CPU 控制器在内核中被默认启动,这可使所有系统 service 的可用 CPU 量相同,而与其所包含进程数量无关。此项默认设置可以使用/etc/systemd/system.conf 配置文件中的 DefaultControllers 参数来修改。如需管理 CPU 的分配,需要使用单元配置文件[Service]部分中的指令:CPUShares=value。CPUAccounting 参数必须在同一单元文件中启用。CPUShares 参数可以控制 cpu. shares 控制群组参数。

(2) 内存管理:为限定单元可用内存大小,需要使用单元配置文件[Service]部分中的指令：MemoryLimit＝value。对 cgroup 中执行的进程设定其可用内存的最大值。以千字节(Kilobyte)、兆字节(Megabyte)、千兆字节(Gigabyte)、太字节(Terabyte)为计量单元并使用 K、M、G、T 后缀来表示。同样，MemoryAccounting 参数必须在同一单元中启用。MemoryLimit 参数可以控制 memory. limit_in_bytes 控制群组参数。

(3) 块设备 I/O 管理：如要管理块设备 I/O，需要使用单元配置文件[Service]部分中的下列指令。BlockIOWeight＝value 指令为已执行进程选取一个新的整体块设备 I/O 权重(value)，权重需在 10～1000 选择，默认值是 1000。指令 BlockIODeviceWeight＝device_name value 为设备 device_name 设置块设备 I/O 权重(value)。指令 BlockIOReadBandwidth＝device_name value 为设备 device_name(设备名称或通向块设备节点的路径)设置具体带宽(value)，使用 K、M、G、T 后缀作为计量单位，默认单元为 B/s。指令 BlockIOWriteBandwidth＝device_name value 为设备 device_name 设置可写带宽(value)。指令 BlockIOReadBandwidth＝device_name value 为设备 device_name 设置可读带宽(value)。目前，BlockIO 资源控制器暂不支持已缓冲的写操作，主要针对直接 I/O，所以缓冲写的 service 将忽略 BlockIOWriteBandwidth 的限制。另外，已缓冲的读取操作是受到支持的，BlockIOReadBandwidth 限制对直接读取和已缓冲读取操作均起作用。

(4) 其他系统资源管理：另有几种指令可在单元配置文件中使用以协助管理资源。

DeviceAllow＝device_name options：此选项可以控制存取指定设备节点的次数。device_name 代表通向设备节点的路径，或者是/proc/devices 中特定的设备组名称。用 r、w 和 m 的组合来替换 options，以便以单元方式读取、写入或者创建设备节点。

DevicePolicy＝value：此处的 value 取值有三种。①strict 表示仅允许 DeviceAllow 指定的存取类型；②closed 表示允许对标准伪设备的存取，如/dev/null、/dev/zero、/dev/full、/dev/random 和/dev/urandom；③auto 表示如果不显示 DeviceAllow，则允许对所有设备进行存取，此设定为默认设置。

Slice＝slice_name：用存放单元的 slice 名称替换 slice_name。默认名称是 system.slice。scope 单元不能以此方式排列，因为它们已与其父 slice 绑定。

ControlGroupAttribute＝attribute value：此选项可以设定 Linux cgroup 控制器公开的多项控制群组参数。用希望修改的低级别 cgroup 参数来替换 attribute，用此参数的新值来替换 value。

例如，修改/usr/lib/systemd/system/httpd. service 单元文件如下：

```
[Service]
#限定 Apache service 的 CPU 可用量，分配 1500 个 CPU 共享而不是默认的 1024 个
CPUShares=1500
#限制 Apache service 单元的可用内存量，最大可用内存为 1GB
MemoryLimit=1G
#降低 Apache service 存取/home/ztg/目录块设备 I/O 的权重
BlockIODeviceWeight=/home/ztg 750
#设定 Apache 从/var/log/目录读取的最大带宽为 5MB/s
BlockIOReadBandwidth=/var/log 5M
#更改低级别 cgroup 的属性，将 memory.swappiness 设为 70
ControlGroupAttribute=memory.swappiness 70
```

执行 systemctl daemon-reload 和 systemctl restart crond. service 命令，重新加载配置文件并重启 crond. service，然后查看/sys/fs/cgroup/memory/system. slice/crond. service/目录中相关文件的内容，比如 memory. limit_in_bytes 和 cpu. shares。

8.6.4 获得关于 cgroup 的信息：systemd-cgls、systemd-cgtop

使用 systemctl 命令输出系统单元列表并检查它们的状态。systemd-cgls 命令可以检查控制群组的层级，systemd-cgtop 命令可以监控控制群组的实时资源消耗。

1. 单元列表

使用 systemctl 或 systemctl list-units 命令(list-units 是 systemctl 命令的默认执行选项)将列出系统中所有被激活的单元，输出项包含：① UNIT。单元名称，反映单元在 cgroup 树中的位置，有三种单元类型(slice、scope 和 service)与资源控制相关。②LOAD。显示单元配置文件是否被正确装载。如果装载失败，显示 error 而不是 loaded。其他单元装载状态有 stub、merged 和 masked。③ACTIVE。高级单元的激活状态，是 SUB 的一般化应用。④SUB。低级单元的激活状态，值的范围取决于单元类型。⑤DESCRIPTION。描述单元内容和性能。默认情况下，systemctl 只列出被激活的单元(ACTIVE 域中的高级激活状态)。使用--all 选项可以查看未被激活的单元。使用--type(-t)参数限制结果列表中的信息量，此参数需要单元类型的逗号分隔列表，如 service 和 slice；或者单元装载状态，如 loaded 和 masked。

例如，执行 systemctl -t slice，service 命令查看系统使用的全部 slice 和 service 列表。

2. 查看控制群组的层级

systemd-cgls 命令显示 cgoups 中运行的进程以及单元的层级。不带参数的 systemd-cgls 命令会输出完整的 cgoups 层级。systemd-cgls name 命令显示层级的特定部分，使用希望检查的资源控制器的名字替换 name。systemctl status name 命令显示系统单元的详细信息。

执行 systemd-cgls memory 命令查看内存资源控制器的 cgroup 树。

执行 systemctl status firewalld. service 命令查看 firewalld 的运行状态。

3. 查看资源控制器

systemctl 命令可以监控高级单元层级，但是不能显示 Linux 内核的资源控制器被哪个进程使用。这些信息存储在专门的文件中。cat /proc/PID/cgroup 命令用于查看某个进程挂载的控制器，PID 代表希望查看的进程 ID。默认情况下，此列表对所有 systemd 启动的单元一致，因为它自动挂载所有默认控制器。

4. 监控资源消耗量

systemd-cgls 命令给 cgoups 层级提供了静态数据快照。systemd-cgtop 命令显示 cgoups 的实时资源消耗情况，可以使用 systemd-cgtop 命令查看按资源使用量(CPU、内存和 I/O)排序的、正在运行的 cgroups 动态描述。systemd-cgtop 提供的统计数据和控制选项与 top 所提供的相近。

8.7 namespace

Linux namespace(名称空间)是对全局系统资源的一种封装隔离方式,通过 namespace 可以让一些进程只能看到与自己相关的一部分资源,而另外一些进程也只能看到与它们自己相关的资源,改变一个 namespace 中的系统资源只会影响当前 namespace 里的进程,对其他 namespace 中的进程没有影响。这两部分进程根本就感觉不到对方的存在。因此从操作系统层面上看,就会出现多个相同 PID 的进程。系统中可以同时存在两个进程号为 0、1、2 的进程,由于属于不同的 namespace,所以它们之间并不冲突。而在用户层面上只能看到属于用户自己 namespace 下的资源,例如,使用 ps 命令只能列出自己 namespace 下的进程。这样每个 namespace 看上去就像一个单独的 Linux 操作系统。

Linux 在很早的版本中就实现了部分的 namespace,比如内核 2.4 就实现了 mount namespace。大多数的 namespace 支持是在内核 2.6 中完成的,比如 IPC、Network、PID 和 UTS。还有个别的 namespace 比较特殊,比如 User 从内核 2.6 开始实现,但在内核 3.8 中才完成。同时,随着 Linux 自身的发展以及容器技术持续发展带来的需求,有新的 namespace 被支持,比如在内核 4.6 中就添加了 cgroup namespace。从内核 3.8 开始,/proc/[pid]/ns 目录下包含进程所属的 namespace 信息,如下所示。

```
[root@localhost ~]#ll /proc/$$/ns
lrwxrwxrwx. 1 root root 0 4月 23 17:39 cgroup ->'cgroup:[4026531835]'
lrwxrwxrwx. 1 root root 0 4月 23 17:39 ipc ->'ipc:[4026531839]'
lrwxrwxrwx. 1 root root 0 4月 23 17:39 mnt ->'mnt:[4026531840]'
lrwxrwxrwx. 1 root root 0 4月 23 17:39 net ->'net:[4026532008]'
lrwxrwxrwx. 1 root root 0 4月 23 17:39 pid ->'pid:[4026531836]'
lrwxrwxrwx. 1 root root 0 4月 23 17:39 pid_for_children ->'pid:[4026531836]'
lrwxrwxrwx. 1 root root 0 4月 23 17:39 user ->'user:[4026531837]'
lrwxrwxrwx. 1 root root 0 4月 23 17:39 uts ->'uts:[4026531838]'
```

首先,这些 namespace 文件都是链接文件,链接文件的内容格式为×××:[inode number]。其中,×××为 namespace 的类型;inode number 标识一个 namespace,可以把它理解为 namespace 的 ID。如果两个进程的某个 namespace 文件指向同一个链接文件,说明其相关资源在同一个 namespace 中。其次,在/proc/[pid]/ns 文件里放置这些链接文件的另外一个作用是:一旦这些链接文件被打开,只要打开的 fd(文件描述符)存在,那么就算该 namespace 下的所有进程都已结束,这个 namespace 也会一直存在,后续的进程还可以再加入进来。除了打开文件的方式外,还可以通过文件挂载的方式阻止 namespace 被删除。

如图 8-15 所示,执行 mount 命令可以把当前进程中的 uts 挂载到/mnt/uts 文件中;执行 stat 命令可以发现:/mnt/uts 文件和链接文件中的索引节点是一样的,它们是同一个文件。

Linux 内核实现 namespace 的一个主要目的就是实现轻量级虚拟化服务(容器)。在同

```
[root@localhost ~]# touch /mnt/uts
[root@localhost ~]# mount --bind /proc/$$/ns/uts /mnt/uts
[root@localhost ~]# stat /mnt/uts
  文件：/mnt/uts
  大小：0          块：0          IO 块：4096   普通空文件
设备：3h/3d       Inode: 4026531838  硬链接：1
权限：(0444/-r--r--r--)  Uid: (    0/    root)   Gid: (    0/    root)
```

图 8-15　执行命令

一个 namespace 下的进程可以感知彼此的变化，而对外界的进程一无所知。这样就可以让容器中的进程产生错觉，认为自己置身于一个独立的系统中，从而达到隔离的目的。

cgroups 和 namespace 是实现容器的重要底层技术，cgroups 实现资源控制，namespace 实现资源隔离。也就是说，Linux 内核提供的 cgroups 和 namespace 技术为 docker 等容器技术的出现和发展提供了基础条件。

8.8　容器和云

8.8.1　容器

容器技术的概念最初出现在 2000 年，当时称为 FreeBSD Jail，这种技术可将 FreeBSD 系统分区为多个子系统(也称为 Jail)。Jail 是作为安全环境而开发的，系统管理员可与企业内部或外部的多个用户共享这些 Jail。Jail 的目的是让进程在经过修改的 chroot 环境中创建，而不会脱离和影响整个系统，因为在 chroot 环境中，对文件系统、网络和用户的访问都实现了虚拟化。2001 年，通过 Jacques Gélinas 的 VServer 项目，隔离环境的实施进入了 Linux 领域。正如 Gélinas 所说，这么做的目的是，在高度独立且安全的单一环境中运行多个通用 Linux 服务器。这项基础工作到位后，Linux 可以提供多个受控制用户空间，Linux 容器开始逐渐成形，并最终发展成了现在的模样和规模。

与 FreeBSD Jail 和 Solaris 区域一样，Linux 容器是独立的执行环境，它们拥有独立的 CPU、内存、阻塞 I/O 和网络资源，它们共享主机操作系统的内核。其结果是让人感觉像一台虚拟机，但却摆脱了虚拟化操作系统的所有额外负载和启动开销。将应用程序与底层硬件分离是虚拟化背后的基本思想。容器更进一步，将应用程序从底层操作系统中分离出来。容器带来了更高级别的效率、可移植性和部署灵活性。

要理解容器，必须从 Linux namespace 和 Linux cgroups(控制组)开始，Linux 内核特性是在容器和运行在主机上的其他进程之间创建隔离。最初由 IBM 开发的 Linux namespace 封装了一组系统资源，并将它们呈现在一个进程中，使其看起来像是专门用于这个进程的。最初由谷歌开发的 Linux cgroups 管理系统资源的隔离和使用，例如 CPU 和内存，用于一组进程。namespace 处理单个进程的资源隔离，而 cgroups 管理一组进程的资源。

最初的 Linux 容器技术是 LXC。LXC 是一种 Linux 操作系统级虚拟化方法，用于在单台主机上运行多个孤立的 Linux 操作系统。namespace 和 cgroups 使 LXC 成为可能。容器将应用程序与操作系统分离，这意味着用户可以拥有一个干净且最小的 Linux 操作系统。另外，由于操作系统是从容器中抽象出来的，因此可以跨任何支持容器运行时环境的 Linux 服务器移动容器。

Docker 使用 Go 语言编写，利用 Linux 内核的几个特性(namespace、cgroups、unionfs)来实现功能。Docker 最初是一个构建单应用 LXC 容器的项目，它向 LXC 引入了几个重要的变化，使容器更加便携和灵活。从根本上说，Docker 和 LXC 容器都是用户空间的轻量级虚拟化机制，它们使用 namespace 和 cgroups 来管理资源隔离与管理。unionfs(Union File System，联合文件系统)是实现 Docker 镜像的技术基础，是一种轻量级的高性能分层文件系统，支持将文件系统中的修改进行提交和层层叠加，这个特性使得镜像可以通过分层实现和继承，并且支持将不同目录挂载到同一个虚拟文件系统中。使用 Docker 容器，可以更快速、更容易地部署、复制、移动和备份工作负载。基本上，Docker 给任何能够运行容器的基础设施带来了类似云的灵活性。虽然 Docker 最初是作为一个开源项目来构建专门化的 LXC，但它后来演变成它自己的容器运行时环境。在较高的级别上，Docker 是一个 Linux 实用工具，可以高效地创建、发送和运行容器。因此，Docker 被认为是现代最流行的容器。

RHEL 8 旨在使其成为容器的首选 Linux，其新的容器工具包包括 Buildah、container building、Podman、running containers 和 Skopeo，可以帮助开发人员更快、更高效地查找、运行、构建和共享容器化应用程序。

8.8.2 云

Red Hat OpenStack 平台将 RHEL 的强大功能与红帽的 OpenStack 云平台相结合，为构建安全可扩展的私有云或公共云提供基础。

Red Hat OpenShift 容器平台使用基于 Docker 的容器，并使用 Kubernetes 容器编排平台来管理这些容器。

传统的操作系统一直是关于硬件资源的展示和消耗(硬件提供资源，应用程序消耗它们)，并且一直局限于单机。然而，在原生云的世界里，这个概念扩展到包括多个操作系统实例，这就是 OpenStack 和 OpenShift 所关注的。在原生云世界，虚拟机、存储卷和网段都成为动态配置的构建块。可以从这些构建块构建应用程序。它们通常按小时或分钟付费，并在不再需要时被取消配置。OpenStack 动态提供资源，在动态配置能力(展示)方面非常擅长；OpenShift 动态消耗资源，在动态配置应用程序(消费)方面做得很好，OpenShift 和 OpenStack 一起更好地交付应用程序，一起为容器和虚拟机需求提供灵活的原生云解决方案。

OpenStack 是 IaaS(Infrastructure as a Service，基础设施即服务)领域的技术，云计算的基础是虚拟化。IaaS 的目标就是解决计算机资源的使用问题，通过它来分配和管理虚拟机资源。IaaS 是底层云，用户所接触到的云计算技术，一般是在此基础之上建立的。OpenShift 是 PaaS(Platform as a Service，平台即服务)领域的技术，PaaS 能够提供一套云计算平台和解决方案。一般来说，PaaS 一般构建于 IaaS 之上(不是必需)。从产品架构上看，OpenStack 作为底层云支持 OpenShift。

Kubernetes 简称 K8s，是用 8 代替 8 个字符 ubernete 而成的缩写，是 Google 开源的一个容器编排引擎，用于管理云平台中多台主机上的容器化的应用，Kubernetes 的目标是让部署容器化的应用简单并且高效。Kubernetes 提供了应用部署、规划、更新、维护的一种机制。可以创建多个容器，每个容器里面运行一个应用实例，然后通过内置的负载均衡策略，实现对这一组应用实例的管理、发现、访问，而这些细节都不需要运维人员去进行复杂的手动配置和处理。传统的应用部署方式是通过插件或脚本来安装应用。这样做的缺点是应用的运行、配置、管理、所有生命周期将与当前操作系统绑定，这样做并不利于应用的升级/回滚等操作，当然也可以通过创建虚拟机的方式来实现某些功能，但是虚拟机并不利于移植。新的方式是通过部署容器方式实现，每个容器之间相互隔离，并分别有自己的文件系统，容器之间的进程不会相互影响，能区分计算资源。相对于虚拟机，容器能快速部署。由于容器与底层硬件、文件系统解耦，所以它能在不同云、不同版本操作系统间进行迁移。容器占用资源少、部署快，每个应用可以被打包成一个容器镜像，每个应用与容器间的一对一关系也使容器有更大优势，使用容器可以在建立或释放阶段为应用创建容器镜像，因为每个应用不需要与其余的应用堆栈组合，也不依赖于生产环境基础结构，这使得研发、测试和运行阶段可以使用一致的环境。使得软件开发生命周期从瀑布式到敏捷再到现在的 DevOps (Development 和 Operations 的组合)。DevOps 的出现是由于软件行业的人们日益清晰地认识到：为了按时交付软件产品和服务，开发和运营工作必须紧密合作。DevOps 重视软件开发人员(Dev)和 IT 运维技术人员(Ops)之间沟通合作，使得构建、测试、发布软件能够更加快捷、频繁和可靠。

8.9　服务器管理软件 Cockpit

Cockpit 是一个由 Red Hat 采用 JavaScript 和 C 语言开发的自由开源的服务器管理软件，可以通过它的 Web 前端界面轻松地管理服务器。Cockpit 使得 Linux 系统管理员、系统维护员和开发者能轻松地管理他们的服务器并执行一些简单的任务，例如，管理存储、检测日志、启动或停止服务以及一些其他任务。它的报告界面添加了一些很好的功能，从而可以轻松地在终端和 Web 界面之间进行切换。另外，它不仅使得管理一台服务器变得简单，更重要的是只需一次单击就可以在一个地方同时管理多个通过网络连接的服务器。下面我们会学习如何安装 Cockpit 并用它管理运行着 Fedora、CentOS、Arch Linux 以及 RHEL 发行版本操作系统的服务器。下面是 Cockpit 在 GNU/Linux 服务器中一些非常好的功能：①它包含 systemd 服务管理器。②有一个用于故障排除和日志分析的 Journal 日志查看器。③包括 LVM 在内的存储配置比以前任何时候都要简单。④用 Cockpit 可以进行基本的网络配置。⑤可以轻松地添加和删除用户以及管理多台服务器。

1. 安装 Cockpit

命令如下：

```
#yum install cockpit
```

RHEL 8 已经默认集成了 Cockpit。

2. 启动并启用 Cockpit

成功安装完 Cockpit，我们就要用服务/守护进程管理器启动 Cockpit 服务。Cockpit 使用 systemd 完成从运行守护进程到服务进程几乎所有的功能。运行下面的命令即可启动并启用 Cockpit。

```
#systemctl start cockpit
#systemctl enable cockpit.socket
Created symlink from /etc/systemd/system/sockets.target.wants/cockpit.socket
to /usr/lib/systemd/system/cockpit.socket.
```

3. 允许通过防火墙

启动 Cockpit 并使得它能在每次系统重启时自动启动后，现在要给它配置防火墙，需要允许它通过某些端口使得从服务器外面可以访问 Cockpit。

```
#firewall-cmd --add-service=cockpit --permanent
success
#firewall-cmd --reload
success
```

或

```
#iptables -A INPUT -p tcp -m tcp --dport 80 -j ACCEPT
#service iptables save
```

4. 访问 Cockpit Web 界面

可以通过 9090 端口来打开 Cockpit Web 界面，输入系统用的账号及密码后，就可以进入界面。系统用的账号也包含了 root 用户等特权账号。下面通过 Web 浏览器访问 Cockpit Web 界面，只需用浏览器打开 https://ip-address:9090 或 https://server.domain.com:9090。

通过 SSL 访问 Cockpit Web 服务，此时会出现一个 SSL 认证警告，因为正在使用一个自签名认证。忽略这个警告并进入登录页面，在 chrome/chromium 中，需要单击 Show Advanced 按钮，然后单击 Proceed to 128.199.114.17 (unsafe)按钮。

5. Cockpit 登录界面

现在要进入主界面，需要输入详细的登录信息。此处的用户名和密码与登录 Linux 服务器的用户名和密码相同。当输入登录信息并单击 Log In 按钮后，就会进入 Cockpit 界面，可以看到所有的菜单以及 CPU、内存、I/O、磁盘、网络、存储使用情况的可视化结果。

下面介绍界面上的一些功能。

- 服务：要管理服务，需要单击 Web 页面右边菜单中的 Services 按钮，然后会看到服务被分成了 5 个类别，即目标、系统服务、套接字、计时器和路径。
- Docker 容器：可以用 Cockpit 管理 Docker 容器。用 Cockpit 监控和管理 Docker 容器非常简单，由于服务器中没有安装 Docker，需要单击 Start Docker 按钮，Cockpit 会自动在服务器上安装和运行 Docker。启动之后，就可以按照需求管理 Docker 镜像、容器。
- Journal 日志查看器：它把错误、警告、注意分到不同的标签页，在 All 标签页可以看到所有的日志信息。
- 网络：此处可以看到两个显示信息发送和接收速度的图。还有一个可用网卡的列表，还有 Add Bond、Bridge、VLAN 相关的选项。如果需要配置一张网卡，则只需单击网卡名称。

- 存储：现在用 Cockpit 可以方便地查看硬盘的读/写速度。可以查看存储的 Journal 日志以便进行故障排除和修复。在页面中还有一个已用空间的可视化图。还可以卸载、格式化、删除一块硬盘的某个分区。还有类似创建 RAID 设备、卷组等功能。
- 用户管理：通过 Cockpit Web 界面可以方便地创建新用户。在这里创建的账户会应用到系统用户账户，可以用它更改密码、指定角色以及删除用户账户。
- 实时终端：如果功能还不够多，可直接单击 terminal 按钮，不需要安装 SSH 工具，直接输入 Linux 命令，用 Cockpit 界面提供的实时终端执行需要的任务，这使得我们可以根据需求在 Web 界面和终端之间自由切换。

8.10　本章小结

本章介绍了 Linux 系统管理的 7 个方面的内容：逻辑卷管理、磁盘阵列、磁盘配额、虚拟化技术、cgroups 和 namespace、容器和云、Cockpit。这几部分都需要读者花费较多精力才能够掌握。由于篇幅所限，本章对虚拟化技术、cgroups 和 namespace、容器和云、Cockpit 只是进行了概念性的介绍，读者可以阅读其他相关技术资料进行系统深入的学习。

8.11　习题

填空题

(1) 通过使用________对硬盘存储设备进行管理，可以实现硬盘空间的动态划分和调整。

(2) 逻辑卷管理由三部分组成：________、________和________。

(3) ________的基本想法是把多个便宜的小磁盘组合到一起，成为一个磁盘组，使性能达到或超过一个容量巨大、价格昂贵的磁盘。

(4) 目前 RAID 技术大致分为两种：________和________。

(5) ________是一个管理软件 RAID 的独立程序，它能完成所有的软件 RAID 的管理功能。

(6) Linux 内核支持基于文件系统的________，它可以限制具体的某一个用户或用户组磁盘的使用量。

(7) 如果要限制用户使用硬盘空间的大小，此时可以使用________命令来完成该任务。

(8) ________简单来说就是把软件与硬件分离出来，这样系统应用程序在系统上运行的时候好像跟硬件没关系。

(9) Linux 操作系统中常用两种虚拟化技术：________、________。

(10) 在 RHEL 中是通过________来实现基于硬件的完全虚拟化的。

(11) 在 RHEL 8 中，virt-manager 已被________替代。

(12) ________是 Linux 内核提供的一种可以限制、记录、隔离进程组所使用物理资源的机制。

(13) cgroups 提供的功能有________、________、________、________。

(14) 默认情况下，systemd 会自动创建________、________和________单元的层级，来为 cgroup 树提供统一的层级结构。

(15) 当 Linux 的 init 系统发展到________之后，________与________发生了融合，前者提供了配置和使用后者的接口。

(16) ________是对全局系统资源的一种封装隔离方式。

(17) ________和________是实现容器的重要底层技术，前者实现资源控制，后者实现资源隔离。Linux 内核提供的这两种技术为 Docker 等容器技术的出现和发展提供了基础条件。

(18) ________是一个由 Red Hat 采用 JavaScript 和 C 语言开发的自由开源的服务器管理软件，可以通过它的 Web 前端界面轻松地管理服务器。

参考文献

[1] 张同光. Linux 操作系统(RHEL 7/CentOS 7)[M]. 北京：清华大学出版社，2014.

[2] 王俊伟，吴俊海. Linux 标准教程[M]. 北京：清华大学出版社，2006.

[3] Bill Ball，Hoyt Duff. Red Hat Linux Fedora 4 大全[M]. 郑鹏，等译. 北京：机械工业出版社，2006.

[4] Syed Mansoor Sarwar，Robert Koretsky，Syed Aqeel Sarwar. Linux 教程[M]. 李善平，施韦，林欣，译. 北京：清华大学出版社，2005.

[5] 蒋砚军，高占春. 实用 UNIX 教程[M]. 北京：清华大学出版社，2005.

[6] 张红光，李福才. UNIX 操作系统教程[M]. 北京：机械工业出版社，2004.

[7] 梁如军，丛日权. Red Hat Linux 9 网络服务[M]. 北京：机械工业出版社，2004.

[8] 肖文鹏. 高效架设 Red Hat Linux 服务器[M]. 天津：天津电子出版社，2003.

[9] 谢希仁. 计算机网络[M]. 4 版. 北京：电子工业出版社，2003.

[10] Richard Petersen. Red Hat Linux 技术大全[M]. 王建桥，等译. 北京：机械工业出版社，2001.

[11] Richard Petersen. Linux 参考大全[M]. 3 版. 希望图书创作室，译. 北京：北京希望电子出版社，2000.

[12] https：//access. redhat. com/documentation/en-US/Red_Hat_Enterprise_Linux.

附录　网站资源

（1）http：//www.csdn.net　全球最大中文IT技术社区

（2）http：//www.chinaunix.net　全球最大的Linux/UNIX中文网站

（3）https：//www.centoschina.cn　CentOS中文站——专注于Linux技术

（4）http：//www.linuxdiyf.com　红联Linux门户——专注于Linux操作系统教程的网站

（5）https：//www.linuxidc.com　Linux公社——Linux操作系统门户网站

（6）http：//www.51cto.com　中国领先的IT技术网站

（7）http：//www.linuxeden.com　Linux开源社区

（8）https：//www.kernel.org　Linux内核的各种版本

（9）https：//www.linux.org　较权威的Linux网站

（10）http：//linux.vbird.org　鸟哥的Linux私房菜——Linux学习网站

（11）https：//access.redhat.com/articles/3078　保存RHEL各个版本及其发布日期

（12）https：//mirror.tuna.tsinghua.edu.cn　清华大学开源软件镜像站

（13）https：//www.ibm.com/developerworks/cn/linux　IBM Linux技术资源

（14）https：//elixir.bootlin.com/linux/latest/source　Linux各版本的源代码

（15）http：//www.tldp.org/LDP/abs/html/index.html　高级Bash脚本指南